食品産業における

排水・汚泥低減化技術の未来を拓く

食品産業環境保全技術研究組合 編

恒星社厚生閣

刊行にあたって

近年、食品廃棄物の発生の抑制が緊喫の課題となる中で、食品産業においても廃棄物の減量化が課題となっています。

食品産業においては、現状の活性汚泥法による排水処理技術では、大量の汚泥を発生させ（BOD 負荷の 40 %程度）、廃棄物の 8 割が汚泥となっており、十分な減量対策が講じられていないことから、これらの汚泥の有効利用とともに、排水処理技術対策と組み合わせた汚泥発生の低減化が緊急の課題となっています。

このようなことから、本技術研究組合のエコシステム事業部会は、平成 10 年 4 月から農林水産省の指導、助成のもとに、食品製造、機械装置、エンジニアリング等の 14 社による幅広い業種の技術力を結集して、大学、独立行政法人の試験研究機関の学識経験者の指導、助言を得ながらメタン発酵技術、オゾンを用いた処理技術、物理粉砕と化学処理技術を利用した処理技術、鯖節製造廃液の有効利用・処理技術、食肉加工場のトータルサイト解析に基づく廃水・汚泥削減技術等の 12 課題について研究開発事業を実施して参りました。

このたび、約 4 年間にわたる各組合員の研究成果を公開発表し、その集大成ともいうべき論文集を刊行することになりました。

本書は、組合員の研究課題ごとの研究成果はもとより、本研究にご指導、ご助言を賜りました学識経験者の諸先生の特別寄稿論文の執筆も頂いて、排水処理技術の基礎的技術から応用化・実用化までの幅広い知見を集約した貴重な論文集となっています。

今後の食品産業における排水処理技術の開発向上の一助となれば誠に幸甚と考える次第であります。

最後に本技術研究組合エコシステム事業部会の研究開発にあたり、終始暖かいご指導、ご援助を賜りました農林水産省の方々や学識経験者の諸先生方並びに事業運営に意欲的に取り組みご尽力されました組合員各位に対し心から謝意を表するとともに、真摯にこの研究に取り組まれた組合研究員に深く敬意を表し、厚くお礼を申し上げます。

平成 14 年 11 月

食品産業環境保全技術研究組合

理事長　佐々木　堯

目　次

食品産業における
排水･汚泥低減化技術の未来を拓く

刊行にあたって……………………………………………………………佐々木　堯

特別寄稿論文

食品産業における排水･汚泥低減化技術の未来を開く

熊本大学 工学部　木田建次（3）

はじめに ……………………………………………………………………（3）
1．バイオマスのメタン発酵による分解機構 ……………………………（6）
2．生物系廃棄物のメタン発酵によるサーマルリサイクル ……………（19）
3．生物系廃棄物のメタン発酵によるサーマルリサイクル構想 ………（28）
4．資源循環型社会を実現させるためのモデル事業 ……………………（29）

生物処理において発生する汚泥減量化技術の動向について

豊橋技術科学大学　北尾高嶺（35）

はじめに ……………………………………………………………………（35）
1．汚泥減量化技術概観 ……………………………………………………（35）
2．汚泥減量化技術各論 ……………………………………………………（37）
3．あとがき …………………………………………………………………（41）

食品製造業におけるゼロエミッション化

東京農工大学 工学部 化学システム工学科　細見正明（43）

はじめに ……………………………………………………………………（43）
1．排水および廃棄物の処理の現状と課題 ………………………………（44）
2．ゼロエミッション化のための要素技術 ………………………………（49）
3．食品製造業におけるゼロエミッション化 ……………………………（54）
4．おわりに …………………………………………………………………（57）

畜産における排水・汚泥の低減化

独立行政法人 農業技術研究機構 畜産草地研究所 畜産環境部　羽賀清典（59）

はじめに ……………………………………………………………………（59）

1．排水の発生と低減……(59)
2．排水処理方法の種類……(61)
3．液肥化……(61)
4．浄化処理……(62)
5．メタン発酵法……(65)
おわりに……(71)

研究成果論文

第1章　油脂のメタン化技術の開発

アタカ工業（株）(77)
はじめに……(77)
1．油脂の性状およびそのメタン発酵について……(78)
2．油脂含有食品廃棄物の高濃度メタン発酵に及ぼす油脂含有率と温度の影響……(83)
3．生ごみを油脂分散剤とした共発酵プロセスによる油脂のメタン化処理……(92)
4．濃縮余剰活性汚泥を油脂分散剤とした共発酵プロセスによる油脂のメタン化処理……(97)
5．総括（油脂含有排水・廃棄物メタン化システムの構成と応用形態）……(103)

第2章　油脂含有食品加工排水のメタン発酵促進技術の開発

（株）荏原製作所(109)
はじめに……(109)
1．油脂含有排水のメタン発酵前処理方法の検討……(109)
2．豆腐製造排水の連続メタン発酵特性……(118)
3．油脂含有排水（豆乳希釈液）のベンチスケールメタン発酵試験……(127)
4．油脂含有排水メタン発酵技術課題の整理……(135)

第3章　嫌気性発酵を用いた生ごみ，焼酎廃液，汚泥混合廃棄物処理技術の開発

（株）日本製鋼所(139)
はじめに……(139)
1．生ごみ，下水汚泥，焼酎廃液の高温メタン発酵処理技術……(139)
2．消化脱離液処理技術……(153)
3．まとめ……(161)

第4章　余剰汚泥の排出を抑制した有機性廃棄物処理技術の開発
キユーピー（株）（*165*）
はじめに ……（*165*）
1．廃棄物の組成分析 ……（*165*）
2．各原料のメタン発酵特性の検討 ……（*167*）
3．油分含有量の違いによるドレッシングのメタン発酵特性の検討 ……（*169*）
4．混合廃棄物によるメタン発酵特性の検討 ……（*170*）
5．廃棄物のメタン発酵連続処理実験 ……（*171*）
6．まとめ ……（*180*）

第5章　鯖節製造廃液の有効利用・処理技術の開発
日本たばこ産業（株）
協同組合沼津水産開発センター（*181*）
はじめに ……（*181*）
1．鯖煮汁および圧搾水の分析 ……（*181*）
2．タンパク分解酵素製剤を用いたタンパク加水分解率の向上 ……（*183*）
3．鯖圧搾水の清澄化 ……（*184*）
4．発酵による鯖圧搾水の風味改善 ……（*185*）
5．鯖エキスのラボスケール試作 ……（*189*）
6．製造工程簡略化 ……（*191*）
7．テストプラントにおける製造工程の確立 ……（*193*）
8．コスト試算 ……（*198*）
9．まとめ ……（*199*）

第6章　水産加工排水汚泥等の減量化及び
発酵熱の有効利用技術の開発
（株）オーケーバイオ研究所（*201*）
はじめに ……（*201*）
1．*Bacillus* 属細菌を主体とする微生物群の COD 低減効果の確認 ……（*201*）
2．OKZ 菌の浄化効果に及ぼす曝気の影響 ……（*203*）
3．水産加工場排出残渣の減量化検討 ……（*205*）
4．研究成果のまとめ ……（*209*）

第７章　でんぷん工場等の高濃度排水の物理化学的固液分離技術の開発

（株）前川製作所（211）
はじめに ……（211）
1．でん粉工場排水に対する電解浮上基礎試験 ……（211）
2．食鶏工場排水に対する電解浮上基礎試験 ……（217）
3．フィールド試験による実証 ……（221）
4．まとめ ……（225）

第８章　オゾンを用いた食品工場の高効率余剰汚泥減容技術の開発

三菱電機（株）（229）
はじめに ……（229）
1．オゾン処理条件が汚泥低減効率に与える影響に関する研究 ……（230）
2．エジェクターを用いた高効率オゾンリアクターシステムの開発 ……（235）
3．オゾンと汚泥の反応モデルに関する研究 ……（240）
4．高負荷型活性汚泥法へのオゾン併用処理の適用検討 ……（244）
5．まとめ ……（251）

第９章　小規模食品工場排水の低コスト汚泥減量化技術の開発

ナガノ　エヌ・イー（株）（253）
はじめに ……（253）
1．嫌気条件下における汚泥の減少試験 ……（253）
2．嫌気条件下においた活性汚泥の好気撹拌による減量試験 ……（255）
3．好気条件下における酸化分解反応検証試験 ……（256）
4．嫌気・好気サイクル検討試験 ……（258）
5．連続運転による汚泥減量試験 ……（260）
6．温度一定条件下での曝気条件の違いによる検証試験 ……（261）
7．試験槽の形式の違いによる検証試験 ……（265）
8．曝気時間の違いによる検証試験 ……（268）
9．設定温度の違いによる検証試験 ……（269）
10．担体効果の検証試験 ……（270）
11．まとめ ……（272）

第 10 章　嫌気・好気発酵処理への植物抽出液の添加による汚泥低減化技術の開発
田代興業（株）（*273*）
はじめに ……（*273*）
1．微生物活性助剤の添加効果に関する検討 ……（*275*）
2．食肉工場廃棄物（非食用内臓）の消化に関する検討……（*281*）
3．消化汚泥と脱離液の処理の検討 ……（*290*）
4．まとめ ……（*298*）

第 11 章　物理破砕と化学処理を利用した余剰汚泥減容化排水処理技術の開発
アクアス（株）（*301*）
はじめに ……（*301*）
1．可溶化条件の検討 ……（*301*）
2．ベンチテスト機での汚泥減容性の確認 ……（*312*）
3．パイロットテスト機での汚泥減容性の確認 ……（*314*）
4．まとめ ……（*319*）

第 12 章　食肉加工場のトータルサイト解析に基づく廃水・汚泥削減技術の開発
プリマハム（株）
栗田工業（株）（*321*）
はじめに ……（*321*）
1．食肉加工場のトータルサイト解析 ……（*322*）
2．水使用量の削減 ……（*327*）
3．汚泥，廃棄物の削減，減量化……（*333*）

参考資料 ……（*349*）
組合員別研究担当者一覧 ……（*353*）
編集後記 ……（*357*）
索　　引 ……（*359*）

特別寄稿論文

食品産業における排水・汚泥低減化技術の未来を開く

熊本大学　工学部　木田建次

はじめに

人類の誕生により社会が形成され，その中での生活の営みに伴い産業が創出されてきた．特に，産業革命以降，技術は飛躍的に向上し，大量生産，大量消費により一見生活が豊かになった．しかし，それに伴う急激な近代化と人口増大，さらには大量廃棄により，図 1 に示したように環境問題やエネルギー問題，食糧問題が顕在化し，地球はトリレンマにより破滅曲線を描こう

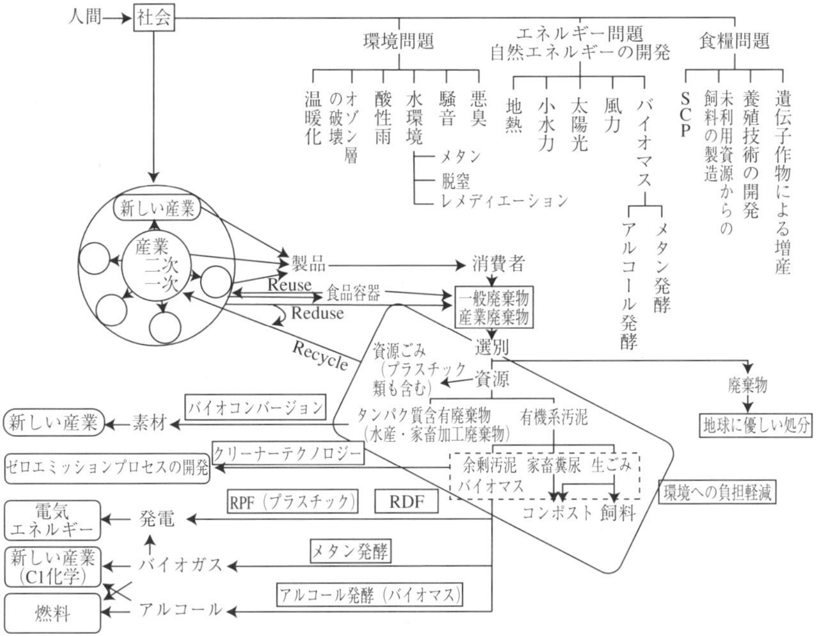

図 1　バイオテクノロジーによる循環型社会の構築

としている．環境問題では地球の温暖化，オゾン層の破壊，酸性雨や水環境汚染などが大きな問題となっている．そこで，汚染された地球環境に対する修復技術の研究開発がなされ，環境破壊を何とかくい止めてきた．

一方，大量廃棄に伴う最終処分地の不足やエネルギーの消費による地球の温暖化はますます加速されており，この問題を如何にくい止めるかが緊急の課題となっている．地球温暖化防止に関しては京都議定書に基づき 1990 年度の炭酸ガス発生量の 6％を削減する義務があり，我国としても新エネルギーの開発に向けて研究がスタートしている．特に，生物系廃棄物資源のエネルギー利用は，二酸化炭素の排出量に計上されないこと，またその賦存量は原油換算で 2,600 万 k*l* にも達するとのことである．

また，大量廃棄に関しては，埋立地の残余年数が 10 年以下であるので，図 2 に示すように 2010 年には現状の 1 / 2 以下，すなわち最終処分量を 3,750 万トンにしようとの提案がなされるとともに，一般市民の環境意識の高まりにより 3R（reuse, reduce, recycle）が重視されるようになった．すわわち，修復技術の開発だけでなく，容器などの再使用や，廃棄物を排出しないプロセスの開発および廃棄物や未利用資源のリサイクルに関する研究などが重視されるようになった（図 1 参照）．また我国が持続的に成長するためには，循環

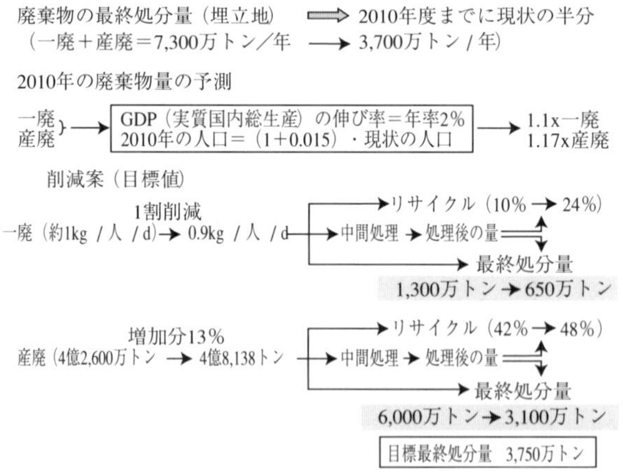

図 2　廃棄物の最終処分量削減案（朝日新聞 2000 年 9 月 29 日記事を引用）

型社会の構築が緊急の課題であると警鐘され，2000 年は循環型経済社会の元年とされた．

通産省（現；経済産業省），農林水産省，建設省（現；国土交通省），環境庁（現；環境省）と民間団体でつくる生物系廃棄物リサイクル研究会の調査によると，生ごみ，家畜糞尿，下水汚泥，食品産業汚泥のそれぞれの年間排出量は約 1,800 万トン，9,400 万トン，8,500 万トン（乾物ベースで 171 万トン），約 1,500 万トン（食品加工工程約1,500万トン，動植物性残渣約 24.8 万トン）であり，これらを含めた生物系廃棄物の年間総量は 2 億 8,143 万トンに達し，廃棄物総量の 57%を占めるとのことである（図 3 参照）[1]．

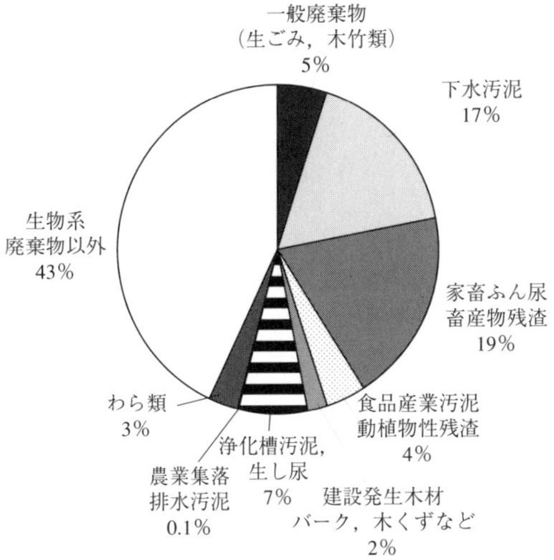

図 3　廃棄物に占める生物系廃棄物の内訳

このような現状を踏まえ，当研究室では図 4 に示すようなバイオテクノロジーによる資源循環プロセスの開発を行っている．生物系廃棄物のリサイクルといえば，堆肥化や飼料化が真先に挙げられるが，サーマルリサイクルや高付加価値物質の生産，さらには廃棄物のレジュースに関する研究や，ゼロエミッションプロセスの開発を行っている．

本稿では，生物系廃棄物のメタン発酵によるサーマルリサイクルに関する研究を紹介する．

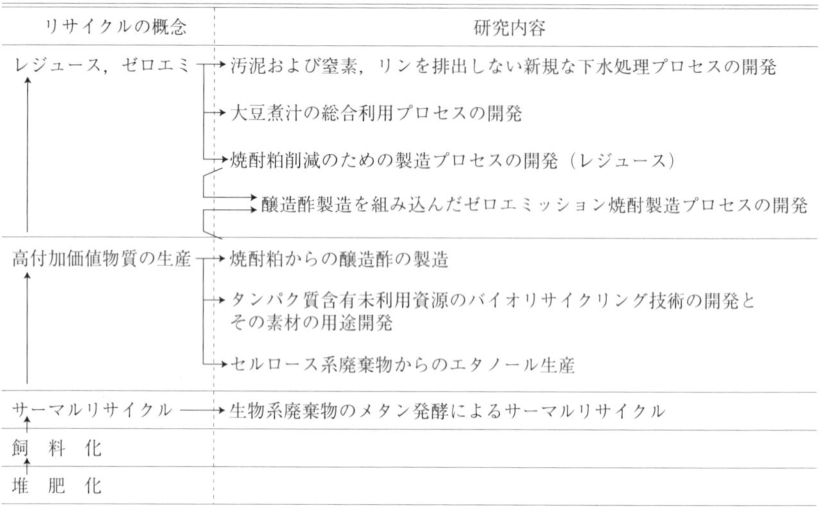
リサイクルの概念
研究内容
レジュース，ゼロエミ
汚泥および窒素，リンを排出しない新規な下水処理プロセスの開発
大豆煮汁の総合利用プロセスの開発
焼酎粕削減のための製造プロセスの開発（レジュース）
醸造酢製造を組み込んだゼロエミッション焼酎製造プロセスの開発
高付加価値物質の生産
焼酎粕からの醸造酢の製造
タンパク質含有未利用資源のバイオリサイクリング技術の開発とその素材の用途開発
セルロース系廃棄物からのエタノール生産
サーマルリサイクル
生物系廃棄物のメタン発酵によるサーマルリサイクル
飼　料　化
堆　肥　化

図4　バイオテクノロジーによる資源循環プロセスの開発

1. バイオマスのメタン発酵による分解機構

1.1. メタン発酵の機構

1.1.1. 有機物の分解機構 [2)]

メタン発酵による有機物からバイオガスへの分解は，図 5 に示すように3段階に行われる．すなわち，複雑な有機物は，第 1 段階の液化過程（酸生成過程）で酸生成細菌群の作用により，単糖類，アミノ酸などの分子量の小さい物質を経て，酢酸およびプロピオン酸，酪酸などの低級脂肪酸，そして乳酸やエタノールになる．次の第 2 段階においては酢酸以外の低級脂肪酸，乳酸

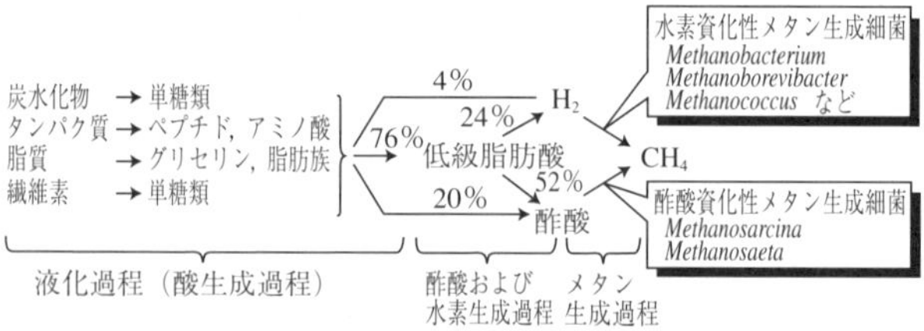

図5　メタン発酵の機構

およびエタノールは，水素生成細菌により水素と酢酸に変換され，最後の第3段階において基質特異性の強いメタン生成細菌群により，メタン，二酸化炭素などに分解される[3]．

1.1.2. メタン生成反応に関与する微生物

第1段階に関与する細菌には，炭水化物分解菌[4, 5]や繊維素分解菌[4, 6~9]，タンパク質分解菌[10, 11]などが知られており，低分子化したアミノ酸は*Clostridium*属[12, 13]，*Peptococcus aerogenes*[13]，*Selenomonas acidaminophila*[14]などにより，酢酸，プロピオン酸，酪酸などの低級脂肪酸に変換される．

第2段階におけるプロピオン酸や酪酸の酢酸および水素への転換は，熱力学的には進行しないため，水素資化性のメタン生成細菌あるいは硫酸イオン存在下での硫酸還元菌との共生が必要となり，それぞれの反応に関与する微生物として*Syntrophobacter* wolinii[15]および*Syntrophobacter wolfei*[16]が知られている．

第3段階のガス生成過程に関与する細菌は，図6に示すrRNAの16Sの相同性によると3目4科8属14種に分類される[17]．ほとんどのメタン生成細菌は，水素とギ酸を基質にできるが，酢酸を基質にできるメタン生成細菌は，*Methanosarcina*と*Methanothrix*だけである．

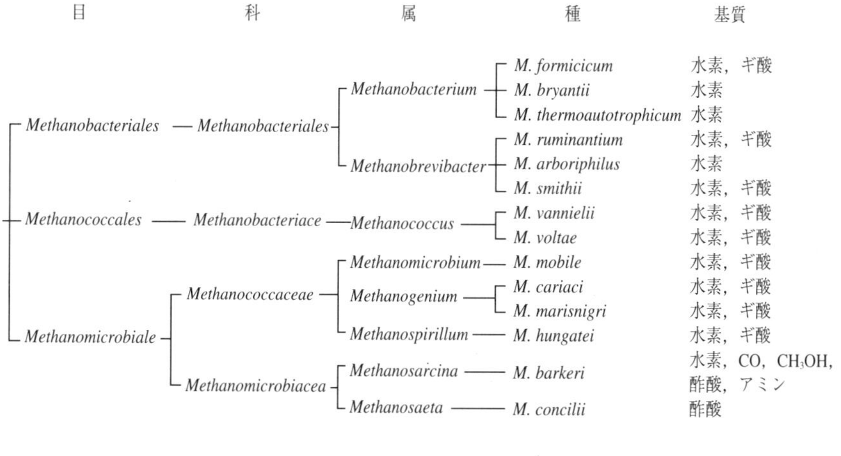

図6 16S rRNAに基づくメタン細菌の分類

1.1.3. 酢酸や水素からのメタン生成機構

第 1 段階および第2段階で生成された酢酸は，*Methanosarcina* および *Methanosaeta* により還元されメタンになる．この代謝経路は，アセチル- CoA を経てメチル CoM（CH3-S-CoM）となり，methylreductase system により，メタンに還元される[18)]．

一方，主として第 2 段階で生成される水素は，数種類の補酵素が関与する C1 サイクルにより CO_2 を還元し，ホルミルメタノフラン（formyl-MFR）になり，このホルミル基は，さらに還元されメテニル基，メチレン基を経てメチル基となり，metyl coenzyme M methylreductase system によりメタンに還元される（図 7 参照）．生化学的および菌叢解析により，メタン生成反応は酢酸からのメタン生成と図7に示したように炭酸ガスの 8 電子還元反応によるメタン生成だけでなく，後述するように（2.2（4），2.2（5））酢酸が酸化分解され，生成した炭酸ガスと水素によりメタンになる経路もあることがほぼわかってきている．しかも，Ni^{2+} および Co^{2+} の添加と仕事量（希釈率）により人為的に制御できることが可能となってきた．

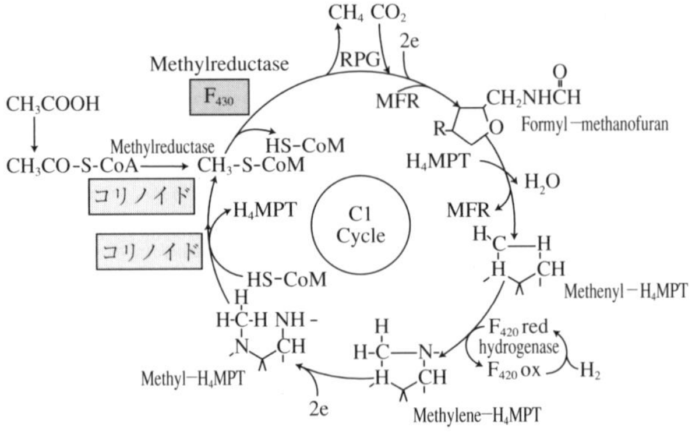

図 7　酢酸，水素からのメタン生成反応

1.2. メタン発酵の問題点

メタン発酵は下記に示すように多くの特徴を有しているが，表 1 に示したように ① 限られた廃水に対する処理技術である，② 反応速度が遅いなどの問題点も有している．そこで，これらの問題点を解決するために種々の検討を行ったので，以下に概略する．

メタン発酵の特徴

1. 曝気動力を必要としないことから，省エネ型廃水処理技術である．
2. 余剰汚泥発生量が，活性汚泥方の 1/10～1/5 と少ない．
3. エネルギー生産型プロセスである．

表 1　メタン発酵の問題点と対策

問題点	対　策
限られた廃水に対する処理技術である	種々の有機物濃度を有する廃水·廃棄物の処理試験 ⟶ それぞれのプロセスの確立＝汎用的水処理技術
反応速度が遅い	新規リアクター Ni_2^+ および Co^{2+} 添加 ⟶ TOC 容積負荷 42g / l / d（高温メタン発酵） 24g / l / d（中温メタン発酵）
NH_4^+ が増加する	メタン発酵で残存する有機酸による同時除去 廃水 ⟶ メタン発酵 ⟶ 生物学的脱窒 ⟶ 硝化
不安定な処理技術である	生化学的手法により代謝経路の解明

1.2.1.　メタン発酵法を汎用的水処理技術とするための研究開発

メタン発酵は，一般的に図 8 に示したように有機物濃度が 1～5%程度の廃水・廃棄物を処理する技術とされ，限られた廃水にしか適用されなかった．

有機物濃度（%）	0.01	0.1	1.0	10　　100
処理法	活性汚泥		メタン発酵法	濃縮燃料，海洋投棄，埋立
消費動力	大		小	大
副産物	余剰汚泥		バイオガス	環境汚染
処理対象	都市下水	産業廃水	下水汚泥，産業廃水	脱水汚泥，畜産廃棄物，固形廃棄物
有機物濃度（%）	0.01	0.1	1.0	10　　100
研究室で実施した高速メタン発酵処理試験例	下水 製糖廃水	ビール工場 総合廃水 ゴム工場廃水 染色加工合成廃水	アルコール蒸留廃液 焼酎蒸留廃液 ウィスキー蒸留廃液 混合下水汚泥 梅干し製造廃水 トループ廃水	コーヒー粕
		浸出余水		

図 8　有機性排水・廃棄物処理法の適用範囲

そこで，本技術を地球環境にやさしい汎用的水処理技術とするために，ヨーロッパで開発された槽内の微生物濃度を高めるリアクター（図 9 参照）[19]，主として流動床型リアクターや固定床型リアクターを用いて表 2 に示す種々の実廃水（染色廃水は合成廃水）・廃棄物を処理し，それぞれに適した処理プロセスを構築してきた[20〜40]．

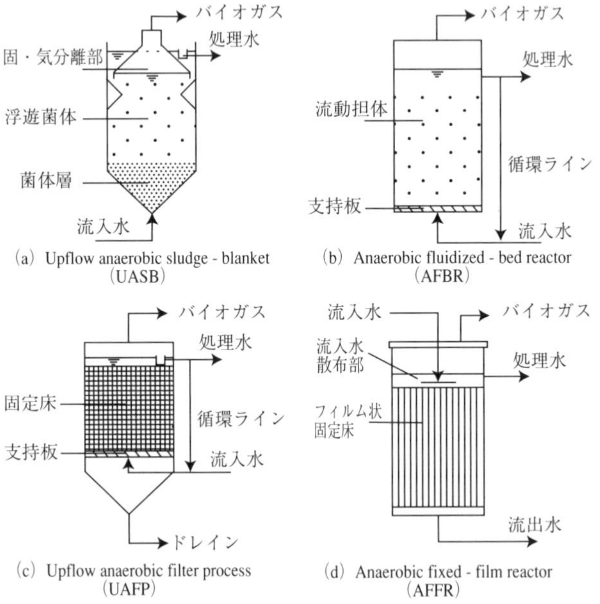

図9　新規なメタン発酵リアクター

焼酎蒸留廃液に関しては我々の処理プロセスに類似するプロセスが，水処理メーカーにより実用化されている．また，ウィスキー蒸留廃液に関してはメーカーとの共同研究であり，その技術はすでに実用化されている．ラバー廃水に関しては，JICA のプロジェクトの一つでマレイシアとの共同研究で実施したものである．表 2 に記載したように，メタン発酵の後段に生物学的硝化槽を設置し，硝化処理水をメタン発酵槽に返送することによりメタン発酵槽で脱窒とメタンを同時に行うプロセスも確立した．

表2　種々の廃水・廃棄物に対するメタン発酵を主体とする生物処理プロセスの開発

廃水	有機物濃度（mg / *l*）	プロセス	有機物負荷など
低濃度有機性廃水			
低温処理　下水	TOC, 30-90；BOD, 50-180.	下水（上澄水）→UASB or AFBR（15℃）→処理水	HRT＝6 hr
用水化　製糖工場廃水	TOC, 35-100；SS, 300.	低濃度廃水→中温AFBR or UASB→好気性固定床→活性炭→処理水	0.4gTOC / *l*+d（HRT＝6hr）
中濃度有機性廃水		総合廃水→中温AFBR→河川放流	1.4 gTOC / *l*+d
ビール工場総合廃水	TOC, 1,200；BOD, 2,800		
高濃度有機性廃水			
麦汁搾り粕廃水	TOC, 47,000；BOD, 80,000.	トループ廃水→高温AFBR→（好気性処理）→処理水	14 gTOC / *l*+D
アルコール蒸留廃液	BOD, 37,000；色度, 69,000°	蒸留廃液→高温AFBR→高温AFBR→活性汚泥法→膜分離→処理水	色度 550°
食品系廃棄物	20%w / v スラリー	二槽式繰り返し回分処理　ろ液（メークアップ水）（循環）	
コーヒー粕		コーヒー粕→高温液化→沈降槽→高温 AFBR→残渣	
特殊廃水			
高濃度含塩・着色廃水	TOC, 14,080；BOD, 27,000.	梅干し廃水→10 倍希釈→中温 UAFP →活性汚泥→処理水	11 gTOC / *l*+d
（梅干し廃水）	灰分, 150,000；食用色素, 294		
重金属含有廃水	TOC, 2, 100-3,400；	Na_2S ↓	
（ラバー廃水）	Zn^{2+}, 190-480.	ラバー廃水→凝集沈殿→固液分離→中温UAFP活性汚泥→処理水	10 gTOC / *l*+d
浸出余水	TOC, 6, 500-8,500；		
	BOD, 9,000-10,000	余水→前処理（栄養塩天下, pH 調整）→UASB→活性汚泥→凝集沈殿	10 gTOC / *l*+d
染色加工合成廃水	TOC, 660；色度, 1,080°	廃水→陰イオン交換樹脂→中温UAFP→流動床式好気性処理→処理水（色度，25°）	2.5 gTOC / *l*+d（HRT＝4.8hr）
高度処理		希釈水 ↓　循環	
麦焼酎蒸留廃液	S-BOD, 6,200；TOC, 39,000.	蒸留残液→固液分離→中温 AFBR→脱窒→硝化→処理水	24 gTOC / *l*+d
ウィスキー蒸留廃液	TOC, 17,000	循環	
		蒸留残液→固液分離→中温 AFBR→脱リン→脱窒→硝化→処理水	20 gTOC / *l*+d
ラバー廃水	TOC, 4,000；Protein, 230；	循環	
	NH^{4+}, 180	廃水→凝集沈殿→固液分離→中温 UAFP→活性汚泥→浸水ろ床→処理水	8 gTOC / *l*+d
有効利用＋高度処理	S-BOD, 84,000；TOC, 33,500.	希釈水 ↓　循環	
米焼酎蒸留廃液		蒸留残液→麹菌培養→固液分離→中温AFBR→脱窒→硝化→処理水	22 gTOC / *l*+d

1.2.2. メタン発酵処理後の NH_4^+ の効率的処理法[41~43]

タンパク質を含む廃水ではメタン発酵することにより NH_4^+ が増加する．そこで，図 10 に示すようにメタン発酵処理水を 5 倍希釈した後，循環式生物学的脱窒・硝化によりメタン発酵で残存した有機酸（プロピオン酸）との同時除去を行った．その結果，ほとんどの NH_4^+ を除去することが可能となった．同様な方法によりウィスキー蒸留廃液に関してもメタン発酵を主体とする高度処理プロセスを開発し，実用化した．

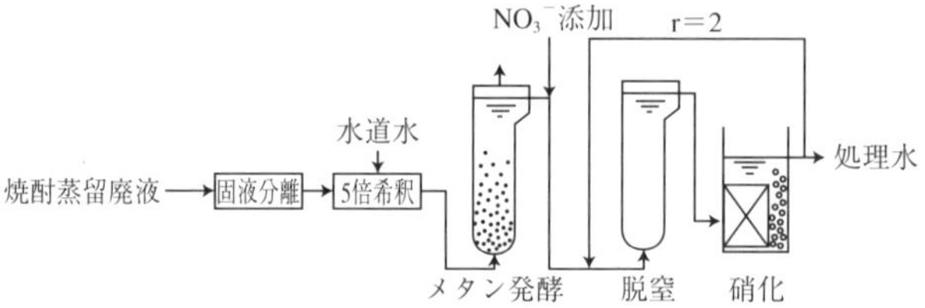

TOC	37,500	7,000－8,000	1,250	190	23
BOD	46,000	－	－	－	5
タンパク質	35,000	6,950	560－590	－	ND
NH_4^+-N	－	206	800－960	310	11
NO_3-N	－	－	1－4	－	280－310
有機酸	10,000－12,000	－	2,050	230	ND
（プロピオン酸）	(300)		(1,800)	(130)	

図 10　固形物を除去した麦焼酎粕メタン発酵脱離液の高度処理

1.2.3. 反応速度の向上

固形物をほとんど含まない有機性廃水のメタン発酵において，主として反応速度の向上を目的に多くの研究がなされ，メタン生成反応に関与する微生物を高濃度に保持できるリアクター UASB, UAFP, AFFR, AFBR が開発された (図 9 参照)[19]．UASB は微生物が凝集して重力沈降する程度のフロックを形成する性質を利用し，その他のプロセスは微生物が担体に自然に付着してリアクター内に留まる性質を利用している．その結果，反応速度の向上は勿論のこと，低濃度有機性廃水の処理にも適用できるようになった．

上述したメタン生成経路において methyltransferase や methylreductase といった Co^{2+} や Ni^{2+} を含む金属酵素が作用していることから，反応速度のさらなる向上を目的にこれらの金属イオンの添加効果を調べた．固形物を除去した焼酎蒸留廃液に両金属を微量添加した後，AFB リアクターによる嫌気性処理試験を行った．Ni^{2+} や Co^{2+} を添加することにより，高温メタン発酵および中温メタン発酵で達成したそれぞれの最大 TOC 容積負荷は 42 および 24 g / *l*·d となり，無添加に比較して 4～5 倍向上した．これらの負荷を BOD 容積負荷に換算すると 68 および 39 g / *l*·d となり，世界的に見ても非常に早い反応速度を達成している[28, 39]．

次に，Ni^{2+} および Co^{2+} の添加効果を菌体レベルおよび酵素活性レベルで明らかにするために，図 11 に示した完全混合型リアクター（CSTR）と酢酸合成培地を用いて酢酸資化性メタン生成細菌の連続培養を行った．

酢酸培地の組成

NH_2PO_4	0.3 g
$NHCO_3$	4.0 g
NH_4Cl	1.0 g
NaCl	0.6 g
$MgCl_2 \cdot 6H_2O$	0.082 g
$CaCl2 \cdot 2H_2O$	0.08 g
Cystein-HCl·H_2O	0.1 g
Trace element solution[1)]	10.0 m*l*
Vitamin solution[2)]	10.0 m*l*
Acetic acid	16.0 g
Sodium acetate	5.46 g

1）$FeCl_3$ 1.35g, $MnCl_2$-4H_2O 0.10g, $CaCl_2$-2H_2O 0.10g ZnCl$_2$ 0.10g, $CuCl_2$-2H_2O 0.025g, H_2BO_3 0.01g Na_2MoM_4-2H_2O 0.024g, NaCl 1.0g, Na_2ScO_3-5H_2O 0.026g NTA 12.8g, Water 1 *l*

2）Biotin 2.0mg, Folic acid 2.0mg, Pyridoxic-HCl 10.0mg, Thiaminc-HCl 5.0mg, Riboflavin 5.0mg, Nicotinic acid 5.0mg, DL-calcium pantothenate 5.0mg, p-Aminobenzoic 5.0mg, Lipoic acid 5.0mg, water1.0 *l*

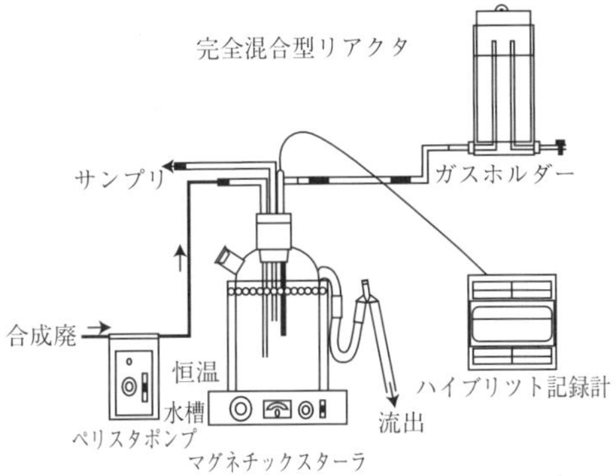

低希釈率（D＝0.025d^{-1}）・高希釈率（D＝0.6d^{-1}）で供給する 2 種類の中温連続培養系を構築
希釈率＝1日当たりの廃水供給量／発酵槽実容積

図 11　完全混合型メタン発酵装置の概要

Ni^{2+} および Co^{2+}（Ni^{2+}，500 mg / *l*；Co^{2+}，200 mg / *l*）を合成培地に添加することにより，図 12 に示したように D ＝ 0.6d^{-1} といった大きな希釈率 D（＝供給量 / 実容積）においても残存有機酸濃度は増加することなく安定して連続培養を行うことができた．一方，無添加系では D ＝ 0.05d^{-1} でもウオッシュアウトした．添加系での D ＝ 0.6d^{-1} の条件での連続培養結果を用いて，単位菌体あたりのTOC除去速度（比TOC除去速度）を算出し表3に示した．また，AFBリアクターを用いて焼酎蒸留廃液の中温および高温嫌気性処理試験を行ったときの結果を併記した．CSTリアクターを用いた連続培養で得られた比TOC除去速度は，AFBリアクターで達成した値の2.5倍も高く，硫化水素などによる阻害のない系で処理試験を行えば，中温メタン発酵においてもさらに高い負荷，例えば焼酎蒸留廃液の処理ではTOC容積負荷60 g / l·d（BOD容積負荷97 g / l·d）を達成できることになる．この値は，固形物を除去した焼酎蒸留廃液（例えばTOC，40,000 mg / l；BOD，65,000 mg / l）を16時間という短時間で中温メタン発酵処理できることになり，驚異的な反応速度を達成できることになる．高温メタン発酵ではさらに処理時間を短縮できることになる[44, 45]．

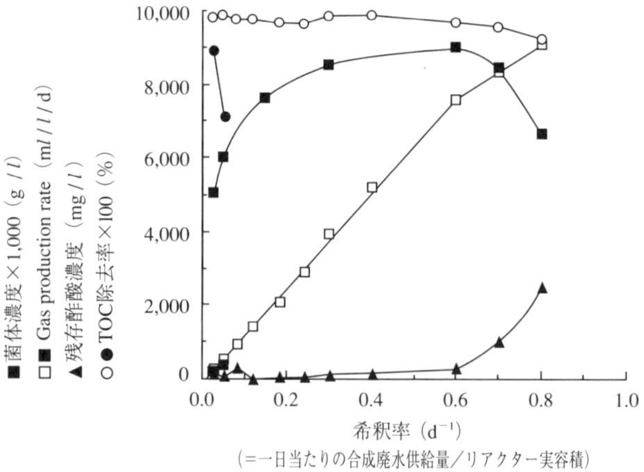

図12　酢酸を炭素源とするCSTR連続培養の結果

表3　完全混合型リアクターおよび流動床型リアクターを用いたメタン発酵の性能

リアクターのタイプ	最大TOC容積負荷（g / l / d）	TOC除去率（%）	VSS（g / l）	比TOC除去速度（g / g / d）
CSTR（中温）	4.8	96.9	0.91	5.3
AFBR（中温）	24	86	10	2.1
AFBR（高温）	42	80	10	3.4

高温流動床型メタン発酵のVSS濃度を10 g / lと仮定して比TOC除去速度を算出した．他のVSS濃度は実測値である．

1.2.4. 酢酸資化性メタン生成細菌の能力制御と代謝変換[44, 45)]

処理試験および連続培養の結果，処理性能に対して Ni^{2+} および Co^{2+} の添加効果が明らかとなった．ここではこれらの添加効果を菌体レベルおよび酵素活性レベルで明らかにすることを試みた．

上述した連続培養（Co^{2+} および Ni^{2+} 添加合成培地使用）において各希釈率で安定した培養液を用いて菌体中の補酵素含量と菌体活性の測定を行った．図 13 に示したように，コリノイド含量は希釈率 $D = 0.1d^{-1}$ までは希釈率とともに直線的に増加し，それ以上の希釈率ではほぼ一定となり，その最大値は約 0.8 μmol / gVSS であった．また，F430 含量もコリノイド含量と同様に希釈率 $D = 0.1d^{-1}$ まで希釈率とともに直線的に増加し，それ以上の希釈率においてほぼ一定となり，その最大値は約 0.7 μmol / gVSS であった．一方，C1 サイクルに関与する F420 相対活性は，コリノイドや F430 含量とは逆に大きく減少した．コリノイドと F430 の増加傾向と菌体活性を比較すると，菌体活性が急激に増加する希釈率 $0.1d^{-1}$ までの範囲で補酵素含量も増加し，その後菌体活性が緩やかに増加する希釈率 $0.1d^{-1}$ 以上では補酵素含量は一定していた．このことから，酢酸資化性メタン生成細菌の能力は補酵素含量により影響を受け，補酵素含量が一定した時点で能力 100（潜在能力）を有するものと思われる．しかし，酢酸資化性メタン生成細菌は，潜在能力を 100％発現するのではなく，希釈率すなわち与えられた仕事量（＝ 希釈率×基質濃度）

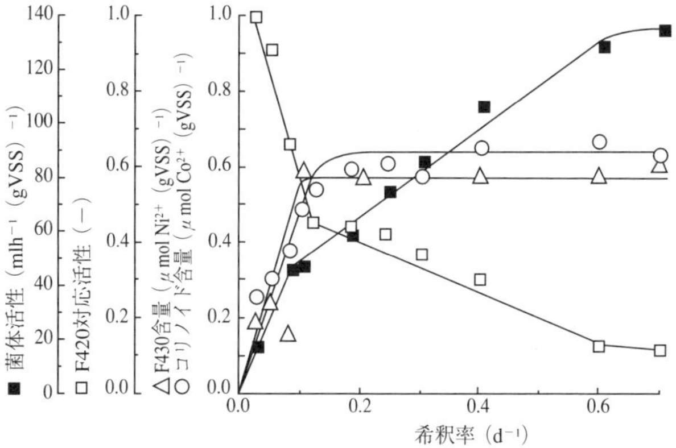

図 13　補酵素含量および菌体活性に及ぼす希釈率の影響

に応じてその潜在能力の発現を制御しているものと思われる．

表4に示したように，水素資化性メタン生成細菌の増殖速度は非常に速く，酢酸資化性メタン生成細菌の増殖速度も結構速いことがわかる．本実験では図11に示したように炭素源として酢酸だけしか用いていないので，酢酸は上述したように（2.1.（3）参照）アセチル－CoAを経てメチルCoM（CH_3-S-CoM）となり，methylreductase systemによりメタンに還元される．しかし，低希釈率においてC1サイクルに関与するF420の比活性が大きくなることは，表4に示したように酢酸酸化分解菌が増殖できるようになり，酢酸が酸化分解されC1サイクルによりメタンになるものと推察された．すなわち，図14に示したように補酵素含量と希釈率により代謝変換が起こっているものと考察した．

表4　メタン生成反応に関与する微生物の平均世代時間

	平均世代時間	
	報告	実験値
酢酸資化性メタン生成細菌 *Methanosaeta*	3～7日	1.0～1.2日
水素資化性メタン生成細菌 *Methanobacteirum*	2～4時間	
酢酸酸化分解菌	約30日	14～28日

$CH_3COO^- + H_2O \rightarrow CH_4 + HCO_3^-$　$\Delta G^0 = -31.0$ KJ / reaction

高希釈率で主要

低希釈率で主要

CH_4

水素資化性メタン生成古細菌
Methanoculleus palmaeoli など

H_2/CO_2

酢酸資化性メタン生成古細胞
Methanosarcina mazei
Methanosarcina barkeri
Methanosaeta concilii

CH_3COOH

酢酸酸化分解菌（細菌）
低希釈率で多数検出

$CH_3COO^- + 4H_2O \rightarrow 2HCO_3^- + 4H_2 + H^+$　$\Delta G^0 = +104.6$ KJ / reaction
$HCO_3^- + 4H_2 + H^+ \rightarrow CH_4 + 3H_2O$　$\Delta G^0 = -135.6$ KJ / reaction
$CH_3COO^- + 4H_2 + H^+ \rightarrow 2CH_4 + 2H_2O$　$\Delta G^0 = -166.6$ KJ / reaction

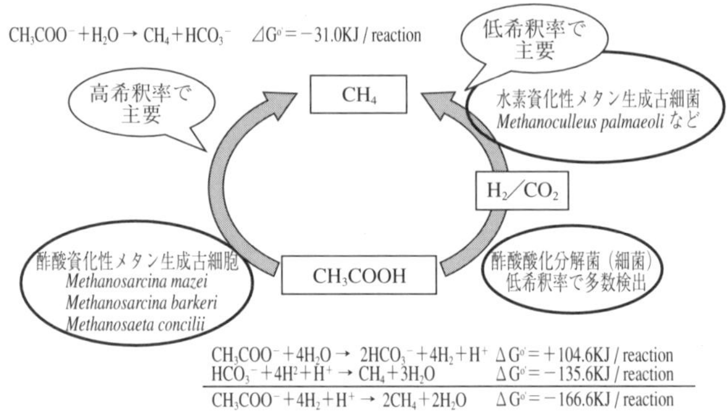

図14　希釈率による代謝変換

1.2.5. 菌叢変化とそれに伴う代謝変換

上述したように酢酸資化性メタン生成細菌の活性低下と希釈率の低下により，菌叢変化に伴う代謝変換が起こっているものと推察された．

そこで，$D=0.025d^{-1}$ と $D=0.6d^{-1}$ での菌叢分布を調べるために FISH (Fluorescent In Situ Hybridization) 法による連続培養液の観察を行った．図 15 に示すようにアーキア（古細菌）ドメインに特異的なプローブとバクテリア（真正細菌）ドメインに特異的なプローブを用いて FISH を行ったところ，両リアクターともに，アーキアに属する細胞が優占していた．バクテリアに属する細胞数は $D=0.025d^{-1}$ の培養液の方が比較的多く観察された．続いて，両培養液から抽出した DNA を鋳型にした PCR により得られた 16S rDNA を大腸菌にクローン化して塩基配列を決定し，系統分類を行った（この解析法をクローン解析と呼ぶ）．

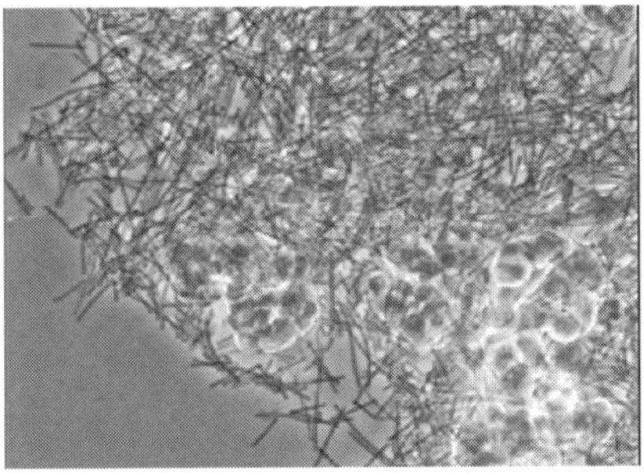

高希釈率（$0.6d^{-1}$）Phase Constrast

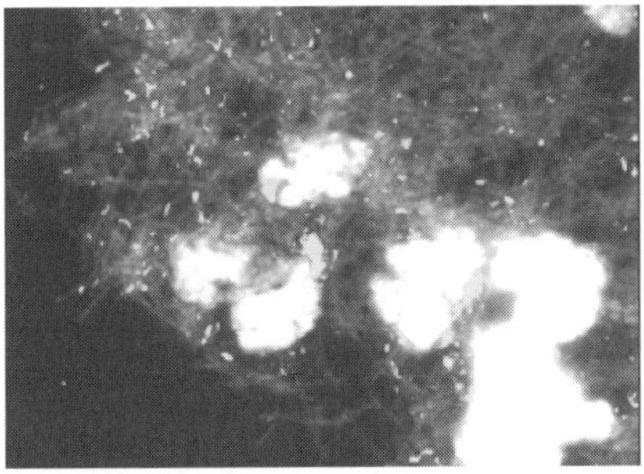

高希釈率（$0.6d^{-1}$）
FISH（ARC915（古細菌）：green, EUB38（細菌）：red）

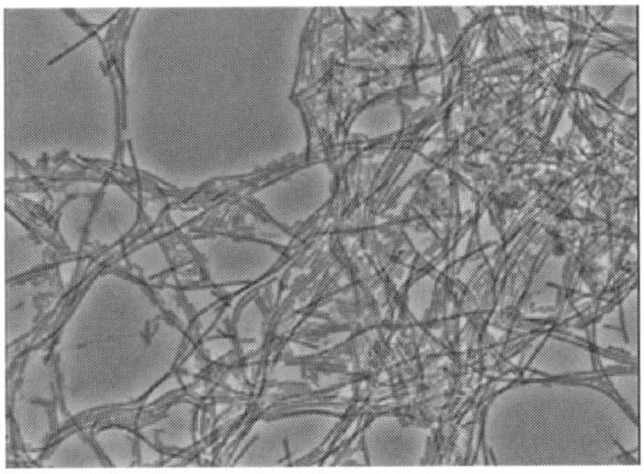

低希釈率（$0.025d^{-1}$）Phase Constrast

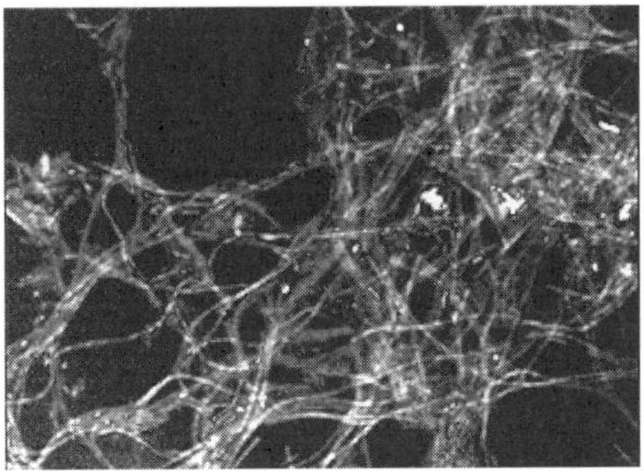

低希釈率（$0.025d^{-1}$）
FISH（ARC915（古細菌）：green, EUB38（細菌）：red）

図 15　FISH 法の観察結果（古細菌と細菌）

図 16 に示したように，$D=0.025d^{-1}$ の培養液から得られたクローン（103 個）

の構成は，アーキアが 40.8 %，バクテリアが 59.2 %であった．一方，D＝0.6d^{-1}の培養液から得られたクローン（112 個）の構成はアーキアが 64.3%，バクテリアが 35.7 %であった．二つの培養条件によらず，アーキアでは酢酸資化性を示す *Methanosarcinaseae* 科に分類されるクローンのみが観察され，バクテリアでは *Bacillus / Clostoridium* group に分類されるクローンが優占していた．この *Bacillus / Clostoridium* group の中でも，*Clostridiaceae* 科に属するクローンが多く認められ，D＝0.025d^{-1}の培養液で全クローンの 18.4%を，D＝0.6d^{-1}の培養液で 10.7%をそれぞれ占めていた．なお，*Clostridiaceae* 科に属するバクテリアの中には酢酸を酸化分解する能力をもつものが報告されている[46]．

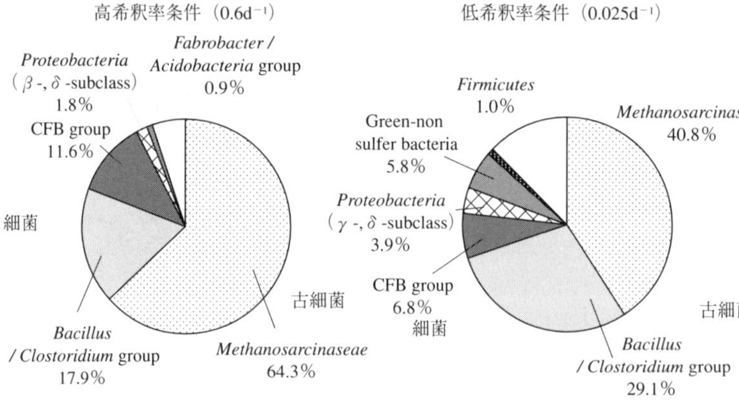

図 16　16SrDNA クローン解析結果

FISH 法ならびにクローン解析の結果から，D＝ 0.6d^{-1}では酢酸資化性メタン生成細菌のようなアーキアが優占種となり，D＝ 0.025d^{-1}では酢酸を酸化分解すると報告されている *Clostridiaceae* 科に属するバクテリアが多く存在することが示唆された．

上述結果と表 4 に示したようにメタン生成反応に関与する微生物の増殖速度から，下記のような微生物叢変化に伴う代謝変換が起こっているものと考察される．

(1) Ni^{2+} および Co^{2+} を十分量添加し，かつ希釈率を上げる，すなわち仕事量を高めることにより，酢酸資化性メタン生成細菌の能力は最大値に近づく．また，希釈率を上げることにより増殖速度の遅い酢酸酸化分解菌はウオッシュアウトされる．これらの結果，酢酸は acetyl-CoA → methyl-CoM を経てメタンに変換される．

(2) 酢酸資化性メタン生成細菌の能力を下げ，かつ希釈率を $0.05d^{-1}$ 以下にすることにより，酢酸酸化分解菌がリアクター内で増殖する割合が高くなる．その結果酢酸は，主として酢酸酸化分解菌により CO_2 と H_2 に酸化分解された後，C1 サイクルによりメタンに変換される．

2. 生物系廃棄物のメタン発酵によるサーマルリサイクル

2.1. エネルギー生産から見たメタン発酵の優位性

グルコースからのメタン生成におけるエネルギー回収率を算出するために，まずグルコースの低発熱量H_lを次式[47]から算出すると 583 kcal / mol となる．

$$H_l = \{8100C + 29000(H - O / 8)\} \times (180 / 1000)$$

ここで C，H，O はグルコースの炭素，水素，酸素の重量組成であり，8,100 および 29,000 は炭素および水素の発熱量〔kcal / kg〕である．1 mol のグルコースから 3 mol のメタンが理論的に生成されるので，メタンの低発熱量を 191.9 kcal / mol とすると，エネルギー回収率は 98.7%（=(3×191.9 / 583) × 100）となる．次に，グルコースのメタン発酵における菌体増殖に伴うエネルギーロス率の算出を試みた．菌体収率を除去 TOC に対して 10 %，そして菌体中の炭素含量を 50 %とすると，グルコースの 5 %が菌体の増殖に利用されたことになるので，菌体の増殖を考慮してもエネルギー回収率は 93.8 %（= 98.7×0.95）となる．

実際，生ごみ（TS20 %）のメタン発酵におけるエネルギー回収率を算出するために，実証試験結果に基づき生ごみの高発熱量 874 Mcal / トン，COD_{Cr}分解率 70 %，バイオガス発生量 110 Nm^3/ トン，メタン含量 60 %，メタン高発熱量 213.5 kcal / mol として，バイオガスの発熱量を算出した[48]．

$$\text{バイオガス発熱量} = ((110 \times 1000 / 22.4) \times 213.5 \times 0.6 = 629.1 \text{ Mcal / トン}$$

生ごみの分解率を 100 と仮定すると，メタン発酵で得られるバイオガスの発熱量は 898.7（= 629.1 / 0.7）Mcal / トン となり，生ごみからのエネルギー回収率は 103 %となる．

ガス発生量は，一般的には図 17 に示した Buswell の式や Shin の実験式，さらには COD_{cr} 値から算出する方法がある[49]．

以上，有機物のメタン発酵によるエネルギー回収率は非常に高いことがわかる．

（1）Buswell の式

$$CaHaOb + \left(n - \frac{a}{4} - \frac{a}{4}\right) \cdot H_2O \rightarrow \left(\frac{n}{4} + \frac{a}{3} - \frac{b}{4}\right) \cdot CH_4 + \left(\frac{n}{2} - \frac{a}{6} + \frac{b}{4}\right) \cdot CO_2$$

（2）Shin の実験式

有機質の炭素含有量および発生量

有機質	分子式	1 g 有機物に含まれる炭素量（g / g）	1 g の有機質から発生するガス量（ml / g）
ペントザン	$C_5H_8O_4$	0.455	846
でん粉	$C_6H_{10}O_5$	0.444	826
グルコース	$C_6H_{12}O_6$	0.400	744
エチルアルコール	C_2H_5OH	0.522	971
プチルアルコール	C_4H_9OH	0.648	1,210
ステアリン酸	$C_{17}H_{35}COOH$	0.761	1,420
酪酸	C_3H_7COOH	0.545	1,010
プロビオン酸	C_2H_5COOH	0.487	906
酢酸	CH_3COOH	0.400	744
グリセリン	$C_3H_5(OH)_3$	0.390	725
グリシン	$CH_2(NH)_2COOH$	0.320（0.160）＊	298
アラニン	$CH_3CH(NH)_2COOH$	0.414（0.278）＊	517

TOC 1 g 当たりのガス発生量＝1.87 *l*

（3）COD_{cr} からの算出

$$CH_4 + O_2 \rightarrow CO_2 + H_2O \qquad 350\ ml\ CH_4 / g\ COD_{cr}$$

図 17　メタン発酵によるガス発生量の試算

2.2. 我国における有機性廃棄物のメタン発酵処理技術

従来から，し尿・浄化槽汚泥の処理プラント建設に対して国庫補助金制度があったが，平成 10 年度より厚生省の政策が大きく変更した．具体的には循環型処理を推進するために，メタン発酵とコンポストの採用を条件とする「汚泥再生処理センター」を建設することである．そして，この条件に合致しないプラントの建設には補助金が出ない，すなわち，政策主導で従来の処理技術を変更しようとするものである．同計画では有機性廃棄物の循環型処理技術を開発するために，従来のし尿・浄化槽汚泥の他に下水汚泥や農業集落排水汚泥，生ごみおよび畜産廃棄物などを一緒に処理し，メタン発酵・発電によるエネルギー回収と，コンポストなどを製造することによるマテリアル資源化を狙っている．表 5 は本開発研究に参加している 3 グループとプロジェクトの概要と成果を示している．また図 18 は，各グループが導入したメタ

表5　汚泥再生処理センターのプロジェクトの概要

グループ名（参加企業）	開発の概要	成　　果
第1グループ （従来のし尿処理メーカー） アタカ工業（株），（株）荏原製作所，（株）クボタ，栗田工業（株），住友重機械興業（株），（株）西原環境衛生研究所，三菱重工業（株）	フィンランドの CITEC 社から有機性廃棄物のメタン発酵技術（WAASA システム）の技術を導入し、平成9年6月から神奈川県足柄上衛生組合で実証試験を行いメビウスシステム（資源の無限のリサイクルという意味）の確立を行った．平成 10 年7月すでに技術評価書を取得し，2 基のプラント建設契約を交わした．	処理対象物：選別後厨芥，し尿余剰汚泥，浄化槽脱水ケーキ；TS 含量12%． 処理条件：リアクター滞留時間，16 日；処理温度，55℃． 処理結果：TS 減少率 53%；TVS 減少率 62%；SS 減少率，46%；投入 TS 当たりのガス生成量，0.49 m^3 / kg TS；投入 TVS 当たりのガス生成量，0.57 m^3 / kg TVS；メタン含量53%．
第2グループ （REM システム研究会） 浅野工事（株），三機工業（株），（株）新潟鐵工所，三井鉱山（株），三菱化工機（株）	固体有機物の効果的な処理を目的に，オーストラリアの ENTEC 社から湿式粉砕装置（パルパー）と無動力攪拌消化槽（BIMA）を技術導入し，平成9年末から栃木県栃木市衛生センター内で実証試験を開始し，REM システムの実用化を目指している．	処理対象物：厨芥およびし尿の余剰汚泥，浄化槽汚泥；TS 含量約 10%． 処理条件：リアクター滞留時間，16 日；処理温度，35℃． 処理結果：TVS 減少率，73%；CODCr 分解率，69%；投入 TVS 当たりのガス生成量，0.58 m^3 / kg TVS；除去 CODcr 当たりのメタン発生量，0.32 Nm^3 / kg △CODcr；メタン含量，57%．
第3グループ （焼却炉メーカー主体） 石川島播磨重工業（株），新日本製鉄（株），（株）タクマ，東レエンジニアリング（株），日本鋼管（株），日立造船（株），三井造船（株）	平成9年ドイツのシュワルティング・ウーデ社から技術導入し，平成 10 年 9 月初めから愛媛県上浮穴郡生活環境事務組合環境衛生センター内で実証試験を開始し，リネッサシステムの実用化を目指している．	処理対象物：し尿・浄化槽汚泥の膜分離脱窒処理装置からの余剰脱水汚泥と生ごみ（食品加工廃棄物・厨芥類）の混合物（10%固形物）． 処理条件：中温と高温の二段直列メタン発酵，処理日数，7日＋7 日． 処理結果：平成 10 年 9 月からデータ取得．

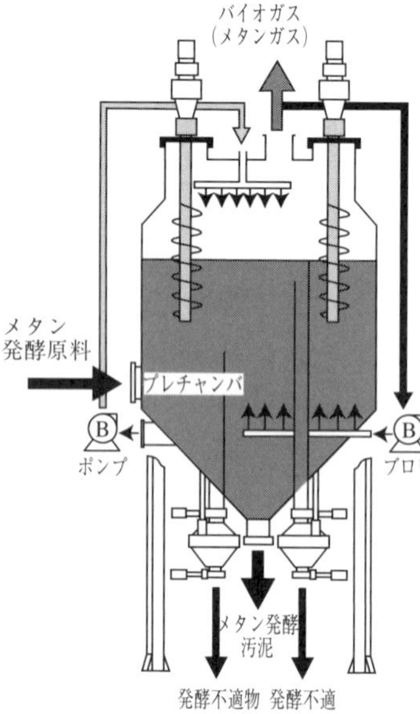

ツインリアクター（TR）の概念図

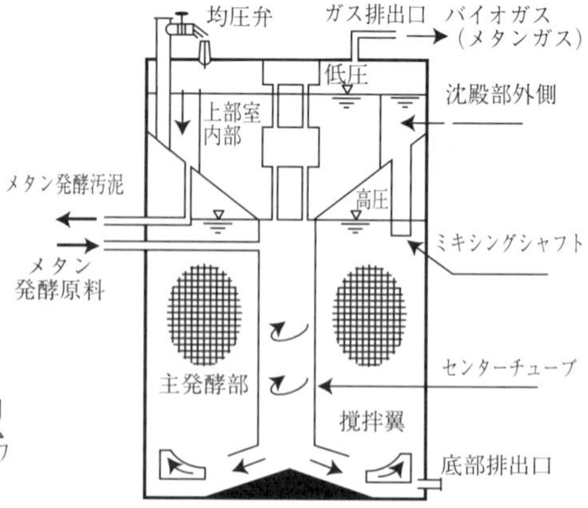

BIMA消化槽の概念図

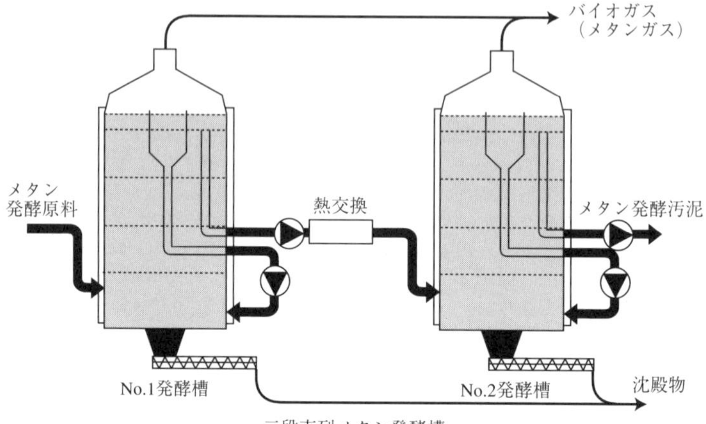

二段直列メタン発酵槽

図 18　汚泥再生処理システムの中核となるメタン発酵装置の概要

ン発酵槽である．

表 5 に記載したように，導入されたプラントの実用化研究が 3 グループにより行われており，TVS の分解率 60～70 %，COD_{Cr} 分解率約 70 %の結果を得ている．生ごみの COD_{Cr} 分解率は 70 %と高いので，生ごみの混合比率が高くなるほどガス発生量は多くなるが，浄化槽汚泥および余剰汚泥の COD_{Cr} 分解率はそれぞれ 35 %および 30 %程度と低いため，これらの混合比率が高くなるとガス発生量が低くなるだけでなく，メタン発酵残渣のコンポスト化にも時間を要している．すなわち，浄化槽汚泥や余剰汚泥を如何に効率的に分解するかが重要となる[50～52]．

写真 1 は，八木町の家畜糞尿のメタン発酵によるサーマルリサイクルとコンポストプラントを示している．畜産家は，家畜糞尿を自ら運んできてピットに投入した後，掃除した後，帰るとのことである．粉砕後，オカラと混合し，BIMA 消化槽でメタン発酵するとのことである．バイオガスは発電しており，その残渣はコンポストに，脱離液は好気性処理 → 凝集沈殿 → オゾン酸化処理された後，放流するとのことである．脱離液がドイツのように下水処理場の曝気槽で処理できるようなインフラ整備が必要と思われる．

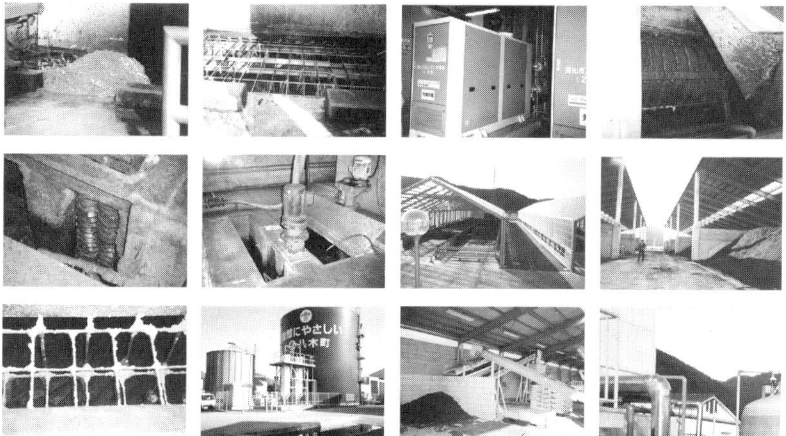

写真 1　八木町の家畜糞尿のメタン発酵およびコンポスト

2.3. 余剰汚泥の高速度・高効率メタン発酵によるサーマルリサイクル[53]

上述したように，浄化槽汚泥や余剰汚泥の分解率を如何に向上させるかが重要なポイントである．そこで，我々は最も分解されにくいとされる下水の余剰汚泥を用いて前処理として加熱処理，低圧湿式酸化およびフェントン酸化処理の検討を行った．加熱処理や低圧湿式酸化には図 19 に示した回分式オ

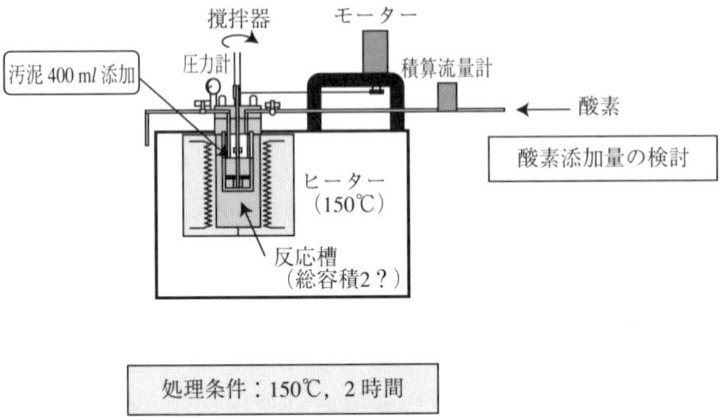

図 19　下水余剰汚泥の低圧湿式酸化装置

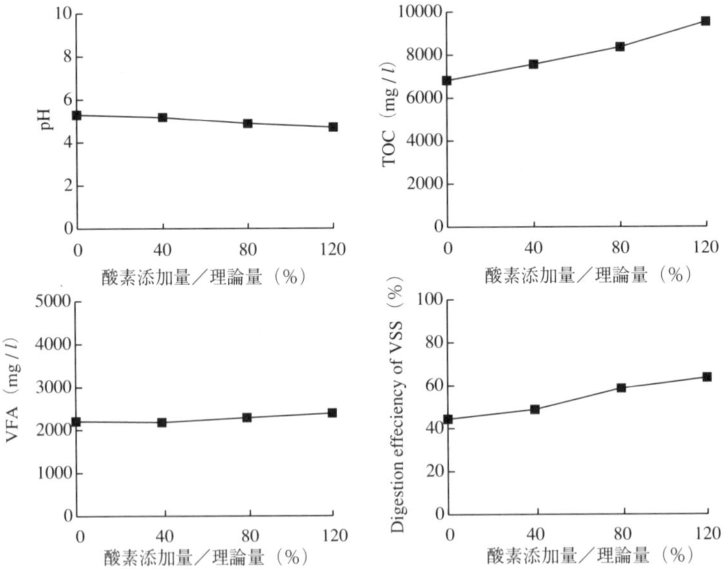

図 20　低圧湿式酸化処理結果

ートクレーブを用いた．3 種類の前処理の中では，低圧湿式酸化処理でほぼ 100 %の TOC 回収率が得られた．この時の余剰汚泥の消化率と TOC や有機酸濃度を図 20 に示した．理論量に対する酸素添加量とは，余剰汚泥中の炭素を完全に酸化するに要する酸素量を 100 %とした．酸素添加量を高めることにより余剰汚泥の消化率が向上することがわかる．

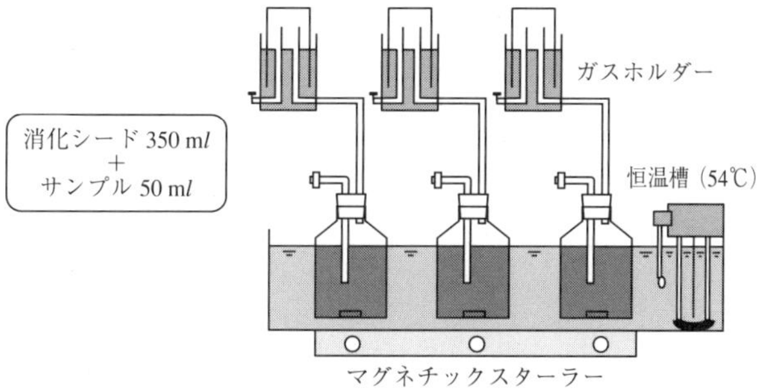

図 21　回分式ガス発生試験装置

3 種類の方法で前処理したサンプルを図 21 に示した回分式ガス発生試験装置を用いて，処理条件とガス発生の関係を調べた．その結果，酸素添加量が理論量に対して 40 %の時が最もガス発生速度が早く，発生したガス量も最も多かった（図 22 参照）．そこで,この条件で前処理した余剰汚泥を図 23 に示したメタン発酵槽を用いて fill and draw 方式で有機物負荷 8 g / l / d（処理日数

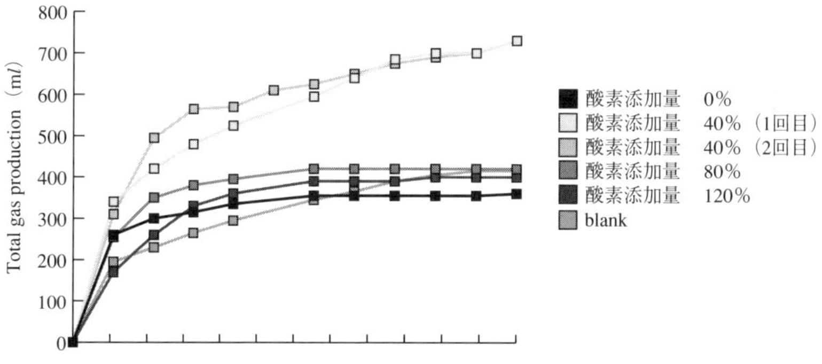

図 22　低圧湿式酸化処理した余剰濃縮汚泥の回分式ガス発生試験結果

3.8 日）の条件で処理試験を行った．その時の結果を表 6 に示した．低圧湿式酸化処理することにより,高消化率でしかも高速で処理できることがわかった．

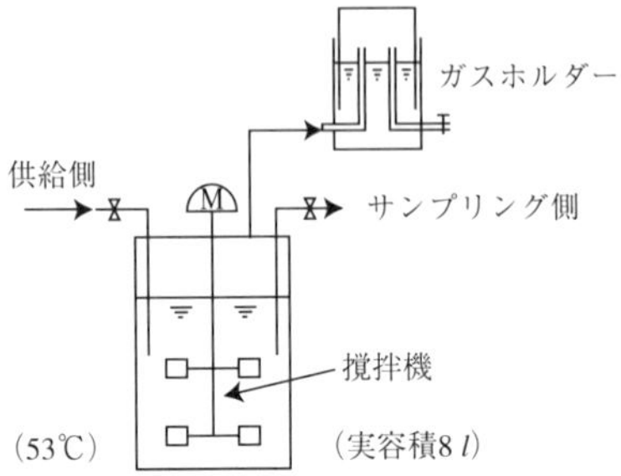

図 23　回分式メタン発酵装置の概要

表 6　余剰濃縮汚泥の VSS 消化率およびガス発生量に及ぼす前処理の効果

供給液	高温嫌気性消化	前処理＋高温嫌気性消化
VSS 消化率（%）	50	49＋28＝77
ガス発生量（ml / l / d）	2,800	4,500

注）有機物負荷 8.0 g / l / d のとき

2.4. 生ごみの硫化水素抑制型メタン発酵によるサーマルリサイクル[54)]

一般廃棄物量は年々増加し 5,000 万トンにも達しており，特に食品系廃棄物は 1,600 万トンで事業系の食品系廃棄物を加算すると約 2,000 万トンにも達する．このうち再生利用されているのはわずか 9 %であり，残りは焼却埋立されている．そこで，生ごみのメタン発酵によるサーマルリサイクルの検討を行った．図 24 は，ガス循環メタン発酵装置の概要を示している．本装置を用いて人工生ごみを処理した．図 25 に示したように Ni^{2+} および Co^{2+} を添加することにより，有機物負荷は約 8 倍に向上した．この時の生ごみの分解率は 80 %強で非常に簡単にメタン発酵により消化されることがわかった．

しかし，負荷の増加とともに硫化水素含量が 1000 ppm にも達した．図 26 に示したように酢酸資化性メタン生成細菌は，硫化物により強く阻害される

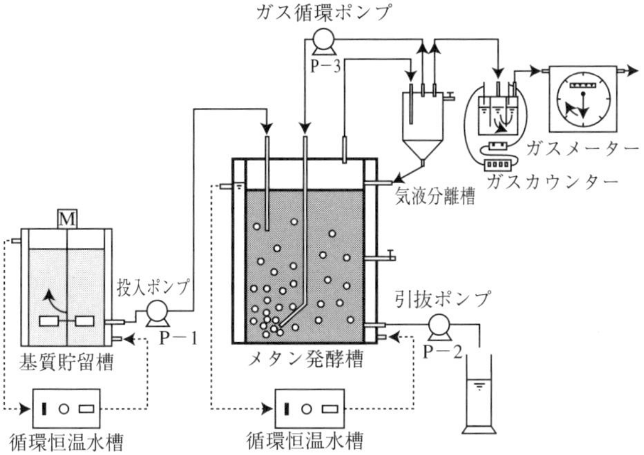

図 24　ガス攪拌型メタン発酵槽の連続実験装置の概要

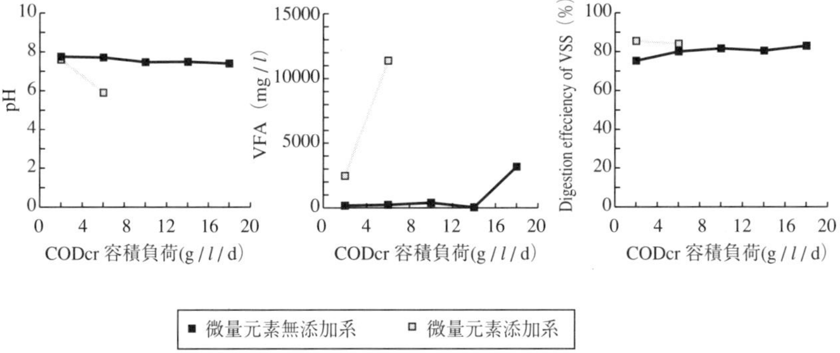

図 25　生ごみのメタン発酵における微量元素の添加効果

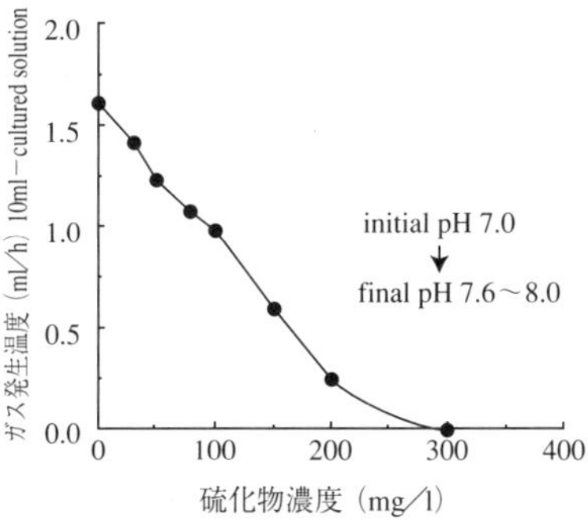

図 26　酢酸資化性メタン生成菌の活性に及ぼす Na_2S の影響

ので，硫酸還元菌の活性を抑制することによりバイオガス中の硫化水素含量を低減できないか検討した．その結果，図 27 に示したように空気をメタン発酵槽に供給することにより 10 ppm 以下に低減できることが可能となった．

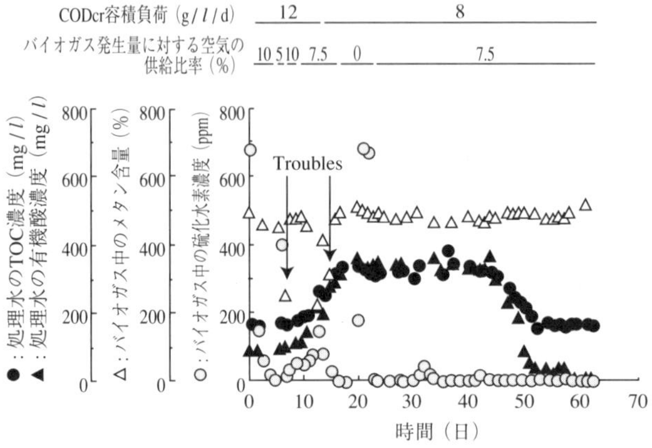

図 27　空気供給後のバイオガスのメタン含量と硫化水素濃度および処理水の有機酸と TOC 濃度の経日変化

3. 生物系廃棄物のメタン発酵によるサーマルリサイクル構想

生ごみや汚泥などいろいろな生物系廃棄物を対象とする時は，メタン発酵によるサーマルリサイクルが適している．図 28 に示すように，余剰汚泥や浄化槽汚泥はメタン発酵により消化されにくいので，我々が開発した低圧湿式酸化により前処理した後，生ごみなどと一緒にして革新的メタン発酵により高速度，高消化率，且つ硫化水素の発生抑制により経済性を有するプロセス

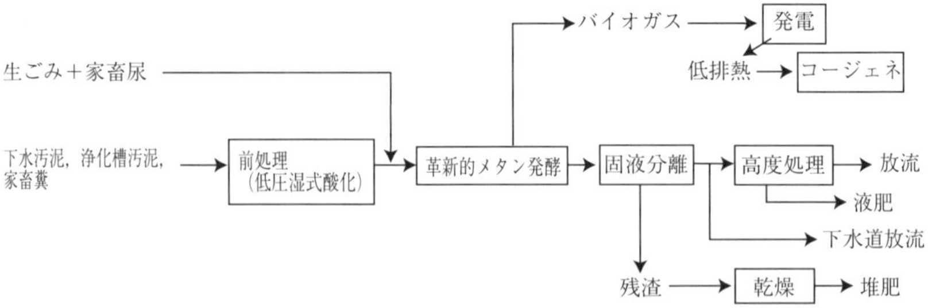

図 28　生物系廃棄物からの革新的メタン発酵によるサーマルおよびマテリアルリサイクルの概要

を構築できる．本プロセスでは脱硫することなくバイオガスをガス発電に利用できるだけでなく，低排熱を利用してメタン発酵で一部消化されなかった残渣をただ乾燥するだけで堆肥として使用したり，また液肥を製造するサーマル・マテリアルリサイクルプロセスを実用化していけることになる．その結果，化石燃料使用量の削減とそれに伴う炭酸ガス発生量の抑制により地球温暖化防止にも貢献できる．

4. 資源循環型社会を実現させるためのモデル事業

上述した研究は，ニューバイオテクノロジーの必要性もほとんどなく，従来のバイオテクノロジーとシステマティックな考えの組み合わせにより完成したものばかりである．これらの技術のほとんどは，個々に実用化されようとしているが，図 29 に示したように一つの町や村を核にして，開発してきた技術を組み合わせるだけで資源循環型社会を構築できることになる．このようなモデル事業が実現すれば，家族連れで訪れることにより，子供達が資源やエネルギーの大切さを遊び心で収得していけるものと期待できる．地方自治体や国が実施するプロジェクトであり，それにより環境・エネルギー・食糧のトリレンマを解決し，新産業の創出による地域経済の活性化，延いては地球環境の保全に貢献していけることになる．

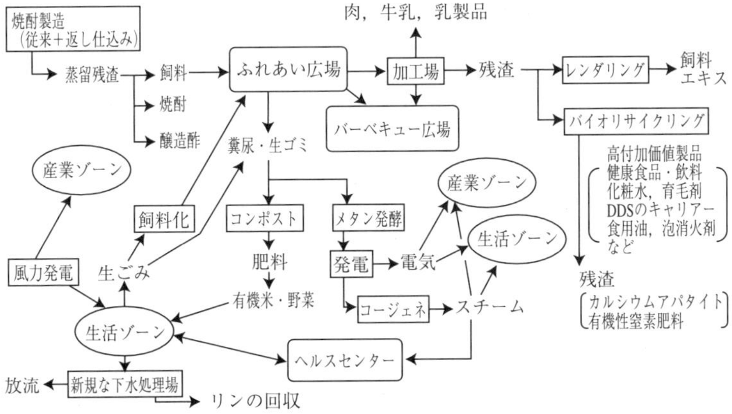

図 29　資源循環型社会構築のためのモデル事業

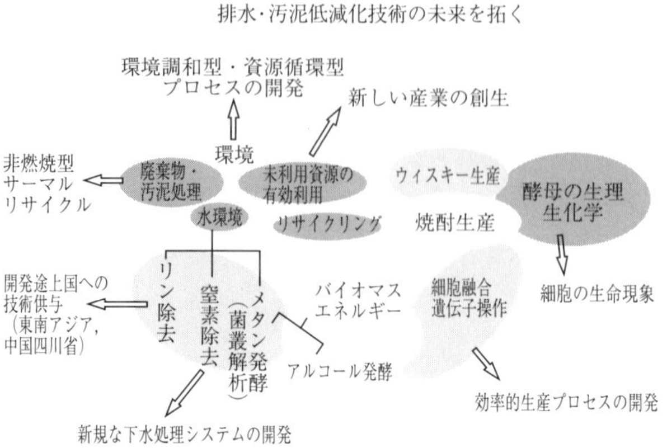

図30　当研究室の研究内容（参考）

引用文献

1) 生物系廃棄物リサイクル研究会：生物系廃棄物のリサイクルの現状と課題－循環型経済社会へのナビゲーターとして－，有機質資源化促進会議，1-6（1999）.

2) Nagai, S., Nishio, N.："Handbook of Heat and Mass Transfer, Vol.3：Catalysis, Kinetics, and Reactor Engineering－Biological Aspects of Anaerobic Digestion－", Gulf Publishing Company, Houston, 701-752（1989）.

3) McCarty, P. L.："One Hundred Years of Anaerobic Treatment," Anaerobic Digestion 1981, Elsevier Biomedical Press B. V., Amsterdam, p.3（1982）.

4) Hobson, P. N., Shaw, B. G.：The Bacterial Population of Piggery Waste Digesters, *Water Res.*, 8, 507（1974）.

5) van Assche, P.F.：Microbiological Aspects of Anaerobic Digestion, *Antonie van Leeuwenhoek*, 48, 520（1982）.

6) Wood, T. M., Wilson, C. A., Stewart, C. S.：Preparation of the Cellulase from the Cellulolytic Anaerobic Rumen Bacterium *Rumicococcus albus* and Its Release from the Bacterial Cell Wall,Biochem. *J.*, 205, 129-137（1982）.

7) Lee, B. W., Blackburn, T. H.：Cellulase Production by a Thermophilic *Clostridium* Species, *Appl. Microbiol.*, 30, 346（1975）.

8) Wiegel, J., Mothershed, C. P., Puls, J.：Differences in Xylan Degradation by Various Noncellulolytic Thermophilic Anaerobes and *Clostridium thermocellum*, *Appl. Environ. Microbiol.*, 49, 656（1985）.

9) Giuliano, C., Khan, A. W.：Conversion of Cellulose to Sugars by Resting Cells of a Mesophilic Anaerobe,*Bacteroides cellulosolvens*, *Biotechnol. Bioeng.*, 27, 980（1985）.

10) Wallace, R. J., Brammall, M. L.：The Role of Different Species of Bacteria in the

Hydrolysis of Protein in the Rumen, J. *Gen. Microbiol.*, 131, 821 (1985).

11) Hungate, R. E.：The Rumen and Its Microbes, Academic Press, New York, p.67 (1966).

12) Elsden, S. R., Hilton, M. G.：Volatile Acid Production from Threonine, Valine, Leucine, and Isoleucine by *Clostridia*, *Arch. Microbiol.*, 117, 165-172 (1978).

13) Barker,H.A.：Amino Acid Degradation by Anaerobic Bacteria, *Ann. Rev, Biochem.*, 50, 23-40 (1981).

14) Nanninga, H. J., Drent, W. J., Gottschal, J. C.：Fermentation of Glutamate by *Selenomonas Acidaminophila* sp. nov., *Arch. Microbiol.*, 147, 152 (1987).

15) Boone, D. R., Bryant, M. P.：Propionate-Degrading Bacterium, *Syntrophobacter wolinii* Sp. Nov. Gen. Nov., from Methanogenic Ecosystems, *Appl. Environ. Microbiol.*, 40, 626-632 (1980).

16) McInerney, M.J., Bryant, M. P., Hespell, R. B., Costerton, J. w.,：*Syntrophobacter wolfei* Gen. Nov. Sp. Nov., an Anaerobic, Syntrophic, Fatty Acid-Oxidizing Bacterium, *Appl. Environ. Microbiol.*, 41, 1029-1039 (1981).

17) Corder, R.E., Hook L. A., Larkin, J. M., Frea, J. I.：Isolation and Characterization of Two New Methane Producing Cocci : *Methanogenium olentangyi*, Sp. Nov., and *Methanococcus deltae*, Sp. Nov., *Arch. Microbiol.*, 134, 28-32 (1983).

18) Zeikus J. G.：Metabolism of One-Carbon Compounds by Chemotrophic Anaerobes, *Adv. Microbiol. Physiol.*, 24, 215-299 (1983).

19) K. Kida., Sonoda, Y., Nagai, S.："Handbook of Heat and Mass Transfer,Vol.3：Catalysis, Kinetics, and Reactor Engineering－Recent Developments in Anaerobic Digestion－", Gulf Publishing Company, Houston, 773-787 (1989).

20) K. Kida, S. Morimura, Y. Sonoda, M. Obe, T. Kondo：Support Media for Microbial Adhesion in an Anaerobic Fluidized-Bed Reactor., *J. Ferment. Bioeng.*, 69, 354-359 (1990).

21) 木田建次，森村 茂，園田頼和，大部正明，種村公平：嫌気性流動床法による焼酎蒸留廃液の処理.，日本醸造協会誌，85，651-656 (1990).

22) K. Kida, K. Tanemura, A. Ohno, Y.Sonoda：Comparison of Performance among Four Different Process for the Anaerobic Treatment of Wastewater with a Low Concentration of Organic Matter., *Environ. Technol.*, 12, 497-502 (1991).

23) K. Kida, Ikbal, Y. Sonoda, M. Kawase, T.Nomura：Influence of Mineral Nutrients on High Performance during Anaerobic Treatment of Wastewater from a Beer Brewery., *J. Ferment. Bioeng.*, 72, 54-57 (1991).

24) K. Kida, S. Morimura, Y. Sonoda, T. Yanoh.：The Importance of the Surface Charge on Support Media for Microbial Adhesion., *J. Ferment. Bioeng.*, 73, 323-325 (1992).

25) K. Tanemura, K. Kida, K. Iwasaki, Y. Sonoda：Operation Conditions for Anaerobic

Treatment of Wastewater from a Beer Brewery., *J. Ferment.Bioeng.*, 73, 332-335 (1992).

26) K. Kida, IKBAL, Y. Sonoda : Treatment of Coffee Waste by Slurry-State Anaerobic Digestion., J. Ferment. Bioeng., 73, 390-395 (1992)

27) K.Kida,K.Tanemura,Y.Sonoda : Evaluation of the Anaerobic Treatment of Sewage Below 20℃ by Novel Processes., *J. Ferment. Bioeng.*, 76, 510-514 (1993).

28) K. Kida, Y. Sonoda : Influence of Mineral Nutrients on High Performance during Anaerobic Treatment of Distillery Wastewater from Barley-*Shochu* Making., *J. Ferment. Bioeng.*, 75, 235-237 (1993).

29) Ikbal, K. Kida, Y. Sonoda : Liquefaction and Gasification during Anaerobic Digestion of Coffee Waste by Two-Phase Methane fermentation with Slurry-State Liquefaction., *J. Ferment. Bioeng.*, 77, 85-89 (1994).

30) K. Kida, K. Tanemura, Y. Sonoda, S. Hikami : Anaerobic Treatment of Distillery Wastewater from Barley-*Shochu* Making by UASB., *J. Ferment. Bioeng.*, 77, 90-93 (1994).

31) K. Tanemura, K. Kida, Ikbal, Y. Sonoda : Anaerobic Treatment of Wastewater with High Salt Content from a Pickled-Plum Manufacturing Process., *J. Ferment. Bioeng.*, 77, 188-193 (1994).

32) K. Tanemura, K. Kida, M. Teshima, Y. Sonoda : Anaerobic Treatment of Wastewater from a Food-Manufacturing Plant with a Low Concentration of Organic Matter and Regeneration of Usable Pure Water., *J. Ferment. Bioeng.*, 77, 307-311 (1994).

33) K. Kida, Ikbal, M. Teshima, Y. Sonoda, K. Tanemura : Anaerobic Digestion of Coffee Waste by Two-Phase Methane Fermentation with Slurry-State Liquefaction., *J. Ferment. Bioeng.*, 77, 335-338 (1994).

34) K. Kida, S. Morimura, N. Abe, Y. Sonoda : Biological Treatment of *Shochu* Distillery Wastewater, *Process Biochem.*, 30, 125-132 (1995).

35) 木田建次，イクバル：余剰濃縮汚泥の液化を伴う二段消化方式による下水汚泥の処理,水環境学会誌，18, 215-221 (1995).

36) 木田建次，森村 茂：焼酎蒸留廃液の効率的処理システムの開発，日本醸造協会誌，90, 255-261 (1995).

37) 木田建次，森村 茂，種村公平：地球環境に優しい水処理技術としてのメタン発酵法の開発（総合論文)，生物工学会誌，74, 381-396 (1996).

38) Kenji Kida, Shigeru Morimura, Hiroshi Tadokoro, Shapura Mashood, Aisha Asmah Yusob and Yeoh Bee Ghin. : Treatment of wastewater from rubber thread manufactur ing by a combination of chemical and biological processes., *Environ. Technol.*,18,517-524 (1997).

39) K., Kida, Y., Mochinaga, N., Abe, S., Morimura : Influence of Ni^{2+} and Co^{2+} on

Activity of Microorganisms Related to Methane Fermentation., Proc. 8th Int.*Conference on Anaerobic Digestion*, 3, 27-30（1997）.

40） M., Tokuda, N., Ohta, S., Morimura, K., Kida：Methane fermentation of pot ale from whisky distillery after enzymatic or microbial treatment., *J. Ferment.Bioeng.*, 85, 496-502（1998）.

41） K. Kida, S. Morimura, Y. Mochinaga, M. Tokuda：Efficient Removal of Organic Matter and NH_4^+ from Pot Ale by a Combination of Methane Fermentation and Biological Denitrification and Nitrification Processes., *Process Biochem.*, 34, 567-575（1999）.

42） M., Tokuda, Y., Fujiwara, K. Kida：Pilot plant test for removal of organic matter, N and P from whisky pot ale., *Process Biochem.*, 35, 267-275（1999）.

43） Bee Ghin Yeoh, S. Morimura, Ikbal, T. Shigematsu, A. R. Putri Rareena, K. Kida：Simultaneous Removal of TOC Compounds and NO_3^- in a Combined System of Chemical and Biological Processes for the Treatment of Wastewater from Rubber Thread Manufacturing, *Japanese Journal of water Treatment Biology*, 38, 57-67（2002）.

44） 木田建次：メタン発酵の代謝経路とその変換,環境管理, 35, 539-546（1999）.

45） K. Kida, T.Shigematsu, J. Kijima, M. Numaguchi, Y. Mochinaga, N. Abe and S. Morimura：Influence of Ni^{2+} and Co^{2+} on Methanogenic Activity and the Amounts of Coenzymes Involved in Methanogenesis., *J. Biosci. Bioeng.*, 91, 590-595（2001）.

46） 鎌形洋一：メタン生成菌の分類と生態（第 5 章）,嫌気性微生物学,」（株）養賢堂，pp.95-117（1993）.

47） 越後雅夫：熱力学の基礎, 啓学出版, p.142（1978）.

48） 米山 豊，石田健一，山田紀夫，中森良洋，鈴木芳郎：メビウスプロセス実証試験装置による有機性廃棄物のメタン発酵処理,エバラ時報，185，11-20（1999-10）.

49） 園田頼和：嫌気性処理法（第 6 章）, 廃水の生物処理, 地球社, pp.172-173（1980）.

50） 岩尾 充：環境技術，27，845（1998）.

51） 久芳良則：REM システムについて，環境技術，27，853（1998）.

52） 坂上正美：リネッサシステムについて，環境技術，27，860（1998）.

53） 木田建次，森村 茂,重松 亨：余剰汚泥の処理方法，特願 2001-183043.

54） 西小野七菜，岩村 真，重松 亨，森村 茂，木田建次，種村公平：生物系廃棄物のメタン発酵によるサーマルリサイクル．日本生物工学会九州支部大会（第 7 回）講演要旨集，p.15（2000）.

生物処理において発生する汚泥減量化技術の動向について

豊橋技術科学大学　北尾高嶺

はじめに

排水の生物処理において最終的に発生する汚泥の処理・処分費が処理経費全体に占める割合はきわめて大きく，これにかんがみて余剰汚泥を物理，化学，生物学的な方法で破砕ないしは可溶化して生分解性を高めることによって減量化しようという種々の試みが近年活発に検討されている．

それらの中にはすでに実用化の域に達しているものもあれば発展途上のものまであり，また理論的に確立されているものや，単に減量効果のみが知られているにすぎないものもある．

本稿ではそうして技術の概要を紹介し，排水処理研究者や実務者の方々の参考に供したい．

1．汚泥減量化技術概観

一言に汚泥減量化技術といっても，原理，方法論などによって多種多様なものがある．方法論によって大別すると，

① 汚泥の発生量が少ない生物処理法を採用する．

② 生物処理によって発生した汚泥を分解することによって減量する．

の二種に分けられる．

① に該当するものには，嫌気性処理や生物膜法があり，嫌気性処理における増殖収率，すなわち除去基質量当たりの微生物増殖量は，好気性処理における値の 1 / 3～1 / 4 であるから，当然ながらそれに応じて余剰汚泥の発生量が減少するものであり，一方生物膜法では食物連鎖の効果によって余剰汚泥の発生量が 30～50％程度減少するものであるが，いずれもすでに確立された技術であって，他の成書などを参照されたく本稿では割愛することとする．

② の方法としては，物理，化学，生物学的な方法によって，余剰汚泥中の微生物の細胞壁を破壊ないし溶解して，細胞内容物の生分解性を高め，それを生物学的に分解する際の異化作用を利用するもので，いずれも発展途上の技術であるといってよい．その特長は，高い汚泥減量効果が期待でき，汚泥減量を本来の目的として開発されたないしは発展途上にある技術である．

それらに該当する技術を物理的方法，生物学的方法および化学的方法に分類し，その概要および汚泥減量率を表 1 に一括して示す．ただし，汚泥減量率として示した値は各方法に固有のものではなく，標準的な運転条件における上限値と理解してよいであろう．なお，汚泥減量率が未記入のものは，まだ十分な技術評価を行う段階に至っていないものと理解してよい．

表 1　汚泥減量化技術概要

分類	方法	技術概要	減量率（%）
破砕法	ミル法	汚泥をミルで粉砕し，曝気槽へ返送	100
	ディスク法	汚泥を高速回転ディスクで粉砕し，曝気槽へ返送	
	超音波法	汚泥を超音波照射によって破砕し，曝気槽へ返送	90
	キャビテーション法	汚泥をキャビテーションによって破砕し，曝気槽へ返送	
生物法	好熱細菌法	汚泥を高熱細菌（60～70℃）によって可溶化し，曝気槽へ返送	70～80
	嫌気・好気法	汚泥を嫌気，好気状態に反復して保ち減量を進める．	
化学法	オゾン法	汚泥をオゾン処理し，曝気槽へ返送	100
	電解法	汚泥を電解槽で反応させ，曝気槽へ返送	
	酸・アルカリ法	汚泥をアルカリ処理し，曝気槽へ返送	70
	酸化剤法	汚泥をフェントン酸化し，曝気槽へ返送	90
物理法	水熱法	汚泥を加熱・可溶化し，曝気槽へ返送	90
	爆砕法	汚泥を加熱・加圧後急激に減圧して破砕，曝気槽へ返送	

これらの方法はいずれも汚泥を可溶化して生分解性を高めたのち曝気槽に注入し，活性汚泥などによる異化作用を利用して減量化を図るものである．

ここにいう可溶化とは細菌などの細胞内物質を保護している細胞壁や細胞膜を完全に溶解させることではなく，単に孔を開けることによって内部物質を流出させることで目的が達成されることが知られている．

図 1 のような装置構成において，汚泥減量機構がない場合に発生すると考えられる余剰汚泥量の α 倍の汚泥を可溶化槽に送り，可溶化槽での可溶化率を β とし，曝気槽においては可溶化汚泥量の γ 倍の汚泥が発生するとすれば，余剰

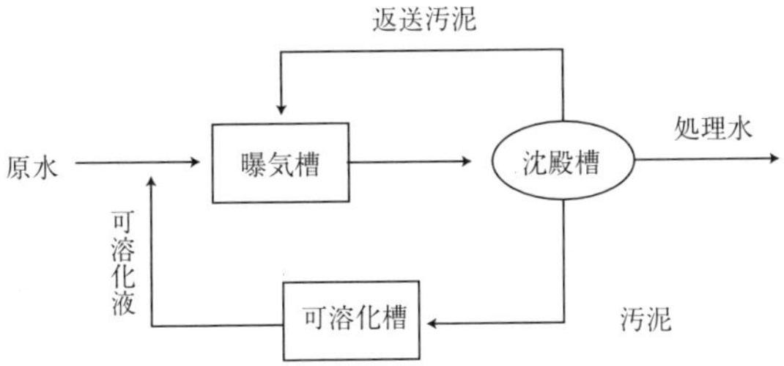

図 1　汚泥減量化活性汚泥法のフローシート

汚泥の発生量を 0 とするためには,

$$\alpha\beta\ (1-\gamma)\ =1 \qquad (1)$$

が必要条件となる. 例えば, $\beta=1$, $\gamma=2/3$ すなわち可溶化率が 100 %で, 可溶化汚泥の 1 / 3 が曝気槽で分解するとすれば, $\alpha=3$, すなわち曝気槽で発生する汚泥量の 3 倍量を可溶化処理すれば汚泥発生量を 0 とすることができる.

(1) 式によれば, βが低くても (可溶化効果の低い方法でも), α さえ大きくすれば, 余剰汚泥を発生させない運転が行えることになるが, 問題はそれほど単純ではない. α を高めることは同じ汚泥を何度も繰り返すし可溶化させることになり, βの低下をもたらすと考えられるし, 経済性の面からも α には限界がある. そうした点を総合的に考慮して, 汚泥の減量化率に表 1 に示したような値を設定したものであろう.

2.　汚泥減量化技術各論

表 1 に挙げた各種の汚泥減量化技術のうち, 主要なものを選び, 若干の説明を行う.

2.1.　オゾン法

最も完成度の高い汚泥減量化技術であり, すでに 10 基を越える実用装置が稼働している. 処理フローは図 1 と同一で, 可溶化槽としてオゾン反応槽を用いている. オゾン処理によって汚泥は易生分解性物質に変換され, それを曝気槽に定量注入する. このプロセスにおける物質収支は, ① オゾン処理汚泥の1 / 3 が曝気槽内で無機化され, 2 / 3 が活性汚泥の再生成をもたらす. ② よって原水の処理によって生成する余剰汚泥の 3 倍量の汚泥をオゾン処理すれば, 生成汚泥量と無機化される汚泥量は等しくなり, 系内の汚泥量は一定値を保ち続ける．というものである．

ここで最も重要な運転指標は，オゾン処理槽でのオゾン反応率，すなわち汚泥 SS 当たりの反応オゾン量であって，この値を 0.05 gO_3 / g SS で一定値とし，かつ循環比，すなわち処理系内全汚泥量に対するオゾン反応槽を経由して曝気槽へ循環する汚泥量の比を 0.3 day^{-1} とするとき，みかけの汚泥発生量がほぼ 0 となることが実験的に確かめられている[1]．

また，オゾンの効果はオゾン処理時の pH が 2～7 の間において，pH が低いほど高く，pH7 および pH3 で汚泥発生率を 0 とするためのオゾン反応率は 0.05 gO_3 / g SS および 0.015 gO_3 / g SS であったという[2]．

2.2. 好熱細菌法

本法は図-1 の可溶化槽を高温（60～70℃）に保ち，好熱細菌の分泌する酵素の作用によって余剰汚泥微生物の細胞壁を分解・可溶化することを特徴とし，S－TE（(Sludge) Solubilization by Thermophilic Enzyme）なる商品名のプロセスが開発されている[3]．好気性（通性嫌気性）の好熱細菌を働かせるため可溶化槽は酸素供給が律速条件とならない程度に曝気を施している．好熱細菌 SPT 2－1 株の接種の有無による可溶化率の比較として図 2 のような回分実験の結果が示されており[4]，接種の効果が大きいこと，可溶化を十分に進めるには 1～2 日の可溶化時間が必要なことがわかる．こうしたプロセスを組み込んだ生活排水処理システムの長期運転による実証試験の結果，余剰汚泥発生量の 70～80 %程度の削減が可能であることが確認されている．

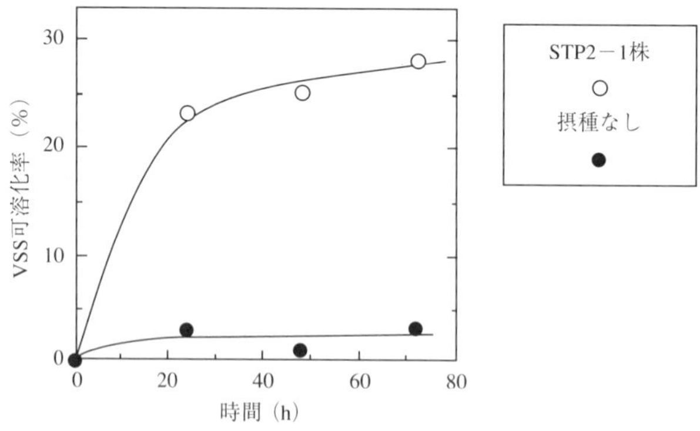

図 2　STP2-1 株による汚泥の可溶化

2.3.　摩砕法

汚泥を機械的に摩砕して可溶化ないし易生分解化する方法としては，ミル破砕法および高速回転ディスク法が研究されている．

(a) ミル破砕法

湿式ビーズミルを用いた汚泥粒子の破砕が検討されている．この技術は食品や顔料の破砕に用いられているものであり，粒径 0.5 mm ϕ 程度のガラスやジルコニアのビーズを 60～80％程度充填したミル室に汚泥を送り，3000 rpm 程度で数十秒から数分回転させてビーズを撹拌し，剪断力によって汚泥を破壊したのち，スリットやスクリーンによってビーズを分離し，破壊汚泥のみを取り出すようになっている．図 3 にプロセスフローを示す．

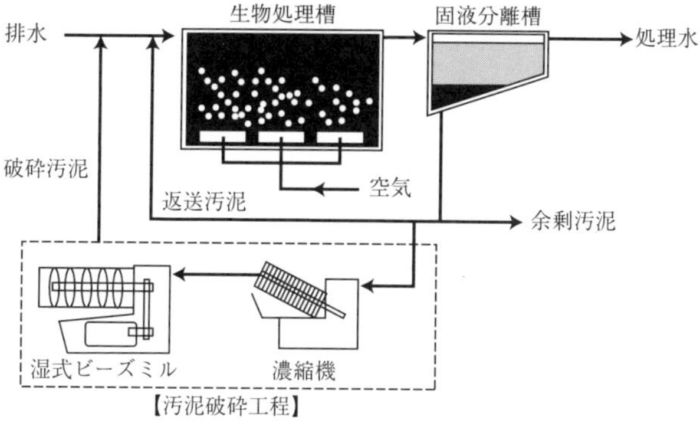

図 3　ミル破砕技術による余剰汚泥減容化プロセスフロー

Kunz [5] は超音波（20 KHz，3 min），オートクレーブ（121℃，1 hr），ビーズミル（0.5～0.75 mm ϕ，1850 rpm）および高圧ホモジナイザー（700 bar）を比較し，ビーズミルによる汚泥の可溶化率は最も低く，他法の 1 / 2 以下であったが，破砕汚泥の好気性分解の速度は最も大きく，これがビーズミル法の特徴であるとしている．

可溶化の条件として，(1) ビーズの材質，(2) 充填率，(3) 破砕時間，(4) 撹拌ディスクの回転時間やディスク先端周速，が検討されている [6]．

(1) についてはガラスビーズ（真比重 2.5）とジルコニアビーズ

（同 6）が比較され，ジルコニアの方が約 2 倍の可溶化速度を示すがミル滞留時間が6分を超えて，可溶化率が限界値（60％程度）に近づくと両者の差は小さくなるという結果が示されている．(2）については，当然ながらビーズ充填率が高いほど可溶化率も高い．(3）については，2～10 min で検討されているが，時間とともに可溶化率が上がるが，ジルコニアビーズの場合は，6 分以上で変化が緩やかになる．ディスク先端周速については 6.4～14 m / s について比較が行われ，その影響は顕著でないものの，10 m / s を超えるとその効果が大きくなる傾向がうかがわれる．速度そのものよりもエネルギー消費率が関係しているものと推察される．

本法においても適当な破砕条件のもとでは，前記の α 値が 3 の条件で汚泥発生量がほぼ 0 になるとされている．なお，ランニングコストに占める割合としてミル破砕電力費が最大で全体の約半分に達している．

(b）高速回転ディスク法

今井[7] は 3,500 rpm の高速で回転するセラミックディスクの間隙（ディスク間距離 200 μm および 500 μm）の中心から周囲に向かって汚泥を 1 回につき 1 分程度の時間で通過させる方法で破砕効果を検討している．実験装置概略は図 4 の通りで，この装置による破砕を 50 回繰り返した結果，1 回目の効果が大きく，以後の繰り返しの効果はあまり大きくないことが認められている．

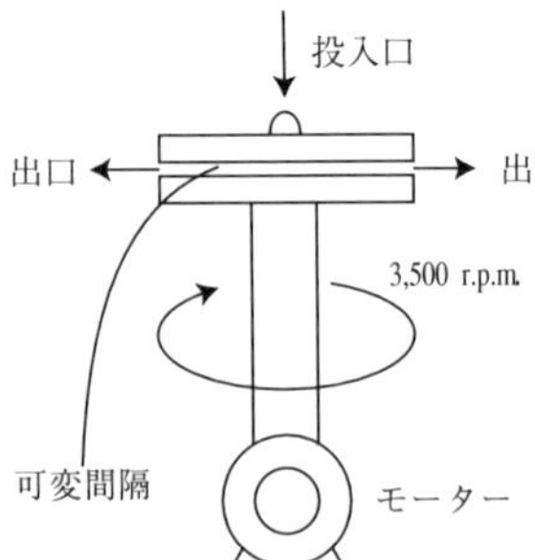

図 4　回転ディスク法装置模式図

本法に関しては，破砕汚泥を緩速撹拌し続けた場合の効果が検討され，撹拌時間 4 時間程度まではその効果が大きいこと，すなわち破砕汚泥の BOD が 4 倍程度に増加することが実験的に確かめられている．しかし，この効果は破砕汚泥を直接に注入しても，分解と並行して起こると考えられるので，特に必要ないのではないかというのが，筆者の見解である．

2.4. 超音波法

笠原ら[8]は低エネルギー型余剰汚泥処理システムとして，図 1 の可溶化槽として超音波照射装置を用いたフローについて実験的検討を加えている．

実験では 1 日当たりの余剰汚泥量の 2 倍量を引き抜き，10000 mgSS / *l* に濃縮したのち周波数 20 kHz の超音波を 5 分間照射処理している．この程度の照射処理では細胞壁に孔ができ内容物が流出する程度にすぎないと，彼らは推定しているが，汚泥減量の目的を達成することは可能のようである．

すなわち，可溶化汚泥の負荷を含めない BOD 負荷 0.4，0.3，0.2 kg / m^3 日の各条件で運転されている活性汚泥処理システムに対して，可溶化液を余剰汚泥量の 2 倍注入する汚泥減量化システムと通常のシステムとの汚泥発生量を比較したところ，上記各 BOD 負荷に対して汚泥減量化システムの汚泥発生量は対照系に比較して，それぞれ 15，79，94 %削減された．

すなわち，本法は長時間曝気法のような低負荷条において効果が顕著である．本法は現在のところ最もエネルギー消費が少なく，したがってランニングコストの安い方法であるといえよう．

2.5. その他

余剰汚泥を加熱（50℃）した後，pH 2.5 とし H_2O_2 を O として 50 mg / *l* 加えて，2 時間程度反応させフェントン試薬の作用を利用する方法[9]，汚泥を 200℃以上の高温に 1 時間程度保ち水熱反応によって可溶化する方法（可溶化率は 80%以上で他と比べて極めて高い）[10]，汚泥の曝気・非曝気（ないしは好気・嫌気）を繰り返す方法[11]などが研究途上にある．

3. あとがき

以上に紹介した各汚泥減量法においては，いずれも何らかの方法で発生汚泥を破砕ないしは可溶化し，生物反応槽へ定量注入するという操作を行っているが，それによって結果的に処理水質が悪化しないことが前提条件となっている．各報告ではいずれもその条件を達成したとしているが，細かい点では（処理水の澄明感など）若干の影響が有る場合もあるようである．また，汚泥中の粘土質などの無機粒子は分解不可能だから，当然処理水中に流出してくるものと考えざるを得ない．各種の汚泥減量化技術の中には，すでに実用化されて実施設が稼働中のものから，実験室的検討段階のものまで含まれ，完成度は種々雑多であるが，おしなべて比較的研究歴が浅く，操作条件などに改良の余地が多い．

したがって，各方法の利害損失など相対的な比較を現段階で行うことには疑問があり，技術的に成熟度が高められてから評価すべきものであると考える．

引用文献

1）安井英斉：活性汚泥処理における汚泥減容化の新しい試み，第 31 回環境工学研究フォーラム，30（1994）．

2）安井英斉，柴田雅秀，深瀬哲郎：酸性下のオゾン反応による汚泥減量処理の効率化，環境工学研究論文集，34，221（1997）．

3）塩田憲明，赤司 昭，長谷川 進：S-TE PROCESS / 下水汚泥の減量化実証試験，神鋼パンテック技報，43（1），10（1999）．

4）長谷川 進，三浦雅彦，桂 健治：好熱性微生物のよる有機性汚泥の可溶化，下水道協会誌，34（408），76（1997）．

5）Kunz, P.M.:Ergebnise und Perspektiven aus Untersuchungen zur Klaschlamm-desintegration.,Awt.Abwassertechnik Heft,1,p.50（1994）.

6）名和慶東，井出幹夫，杉原陽一郎，田井和夫：ミル破砕工程を含む余剰汚泥減容化プロセス，第 33 回日本水環境学会年会講演集，236（1999）．

7）今井 剛：汚泥の減量と発生防止技術，NTS，（2000）．

8）笠原他：超音波を用いた余剰汚泥削減化技術に関する基礎的研究，土木学会第 56 回年次学術講演会概要集，（Oct.2001）．

9）横幕豊一，小山 修：余剰汚泥の発生しない汚泥減容化装置－バイオダイエット法，加工技術，34（10），641（1999）．

10）村上定瞭，谷口 稔他：水熱反応を用いる汚泥消滅型生物法に関する研究，環境技術，28（8），566（1999）．

11）飛鳥井正晴他：小規模食品工場排水の低コスト汚泥減量化技術の開発，エコシステムの制御による高度排水処理技術の開発，平成 13 年度研究成果報告書，食品産業環境保全技術研究組合，27（2002）．

食品製造業におけるゼロエミッション化

東京農工大学 工学部 化学システム工学科　細見正明

はじめに

食品製造業は広範な業種からなっており，各業種間における単位操作（工程）の共通性は少ない．したがって，製品が異なれば排水の質・量といった排出状況も相当に異なっている．一般に食品製造業の排水および廃棄物は，BOD や COD で表される有機物や富栄養化の観点から重要な窒素およびリンを多く含むが，有害な物質はほとんど無視できる．したがって，食品製造業における排水および廃棄物の処理技術としては，これまで活性汚泥を中心とした生物処理と，その処理プロセスから発生する汚泥の処理処分からなる．

近年，好気性処理である活性汚泥法にかわるものとして，省エネおよび再資源化（メタンガスの利用，特にメタンを改質して燃料電池として利用）の観点から，ビール工場排水などのように高濃度の有機物を含む排水処理として，上向流式嫌気性汚泥スラッジブランケット（UASB）法などの嫌気処理プロセスが注目されている．UASB 法は，従来の活性汚泥法に比べ，多くの排水に適用できるわけではないが，酸素供給が不要のため，エネルギー消費量が極めて少なく，発生するメタンガスの利用を考えると非常に優れている．さらに，ごく最近では，メタン醗酵のかわりに，クリーンエネルギーとしての水素ガス生成を目指した反応槽に関する研究も進められている．

一方，食品製造業から排出される汚泥の処理処分としては，汚泥自体の性状からコンポストや肥料として十分，再資源化されうるものである．しかしながら，地域によっては，需要と供給との間にアンバランスが生じたり，輸送費用が高くついたり，扱いにくかったりして，コンポスト化したものが農業分野で有効に利用されることが困難な場合など問題点が指摘されている．

ここでは，① 汚濁負荷量が大きい水産加工，味噌，牛乳，清酒，焼酎の 5

業種を選び，環境低負荷型プロセスへの可能性を簡単にまとめる（平成 6 年度科学研究所補助金総合 A 研究成果報告書，代表鈴木基之），② 排水および廃棄物のゼロエミッション化を目指した要素技術として，高温好気発酵法とオゾンを用いて余剰汚泥をゼロとする活性汚泥処理法を取り上げ，さらに ③ 食品製造業におけるゼロエミッション化の試みについて，埼玉県にある工業団地の事例を紹介する．

1. 排水および廃棄物の処理の現状と課題

1.1. 水産加工製造業

水産加工品は，主に中小・零細規模にて製造されており，現行の水質汚濁防止法の適用範囲外にあるものが多く，排水処理の実体には不明な点が多い．しかしながら，水産加工業はその性質上，沿岸域や内水面近くに位置するとともに，タンパク質を多く含む製品を製造しているため，高濃度の窒素を含む排水を排出して，富栄養化に与える影響も大きい．

I 市の水産加工排水処理プラント（日処理水量として 5,000 トン前後）では，BOD, COD, SS, ノルマルヘキサン抽出濃度が，それぞれ 2,000 ppm, 800 ppm, 900 ppm, 100 ppm である流入原水を，スクリーンで鱗などの夾雑物を除去した後，高分子凝集剤を加え，加圧浮上でスカムを除去する．この工程で 50 % 程度の有機物除去が達成される．この後，表面曝気型の高濃度活性汚泥処理法で処理され，沈殿後放流される．BOD, SS, ノルマルヘキサン抽出濃度はいずれも 10 ppm 以下となる．処理プロセスで生じる汚泥は，火力で乾燥後，肥料の原料として再利用されている．

問題点として，多くの水産加工業からの排水を一括して処理しているにも関わらず，流入水量および水質がかなり変動することである．

環境低負荷型プロセスを考える場合，製品と排水，廃棄物との物質収支を明確にして，対策を考えることが基本となるが，多くの場合，伝統的・経験的な製造工程からなり，節水がどの程度進められているのか，これからどの程度進められるのか，については不明な点が多い．水晒しのように，製品の品質が使用水量に依存する工程があり，節水を中心とした対策を進めるには困難な場合もある．

水産加工過程における残滓は，肥料などの有効利用が図られているが，付加価値が低いので，今後の課題としては，付加価値の高い物質の活用に向けての研究開発が必要である．未利用部分の活用例として，表 1 に示す．こうした有価物の回収は，排水として排出する前に行われるべきで，膜分離技術の導入などを図っていくことが望まれる．

表 1　未利用部分の活用例

物質名など	原料など	用　途
キチン，キトサン	かに，えびなどの甲皮を酸・アルカリ処理して抽出	凝集剤 化粧品素材 医薬用材料（手術用糸）
コレステロール	魚油から抽出	液晶 化粧品素材
EPA（エイコサペンタエン酸） DHA（ドコサヘキサエン酸）	魚油から抽出	健康食品
タウリン	貝類，たこ，いかなどから抽出	健康食品 医薬品
タンパク質 （核タンパク質など）	さけの白子から抽出	健康食品 食品保存料
スクワレン	さめ類の肝臓から抽出	化粧品素材
アパタイト （リン石灰）	魚の骨を科学的に精製	バイオセラミックス材料 （人工骨，人工歯根）
呈味成分 （イノシン酸，グルタミン酸など）	逆浸透膜などを利用して廃液中に含まれるイノシン酸，グルタミン酸など有効成分を回収・濃縮	天然調味料

出典：昭和 62 年度図説漁業白書

1.2.　味噌製造業

味噌製造排水は BOD 負荷量が大きく，食品産業製造業排水の中ではでん粉製造排水とならんで最も高い分類に入る．古くから日本の伝統的な調味料であったため全国各地で生産されており，味や風味などに地域性が強く残っていることが多い．一方で協業化によって製造量が大きなメーカーも生まれており，規模はバラエティに富む．このため排水処理技術も小規模なものから大規模に至るまで，多様なものが用いられている．

1日32トン（含水率45％）の味噌を製造するA社について物質収支および水収支について検討してみる．使用水量は1日255トンであり，このうち約150トンが間接冷却水として使用されている．味噌1トン当たり8トンの水が使用されていることになる．間接冷却水はそのまま放流されるので，処理が必要な排水は主に麦と米の水洗および浸漬工程から排出される．したがって，処理水量は味噌1トンにつき4.8トンとなる．

表2は同社の排水の水質データをまとめたものである．洗浄水，浸漬水から高濃度のBOD，SSが排出されることがわかる．また，窒素に較べリン濃度が高いことも特徴である．味噌の品種によってもこれらの値は変動する．一般に，排水のBODは大豆浸漬水で3,000～10,000 ppm，蒸煮水で40,000～80,000 ppm，米の浸漬水で1,400～11,200 ppm といわれている．また，B社のの例では，大豆1トンからのBOD負荷原単位は60トン，米1トンからのBOD負荷原単位は10トンというデータがある．このように，味噌製造工程からの排水はBOD負荷量が大きいのが特徴である．

表2　味噌製造工程からの廃水の水質

試料名＼項目		pH	SS mg/l	n-ヘキサン mg/l	COD mg/l	BOD mg/l	T-P mg/l	T-N mg/l
大豆処理	洗浄水	6.9	1,330	2.7	1,720	2,980	26.2	5.7
	浸漬水	6.4	980	1.3	17,600	31,000	166.0	74.0
	予熱水	5.8	1,510	1.0	28,700	50,100	205.0	364.0
	蒸煮ドレン	6.0	4,940	2.0	24,400	41,500	181.0	344.0
米処理	洗浄水	6.6	2,330	120.0	2,480	4,560	45.3	25.8
	浸漬水	5.5	7,330	160.0	10,200	18,200	101.0	110.0
	二度蒸散水	6.9	176	2.0	236	495	4.8	34.4
樽洗浄水		7.4	12	0.3	14	10	0.3	56.9
機械工間洗浄		6.9	756	3.0	700	1,162	7.2	27.8

味噌製造工程からの排水中には大豆の種皮や微小破片，米麦の破片など浮遊固形物が含まれるため，振動篩（40メッシュ程度）を用い連続除去する方法が採用されている．分離した固形物は，一部で家畜の飼料として処分される．

固形分を除去した排水は他の排水とともに処理されている．処理技術としては好気的生物処理が基本で，活性汚泥法，ラグーン法，排水濾床法，回転円盤法などの種々の操作が行われている．活性汚泥法が味噌製造排水処理法として最も多く用いられている．

味噌製造業においては大豆処理工程で最大の有機質が排出されるので，工程の改良によって新たな方法に転換できれば環境負荷は減少できるであろう．しかし味噌は古来より日本の伝統的調味料として製法が確立されており，食酢などのようにバイオリアクターを用いた生産法が開発される可能性は少ないと考えられる．したがって，今後は使用水量の低減化，省エネルギー的プロセスの導入などによって，環境負荷を減らすことが課題である．具体的には，大豆の高圧蒸煮（排水の BOD が 1 / 3 に減少），米の空気洗浄（水の使用量を節約），メタン発酵法の導入（エネルギーの節約，汚泥発生量の減少），汚泥のコンポスト化，などが挙げられる．

1.3. 乳製品製造業

原料乳を処理して牛乳を製造するのが主であるが，最近は多角化を進めるため，バター，チーズ，デザート，飲料も併せて製造するケースが多い．したがって工場からの排水もこれら各製品製造工程からの排水が合流されて出てくる事が多い．製品が液体であるため，水の消費量は多い．

市乳製造業では原乳 1トンあたり最大 2.8トンの排水があると従来されてきたが，最近は大きく減少している．この最も大きな原因は容器を瓶から紙パックへ切り替えたための洗浄用水が不要になったことにある．現在では，牛乳関係に限ると，製品 1トンあたり 1.1トンの排水量になっている．

環境負荷を低減する上で最も有効なのは市場戻り品の有効利用であろう．処理面での課題として，一括処理の見直しが必要である．BOD が高い工程排水については，個別に前処理を行って処理効率の改善を図ることが望まれる．

1.4. 日本酒製造業

日本酒（清酒）は我国の最も伝統的な発酵製品であり，全国いたる地方で醸造されている．技術的には素材（米，麹菌）や単位操作（ろ過），制御（温度管理など）などの面で改良が行われてきたが，基本的な製造法はすでに確立されている．

主原料は米であり，これを水洗後蒸して麹を植え付け発酵させる．その後ろ過・殺菌・調合して瓶詰めするのが概略の操作である．この過程で米の洗浄・浸漬・ろ過工程から主に排水を生ずる．一方多くの企業は清酒以外に関連製品を製造しており，これらの工程から発生する排水も合流するケースが多い．

ここでは中規模（清酒生産高 1,800トン / 年，使用水量 232トン / 日）の C 社を例とすると，米洗浄・浸漬工程排水 3,000トン/年，ろ過・瓶詰め工程排水 3,600トン / 年，装置洗浄水 2,000トン/年，ろ過工程固形分（酒粕）100トン / 年，となる．

排水の中では洗米・浸漬排水の BOD および SS が他に較べて非常に高いため，これらをまず沈澱槽で固形分（でん粉が主）を沈澱除去する．これにより BOD の約半分が除去される．上澄みは調整槽で洗瓶など他の工程排水と混合され，標準活性汚泥法により処理されている．

清酒製造法はほぼ完成されており，大幅な変革の可能性は低いと思われるが，使用水量の低減化・再利用の促進など検討される課題もある．

1.5. 焼酎製造業

焼酎は米，麦，芋（甘藷），そばなどを原料として発酵させ，これを蒸留して得られる蒸留酒である．連続蒸留で製造されるもの（甲類）と，単蒸留で製造されるもの（乙類）がある．生産量の飛躍的な増大に伴い排水の排出量も大幅に増加し，特に BOD が極めて高く焼酎排水の中心ともいえる蒸留廃液（焼酎粕）の処理が大きな問題となっている．

麦焼酎の製造工程における排水は原料の洗浄，蒸留，冷却，および瓶詰の工程から主として発生する．これらの排水の処理方法や処理状況は，製造規模によって異なっている．また，一般に季節的操作が多く，排水量・水質の変動が大きい．

焼酎製造プロセスにおいて水量として 8 %を占めるにすぎない蒸留廃液の性状は原料および操作法によって異なるが，概略では汚濁負荷として，BOD（40,000～80,000 ppm）で 90 %以上を，SS（20,000～50,000ppm）で 86 %近くを占める．蒸留廃液は極めて濃く，そのままでは通常の生物処理が困難である．また蒸留廃液は多くの有効成分を含むため，飼料や肥料としての再利用も可能である．

蒸留廃液は窒素分のほかカリ分にも富むため，従来田畑や山林，牧草地などに散布し有機肥料として利用されてきた．この方法は簡便で費用も安く，リサイクルの観点からは最も望ましい方法である．しかし，臭いの問題があり，散布場所が限定されている．

また，廃液中の固形分には粗タンパク質や繊維・脂肪類が多く含まれており，でん粉価も高いので，飼料として利用されてきた．しかし，水分を含み，取り扱いに難点があったり，安定供給が難しく，配合飼料に取って代わられようとしている．なお，大手メーカーには，乾燥させたあと飼料として販売することを商業規模で始めたところもある．その他にも，魚類の飼料，酵母・茸の培地，食品素材，など多様な再利用技術が研究されている．

一方，処理処分技術としては，蒸留廃液を火力乾燥し焼却処分する方法もあるが，廃液は水分含量が高いため，80 %程度まで濃縮することが必要である．その他に，メタン発酵法と酵母処理法がある．いずれの場合も処理後のBOD 濃度はかなり高く，活性汚泥処理後に放流される．

負荷量の大きな蒸留廃液の量をいかに減少させるかがこれからの課題であり，発酵技術の改良とともに製造プロセスを見直す検討が行われている．具体的な検討例として，固体発酵法，濃厚仕込配合，さらには蒸留廃液を仕込水として利用する方法，二次仕込における多糖類分解酵素の利用などが挙げられる．

2. ゼロエミッション化のための要素技術

2.1. オゾンを用いた汚泥の減容化

有機性汚泥あるいは，非常に高濃度の有機性排水の新しい処理法として，オゾンを利用した汚泥の減容化と高温好気発酵法を紹介する．はじめに述べたように地域によっては，汚泥などを肥料化，コンポスト化しても需要がない，あるいは供給時期と需要時期とがずれる，ハンドリングが悪いなど社会システムに起因する理由で，有機性汚泥の再資源化が十分図られないことが多い．しかも汚泥の処分費は年々増加する傾向にある．こうした状況の中で，汚泥の発生量をゼロとする処理プロセスも開発されつつある．当然のことながら，オゾンあるいは空気曝気するためのエネルギーは，通常の生物処理システムよりも多く必要になる．しかし，汚泥の発生量がゼロとなればそれだけのメリットが出てくる地域があると考えられる．

排水中の有機物は，細菌を種とした微生物群（活性汚泥）により，酸素の存在下で炭酸ガスと水とに酸化分解される．この時得たエネルギーで，細菌は新たな菌体を合成して増殖する．炭素の流れでみれば，排水中の炭素は炭酸ガスと菌体中の炭素とに変換されたことになる．したがって，活性汚泥法のように，微生物を用いた排水処理システムでは，必ず余剰汚泥が排出され，この汚泥の処分が問題となる．そこで，図 1 に示すように，余剰汚泥そのもの，あるいは活性汚泥処理プロセスでは，返送汚泥の一部をオゾン酸化して，（細菌の細胞質のように生物分解されにくい有機物から）生物分解されやすい形に変換して，再び曝気槽に循環し，汚泥を減容化する方式が検討されている．実際に，オゾン注入量を 0.05 g オゾン / g 汚泥としてオゾン酸化すると，元の汚泥よりも酸素消費量が 1.5 倍から 2 倍に増加することを確認している．すなわち，オゾン酸化により，分解されやすい汚泥に変換されたことになる．このように，曝気槽内では生物分解性の有機物とオゾン処理汚泥の分解が同時に進行して，結果として汚泥の発生量をゼロにすることができる．

図 1 に示した実験装置で MLSS 2,000 ppm の汚泥を容積負荷 0.33 kg / m^3 / 日で流入させ，曝気槽から 1.5 *l* / 日で引き抜き，オゾン酸化処理して，同じ速度で返送して循環して処理実験を行った．その結果，33 日間，曝気槽内の MLSS 濃度はほぼ 2,000 ppm で一定であった．流出 SS 濃度も 50 ppm 前後であった．汚泥収支をとると，オゾン酸化により，約5％の汚泥が減容化するが，ほとんどの汚泥は返送された曝気槽内で 0.77 g / 日（曝気槽容積は 3 *l*）の速度で分解されることがわかった．

また，D 工場の排水処理プラントに，オゾン酸化装置を加え，処理を行った結果を図 2 に示す．ちなみに平均排水量は 230トン/ 日，BOD 濃度は 2,200 ppm，SS 濃度は 70 ppm であった．オゾン酸化を適用する以前の余剰汚泥の発生量は，流入 BOD 1トンに対し，0.21トンであった．しかし，オゾン酸化処理を加えた場合，図 2 に示すように余剰汚泥の発生が認められなかった．処理水水質もオゾン酸化処理以前と変わらず，BOD 5 ppm，SS 10～20 ppm であった．

このように，オゾン酸化を用いた汚泥の減容化は，(1) 生物分解可能な余剰汚泥であれば，100 ％分解する（対象とする排水や汚泥は有機物を主成分とするものでなければならない)，(2) 汚泥とオゾンを反応させる槽とオゾン発生器のみを付加するだけで，設置面積が少なくてすむ，(3) 汚泥処理は曝気槽内で行われるため，操作が容易で，オゾン注入量を制御することにより，減容すべき汚泥量を管理できる，(4) 従来の汚泥処分費と比べて，オゾン発生器などの電気代がかかるのみで，結果的には運転経費を下げることができる，などの利点がある．

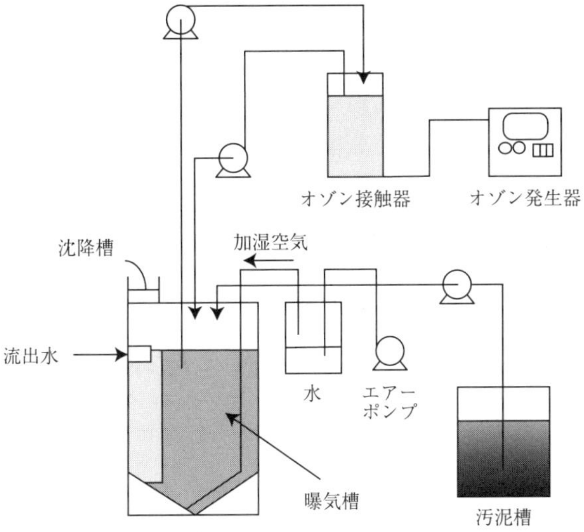

図 1　オゾン酸化処理を付加した汚泥減容化実験装置

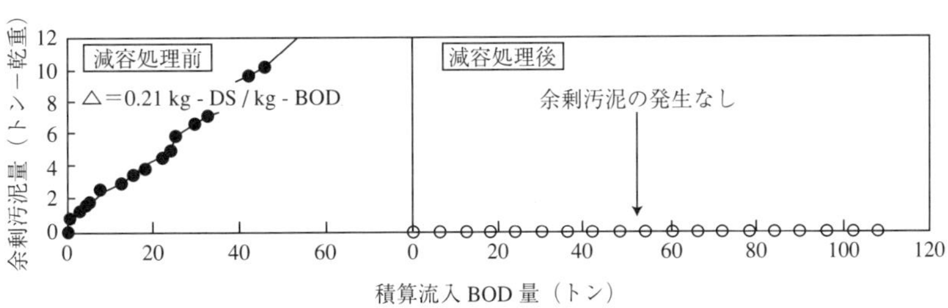

図 2　K 工場における積算 BOD 流入量と余剰汚泥量との関係

2.2.　高温好気発酵法

高温好気発酵法は，図 3 に示すように，有機物を 60℃前後の高い温度で好気的に分解させるという原理であり，基本的にはコンポスト化と同じである．しかし，コンポスト化法は，含水率の低い固形有機物を対象としているが，高温好気発酵法では液状の高濃度有機性排液を対象としている．また，反応槽に充填した木質チップは，コンポスト化における副資材としてだけではなく，有機物分解を促進するための通気性の保持材，水分調整材，微生物の“すみか”としての担体の役割を有しており，コンポスト化法に比べ，木質チップなどの副資材を入れる割合が3倍程度高い（90％程度）．

均一に分解を促進するために，排液注入時に反応槽内を切り返して撹拌を行い，反応槽底部から強制的に連続通気を行う．このような操作を繰り返すことにより，担体に付着した高温好気微生物が有機物を炭酸ガスと水とに分解させ，さらに，分解過程で発生した熱により水分を蒸発させることにより，反応槽に連続的に排液を注入しても処理水や汚泥が排出されないシステムが達成できる．

高濃度有機性排水としては，食品工場排水，醸造排水，し尿，食堂残飯，濃縮下水汚泥，家畜糞尿，食用油の排液などで，これらの排液は，この高温好気発酵法により実験室スケール，あるいはパイロットスケールの装置で有効性が証明されている．

ここでは，一例として，焼酎排液の例を示す．焼酎排液のBODは7万ppm程度で非常に高いので活性汚泥処理には不適である．そこで，これまではUASB法などの嫌気性処理が検討されたが，焼酎排液中の全固形物濃度（TS）は約10万ppmと非常に高いため，処理効率が悪くなる．また，嫌気処理後，処理水のBOD濃度は依然として高いため，活性汚泥処理をしなければならない．その点，高温好気醗酵処理を用いると高濃度のままで処理し,反応装置は発酵槽だけなので簡単な装置でよく，維持管理が容易である．焼酎排液中の全固形物濃度の95％以上は揮発性有機物（VS）である．すなわち，焼酎排液中には分解しやすい有機物含有率が高い．焼酎排液のBOD：N：P比は140：4：1であり，ほぼ微生物の増殖にとって必要な組成比になっていると考えられる．また，FeやMgなどの無機塩類も排水中には含まれている．TS 1 kgの熱量は約5000 kcalなので，焼酎排液は約500 kcal / kgの熱量をもつ．水の蒸発潜熱は約600 kcal / kgであるので，焼酎排液が有する熱量だけでは，水の蒸発に必要な熱量は不足している．全排水を蒸発させるための熱量は，熱損失などを加えると水の蒸発に必要な熱量（W kcal）の約 2 倍必要であることがわかった．排水が有する熱量を C kcalとすると，C / W 比は 2 程度が最適である．この比より低い場合，発酵槽内に水が残り通気性が悪くなり，嫌気性になる．また，この比率より高い場合，水の蒸発が多すぎて発酵槽内が乾燥しすぎる傾向にある．両者とも高温・好気処理が順調に進まない．対応策

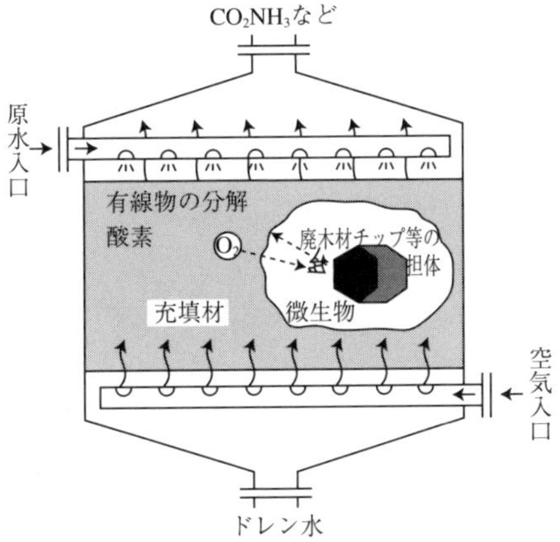

図 3　高温好気発酵法の原理

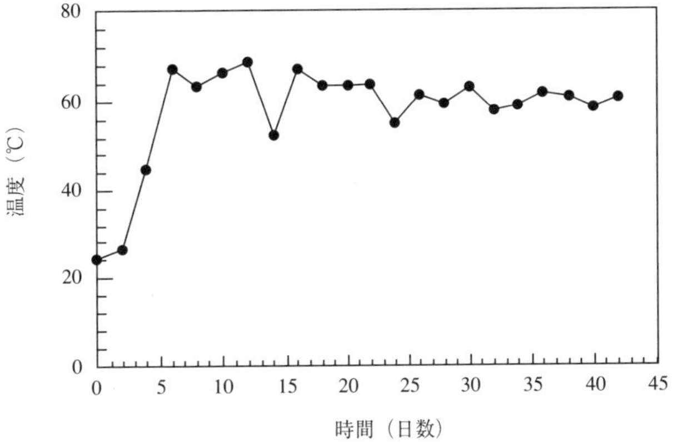

図 4　高温好気発酵法による焼酎排液の処理期間における反応槽内温度

としては前述のように前者ではある程度槽内から除去し，残りに乾燥木質チップとコンポストを添加する．後者では加湿するとよい．

これまで得られた結果から高温好気発酵法での運転条件としては，BOD 負荷，水量負荷，木質チップの含有率，通気量，および発酵槽内温度が重要であることがわかった．実験では，容積 20 *l* の小型発酵槽を用いた場合 C / W＝2 の焼酎排液を 1 日 1 *l* 添加した．これは BOD 負荷 3.5 kg / m^3/ 日，水量負荷 50 *l* / m^3/ 日，通気量 100 *l* / m^3/ 分に相当する．この条件で高温・好気処理を行ったところ，発酵温度は 60℃以上になり排水は全て蒸発し（図 4），30 日間の連続運転でも余剰汚泥はほとんど生成されなかった（図 5）．

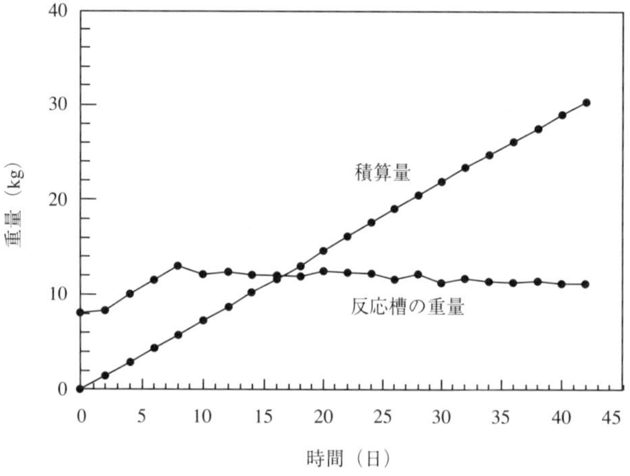

図 5　高温好気発酵法による焼酎排液の処理における反応槽の重量変化

3. 食品製造業におけるゼロエミッション化

ゼロエミッションを目指した物質循環プロセスを構築する上で，まず，異業種間の連携による再資源化プロセスの可能性を明らかにする必要がある．ここでは，埼玉県を研究対象として，工業団地内における生産プロセスとその工程から排出される物質のフローを明らかにする調査を行い，異業種間の連携による再資源化プロセスの可能性について検討する（平成 11 年度　埼玉県産業廃棄物再資源化可能性等調査委員会）．

3.1. 調査方法

各工程から排出される廃棄物に関するアンケートを 900 社に配布し，異業種間におけるネットワークの形成の可能性を検討した．アンケート調査結果から，製品出荷量が多い食品加工業とその工業団地内にある廃棄物処理業を中核にして，他の業種，すなわち，農業などの一次産業系とのネットワークの形成が示唆された．異業種間のネットワークを実現化する上で，実際の企業の協力体制が得られないと，データの取得にも支障が生じる．今回のアンケートにおいて ISO などにも積極的な対応をされていた企業を中心にヒアリングを行い，嵐山花見台工業団地の㈱松屋フーズを調査対象とした．

3.2. 調査結果

ヒアリングに基づく input-output 調査から，異業種との連携実現に向けた課題と対応可能な点を抽出した．その結果に基づき，食品加工業から排出される廃棄物については，肥料化・飼料化の再資源化プロセスを経て，農業・畜産業との連携を図る物質循環プロセスが最も実現性の高い方法と考えられた（図 6）．農地からは（有機）野菜や穀類を，畜産施設からは肉類を，食品加工業に供給することで，各生産プロセスが相互に連携するシステムである．

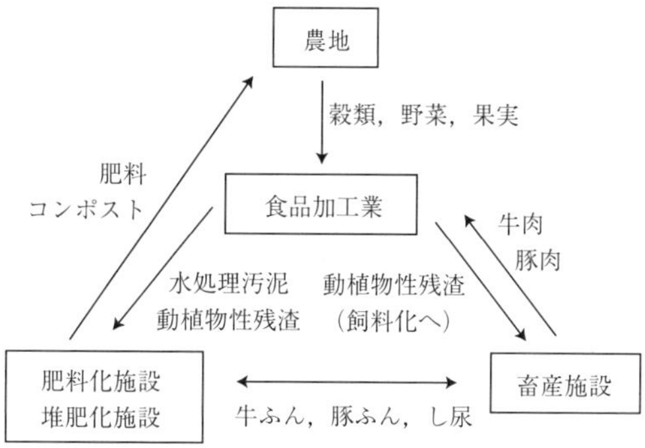

図 6　物質循環プロセス

食品加工工程では，徹底的に原料のカスケード化が図られていた．例えば，肉類はスライスされ，牛飯や焼肉，カレーに利用される．スライスの過程で生じた切れ肉は，ハンバーグや餃子の原料，さらには，スープの材料とする．

野菜は，サラダや牛飯の材料，そしてその一部は，漬け物の材料として利用される．この過程で生じる廃棄物は，スライス工程の洗浄水が排水処理施設で処理されるのに伴う水処理汚泥とキャベツの芯とタマネギの皮が廃棄物となる．ただし，140 店舗以上のチェーン店で排出される廃棄物（残飯，廃プラスチック）は大きな課題である．残飯類のコンポスト化施設，排水処理汚泥の肥料化施設，動植物性残滓の飼料化施設では，① 一般廃棄物か産業廃棄物であることへの対応，② 原料の安定供給と原材料が変質しやすいことから立地条件の選定，③ 製品の安全性や品質に関する情報公開，④ 悪臭対策の実施，などの課題がある．その他の課題と対応は以下の通り．

(1) 排出廃棄物の品質が安定し，再利用する側が受け入れやすくするために，排出廃棄物の合理的な分別システムを確立する．これに対し，チェーン点で生じる割り箸については，分別収集する．

(2) 再資源化しにくい原材料や容器から再資源化しやすい原材料や容器への転換を図る．これには，梱包剤として，塩ビ製品から非塩ビ製品へと順次変換していく．割り箸の再資源化として，チップ化してシメジ類の培地が可能性としてあるので，培地に適した割り箸を白樺材やアスペン材に変更する．

(3) 再資源化された製品の需要先を発掘し，積極的利用の促進策を検討する必要がある．また現状のシステムでは，廃棄物処理法に基づいた収集・運搬に関する許可用件が障害となる．例えば，食品加工業から出る野菜くずは産業廃棄物に分類されるが，チェーン点からの残飯類は一般廃棄物である．そのための運搬設備なども異なる．

3.3. 今後の展開

試験的に野菜くずのコンポスト化試験が実施された．その結果に基づいて，以下のような点が指摘された．良質のコンポストとするにはその他のコンポスト資材と混合する必要があること，さらに，一定の品質を保証するためには，コンポスト化や肥料化施設にしてもある程度の大きさが必要であること，また廃棄物として輸送運搬して，資源化する施設は廃棄物処理法や建築基準法の枠組みの中で対応する必要があること，などの問題点を克服する必要がある．

このため，外食産業を含めた食品製造業を中心としたゼロエミッション化が提案された．この場合，廃棄物（食品加工工程からの野菜くず，チェーン店からの残飯なども含む）を排出する食品製造業において，その場でコンポストの 1 次発酵を行うことにより，再資源化センターが有償で発酵物（有価物である）を収集運搬して，混合調整して，2 次発酵して，製品化する．これをさらに，農業や花卉栽培業種に販売する．ここで収穫された野菜や花卉類は，学校や外食レストランで利用する．この場合，収集運搬や資源化センターは廃棄物処理法が適用されない．

経済性評価として，発生する野菜くず，排水処理汚泥の処理について，原稿の産業廃棄物処理と，野菜くずなどのコンポスト化処理による再資源化モデルのコストを試算した．その結果，再資源化に伴い，年間 251 万円（法人税を差し引いた損益は，135 万円）のコスト削減につながることが示された．実際には，食品加工工場で排出される野菜くずやチェーン店からの生ごみを向上に集積し一次処理して，コンポスト原料として，牧場に販売する事業が始まっている．

4. おわりに

食品製造業における排水および廃棄物の処理技術についてまとめてきた．強調したい点は，製造プロセスにおいて環境低負荷型プロセスへの可能性をより詳細に検討すべきはないかということである．従来から，生産のための最適化を目指した製造プロセスであり，排水および廃棄物はその後始末として位置付けられてきたが，排水や廃棄物の発生量を最小にする，あるいは，再資源化するプロセスへと変換することが望まれる．さらに，技術レベルだけの議論だけでは，ゼロエミッションシステムの確立が困難と予想もされる．経済的なインセンティブが働くような社会システムへの変更も含めて，大いに議論して行くべき時である．実際に平成 12 年に食品リサイクル法が成立した．今，まさに食品製造業でのゼロエミッション化を通じて，循環型社会の形成に大きな一歩を踏み出す時である．

最後に，環境低負荷型プロセスに関するまとめは，平成6年度科学研究費補助金総合A研究成果報告書「水環境への汚濁物質の排出抑制を考慮した低環境負荷生産プロセスの構築（代表：東京大学生産技術研究所長　鈴木基之)」を，また，高温好気発酵法については，平成7年度科学研究費補助金総合B研究成果報告書「有用高温好気微生物を活用した環境修復・資源化プロセスの開発（代表：国立環境研究所　稲森悠平)」をそれぞれ参考にさせていただいた．ここに記して謝意を表する．

畜産における排水・汚泥の低減化

独立行政法人　農業技術研究機構
畜産草地研究所　畜産環境部　羽賀清典

はじめに

畜産に起因する環境汚染問題の発生件数は，農林水産省の調査によると，1973 年度の 11,676 件 / 年をピークとし，その後数年は急激に減少したが，1980 年度あたりから減少率がやや鈍り，ここ数年は横ばいである [1]．しかし，農家戸数当たりの発生件数は，養豚と酪農において増加しており [2]，個々の農家にとっては深刻であるとともに，内容が複雑化している．2000 年度の発生件数は 2,719 件とピーク時の約 23 %に減っており，問題の内訳は，概ね水質汚濁関連が約 40 %，悪臭関連が約 63 %，害虫発生が約 7 %である [1]．畜種別では養豚業に起因するものが最も多く約34%を占め，次に乳牛が約 32 %，鶏が約 18 %，肉牛が約 13 %の順になっている．

「家畜排泄物の管理の適正化と利用の促進に関する法律」の期限が 2004 年 11 月に迫り [3]，素掘りや野積みなどの不適正な処理の解消と，ふん尿の資源として利用促進に向けて多大な努力が払われている．畜舎排水に起因する水質汚濁は，素掘りや野積みなどの不適正な処理と密接に関係しており，解決すべき重要問題である．本稿では，畜産における排水処理の現状と課題について概説する．

1.　排水の発生と低減

畜舎排水の発生源と処理・利用方法について図 1 に示す．発生源からみると主要な排水は，豚舎からの尿汚水である [4]．豚という動物は尿の量が多く，ほとんどの養豚経営では排水処理施設が必須となる．酪農経営では尿汚水を貯留槽で液肥化することが多いが，ミルキングパーラー（搾乳室）の洗浄排水には排水処理施設が必要となる．養鶏では，鶏舎が空舎となったときの洗浄・消毒排水や，GP センター（卵の洗浄・選別・包装施設）の排水などが対象となる．畜産においては，排水処理にかかる経費を節減するため，排水量および汚濁負荷量の低減が図られている．例えば，無駄な洗浄水やこぼれ水などをなくして排水量を減らしたり，汚濁物質の多いふんを排水中に混入させない努力が払われている[4)]．

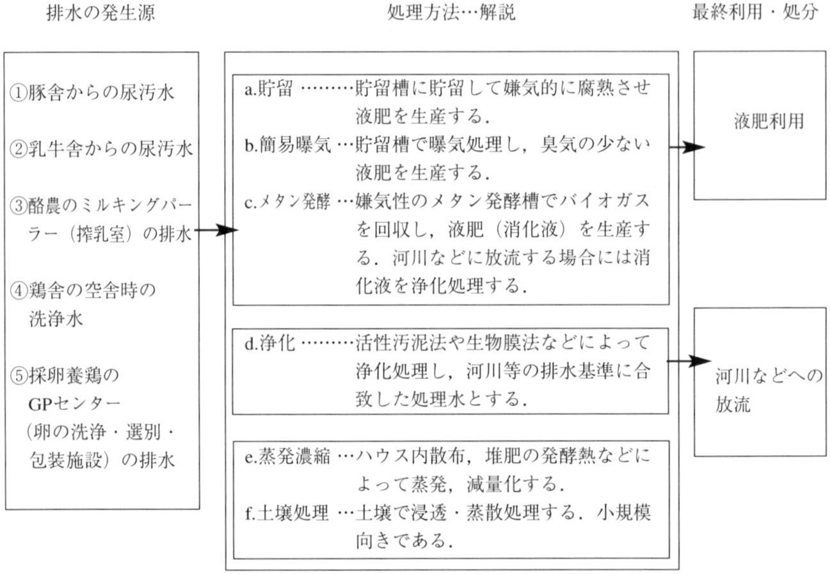

排水の発生源
処理方法…解説
最終利用・処分
①豚舎からの尿汚水
②乳牛舎からの尿汚水
③酪農のミルキングパーラー（搾乳室）の排水
④鶏舎の空舎時の洗浄水
⑤採卵養鶏のGPセンター（卵の洗浄・選別・包装施設）の排水
a.貯留 ………貯留槽に貯留して嫌気的に腐熟させ液肥を生産する．
b.簡易曝気 …貯留槽で曝気処理し，臭気の少ない液肥を生産する．
c.メタン発酵 …嫌気性のメタン発酵槽でバイオガスを回収し，液肥（消化液）を生産する．河川などに放流する場合には消化液を浄化処理する．
d.浄化 ………活性汚泥法や生物膜法などによって浄化処理し，河川等の排水基準に合致した処理水とする．
e.蒸発濃縮 …ハウス内散布，堆肥の発酵熱などによって蒸発，減量化する．
f.土壌処理 …土壌で浸透・蒸散処理する．小規模向きである．
液肥利用
河川などへの放流

図1　畜舎排水の発生源と処理・利用方法

一方，ほとんど排水を出さない家畜の飼い方をする例も多くある．例えば，肉牛の肥育経営では，オガクズなどの敷料を多量に利用する飼い方が通例である[5)]．ふんと尿を敷料に吸着・吸収させるので，排水がほとんど出ない．さらに，換気扇を併用して舎内における敷料の乾燥を図ることが多い．養豚の発酵床方式（オガクズ豚舎）[6)] や酪農のフリーバーン方式[7)] なども類似の方式である．以上のような飼い方の場合，ふんと尿が混じった敷料は全量堆肥化処理され，排水処理施設をもたないことが多い．

2. 排水処理方法の種類

畜舎排水の処理には，図 1 に示す 6 種類の処理方法が使用されている．処理後の最終利用・処分を勘案すると，液肥利用する場合と河川などに放流する場合の二通りに分けることができる．液肥利用する場合には，排水を貯留槽に貯留して嫌気的に腐熟させるのが簡易で低コストな処理方法である．嫌気性処理のために液肥の臭気が問題となる場合には，貯留槽で簡易曝気処理し，臭気の少ない液肥を生産する．また，メタン発酵槽でバイオガスを回収した後の消化液も液肥利用される．しかし，畜産農家では液肥を施用する農耕地が不足する場合も多く，排水を浄化処理し河川などへ放流しなければならない．最も一般的な浄化処理方法は，畜産においてもやはり活性汚泥法である．活性汚泥処理施設を畜産現場では慣用的に浄化槽と呼ぶことが多い．また，地域によっては窒素やリンなどの高度処理を必要とされる場合もある．

補助的な処理方法として蒸発濃縮処理や，土壌処理などが利用されている．蒸発濃縮処理は，ハウス内の堆肥などに散布して蒸発させる方式が従来からあるが，その他に微生物の発酵熱を利用した高温・好気法による蒸発技術[8, 9]も試みられている．土壌処理は土壌で浸透・蒸散処理する方法だが，地下水汚染の問題もあるので，その心配のない小規模経営向きである．その他，新規な方法もいくつか提案されているが，現場で実際に定着している方法となると，上記のものが主であろう[10]．

3. 液肥化

畜舎排水は窒素，リンなどの植物の栄養分を含んでおり[11]，液肥として資源利用することが最優先される．最近では，水田への液肥利用の普及的な試みもある[12]．液肥化のための処理方法には，前述のように貯留，簡易曝気，メタン発酵などの処理方法が利用される．貯留法は，排水を貯留槽に貯留して嫌気的に腐熟させるだけの方法である．嫌気性処理のために液肥の悪臭が問題となることがある．簡易曝気法は，貯留槽で排水を曝気処理することによって，好気的に臭気を低減し，悪臭の少ない液肥を生産する[13]．自然浄化法や BMW 法などいくつかの方法が知られており，腐植質[14]などの資材を利用する方法もあるが，簡易曝気処理に共通することは，曝気することによって好気的に臭気を低減していることである．メタン発酵槽でバイオガスを回収した後の消化液も液肥利用されるが[15]，これについてはメタン発酵の項で後述する．

4. 浄化処理

4.1. 活性汚泥法

活性汚泥法には多くの変法があるが，畜産で利用されている主な方法は，回分式酸化溝（オキシデーションディッチ）法，曝気式ラグーン回分式システム，二段曝気法，長時間曝気法などである[16]．さらに，沈殿槽や返送汚泥などの繁雑な汚泥管理を省き，透明度の高い処理水を得るために，膜分離活性汚泥法の適用も試みられている[17]．

オキシデーションディッチ法（図 2）は，神奈川県畜産試験場が開発した方式で[18]，維持管理の簡易な自動運転型の回分式活性汚泥法である．曝気式ラグーン法（図 3）は曝気槽を大型化し，BOD 容積負荷を低く，長い滞留時間で運転する活性汚泥法である[19]．回分式であるため沈殿槽や返送汚泥装置がなく，構造が簡単で維持管理しやすい特徴をもっている．また，曝気槽の容積が大きい分，性能は安定しているが広い敷地面積を必要とする．二段曝気法（図 4）は，曝気槽と沈殿槽の組み合わせを二段にした方法である[20, 21]．

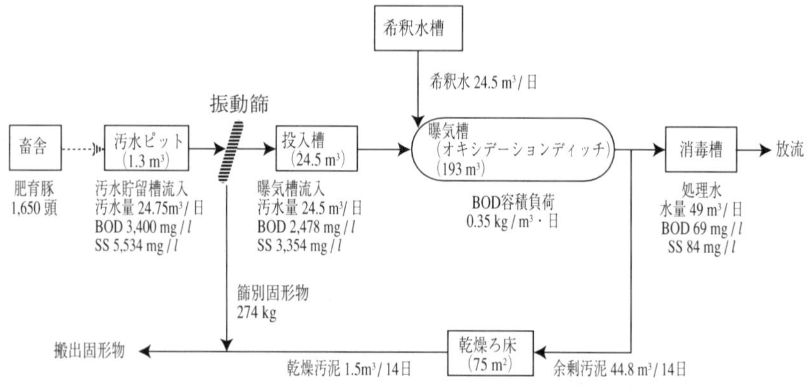

図 2　オキシデーションディッチ法のフローダイアグラムの例[10]

第一段曝気槽で高負荷の処理を行い，第二段曝気槽で仕上げ処理を行う設定となっている．畜舎排水は汚濁物質濃度が高く，変動も大きいので，このような二段曝気法の利点が発揮される．

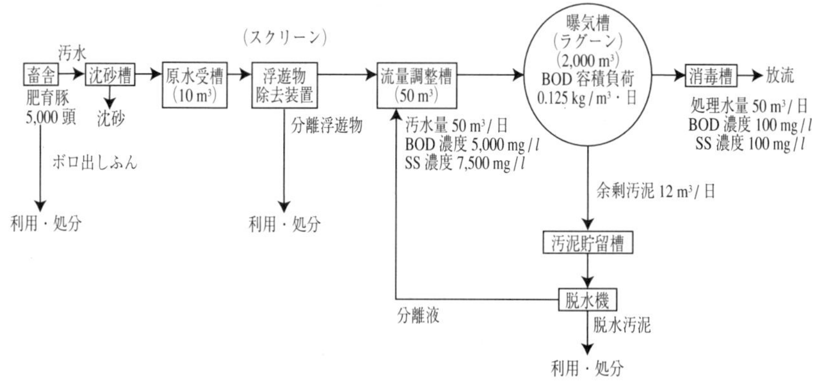

図 3　曝気式ラグーン法のフローダイアグラムの例 [10]

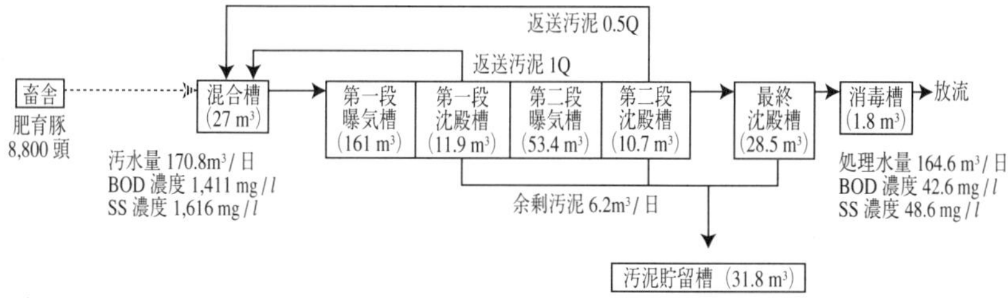

図 4　二段曝気法のフローダイアグラムの例 [10]

以上のように，畜舎排水処理に利用されている活性汚泥法の方式は，オキシデーションディッチ法や長時間曝気法のように，余剰汚泥の生成量の少ない方式が採用されている．また，原汚水の固液分離など，流入水の前処理を十分に行って，SS 由来の余剰汚泥の生成を抑制している．畜産における余剰汚泥は脱水後，分離固形物と一緒に堆肥化処理する方式が一般的である．

4.2.　窒素の除去

豚舎ではふんと尿を分離し，尿汚水の汚濁負荷量を低減することが通例である [22]．そのために，豚舎排水は尿を主体とした窒素過多の排水となることが多く，窒素の除去が重要な技術となる．尿中の窒素量を低減する試みとして，低タンパク質で高繊維質の飼料を豚に給与することによって，尿中への窒素排泄量を減らせることが報告されている[23, 24]．

活性汚泥法で畜舎排水の窒素を除去するために，オキシデーションディッチ法は有効であるし，運転方法としては間欠曝気法がよく使われる[22]．曝気式ラグーン法も間欠曝気法を導入し窒素の除去率が 90 %以上の例もみられる．曝気を間欠的に行うことによって，好気・嫌気条件をコントロールし，原水中の有機物を脱窒用の炭素源に利用して，窒素やリンを除去する方法である．畜舎排水は窒素濃度が高く，炭素源が不足しがちな特性をもっているので，硫黄の酸化反応を利用した脱窒処理も試みられている[25]．

4.3. リンの除去

豚は飼料中のリン化合物（フィチンリンなど）を十分に消化吸収できないため，高濃度のリンをふん中に排泄する[26]．そこで，フィチンリンの消化酵素であるフィターゼを飼料に添加し，リンの吸収性を改善することによって，ふん中に排泄されるリンを低減することができる．今までの研究では約 30 %の低減が報告されている[26]．

豚舎排水の原水はリン，マグネシウム，カルシウムを適当な mol 比で含み，曝気するとアルカリ性に傾くため，リン酸マグネシウムアンモニウム（MAP）やヒドロキシアパタイト（HAP）の結晶として回収する方法が有望である[26]．この反応を応用して，図 5 に示すような，曝気筒と沈殿槽が一体となったリアクターが考案されている[27]．リアクターの 50 日間の連続運転結果では，排水中のリンの約 65 %が除去され，回収された結晶化物は肥料などのリン資源として有効利用できる．

間欠曝気式活性汚泥法などの生物的な処理によって，リンは 70 %程度の除去が可能であるが[22]，排水基準を達成できるまでの処理は難しい．そこで，活性汚泥処理後にリンの除去率が高い凝集沈殿法など，薬品を利用した処理が行われる．しかし，薬品代が嵩むことや汚泥生成量の増大などの問題点がある．活性汚泥処理水中のリンはほとんどリン酸イオンとなっていることから，通電透析法[28]ように電気を利用した方法など，発生汚泥量の低減が試みられている．

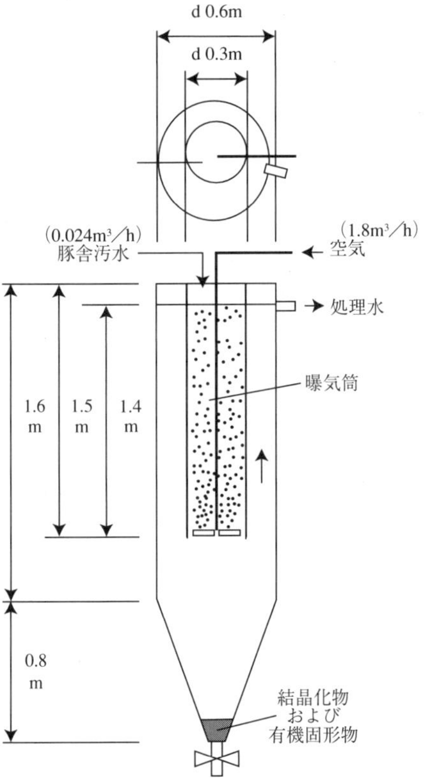

図5　曝気沈殿一体型のMAPリアクター[27)]

5. メタン発酵法

5.1. メタン発酵とバイオガスの生産

メタン発酵法は，高濃度の汚水を浄化処理し，曝気用の電気エネルギーを削減でき，燃料となるバイオガスを生産し，発生汚泥量が少ない方法として注目されている．高濃度の食品工場排水などでは，最初にUASB法（上向流嫌気性汚泥床法）によるメタン発酵処理を行い，次に活性汚泥法で排水基準まで処理をする組み合わせを採用し，活性汚泥法だけで排水を全量処理するよりは，電気代金などの運転にかかるエネルギー量を大幅に削減している例がある．

牛や豚1頭，1日当たりのバイオガス生産量は，今までの多くの研究から，中温発酵の場合，牛が700～1,300 *l* / 頭・日，豚が150～250 *l* / 頭・日といわれている[29]．鶏のふんは，水分が少なく，窒素が多いのでメタン発酵にはあまり利用されない．また，家畜のふん尿の温度は，普通の気温に近いので，35℃くらいの中温発酵が適用されることが多い．

バイオガスの成分は，純粋なメタンが約60 %，残りの約40 %は二酸化炭素で，その他微量成分として含まれるのは硫化水素，水素，窒素などである．バイオガスの発熱量は1 m^3当たり普通5,000～6,000 kcal（約25 MJ（メガジュール））で，都市ガスの5Aの規格に近く，都市ガスと同等の燃料資源としての価値がある．ただし，数百～数千 ppmの硫化水素が含まれるので，ガス利用に際しては脱硫処理が必要である．

5.2. バイオガスの発生量の試算

牛と豚のふん尿から，生産できるバイオガスの総量を試算すると図6のようになる[30]．我国には，牛が約400万頭，豚が約900万頭飼われている．1頭，1日当たりのバイオガス生産量を，牛が1 m^3（＝ 1,000 *l*），豚が0.2 m^3（＝ 200 *l*）とすると，牛・豚両方合わせて，年間約20億 m^3のバイオガスが生産されることになる．東京ドームの容積が124万 m^3であるから，20億 m^3のバイオガスは東京ドーム約1,600杯分になる．

我国の主要なエネルギー源は石油である．バイオガスの発熱量を5,000 kcal / m^3，石油の発熱量を1,000万 kcal / k*l* とすると，バイオガス20億 m^3は石油100万 k*l* に相当する．日本の年間石油消費量に比べると0.25 %である．

5.3. 畜産におけるメタン発酵の歴史

メタン発酵技術は，古くて新しい技術といわれる．過去に2回のブームがあって，今は3回目のブームである．

昭和30年（1955年）代に第1回目のブームがあった．農家の生活改良普及事業の一環として，し尿や家畜ふん尿からのバイオガス生産利用が活発に行われた[29]．従来から使ってきた薪などの固体燃料に比べ，ガス燃料は格段に便利で使いやすいものである．農家はメタン発酵槽を設置して，炊事などの生活用燃料にバイオガスを利用した．当時の代表的な装置は，茨城県農業試験場の小野二良氏の考案による浮蓋式メタン発酵槽であり，関東地方を中

1．計算するための前提条件の設定

（1）日本で飼われている頭数　牛　約 400 万頭
豚　約 900 万頭

（2）バイオガスの発生量　牛 1 頭当たり，一日に 1 m^3 発生する
豚 1 頭当たり，一日に 0.2 m^3 発生する

（3）バイオガスの発熱量　5,000 kcal / m^3

（4）石油の発熱量　1,000 万 kcal / kl

（5）日本の年間石油使用量　4 億 kl

↓

2．バイオガスの総発生量はどのくらいになるか？

（1）牛からのバイオガス発生量：
400万頭×1 m^3/頭・日× 365日＝14 億 6,000 万 m^3 / 年

（2）豚からのバイオガス発生量：
900 万頭×0.2 m^3 / 頭・日× 365日＝6 億 6,000 万 m^3 / 年
合計　約 20 億 m^3 / 年

↓

3．バイオガス量を石油に換算するとどのくらいになるか？

（1）バイオガスのエネルギー量
20 億 m^3 / 年×5,000 kcal / m^3＝10 兆 kcal / 年

（2）石油換算量　10兆 kcal / 年÷1,000 万 kcal / kl ＝100 万 kl / 年

（3）日本の年間石油使用量に占める割合
100 万 kl / 年÷4 億 kl / 年×100＝0.25％

図 6　家畜ふん尿からのバイオガス総発生量の試算[30]

心に 180 件あまりの実施例が記録されている．しかし，その後プロパンガスが広く普及する時代がくると，バイオガス利用は下火になってしまった．バイオガスの需要の多い冬季に，温度低下によってガス発生量が低下することも，利用が減る原因の一つだった．

第 2 回目のブームは，昭和 48 年（1973 年）と 54 年（1979 年）の二度の石油ショックとともにやってきた[32]．石油のほとんど 100 %を輸入に頼っている日本にとって，エネルギー問題は深刻だった．エネルギー生産技術として，メタン発酵技術が再浮上した．農林水産省が昭和 56（1981）年度に行った調査では，全国で 34 件のメタン発酵装置が運転されており，養豚が 23 件，酪農が 11 件，養鶏が 4 件，肉用牛が 2 件だった．近代的な家畜ふん尿のメタン発酵法はこの時期に発展し，色々な装置が開発・改良された．断熱材や FRP（ガラス繊維強化プラスティック）などのプラスティック資材も，メタン発酵

技術の進歩を大いに助けた．例えば，神奈川県畜産試験場の本多勝男氏の装置や，大阪府農林技術センターの亀岡俊則氏の装置などに代表されるように，多くの都道府県の畜産試験場で試験研究が行われた．しかし，その後エネルギー問題が緩和されるに伴い，次第にメタン発酵装置の数は減少した．また，畜産農家の環境保全の観点からいうと，メタン発酵処理だけでは十分にふん尿処理が完結しないことも，畜産農家からメタン発酵装置が減少していく理由の一つだった．

21 世紀を迎え，今までの大量生産，大量消費，大量廃棄の社会を脱皮し，資源循環型社会が志向されている．その中で，再びメタン発酵法が見直され，第 3 回目のブームになっている [15, 33]．すでに，民間主導型でいくつかの実用装置が建設され稼動しつつある（表 1）．従来のメタン発酵装置に加えて，バイオガス利用の盛んな欧州諸国からの技術導入が目立つ．デンマーク，ドイツ，オーストリア，ベルギーなどの国々のプラントが導入されている．メタン発酵の新しい技術として，UASB 法（図 7）や乾式法などが導入されている．UASB 法は食品産業での導入率が高いが，畜産においても UASB 法を取り入れた処理施設の実用化試験が行われている [34,35]．乾式メタン発酵法は，固形物濃度を 20%以上と高くできる利点がある．

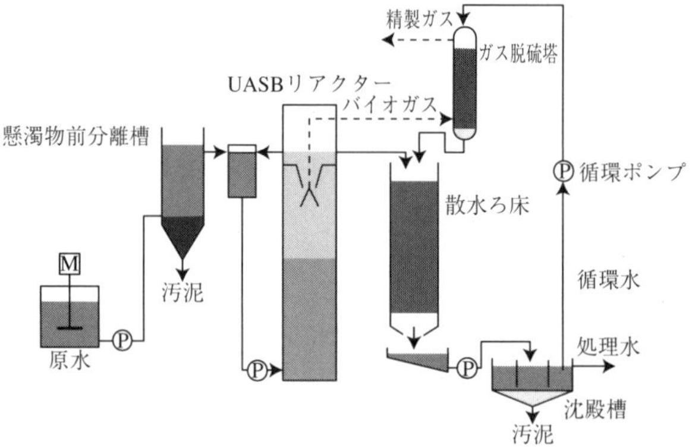

図 7　UASB 法による豚舎排水処理実験プラントの概要 [34]

表1　国内における主な畜産用バイオガス施設[30)]

所在地	設置／稼動年	処理対象／量	発酵槽／形状	温度／方式	バイオガス量	企業名	プロセス導入先	消化液の処理・利用
北海道江別市 まちむら牧場	平成11年	乳牛 190頭 13.3 m³／日	260 m³ 角形横型 800 m³ 円筒	中温 湿式	500 m³／日	コーンズ・エージー	シュマック （ドイツ）	液肥利用
北海道江別市 酪農学園大学	平成11年	乳牛 10 m³／日	250 m³ 円筒横型	中温 湿式	280 m³／日	グリーン プラン	カールブロ （デンマーク）	液肥利用
北海道別海町 酪農研修牧場	平成11年	乳牛 2.9 m³／日	40 m³ 円筒横型	低温 湿式 二相式	7.4 m³／日	ダイシン 設計	筑波大学 前川教授	液肥利用
北海道別海町 資源循環試験 施設	平成13年	乳牛 1,000頭 45.4 m³／日	1,500 m³ 円筒縦型 地下式	中温 高温 湿式	1,300 m³／日	大成建設	BEG （ドイツ）	液肥利用
北海道湧別町 資源循環試験 施設	平成13年	乳牛 200頭 6.3 m³／日	200 m³ 円筒横型	中温 湿式	150 m³／日	川崎重工	フォルケセンター(ドイツ)	液肥利用
北海道別海町 水沼牧場	平成13年	乳牛 170頭 11 m³／日	277 m³ タワー型 サイロの改造	中温 湿式	330 m³／日	グリーン プラン		液肥利用
北海道帯広市 帯広畜産大学	平成13年	乳牛60頭 4 m³／日	60 m³	高温 湿式	100 m³／日	三井造船	BWSC （デンマーク）	液肥利用
岩手県藤沢町 橋本ファーム	平成13年	豚 60 m³／日	700 m³		1,917 m³／日	日揮	バイオスキャン （デンマーク）	限外ろ過 逆浸透
茨城県つくば 畜産草地研究所	平成14年	豚 4 m³／日	6.6 m³	中・低温 UASB		石川島播磨 重工業(IHI)	畜草研＋IHI	散水ろ床法
神奈川県 厚木市 東京農業大学	平成13年	豚 厨芥 0.66 m³／日	6 m³ 円筒縦型	中温 回転平膜	14～25 m³日	住友重機械 工業	住友重機械 工業	活性汚泥法
山梨県 畜産試験場	平成13年	乳牛・豚・ 鶏 1 m³／日 厨芥 0.2 m³／日	25 m³ 円筒縦型	高温 液中膜	38m³／日	クボタ	クボタ	活性汚泥法
京都府八木町 八木バイオエコ ロジーセンター	平成10年	乳牛650頭 豚1,500頭 おから5トン/日	2,100 m³ 円筒縦型	中温 湿式	1,700m³／日	大林組	ビーマ （オーストラリア）	活性汚泥法
大阪府 泉佐野市 川上養豚	昭和60年	豚1,000頭 食品残渣	140 m³ 角型	中温 湿式 二相式	200 m³／日	モリ プラント	大阪府 農林技術 センター	接触酸化法
鳥取県名和町 山水園	平成12年	母豚1,300頭 （一貫経営）	3,000 m³ 円筒縦型	中温 湿式	4,000 m³／日	モリ プラント		活性汚泥法
鹿児島県 鹿屋市鹿屋 畜産環境センター	平成13年	豚 200 m³／日	800 m³	中温 UASB	1,680 m³／日	東芝	東芝	活性汚泥法
鹿児島県 屋久島	平成13年	豚ふん尿390 kg／日 新聞紙195 kg／日 生ごみ65 kg／日	20 m³ 円筒縦型	高温 乾式	60 m³／日	栗田工業	ドランコ （ベルギー）	炭化処理

注　(1) 低温：20℃前後，中温：35℃前後，高温：55℃前後
　　(2) 湿式：固形物濃度4～12%，乾式：固形物濃度20～40%
　　(3) UASB：上向流嫌気性汚泥床法の英語略語．メタン細菌のグラニュール（塊）を利用する高効率メタン発酵法．
　　(4) 二相式：酸発酵とガス発酵の二つの反応相を，二つの発酵槽に分けて行う高効率メタン発酵法．
　　(5) 回転平膜：膜で吸引ろ過して消化液を得る方法の一つ．円形の平膜を液中で回転させる方法．
　　(6) 液中膜：膜で吸引ろ過して消化液を得る方法の一つ．角形の平膜を液中に静置する方式．

5.4. 我国の畜産とメタン発酵法の課題

欧州における成立要件と比較すると，我国のメタン発酵処理はいくつかの課題を抱えている（表 2）．一つはエネルギー利用に関する条件であり，二つめにはメタン発酵後の消化液の液肥利用に関する条件である[36)]．

表 2　家畜ふん尿のメタン発酵処理法を日本で成立させるための課題
—欧州における成立要件と比較して—

1．エネルギー利用	
（1）エネルギー政策	…………エネルギー源の選択，エネルギー価格の優遇，税制の優遇
（2）エネルギー利用の実践	…地域の熱供給システム，売電
（3）ふん尿以外の原料	………ガスの増産，地域全体の有機廃棄物リサイクルシステム
2．液肥利用	
（1）液肥利用と浄化処理	……北海道と都府県の畜産の相違，浄化処理が必要な背景
（2）農耕地利用	………………農業以外の原料の混合，地域全体の有機廃棄物リサイクルシステム
（3）衛生面	……………………色々な原料，高温発酵の再考
（4）運搬	………………………高水分液肥の運搬，センター化のメリット

エネルギー利用については，欧州と比較して，メタンガスなど自然エネルギーに対する政策的な違いがある．さらに，欧州には既存の地域熱供給システムがあり，メタンガス発電の売電が日常化しているなど，エネルギー利用の実践度が高い．また，家畜ふん尿だけではメタンガスの発生量が少ないので，他の原料（食品廃棄物，屠場廃棄物など）を添加してガス増産を図っている．そのためには，地域全体の有機廃棄物リサイクルシステムを考えなければならない．

二つめに，消化液の液肥利用についても，それが日常化している欧州との比較検討が必要である．特に，我国の都府県では液肥利用が難しい現状があり，消化液を浄化放流するために活性汚泥処理施設が必要になるケースが多い．ただし北海道では，液肥利用の技術開発，行政施策によって，欧州のような液肥利用の可能性が高い．また，ふん尿以外の廃棄物を混合してメタン発酵した場合，消化液の液肥利用には農家の合意が必要になるであろう．液肥利用に関しても，地域全体の有機廃棄物リサイクルシステムの確立が重要である．さらに，色々な原料が混合するため，衛生面も考慮しなければならない．原料の温度を一度 70℃に上げて，有害微生物を殺菌するならば，55℃

の高温発酵のメリットは大きい．水分の多い消化液を運搬するハンディキャップは欧州でも課題となっている．しかし，メタン発酵処理センターで集中的に処理する場合，センターが農家の圃場のそばの貯留槽まで消化液を運搬してくれれば，農家にとっては離れた圃場への散布が容易になり，逆にメリットも出てくるであろう．

おわりに

畜産において，排水処理施設は簡易で，低コストで長持ちすることが切望されている[36]．活性汚泥法が一般的な排水処理方法であり，環境保全の上から立派な成果を上げている．しかし，運転に熟練を要し，曝気のための電気代や凝集剤などの薬品代が嵩むなどの問題点は依然として残っている．さらに窒素，リンなどの高度処理となると，簡易で低コストな技術とはいかなくなる．排水量や汚濁負荷量を少なく低減する家畜の飼い方の見直し，曝気の電気代を節約した維持管理費の安価な嫌気性浄化法（上向流嫌気性汚泥床（UASB）法など）[35]の研究の見直しなどが行われている．また，畜舎排水処理の専門的な技術者の養成が重要な案件となっており，排水処理技術研修が充実されつつある．

家畜ふん尿は廃棄物であると同時に資源としての位置付けが重要である．資源への変換技術を駆使することが畜産環境保全技術に直結することも多い．しかし，資源変換過程で新たな廃棄物や環境汚染を生み出すことは避けなければならない．生産と環境と資源が三位一体となった持続的な発展が，これからの畜産に求められる．

引用文献

1） 農林水産省生産局畜産部畜産企画課：環境保全，『平成 14 年畜産経営の動向』中央畜産会，197-238（2002）．

2） 羽賀清典：畜産に関する環境問題，押田敏雄，柿市徳英，羽賀清典編，『畜産環境保全論』，養賢堂，18-20．

3） 畜産環境問題研究会編：『家畜排せつ物の管理の適正化および利用の促進に関する法律の解説』，地球社，1-167（2000）．

4） 羽賀清典：畜産業における排水問題の現状と小規模排水処理システムの改善お

よび新技術，資源環境対策，37，1033-1040（2001）.
5）羽賀清典：飼養形態と排泄物の取扱い，『新畜産ハンドブック』，扇元敬司ほか編，講談社，457-465（1995）.
6）石井泰明：発酵床豚舎の利点・問題点とふん尿処理の管理，養豚界，439，44-47（2001）.
7）川上昭美，佐藤和久：フリーストール，フリーバーンの比較検討，畜産コンサルタント，36（12），39-49（2000）.
8）稲森悠平，岩見徳雄，兪 順珠，近山憲幸：農山村地域における有機廃棄物の高温好気発酵法による資源循環高度処理，用水と廃水，37，50-56（1995）.
9）李 瓚雨，多田千佳，西村 修，山田一裕，須藤隆一：高温好気発酵法による豚舎廃棄物の処理特性，水環境学会誌，21，862-868（1998）.
10）畜産環境整備機構：『家畜ふん尿処理・利用の手引き』，畜産環境整備機構，1-202（1998）.
11）羽賀清典：家畜ふん尿の農耕地利用，用水と廃水，35，919-929（1993）.
12）吉岡秀樹：佐賀県における家畜尿の有効利用について，畜産環境情報，13，7-18（2001）.
13）羽賀清典：これからの汚水処理システムの着眼点，養豚界，384，54-60（1997）.
14）羽賀清典：腐植ペレットを用いた水処理技術－化学組成の解析，『食品産業のための最新バイオ水処理技術』，食品産業クリーンエコシステム技術研究組合編，恒星社厚生閣，71-79（1993）.
15）北海道バイオガス研究会監修：『バイオガスシステムによる家畜ふん尿の有効活用』，酪農学園大学エクステンションセンター，1-218（2002）.
16）羽賀清典：浄化処理施設の特徴と機種選定について，畜産環境情報,14，8-18（2001）.
17）大泉長治，鈴木和美，鮎川伸治，高畠聖二，畠山耕五：家畜ふん尿，膜分離を組み合わせた汚水浄化処理技術に関する研究，千葉県畜産センター研究報告，20，65-73（1996）.
18）本多勝男：全自動回分式活性汚泥法，農山漁村文化協会編『畜産環境対策大事典』，農山漁村文化協会，281-293（1995）.
19）中村作二郎：複合ラグーンシステム（低負荷・半回分活性汚泥法），農山漁村文化協会編『畜産環境対策大事典』，309-317（1995）.
20）畠中 豊：二段酸化方式（共和化工方式），農山漁村文化協会編，『畜産環境対策大事典』，319-327（1995）.
21）平野徳彦：二段曝気方式（群立機器方式），農山漁村文化協会編，『畜産環境対策大事典』，335-342（1995）.
22）羽賀清典：豚舎排水の特性と処理，食品産業環境保全技術研究組合編，『食品

産業における排水処理の新たな展開』，恒星社厚生閣，65-87（1998）.
23）山本朱美・高橋栄二・古川智子・伊藤 稔・石川雄治・山内克彦・山田未知・古谷 修：肉豚へのアミノ酸添加低タンパク質飼料の給与による尿量，窒素排泄量およびアンモニア発生量の低減効果,日本養豚学会誌，39，1-7（2002）.
24）山本朱美・青木幸尚・伊藤 稔・石川雄治・山内克彦・山田未知・古谷 修：養豚飼料へのリンゴジュース粕添加による尿中窒素排泄量の低減,日本養豚学会誌，39，8-13（2002）.
25）陳 昌淑，田中康男：硫黄酸化反応による畜舎汚水の窒素除去と脱色，用水と廃水，43，1053-1059（2001）.
26）斎藤 守：豚におけるリン排泄量の栄養面からの制御，日本養豚学会誌，38，67-75（2001）.
27）鈴木一好：結晶化法による豚舎汚水中リンの除去及び回収，日本養豚学会誌，39，101-111（2002）.
28）福本泰之，羽賀清典，花島 大，黒田和孝：管状イオン交換膜を利用した通電透析法による豚尿汚水の高度処理と栄養塩類の濃縮，第 100 回日本畜産学会大会講演要旨，92（2002）.
29）羽賀清典：家畜・家禽の排泄物のメタン醗酵，日本畜産学会報，52，235-250（1982）.
30）羽賀清典：バイオガスシステム利用の現状と今後の展望，畜産コンサルタント，38（6），12-18（2002）.
31）小野二良：『メタンガス利用の基礎と実際』，文雅堂書店，1-271（1963）.
32）農林水産技術情報協会：『メタンガス利用の新技術』，農林水産技術情報協会，1-127（1980）.
33）畜産環境整備機構：『家畜排泄せつ物を中心としたメタン醗酵処理施設に関する手引き』，畜産環境整備機構，1-172（2001）.
34）田中康男：家畜ふん尿の処理・資源化とメタン発酵技術，農林水産技術研究ジャーナル，22（11），26-32（1999）.
35）田中康男：畜産農業分野における汚水浄化技術の研究開発の動向－嫌気性処理技術および高度処理技術を中心として－，日本畜産学会報，72，J509-J523（2001）.
36）羽賀清典：家畜ふん尿処理技術の現状と今後の取組み，用水と廃水，43，300-305（2001）.

研究成果論文

第1章
油脂のメタン化技術の開発

アタカ工業（株）

はじめに

油脂は有機性排水・廃棄物の主要成分の一つであり，水質分析において脂肪またはヘキサン抽出物として定量されている．食品製造・加工工場を始め，食堂あるいは家庭からの排水・廃棄物に油脂を多く含む場合がある．廃食油を含めて，油脂含有廃棄物の処理が問題となっている．

また油脂製品製造工場，食肉加工工場（センター），水産加工工場から排出される排水には脂質の含有割合が高く，濃度として数千～数万 mg / l まで達する場合もある．排水中に脂質が多く存在すると，脂質はボール状の固まりとなり，排水の表面に汚泥状のスカムを形成して活性汚泥法による酸化分解は困難となる．一般的に自然浮上装置（オイルピット）や加圧浮上装置のような物理的方法により排水中の脂質を分離除去する方法が用いられる．このような物理的処理によって脂質のおよそ 80～90 %が除去され，そしてこの前処理を行った排水を活性汚泥法などの好気性生物処理法で処理されているのがほとんどである．この場合，油脂の分離処理によって生成する油脂汚泥の処理が課題となる．

表1　典型的な脂質含有排水中の有機物組成

排水の種類	排水中の有機物組成（CODcr 換算%）				
	タンパク質	脂肪	炭水化物	アミノ酸	有機酸
水産物加工	15～20	15～17	17～18	20～25	20～30
畜産物加工	10～20	50～60	1～2	10<	10～20
油脂製造	1～2	95	1～2	1～2	1～2

本研究では，これまで処理が困難といわれている油脂含有排水・廃棄物を処理対象とし，高濃度高速共発酵を中核とするプロセスを開発することによって

油脂を嫌気性条件で生物分解させることで，汚泥発生量の大幅な低減，有価資源であるメタンガスの回収利用を実現できる排水・廃棄物処理技術を確立する．

主な検討内容は次の項目であった．

（1）油脂の性状およびその嫌気的分解特性

（2）高濃度メタン発酵に及ぼす油脂濃度と発酵温度の影響

（3）生ごみを油脂分散剤とした共発酵による油脂のメタン化

（4）濃縮余剰汚泥を油脂分散剤とした共発酵による油脂のメタン化

1. 油脂の性状およびそのメタン発酵について

1.1. 脂質の分類と性質

脂質は疎水性物質であり，水に溶けない油状または油脂状の有機物質であってクロロホルムやエーテルのような非極性溶媒によって細胞や組織から抽出される．脂肪は一般的に単純脂質（遊離脂肪酸，中性脂肪など）と複合脂質（リン脂質，糖脂質など）に分けられる．自然界に存在する脂質の多くは中性脂肪の形態であり，グリセロールに 3 個の脂肪酸がエステル結合したものである．一方，リン脂質は細胞膜の構成成分で，リンを含み，高級脂肪酸やアミンなどとグリセロールのエステルである．排水・廃棄物処理の対象になる脂質としては中性脂肪，遊離脂肪酸およびリン脂質の三つが重要である．その中で中性脂肪と脂肪酸が最も重要である．一般的に油脂の 80 %以上が中性脂肪で，20 %弱がふけん化の形で存在する．

脂肪酸はアルキル基にカルボキシル基が結合した構造をしており，炭素数m，不飽和結合数 n のものは $C_{m:n}$ と略記され，その分子式は $C_{m-i}H2_{m-2n-1}COOH$ である．一般的に C_6 までが揮発酸，それより高級なものは高級脂肪酸と呼ばれる．天然のほとんどの脂肪酸は偶数個の炭素原子をもち，90 %以上は中性脂肪の形で存在する．16 個と 18 個の炭素原子をもつ脂肪酸が最も多く存在する．また脂肪酸は飽和と不飽和に分けられるが，一般的に植物性脂質に含まれる不飽和脂肪酸の量は飽和脂肪酸の量の数倍ほど多い．また C_{12} から C_{24} までの飽和脂肪酸は融点が高く（表 2 参照）室温ではろう状の堅さをもった固体であるのに対して，不飽和脂肪酸は体温で油状の液体である．脂肪酸のナトリウム塩またはカリウム塩は石けんと呼ばれる．表 2 に主な天然高級脂肪酸の構造，名称および融点をまとめている．

表 2　天然の脂肪酸の構造，名称および融点

炭素個数	構造	系統名	慣用名	融点(℃)
	飽和脂肪酸			
12	$CH_3(CH_2)_{10}COOH$	n-ドデカン酸	ラウリン酸	44.2
14	$CH_3(CH_2)_{12}COOH$	n-テトラデカン酸	ミリスチン酸	53.9
16	$CH_3(CH_2)_{14}COOH$	n-ヘキサデカン酸	パルミチン酸($C_{16:0}$)	63.1
18	$CH_3(CH_2)_{16}COOH$	n-オクタデカン酸	ステアリン酸($C_{18:0}$)	69.6
20	$CH_3(CH_2)_{18}COOH$	n-エイコサン酸	アラキジン酸	76.5
24	$CH_3(CH_2)_{22}COOH$	n-テトラコサン酸	リグノセリン酸	86.0
	不飽和脂肪酸			
16	$CH_3(CH_2)_5CH=CH(CH_2)_7COOH$		パルミトオレイン酸	−0.5
18	$CH_3(CH_2)_7CH=CH(CH_2)_7COOH$		オレイン酸($C_{18:1}$)	13.4
18	$CH_3(CH_2)_4CH=CHCH_2CH=CH(CH_2)_7COOH$		リノール酸($C_{18:2}$)	−5.0
18	$CH_3CH_2CH=CHCH_2CH=CHCH_2CH=CH(CH_2)_7COOH$		リノレン酸($C_{18:3}$)	−11
20	$CH_3(CH_2)_4CH=CHCH_2CH=CHCH_2CH=CHCH_2CH=CH(CH_2)_3COOH$		アラキドン酸	−49.5

表 3　代表的動植物性脂肪中の脂肪酸の組成（単位：%）

脂質の種類	全脂肪酸の含有率	飽和脂肪酸					不飽和脂肪酸			
		C_4~C_{12}	C_{14}	C_{16}	C_{18}	計	$C_{18:1}$	$C_{18:2}$	$C_{18:3}$	計
オリーブ油	94.0	−	−	9.9	3.2	13.1	75.0	10.4	0.8	86.2
大豆油	94.6	−	−	9.3	3.8	13.2	24.3	52.7	7.9	84.9
調合サラダ油	94.4	−	−	5.9	2.3	8.2	48.5	31.2	9.9	89.6
とうもろこし油	93.7	−	−	11.2	2.1	13.3	34.7	50.5	1.5	86.7
パーム油	94.6	0.2	1.0	44.2	4.5	49.9	39.3	9.6	0.3	49.2
ヤシ油	93.3	61	18	9.0	3.0	90	7.0	2.0	−	9.0
バター	74.8	13.7	12	29.6	11.1	66.4	24.6	2.6	0.7	27.9
牛脂	95.1	−	3.0	25.6	17.6	46.2	43	3.3	0.3	46.6
豚脂	95.3	−	2.0	26.5	12.1	40.6	42.5	9.8	0.7	53.0

中性脂肪は脂肪，トリグリセリド（triglyceride），トリアシルグリセロール（triacylglycerol）とも呼ばれるが，3 分子の脂肪酸とアルコールのグリセロールのエステルで，植物，動物の細胞の貯蔵あるいは沈着脂肪の主要成分である．表 3 にまとめたようにヤシ油とバターを除いてほとんどの動植物性脂肪中の主な脂肪酸は C_{16}（パルミチン酸）と C_{18}（特にオレイン酸が多い）である．オ

リーブ油，大豆油，トウモロコシ油，調合サラダ油に融点の高い飽和脂肪酸が少ないので室温では液体である．また，飽和脂肪酸のパルミチン酸を多く含む牛脂，豚脂は室温では白色の油脂性の固体となる．

食品としてのミルクには脂質が 44 %含まれており，主な高級脂肪酸はパルミチン酸 $C_{16:0}$（21 %），オレイン酸 $C_{18:1}$（39 %），リノール酸 $C_{18:2}$（13 %）である．台所排水の有機物のうち脂質が占める割合は 14～36 %であり，主な高級脂肪酸は $C_{16:0}$，$C_{18:1}$，$C_{18:2}$ である．また下水生汚泥の有機物のうち脂質が占める割合は 18～45 %（平均 28.2 %）であり，その脂質構成は遊離脂肪酸 40～60 %，脂肪酸エステル（中性脂肪とリン脂質）20～40 %，不けん化物 15～20 %となっている．またこれらの脂質を構成する高級脂肪酸は主としてパルミチン酸 $C_{16:0}$（20～45 %），ステアリン酸 $C_{18:0}$（10～23 %）およびオレイン酸$C_{18:1}$（20～50 %）である．

1.2.　メタン発酵による脂肪分解の基礎

1.2.1.　脂肪のメタン発酵の可能性と化学量論

十分な攪拌と適切な負荷条件において脂肪がほぼ完全にメタンと炭酸ガスに分解されることはよく知られている．脂質メタン発酵は（1）式の化学量論式が示すとおり，理論的に 1 kg の脂肪から 1.425 m^3 のバイオガスを生成でき，しかもバイオガス中のメタン含有率が 69.6 %と高い．即ち，脂質のメタン発生ポテンシャルが比較的高い．

$$C_{15}H_{90}O_6 + 24.5\ H_2O = 34.75CH_4 + 15.25CO_2 \qquad (1)$$

（ガス生成量＝1.425 m^3 / kg，メタン含有率 69.5％）

1.2.2.　脂肪の嫌気的分解経路

自然界の脂質の多くは中性脂肪の形で存在する．メタン発酵条件における中性脂肪の分解経路は図 1 に示す．まず脂肪分解菌の細胞外酵素（リパーゼ）の働きによりグリセロールと高級脂肪酸（LCFA）に加水分解される．この場合，1 mol の中性脂肪から 1 mol のグリセロールと 3 mol の高級脂肪酸が生成するが，中性脂肪のもつ COD の大部分は高級脂肪酸に移っていく．生成したグリセロールは解糖系の分解経路に入って酸発酵し，酢酸，プロピオン酸などの揮発性脂肪酸（VFA）になる．グリセロールの酸発酵反応は容易に進行するのに対して高級脂肪酸の分解は下記のとおり非常に複雑である．

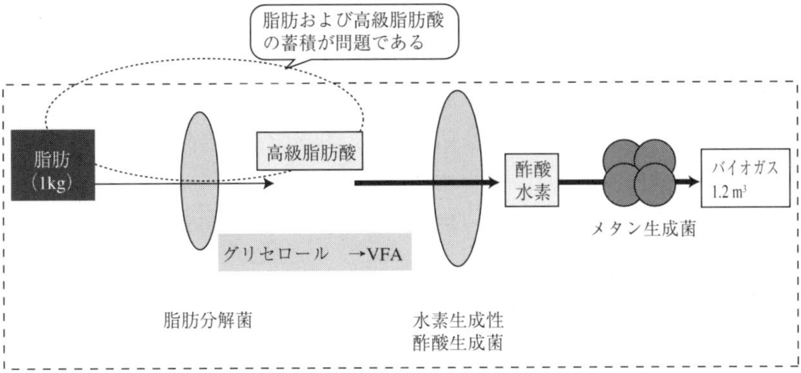

図 1　メタン発酵条件における脂肪の分解過程

高級脂肪酸は不飽和脂肪酸と飽和脂肪酸に分けられ，不飽和高級脂肪酸はまず水素付加によって飽和高級脂肪酸になり，そして飽和高級脂肪酸が共生酢酸生成細菌により β-酸化を通して分解される．自然界で存在する高級脂肪酸は炭素数が偶数のものがほとんどなので，それらの分解過程は次のように書ける．

$$CH_3(CH_2)_{2m}COOH + 2mH_2O \rightarrow (m+1)CH_3COOH + 2mH_2 \qquad (2)$$

この反応は高級脂肪酸の β-酸化により水素と酢酸を生成するもので，水素生成性共生酢酸生成菌の働きにより進行すると考えられる．(3) 式で例示するとおり，高級脂肪酸から酢酸と水素を生成する反応の自由エネルギー変化は標準状態において正の値であるので，反応を進行させるために生成物の水素と酢酸をメタン生成菌により速やかに除去することが必要である．また高級脂肪酸の炭素数が奇数の場合には酢酸と水素の他に 1 mol のプロピオン酸が生成する．このプロピオン酸もまた共生酢酸生成細菌（Syntrophobacter wolinii など）により水素と酢酸まで分解される．水素と酢酸は最終的にメタン生成菌によってメタン化される．

$$CH_3(CH_2)_{14}COO^- + 14H_2O \rightarrow 8CH_3COO^- + 7H^+ + 14H_2$$
$$(G'o = +345.6\ kJ / mol) \qquad (2)$$

なお脂質のメタン発酵について次のような反応特性があると指摘されている．

（1）よく分散された中性脂肪の加水分解は容易に進行する．

（2）不飽和脂肪酸より飽和脂肪酸の分解速度が遅い．

（3）脂質分解の律速段階は高級脂肪酸の分解反応であり，またこの高級脂肪酸の蓄積は種々の反応を阻害する．高級脂肪酸の分解は水素や揮発性脂肪酸の蓄積により阻害されやすい．

（4）脂質の分解において汚泥（細菌）と脂質（高級脂肪酸）との十分な接触が必要である．

1.3.　油脂メタン発酵処理の問題点と検討課題

1.2 節でまとめた基礎的原理に基づき，油脂メタン発酵分解における問題点およびその対策を次のとおりまとめる．

（1）油脂疎水性と乳化・分散問題

油脂が疎水性物質であり，水系において浮上性の油脂固まりを形成する傾向が強い．この油脂固まりは比表面積が小さいので，微生物に分解されにくい．したがって，油脂の分解効率を上げるには，油脂を乳化させ，微生物に利用されやすい形態に分散させることが重要である．また動物性油脂の融点が比較高いので，常温，中温では溶けにくいと考えられる．したがって油脂の可溶化を促進するために，分散処理の他に加温処理も効果的であると考えられる．

（2）高級脂肪酸の阻害およびその防止方法

油脂の分解に伴って生成する中間代謝産物である高級脂肪酸は阻害性があるため，その濃度が 1 g / *l* 以上に蓄積すると，メタン発酵に深刻な阻害を及ぼす．特に高級脂肪酸が VFA と共存すると，その阻害効果がいっそう強まると報告されている．高級脂肪酸の蓄積を防ぐために，高級脂肪酸と VFA の分解速度を高めると同時に，高級脂肪酸の生成速度を制限する必要もある．前者の対策としてはメタン生成微生物の濃度を上げることと，微生物と高級脂肪酸の接触を促進するための十分な撹拌を行うことが挙げられる．また後者の対策としては油脂の投入負荷を制限する必要がある．

（3）油脂メタン化処理の促進方法と適正負荷の問題

油脂のメタン発酵の効率化を追求するために，高負荷条件での高速処理が望ましい．それを実現するために，油脂分散方法の工夫を始め，発酵温度，適正負荷の検討が必要である．

2. 油脂含有食品廃棄物の高濃度メタン発酵に及ぼす油脂含有率と温度の影響

2.1. 目的

食品廃棄物は様々な組成があり，その油脂含有率も幅広く変化すると考えられる．そこでメタン発酵を行う場合，温度条件，油脂含有率および負荷条件の影響を定量的に把握する必要がある．本実験は油脂含有食品廃棄物の高濃度メタン発酵の操作条件を解明するために，投入食品廃棄物中の油脂含有率とメタン発酵の滞留時間を変化させて，高濃度メタン発酵条件で中温発酵と高温発酵の処理効果を比較した．

2.2. 実験材料および方法

2.2.1. 食品系廃棄物（生ごみ）と脂肪含有率の調製

高濃度メタン発酵を行うために，基質のTS濃度を10%と設定した．本実験に用いた模擬食品廃棄物の組成は表4のように選定した．前処理としては高速ブレンダーで粒径3 mm以下に微破砕してスラリー状にし，水道水を加えて所定のTS濃度に調整した．廃棄物における油脂含有率については低油脂条件

表4　実験に用いた生ごみの組成

本研究に用いた生ごみの組成			文献調査のデータ	
大分類（湿重%）	組　成	湿重含有率（%）	家庭系	事業系
果物類（30%）	リンゴ	10	平均31%（15～45%）	4.4～29.7%
	グレープフルーツ（皮）	5		
	オレンジ（皮）	5		
	バナナ（皮）	10		
野菜類（36%）	キャベツ	12	平均36%（15～55%）	12.4～49.2%
	ジャガイモ	12		
	ニンジン	12		
肉・魚介・卵類（14%）	挽肉	5	平均14%（5～35%）	5.8～25.8%
	魚（骨付き）	5		
	卵	4		
残飯類（20%）	米飯	10	平均19%（10～30%）	2.6～28%
	パン	5		
	うどん	2.5		
	中華麺	2.5		

（油脂含有率 8～14 %程度），中油脂条件（同 25%程度），高油脂条件（同 40 %程度）の 3 段階に設定した．油脂含有率の調整方法としては前述した破砕生ごみに油脂（植物性油脂の代表としてサラダ油を，また動物性油脂の代表としてラードを選び，その混合比率を重量比 1：1 とした）を加えて，混合物の油脂濃度を 9.1～44.3 g / *l*（投入 TS 比の油含有率で 8.4～40.2 %）の範囲で変化させた．

2.2.2.　実験装置

実験装置の概略は図 2 に示す．投入物は 40℃（ラードを溶かすために）の撹拌槽で貯蔵し，ローラーポンプで 1 日数回定量投入した．投入ポンプはタイマーコントローラで制御した．メタン発酵槽全容量は 8 *l* で反応有効容積は 5 *l* であった．メタン発酵反応槽内の撹拌はガス循環ポンプによるバイオガスの返送循環で行った．またメタン発酵混合液はガス循環ポンプの吸引力で気液分離槽に吸引され，気液分離した後発酵廃液として排出される．ガスは容量式ガスメーターで計量した．なおメタン発酵槽と気液分離槽の温度は温水ジャケットで保温し，中温発酵は 36℃に，高温発酵は 55℃にそれぞれ維持した．

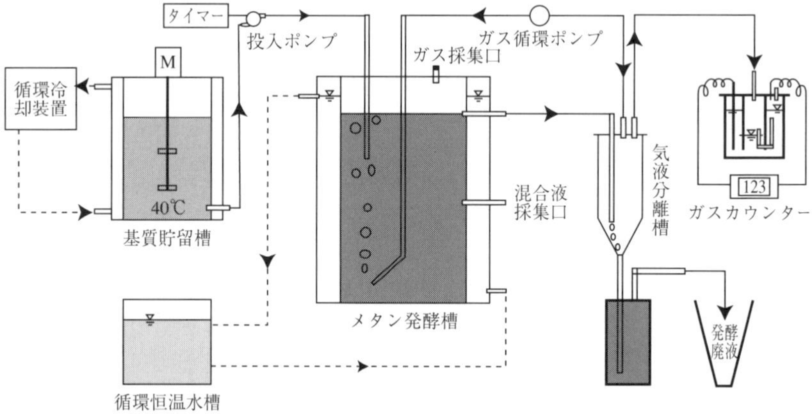

図 2　実験に用いたガス攪拌型連続実験装置の概略

2.2.3.　実験条件と操作方法

実験内容は表 5 にまとめたとおり，脂肪含有率を変化させた四つの Run で計 8 条件とした．実験の方法としては中温発酵と高温発酵の 2 系列の反応槽を運転して，脂肪含有率を段階的に高めてそれぞれの条件における定常状態を確認しつつ，定常状態での結果を詳細分析した．

表 5　実験条件のまとめ

Run 番号	脂肪含有率 (%, 対 TS)	投入基質濃度 (g / l)			発酵温度 (℃)	HRT (日)	COD_{Cr}負荷 (kg / m^3.d)	実験条件の整理番号No.
		TS	COD_{Cr}	油脂濃度				
Run 1	8.4	108	152	8.4	中温 36	7.5	20.3	M1
					高温 55	7.5	20.3	T1
Run 2	14.0	102	166	14.0	中温 36	7.5	22.1	M2
					高温 55	7.5	22.1	T2
Run 3	22.8	101	188	23.0	中温 36	15	12.5	M3
					高温 55	7.5	25.1	T3
Run 4	40.2	110	250	44.3	中温 36	15	16.7	M4
					高温 55	7.5	33.3	T4

2.2.4.　分析方法

pH，アルカリ度，NH_4^+-N，TS，VS，SS，VSS の分析は下水試験方法に準拠して行った．COD_{Cr} は米国のStandard Methods（1995）により測定した（以下は COD で略記する）．脂質は Bligh-Dyer 法により分析を行った．脱離液の成分は 3,000 rpm で遠心分離した上澄水について分析したものである．VFAは FID ガスクロマトグラフ（HP-6890 型）法により定量した．HP-INNOWAX Polyethylene Glycol キャピラリーカラムを用いて，キャリアーガスはヘリウム（圧力 1.0 kg·cm^{-2}）を用いた．カラムオーブンの設定温度は 50～170℃の範囲で段階的昇温操作を行った．検出器の温度は 280℃であった．ガス生成量は容量式カウンターで計量したデータを 0℃，1 気圧の乾燥ガス量に換算している．ガス組成（N_2，CH_4，CO_2）の分析には TCD-ガスクロマトグラフ（HITACHI-163 型）を用いた．カラム条件として Unibeads C を充填した内径 3 mm×長さ 3 m のステンレスカラムを用い，ヘリウム（圧力 5 kg·cm^{-2}）をキャリアーガスとして用いた．カラム温度と検出器温度はいずれも 140℃とした．

2.3. 実験結果および考察

2.3.1. 高温メタン発酵と中温メタン発酵の比較

油脂条件を変化させたメタン発酵実験における中温および高温発酵槽の運転指標（COD_{cr} 容積負荷，発酵槽内 pH，メタン生成速度，発酵槽内 T-VFA）の

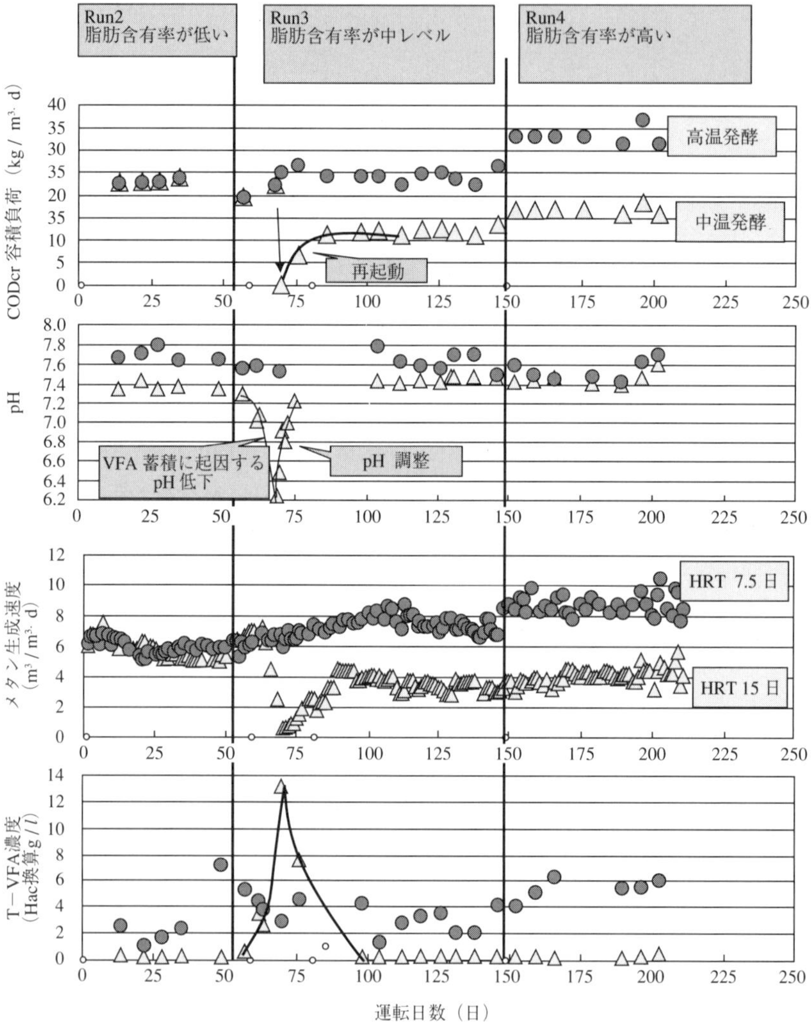

図 3　中温と高温メタン発酵の運転経過

経時変化を図 3 に示す．中温，高温ともに低油脂条件の Run2（油脂濃度 14 g / *l*，HRT 7.5日）から運転を行い，油脂含有率が中レベル（Run3），油脂含有率が高い条件（Run4）と段階的に油脂濃度を上げて運転を行っていった．Run1 の条件はこれとは別の系列で行った．

低油脂条件の Run2（HRT 7.5 日，COD_{cr} 負荷 22 kg / m^3.d）では高温，中温ともに安定的メタン発酵ができ，メタン生成速度もほぼ同程度であった．この結果より油脂含有率の低い条件では中温メタン発酵と高温メタン発酵のいずれも HRT 7.5 日の高速メタン発酵が可能であることがわかる．

また油脂含有率が約 23％の Run3 では，高温メタン発酵は HRT 7.5 日，COD_{cr} 負荷 25 kg / m^3.d の高負荷条件で問題なく安定的メタン発酵ができたのに対して，中温発酵ではメタン生成速度が低下し，発酵槽内の T-VFA が 13 g / *l* まで上昇し，さらに pH は 6.3 まで低下して酸敗状態となった．そこで中温条件では過負荷による影響が大きいと判断して，酸敗した中温発酵槽は投入を停止し，pH を調整し活性を回復させつつ徐々に負荷を上げて再度立ち上げを行ったところ，負荷半減条件（HRT 15 日，COD_{cr} 負荷 13 kg / m^3.d）において問題なく運転できた．

Run4 では，高温メタン発酵槽は HRT 7.5 日（COD_{cr} 負荷 33 kg / m^3.d），中温メタン発酵槽は HRT 15 日（COD_{cr} 負荷 16 kg / m^3.d）の条件で運転を行った．高温発酵槽内の T-VFA が 6 g / *l* まで上昇したが，中温，高温ともに安定的メタン発酵ができた．

以上のように，様々な油脂濃度でメタン発酵の高速化について検討した結果，中温と高温とで以下のように温度による差が見られた．中温は低い油脂濃度（油脂～14 g / *l*）では HRT 7.5 日の高速メタン発酵が可能であったが，中油脂濃度（油脂 23 g / *l*）以上になると，HRT 15 日では運転できるものの，HRT 7.5 日では運転できず，高速化には限界があった．一方，高温では低い油脂濃度から高い油脂濃度まで（油脂濃度 8～40 g / *l*），HRT 7.5 日の高速メタン発酵が可能であり，様々な油脂濃度の廃棄物について中温よりも高温メタン発酵が高速化に有効であることがわかった．

2.3.2.　負荷能力および分解率における中温発酵と高温発酵の比較

図 4 に油脂含有食品廃棄物の高濃度メタン発酵における有機物分解率および

負荷能力に及ぼす発酵温度の影響を示す．中温発酵条件において VS，COD_{cr} および脂肪の分解率は COD_{cr} 容積負荷の増加とともに低下する傾向が見られる．特に COD_{cr} 容積負荷 20 kg / m^3.d を越えると，VS の分解率が急激に低下するだけでなく，運転も不安定になりやすかった．一方，高温発酵条件では COD_{cr} 負荷が 33 kg / m^3.d まで高くなっても安定的メタン発酵が可能であった．

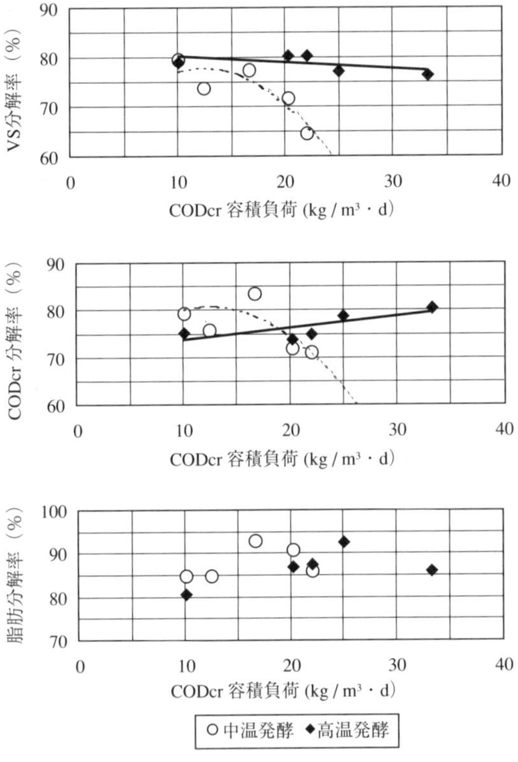

図 4　負荷能力および有機物の分解率における中温と高温発酵の比較

2.3.3.　高温高速メタン発酵における油脂濃度の影響

高温では HRT 7.5 日の高速メタン発酵が可能であったので，高温高速メタン発酵に及ぼす油脂濃度の影響についてより詳細な検討を行った．Run1～4 で油脂濃度を 9～44 g / *l*（油脂含有率で 8～40%，対 TS ベース）で変化させたときのメタン生成収率，油脂除去率，発酵槽内 T-VFA，アルカリ度，メタン濃度などを図 5a-f に示す（参考として油脂含有率で整理した図を図 6a～f に示す）．

メタン生成収率（図 5a，6a）は油脂濃度の上昇で若干上昇する傾向があったが，大きな差はなく 0.258～0.285 *l* / g COD_{cr} の範囲であった．油脂除去

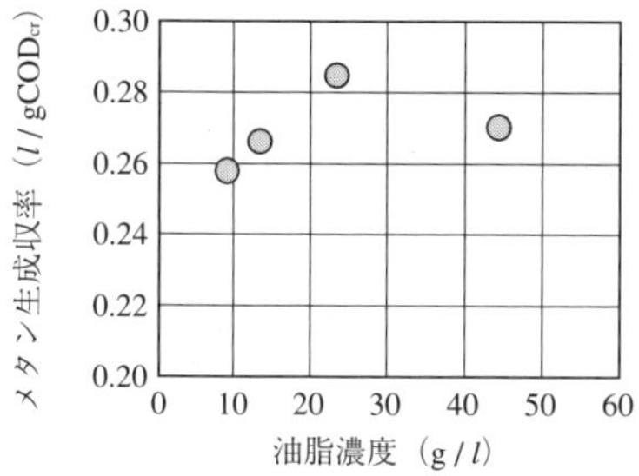

図 5a　メタン生成収率

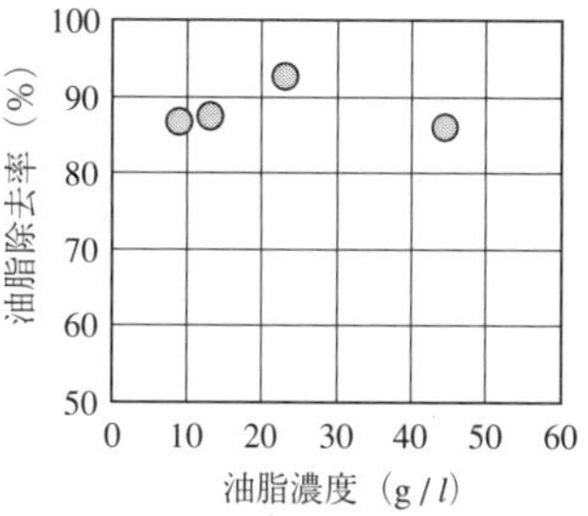

図 5b　油脂除去率

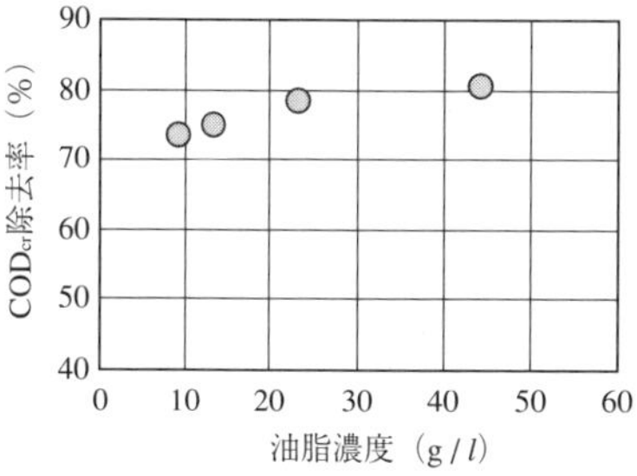

図 5c　COD_{cr}除去率

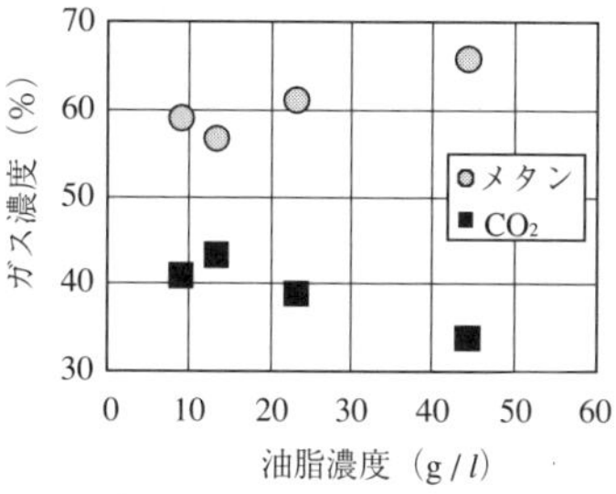

図 5d　バイオガスの組成

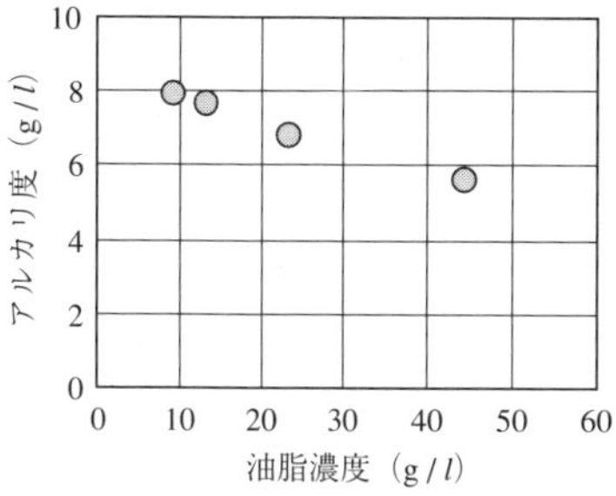

図 5e　発酵槽内のアルカリ度

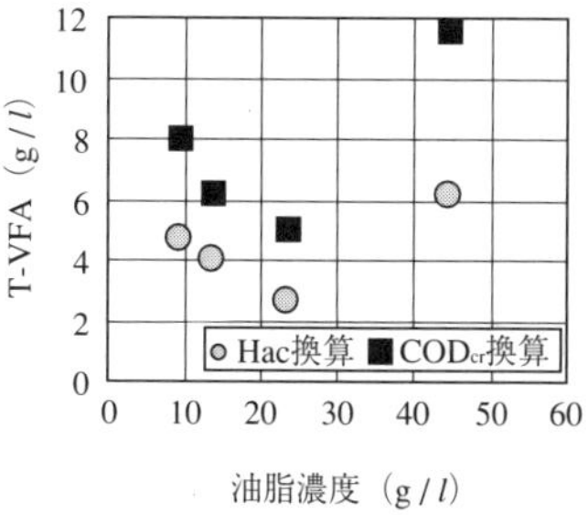

図 5f　発酵槽内 T-VFA

図 5　高温高速メタン発酵に及ぼす油脂濃度の影響

率（図 5b，6b）も同様の傾向を示した．中油脂条件の 23 g / *l* のとき最大となり高油脂条件の 44 g / *l* ではやや除去率が低下したが，8～44 g / *l* の油脂濃度の範囲で 86～93 %と高い除去率が得られた．COD_{cr} 除去率（図 5c，6c）は油脂濃度が高くなるにつれて高くなった．これは上述のように油脂分解率が 90 %程度と比較的高いので，油脂比率が高い条件では COD_{cr} 除去率が向上するためと考えられる．

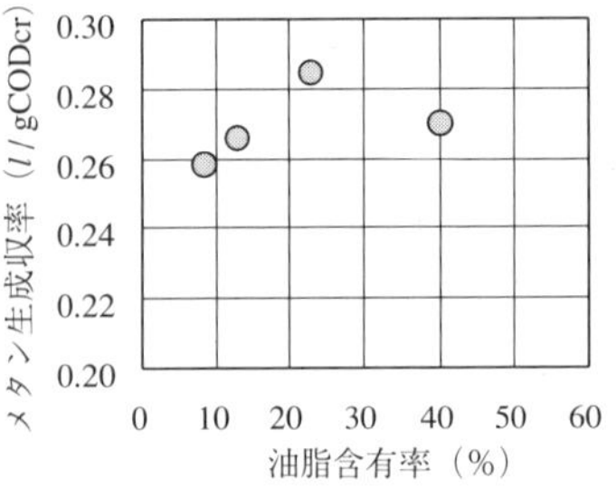

図 6a　メタン生成収率

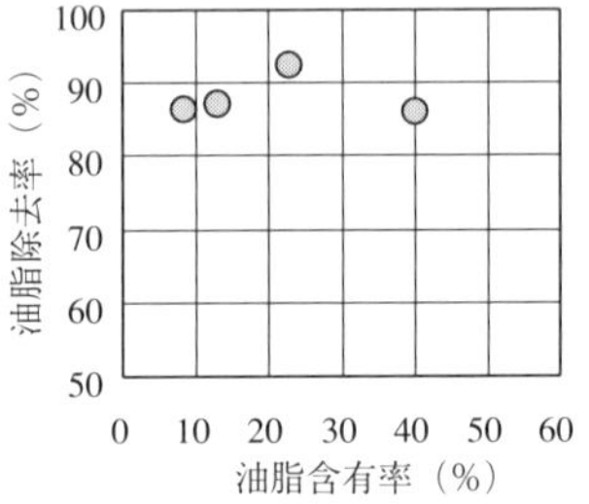

図 6b　油脂除去率

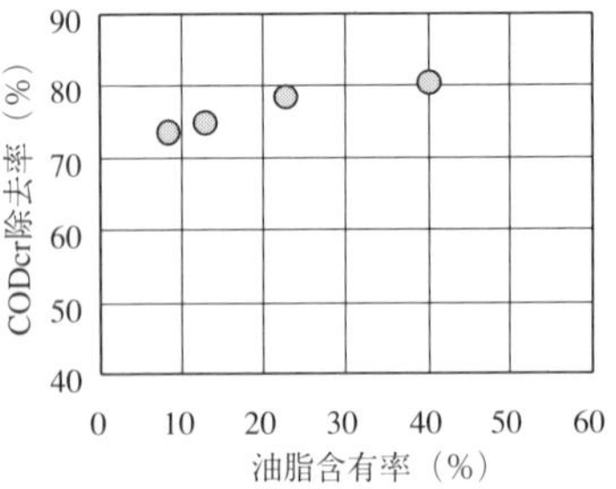

図 6c　COD_{cr} 除去率

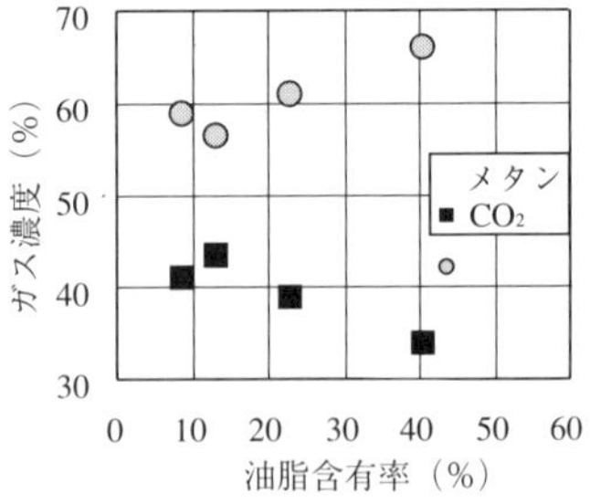

図6d　バイオガスの組成

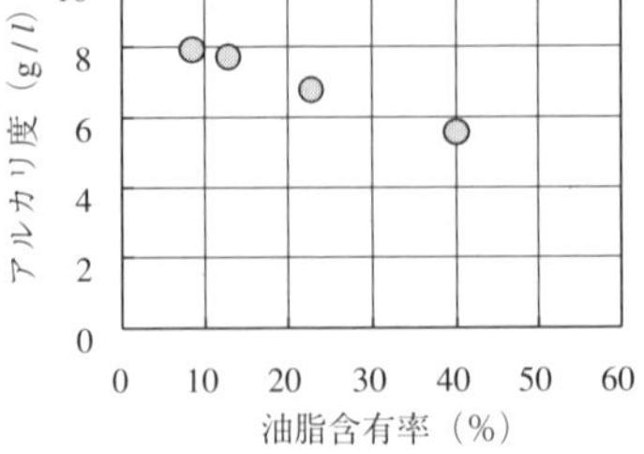

図 6e　発酵槽内のアルカリ度

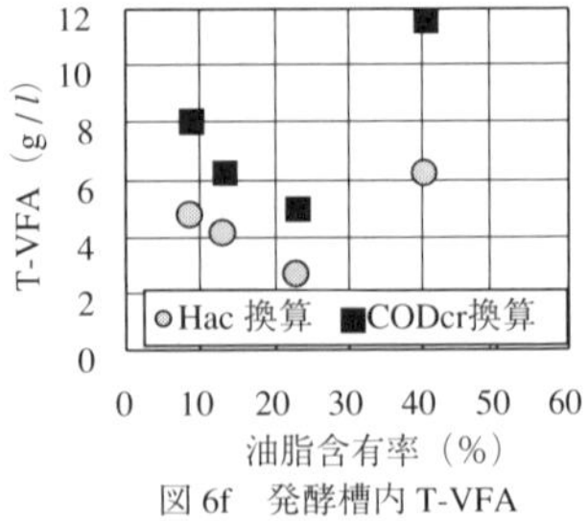

図 6f　発酵槽内 T-VFA

図 6　高温高速メタン発酵に及ぼす油脂含有率の影響

バイオガス組成（図 5d，6d）については，油脂濃度が上昇するとともにメタン濃度が上昇し，逆に CO_2 の比率が低くなった．その原因として油脂は炭水化物やタンパク質に比較して酸素の含有率が少なく，炭素，水素の比率が高いため，油脂含有率が高い条件ではバイオガス中のメタン比率が高くなったものと考えられる．またアルカリ度（図 5e，6e）は油脂濃度が高くなると低下する傾向があり，これは主に基質の C / N 比による影響と考えられる．

T-VFA（図 5f，6f）は低油脂濃度から中油脂濃度までは低下する傾向を，高油脂条件では逆に上昇する傾向を示したが，9～44 g / *l* の油脂濃度の範囲では問題なく運転できた．

以上のように，高温高濃度メタン発酵では幅広い油脂濃度（9～44 g / *l*）においてHRT 7.5 日の高速処理が可能であった．

2.4.　まとめ

本実験より油脂含有廃棄物のメタン発酵処理について以下の知見が得られた．

（1）投入 TS 濃度 10％の高濃度メタン発酵法を採用することによって油脂含有率の高い廃棄物を効率よくメタンガスに転換することができた．

（2）中温メタン発酵条件では安定運転できた COD_{cr} 容積負荷の上限は 20 kg /m^3.d であったため，HRT を 15 日に長く設定する必要がある．一方，高温メタン発酵条件では，油脂濃度を 8 g / *l*（低脂肪条件）から 44 g / *l*（高脂肪条件）まで幅広く変化させても，HRT 7.5 日で高速メタン発酵が可能であった．即ち，高温発酵条件では脂肪の分解速度が速く，高脂肪条件でも比較的短い滞留時間で高負荷（33 kg / m^3.d まで）メタン発酵を実現できる．

（3）高温高速メタン発酵発酵条件において油脂の分解率は 86～93％と高かった．

このように，油脂の多い廃棄物を処理する場合には中温処理より高温メタン発酵処理が勝っており，高温発酵を採用することで処理負荷を倍増できることが明らかとなった．

3. 生ごみを油脂分散剤とした共発酵プロセスによる油脂のメタン化処理

3.1. 目的

前節で食品廃棄物高濃度メタン発酵に及ぼす脂肪含有率，温度，負荷条件の影響を検討した結果，廃棄物中の油脂含有率および発酵条件を適正に制御することによって効率的メタン発酵を行うことは可能であることがわかった．そこで油脂または油脂リッチ廃棄物を効よくメタンガスに分解するため，生ごみを油脂分散剤として利用する共発酵（Co-digestion）システムを構築し室内連続実験を行ってその処理効果を検討した．

3.2. 実験材料および方法

3.2.1. 高濃度共発酵法による実油脂汚泥処理の室内実証テスト

本実験に用いた実験装置は図 7 に示したような 2 段方式メタン発酵連続装置である．第 1 段階では，油脂汚泥の分散・均質化を図るために，分散剤として微破砕された生ごみ（径 3 mm 以下の微粒子）を添加して分散調質槽で均質のスラリーを調整する．ここで動物性油脂の凝固を防ぐために，温度を 40℃以上に保温し，またスラリーの流動性を確保するために，水道水を添加して TS 濃度を 14±2 %程度に調整した．油脂汚泥はレストラン街の排水より回収した油脂スカム（脂肪含有率は 95 %以上）を用いた．また，生ごみは表 4 のように，果物類（30 %），野菜類（36 %），肉・魚・卵（14 %）および残飯類（20 %）を混合して高速ブレンダーで粒径 3 mm 以下に微破砕したものであっ

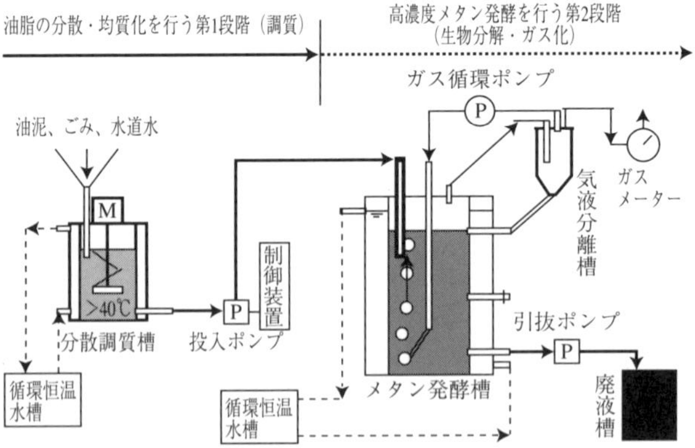

図 7　二段共発酵方式高濃度メタン発酵の連続実験装置の概略図

た．調整したスラリーに含まれる油脂含有率は TS ベースで約 55 %であった．この第 1 段階の主な役割は濃度調整，油脂が分散化したスラリーの作成，酸発酵による低分子化などが上げられる．

第 1 段階で調質された均質スラリーをローラーポンプでメタン発酵槽に投入した．メタン発酵槽全容量は 8 *l* で液体反応有効容積は 5 *l* である．撹拌はガス循環ポンプによるガス返送で行った．投入ポンプはタイマーコントローラで制御されているので，メタン発酵槽への基質投入は 1 日 4 回，1 回の投入量は反応槽容量の 1 / 60 程度の半連続的自動運転が実現できた．メタン発酵槽で発生したガスは容量式ガスメーターで計量した．また処理混合液はタイマー制御装置付きローラーポンプで定量的に排出されていた．

メタン発酵槽は温水ジャケットで保温し，中温発酵は 36℃に，高温発酵は 55℃にそれぞれ維持して，2 系列で同時に実験を行った．種汚泥は前節の油脂含有食品廃棄物メタン発酵実験で培養した消化汚泥を用い，本実験条件に変更した後，約 3 ヶ月間（滞留時間 15 日の約 6 倍）連続運転した．

3.3.　実験結果および考察

3.3.1.　高濃度共発酵による油脂汚泥の高速分解とメタン生成

（1）油脂汚泥の分解条件と調質槽の役割

油脂汚泥は粘性が高く，疎水性であるため，普通に攪拌すると，その分散が極めて難しい．本技術では，生ごみや汚泥と高濃度で混合し，しかも 40℃以上の加温条件で攪拌したため，その粘着性が改善され

表 6　投入物性状の平均値

項目	単位	濃度
pH	−	4.6
VFA（C2）	mg / *l*	15,700
TS	g / *l*	140
VS	g / *l*	130
T-COD	g / *l*	252
T-COD/TS	-	1.8
T-脂肪	g / *l*	77.1
T-脂肪 / TS	%	55
T-N	mg / *l*	2,340
T-P	mg / *l*	286

ただけでなく，油脂の分散も比較的によくできた．表 6 は調質槽での平均結果を示す．油脂汚泥と生ごみを混合して TS 中の油脂含有率が 55 %ぐらいであったが，高濃度嫌気性消化を行うことで，良い処理成績が得られた．

（2）メタン発酵槽の運転経過

高濃度共発酵による油脂汚泥のメタン発酵特性を確認するために，中温メタン発酵と高温メタン発酵の 2 条件で，実油脂汚泥と生ごみの混合メタンの連続実験を行った．図 8 に一例として，高温メタン発酵における代表的運転指標の経時変化を示す．TS 中の脂肪含有率 55 %，投入 TS 濃度 14 %の高濃度条件で投入して約 3ヶ月実験を続けた結果，VS 除去率が 80 %以上，ガス発生速度 6～8 *l* / *l*.日程度で安定していた．また，反応槽内の NH_4^+-N 濃度が 2000 mg / *l* 以下であって，アンモニア阻害の心配もなかった．

表 7　高濃度共発酵による油脂汚泥の分解実験の平均値

項目		単位	メタン発酵槽 No.1		メタン発酵槽 No.2	
操作条件	温度	℃	中温		高温	
	滞留時間	日	15		15	
	TS 負荷	kg / m^3・d	9.3		9.3	
	COD_{cr} 負荷	kg / m^3・d	16.8		16.8	
環境条件	pH	-	7.46		7.64	
	アルカリ度	mg / *l*	6,020		7,290	
	NH_4^+-N	mg / *l*	1,180		1,820	
			平均濃度	分解率，%	平均濃度	分解率，%
有機物分解	TS	g / *l*	47.9	65.8	22.3	84.1
	VS	g / *l*	40.2	69.1	17.8	86.5
	SS	g / *l*	26.6	-	6.9	69.6
	VSS	g / *l*	22.9	8.4	6.1	71.9
	脂肪	g / *l*	21.3	72.4	3.7	92.4
	T-COD_{cr}	g / *l*	65.1	74.2	43.6	82.6
	S-COD_{cr}	g / *l*	24.8	—	25.5	—
ガス生成	発生倍率	m^3/m^3 投入物	94.9		103	
	ガス生成量	m^3/kg-投入TS	0.676		0.728	
ガス組成	CH_4	%	68.3		70.2	
	CO_2	%	31.7		29.8	

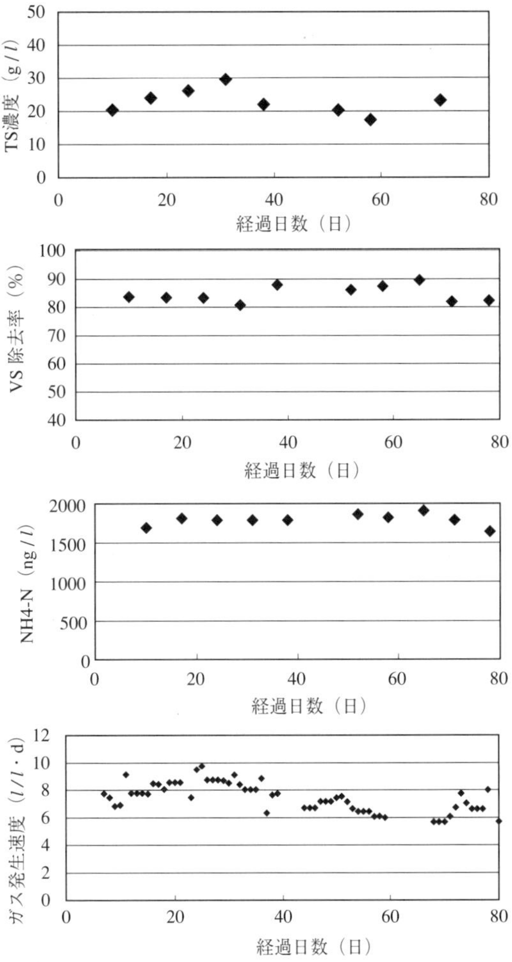

図8　実油脂汚泥を処理する高温メタン発酵の経時変化

(3) 分解処理による減量化率とガス生成

表7にメタン発酵槽 No.1（中温発酵）とメタン発酵槽 No.2（高温発酵）の操作条件，有機物分解およびガス生成に関する実験結果の平均値をまとめた．投入 TS 濃度 140 g / l（14%）で中温メタン発酵を行うと，反応槽内の TS 濃度は約 48 g / l（4.8%）で，TS の減量化

率は 65 %程度，COD_{cr} 分解率は 74%程度であった．それに対して高温発酵を行うことで，残存 TS 濃度は約 22 g / l（2.2 %）で全体の減量化率は 84 %，COD_{cr} 分解率も 82%程度と高かった．ガス生成倍率（1 m^3 の投入汚泥から得られる消化ガスの容量 m^3）は 100 ぐらいで下水汚泥高濃度消化（投入 TS 4～5 %の条件での 20 倍という値に比較して）約 5 倍ほどであった．メタンガスの含有率は 68～71 %と比較的高かった．

(4) 中温発酵と高温発酵による脂肪分解の比較

本研究において高温条件での有機物分解率（VS や COD_{cr}）が 10 %以上高かった．特に脂肪の分解率について比較すると中温発酵では 72 %であったのに対して，高温発酵では 90 %以上の高い脂肪分解率が得られた．このように実油脂汚泥の分解においても高濃度・高温メタン発酵の優位性が明らかであった．

(5) 高濃度共発酵による油脂分解の効果

従来，油脂の生物分解が困難といわれてきた．その原因は油脂が疎水性であり，スカム形成と汚泥浮上による物理的要因と，脂肪分解で生成する高級脂肪酸による阻害であると考えられる．しかし，脂肪そのものは分解できないわけではない．本研究では，油脂分散手段と高濃度メタン発酵からなる 2 段共発酵システムを構築することで，油脂分解の難点を克服し，高負荷処理と高い分解率を実現できた．これを可能にしたのは次の 2 点の技術的工夫によるものと考えられる．

(a) 破砕生ごみの粒子状物質と油脂とを混合させることにより，油脂の分散がよくでき，メタン発酵しやすい均質な高濃度スラリーを調質できた．

(b) 高濃度メタン発酵方式を採用したことによりメタン発酵槽内に嫌気性細菌を高濃度に保持できたので，脂肪に対する分解能力が高く，投入されたものが速やかに分解された．その結果，阻害性のある高級脂肪酸の蓄積を防ぐことができた．

3.4. まとめ

油脂含有率の高い食品廃棄物を効率よく分解するために，油脂を均一に分散する混合装置と高温高濃度嫌気性消化を行う高速メタン発酵槽からなる二段システムを構築した．同システムの有効性を確認するために油脂汚泥と生ごみを TS ベース 1：1 で混合して（油脂含有率が 55 %ぐらい）高濃度メタン発酵の連続実験を行った結果，次のとおり，良い処理成績が得られた．

投入 TS 濃度 140 g / l（14%）で高温メタン発酵を行うことで，残存 TS 濃度は約 22 g / l（2.2 %）で全体の減量化率は 84 %，COD_{cr} 分解率も 82%程度と高かった．ガス生成倍率（1 m^3 の投入汚泥から得られる消化ガスの容量 m^3）は 100 ぐらいで下水汚泥高濃度消化（投入 TS 4〜5 %の条件での 20 倍という値に比較して）約 5 倍ほどであった．メタンガスの含有率は 68〜71 %と比較的高かった．

中温メタン発酵を行うと，反応槽内の TS 濃度は約 48 g / l（4.8 %）で，全体の減量化率は 65 %程度で COD_{cr} 分解率は 74 %程度であった．それに対して高温条件での分解率が 10 %以上高かった．特に脂肪の分解率について比較すると中温では 72 %であったのに対して，高温消化では 90 %以上の高い脂肪分解率が得られた．このように油脂の分解において高濃度・高温消化の優位性が明らかであった．

4．濃縮余剰活性汚泥を油脂分散剤とした共発酵プロセスによる油脂のメタン化処理

4.1．目的

従来の油脂含有排水処理プロセスにおいては加圧浮上やスクリーンなどの固液分離を行って油脂分を除去した後，活性汚泥法で処理を行うことが一般的である．このプロセスにおいて油脂スカムと余剰活性汚泥が発生し，その処理・処分が問題となっている．そこで濃縮余剰活性汚泥を油脂の分散として利用する共同メタン発酵処理ケースを想定し，TS 濃度，油脂含有率，発酵温度を変化させた連続実験を行うことによってその処理効果を把握した．

4.2．実験材料および方法

4.2.1．実験装置

本実験に用いた実験装置は図 7 に示したような 2 段方式高濃度メタン発酵の連続装置であった．第 1 段階では，油脂汚泥の分散・均質化を図るために，分

散剤として濃縮余剰活性汚泥を添加して分散調質槽で均質のスラリーを調整した．ここで動物性油脂の凝固を防ぐために，温度を 40℃以上に保温し，またスラリーの流動性を保証するために，水道水を添加して TS 濃度を所定濃度に調整した．

第 1 段階で調質された均質スラリーをローラーポンプで後続のメタン発酵槽に投入した．メタン発酵槽全容量は 8 *l* で液体反応有効容積は 5 *l* である．撹拌はガス循環ポンプによるガス返送で行った．投入ポンプはタイマーコントローラで制御されているので，メタン発酵槽への基質投入は 1 日 4 回，1 回の投入量は反応槽容量の 1 / 60 程度の半連続的自動運転が実現できた．メタン発酵槽で発生したガスは容量式ガスメーターで計量した．また処理混合液はタイマー制御装置付きローラーポンプで定量的に排出されていた．メタン発酵槽は温水ジャケットで保温し，中温発酵は 36℃に，高温発酵は 55℃にそれぞれ維持して，2 系列で同時に実験を行った．

4.2.2.　実験材料および条件設定

本研究に用いた油脂は排水処理のスクリーンで回収した 2 種類のものを用いた．その内，油脂 A はレストラン街の排水より回収した油脂スカム（脂肪含有率は 95 %以上）であり，また油脂 B は排水処理ポンプ場から回収したもの（脂肪含有率は 75.9 %以上）であった．油脂分散の実験条件は表 8 のように，実験 1，実験 2，実験 3 の三つであった．実験 1 と実験 2 に用いた油脂分散剤は下水処理場活性汚泥法の返送汚泥に高分子凝集剤を添加して含水率 90～

表 8　実験条件の設定および各実験に用いた油脂スラリー性状

実験分類		実験 1		実験 2	実験 3
油脂分散条件		油脂A＋濃縮活性汚泥		油脂B＋濃縮活性汚泥	油脂A＋消化汚泥
		Run1	Run2		
実験目的		調質油脂スラリーの性状の影響			非定常運転
pH	−	6.8	6.4	6.62	6.43
VFA（酢酸換算）	mg / *l*	8,710	10,500	4,240	2,560
TS	g / *l*	135	100	224	115
VS	g / *l*	120	87.7	203	95.3
VS/TS	%	88.9	87.7	90.4	82
T-脂肪	g / *l*	80.7	44.9	114	40.6
脂肪含有率	%	59.7	44.9	49.5	35.2

95 %程度に濃縮（脱水）した余剰活性汚泥であった．調整したスラリーに含まれる油脂含有率は TS 比ベースで表 8 に示すとおりであった．実験 3 ではメタン発酵を行った消化汚泥を油脂分散剤に用いた．

4.3.　実験結果および考察

4.3.1.　実験 1 の運転経過

実験 1 は濃縮余剰活性汚泥を油脂処理の分散剤として用いた場合の処理効果を確認するため，約 110 日間の連続実験を行った．この実験において濃縮活性汚泥の濃度を 5 %ぐらいに固定して油脂 A の添加量を変化させた．Run1 では TS 濃度 13.5 %，TS 中の油脂含有率 59.6 %で運転したのに対して，Run2 では TS 濃度 10 %，油脂含有率 44.9 %で運転した．

図 9 に定常運転の 1 例として，高温メタン発酵槽における pH，TS 濃度およびバイオガス生成倍率（投入物重量に当たりのガス量）を示す．pH は 7.5

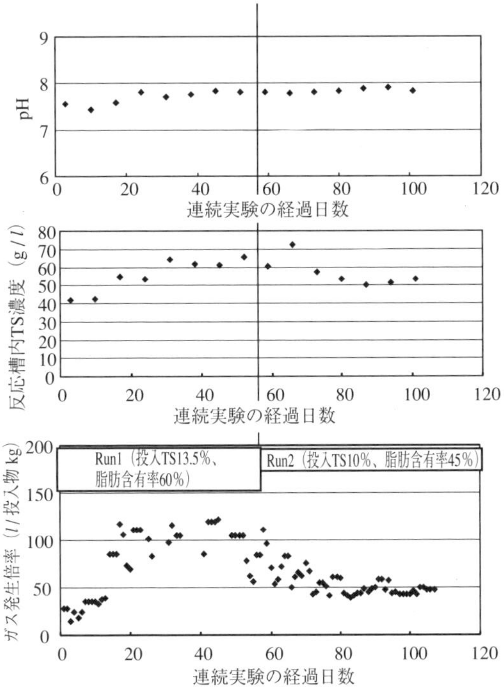

図 9　実験 1（油脂A＋濃縮活性汚泥）中温メタン発酵の経時変化

～8.0 の範囲で，またメタン発酵槽内 TS 濃度は Run1 では 6 %程度，Run2 では 5 %程度でそれぞれ安定していた．ガス発生倍率（投入物 1 kg 当たりのガス生成容量 *l*）は Run1 では 100 程度，Run2 では 50 ぐらい程度でそれぞれ安定していた．これらのデータよりわかるように，Run1 と Run2 のいずれの条件においてもそれぞれ 1 ヶ月以上の安定運転を行うことができた．

4.3.2　実験 1 と 2 のメタン発酵槽における分解率とガス生成

各実験条件に対して，ガス生成の安定状態における 3 回以上の分析結果を平均してそれぞれの条件における実験結果の代表値として，その結果を表 9 にまとめた．ここで，各項目の分解率は投入物濃度とメタン発酵液濃度より次のとおり計算した．

分解率 = 100%×（投入物濃度—メタン発酵液濃度）/ 投入物濃度

投入 TS 濃度を 100 g / *l*（10 %）から 224（22.4 %）までの範囲で，また TS の脂肪含有率を 45 %から 60 %までの範囲でそれぞれ変化させたが，脂肪の分解率は基本的に 80 %程度であった．TS と VS の分解率は脂肪含有率に左右される傾向が見られた．その原因としては脂肪以外の VS は分散剤として添加した余剰活性汚泥に由来しており，その分解率が比較的に低い（一般的 30 %程度）ので，VS に活性汚泥由来分が多くなると，全体の VS 分解率が低下する．表 9 に示したように，実験 1 において脂肪以外の VS 分の分解率は平均で約 30 %（18.1 %～41.6 %）となっている．

投入 VS 当たりのバイオガス生成量は 0.64～0.95 m^3 / kg-投入 VS で，投入物中の脂肪含有率による影響が大きかった．またガス生成倍率（1 m^3 の投入汚泥から得られるバイオガスの容量 m^3）は投入 TS 濃度と脂肪含有率の両因子に影響され，57～151 倍で変化した．この値は下水汚泥高濃度消化（投入 TS 4～5%の条件での 20 倍という値に比較して）の場合の約 3～7 倍ほどであった．メタンガスの含有率は 68～72 %と比較的高かった．本研究においてバイオガスの 80 %以上は脂肪分解に由来するので，そのバイオガスの組成は前記の（1）式に示す脂肪メタン発酵の化学量論関係より推定してメタン含有率が約 70 %となる．

また，本研究の実験 2 では油脂 B と余剰活性汚泥について元素分析を行い，その結果に基づき擬似分子式を計算した上，メタン発酵の化学量論関係を次のとおり算出した.

油脂 B：$C_{160}H_{302}O_{24}N + 111.5H_2O$

$$\rightarrow 111CH_4 + 47.35CO_2 + NH_4^+ + HCO_3^-$$

理論的ガス生成率＝1.356 m^3 / kg-VS，ガス中のメタン含有率は 70.1 %

濃縮活性汚泥：$C_{5.38}H_{7.79}O_{1.74}N + 5.29H_2O$

$$\rightarrow 2.85CH_4 + 1.53CO_2 + NH_4^+ + HCO_3^-$$

理論的ガス生成率＝0.858 m^3 / kg-VS，ガス中のメタン含有率は 65.1 %

実験 2 で得られたガス発生状況はこれらの式と比較的よく一致している.

表 9　油脂と活性汚泥の高濃度共発酵式メタン発酵実験における定常データの平均値（実験 1 と実験 2）

項目		単位	実験 1 の Run1		実験 1 の Run2		実験 2	
操作条件	温度	℃	中 温	高 温	中 温	高 温	中 温	高 温
	滞留時間	日	15	15	15	15	15	15
	TS 負荷	kg / m^3・d	9	9	6.7	6.7	14.9	14.9
	COD_{cr} 負荷	kg / m^3・d	5.38	5.38	3	3	7.6	7.6
	脂肪含有率		68.2	68.2	44.9	44.9	49.5	49.5
メタン発酵槽内条件	pH	-	7.8	7.9	7.8	8	7.7	7.8
	アルカリ度	mg / l	9400	8680	11200	10740	9200	7910
	VFA（酢酸換算）	mg / l	830	3350	420	1830	3070	1940
	TS	g / l	62.9	55.8	51.7	51.3	75.0	71.3
	VS	g / l	45.6	42.1	38.1	37.4	61.4	57.1
	脂肪	g / l	13.4	13.2	9.3	12.4	24.0	20.9
分解率	TS	%	53.4	58.7	48.3	48.7	66.5	68.1
	VS	%	62.0	64.9	49.6	50.3	69.7	71.9
	脂肪	%	83.4	83.6	79.7	72.4	78.9	81.6
	脂肪以外のVS	%	18.1	26.5	32.7	41.6	58.0	59.3
分解率バイオガスガス生成	ガス生成速度	m^3/m^3・d	7.2	7.6	3.8	4.0	9.8	10.1
	発生倍率	m^3/m^3投入物	109	114	57.6	59.8	147	151
	ガス生成量	m^3/kg-投入VS	0.904	0.945	0.656	0.682	0.64	0.745
ガス組成	CH_4	%	72	71.7	68-70	68-70	68-71	68-71
	CO_2	%	28	28.3	30-32	30-32	29-32	29-32

4.3.3.　非定常運転の確認（実験 3）

実験 3 では，油脂が一時的に発生しなくなるケースと分散剤が一時的に確保できないケースを想定して，非定常運転のテストを行った．この実験において消化汚泥（メタン発酵汚泥）を油脂分散剤として用いてみたところ，余剰活性汚泥と似た分散効果があることを確認できた．また，油脂が一時的に発生しなくなることを想定して，メタン発酵槽への油脂スラリー投入を 10 日間と 5 日間一時停止して，非定常運転テストを行った．

図 10 に示すとおり，油脂スラリー投入が 10 日間と 5 日間一時停止した場合，ガス生成量がそれに応じて一時低下するものの，その後油脂スラリー投入を再開すると，バイオガス生成速度はすぐに回復できた．これらの結果より次のことがいえる．

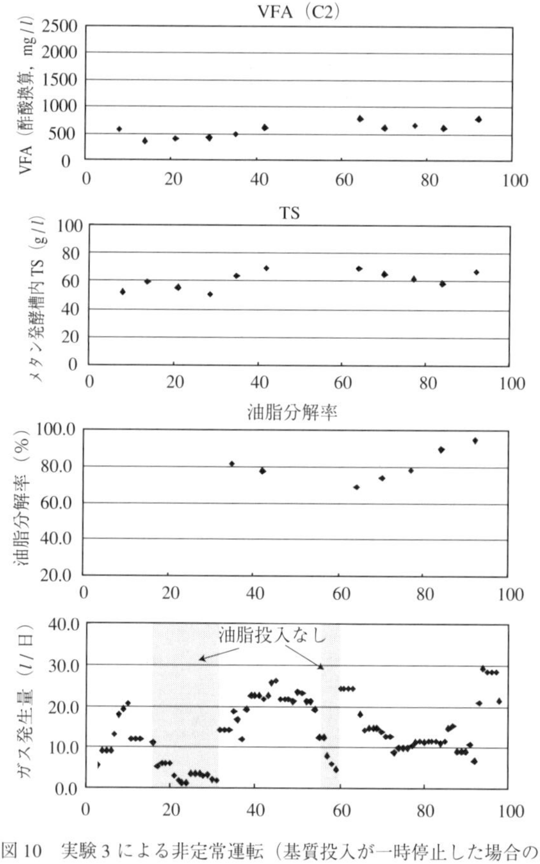

図 10　実験 3 による非定常運転（基質投入が一時停止した場合の応答）

油脂分散剤としてメタン発酵汚泥を用いることも可能であった．メタン発酵槽への基質投入を 5 日～10 日間程度一時停止することがあっても，処理性能への影響が少なく，非定常運転は可能であった．

4.4.　まとめ

共発酵による油脂のメタン化技術を油脂含有排水処理に応用するケースを想定して，余剰活性汚泥を油脂分散剤として用いた実験的検討を行った．三つの実験より次の結論が得られた．

(1) 油脂含有排水より分離した油脂スカムに濃縮余剰活性汚泥を添加して高濃度で混合すると，油脂の分散がよくでき，メタン発酵しやすい均質な高濃度スラリーを調質できた．

(2) 分散調質した油脂スラリーの TS 濃度は 10 %～22.4 %，脂肪含有率 45%～60%の条件において，共発酵システムによる油脂の安定的分解が可能であった．脂肪の分解率は平均 80 %程度で，また活性汚泥の分解率は約 30%であった．

(3) 投入 VS 当たりのバイオガス生成量は 0.64～0.945 m^3 / kg-投入 VS で，投入物中の脂肪含有率による影響が大きかった．またガス生成倍率（1 m^3 の投入汚泥から得られるバイオガスの容量 m^3）は投入 TS 濃度と脂肪含有率の両因子に影響され，57～151 倍で変化した．

(4) 共発酵の油脂分散剤としてメタン発酵汚泥を用いることも可能であった．また，メタン発酵槽への基質投入を 5日～10日間程度一時停止することがあっても，処理性能への影響が少なく，非定常運転は可能であった．

5.　総括（油脂含有排水・廃棄物メタン化システムの構成と応用形態）

本技術開発においては，室内規模連続実験より得られた知見に基づき，油脂含有排水・廃棄物を処理対象とした高濃度高速共発酵（Co-digestion）システムを構築した．以下，その概要をまとめる．

5.1.　原理とシステム構成

従来の基礎的研究によれば，よく攪拌された嫌気性消化槽において油脂が完全にバイオガスに分解することが可能である．ただし，油脂を嫌気性条件で生物分解するには，まず微生物が利用できるような分散状態に調質しなければならない．また油脂の嫌気的分解においては，油脂分解菌とメタン生成菌の連携・共生が必要不可欠である．本研究では，高濃度メタン発酵技術をベースに，生ごみや生物汚泥のような有機性廃棄物を油脂の分散剤として活用し，共発酵式の混合高濃度メタン発酵による油脂のメタン化技術を開発した．図 11 に生ごみまたは汚泥を分散剤とした共発酵による油脂のメタン化原理をまとめた．

図 11 の基礎的原理を応用して開発した油脂のメタン化技術のシステム構成は図 12 に示すとおりである．本技術は主として均一な高濃度油脂スラリーを作る油脂分散ユニットと高濃度条件でメタン発酵を行う高速メタン発酵ユニットにより構成されている．前段の油脂分散ユニットでは濃縮汚泥または破砕生ごみなどの有機性有機性廃棄物を油脂の分散調整剤として利用し，加温条件で均質な油脂スラリーを調整する．後段のメタン発酵ユニットでは，槽内の高濃

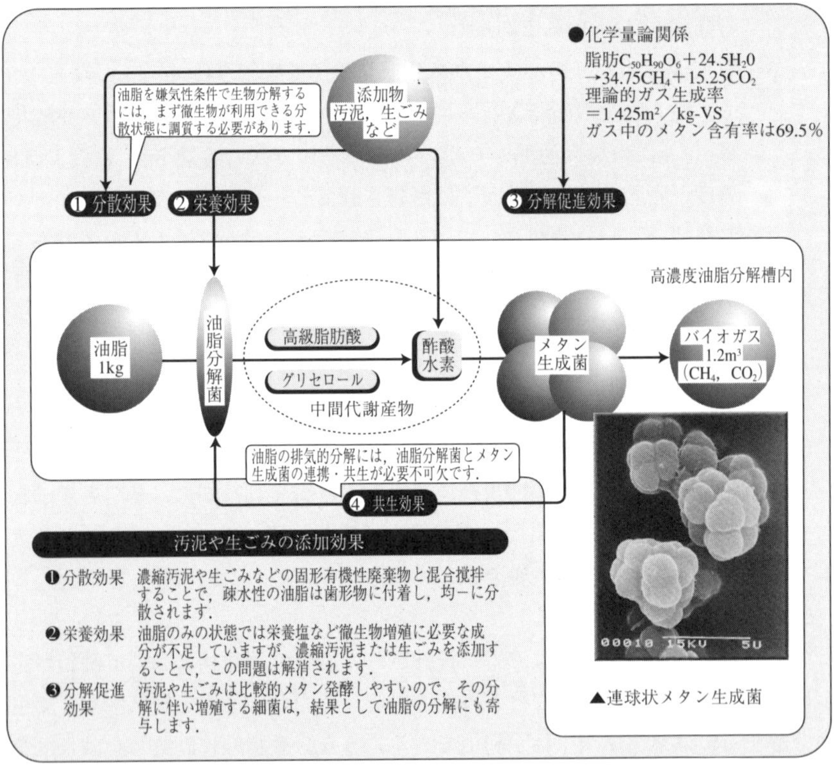
●化学量論関係
脂肪$C_{50}H_{90}O_6+24.5H_20$
$\rightarrow 34.75CH_4+15.25CO_2$
理論的ガス生成率
$=1.425m^2$／kg-VS
ガス中のメタン含有率は69.5％
油脂を嫌気性条件で生物分解するには，まず微生物が利用できる分散状態に調質する必要があります．
添加物
汚泥，生ごみ
など
❶分散効果
❷栄養効果
❸分解促進効果
高濃度油脂分解槽内
油脂
1kg
油脂分解菌
高級脂肪酸
グリセロール
中間代謝産物
酢酸
水素
メタン
生成菌
バイオガス
$1.2m^3$
(CH_4, CO_2)
油脂の排気的分解には，油脂分解菌とメタン生成菌の連携・共生が必要不可欠です．
❹共生効果
汚泥や生ごみの添加効果
❶分散効果　濃縮汚泥や生ごみなどの固形有機性廃棄物と混合攪拌することで，疎水性の油脂は歯形物に付着し，均一に分散されます．
❷栄養効果　油脂のみの状態では栄養塩など微生物増殖に必要な成分が不足していますが，濃縮汚泥または生ごみを添加することで，この問題は解消されます．
❸分解促進効果　汚泥や生ごみは比較的メタン発酵しやすいので，その分解に伴い増殖する細菌は，結果として油脂の分解にも寄与します．
00010 15KV 5U
▲連球状メタン生成菌

図 11　生ごみまたは汚泥を分散剤とした共発酵による油脂のメタン化原理

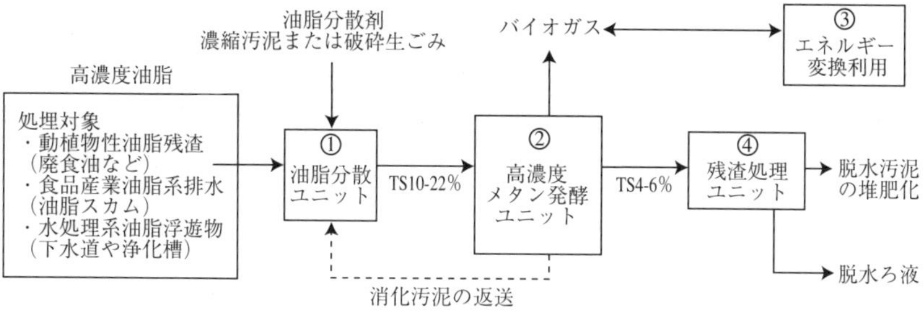

図12　高濃度共発酵プロセスによる油脂のメタン化技術のシステム構成

度メタン発酵微生物と投入される油脂スラリーを十分攪拌して油脂の分解を促進することによって，油脂の高速メタン化分解を行う．本技術について分散剤の種類（生ごみと濃縮汚泥）と発酵条件（温度，負荷）を変化させて連続実験を行った結果，油脂を 80～90 %減量化でき，1 kg の油脂から約 120 *l* のバイオガスを回収できることがわかった．

5.2.　システムの特長

本システムの特長は以下のとおりである．

（1）濃度（投入 TS 10～25 %）・高負荷条件（TS 容積負荷 6.7～15 kg / m^3 / d）で油脂を効率よく分解することが可能である．脂肪分解率は 80 %以上

（2）特殊な酵素や微生物の投入が不要で，一般の消化汚泥を種汚泥として用いるので，処理コストがやすい．

（3）余剰活性汚泥や生ごみなどの有機性廃棄物を油脂の分散剤・栄養剤として利用し，共発酵を行うので安定運転を確保でき，生成したバイオガスは有効利用できる．

本システムを用いることで，従来生物処理が困難であるといわれてきた高濃度の油脂を効率よく分解して汚泥の減量化を実現できると同時に，生成したバイオガスを回収利用することも可能である．

引用文献

1） Mackie, R. I., White, B. A., Bryant, M.P., : Lipid metabolism in anaerobic ecosystems. *Crit. Rev. Microbiol.*, **17**, 449-497（1991）.

2） 花木啓祐，松尾友矩，長瀬道彦：嫌気性消化における種々の基質の分解過程（Ⅱ）：余剰活性汚泥と脂質の分解に関する検討，下水道協会誌，**17**（196），40-49（1980）.

3） Heukelekian H. and Mueller P., : transformations of some lipids in anaerobic sludge digestion. *Sewage Ind. Wastes*, **30**, 1108-1120（1958）.

4） Novak, J.T., Carlson, D.A., : The kinetics of anaerobic long chain fatty acid degradation. *J. Water Pollut. Control Fed.*, **42**, 1932-1943（1970）.

5） Broughton, M. J., Thiele J. H., Birch, E. J. and Cohen, A., : Anaerobic batch digestion of sheep tallow, *Wat. Res.*, **32**, 1423-1428（1998）.

6） Jarvis, G. N., Strompl, C., Moore E.R.B., and Thiele, J.H., : Isolation and characterization of two glycerol-fermenting clostridial strains from a pilot scale anaerobic digester treating high lipid-content slaughterhouse waste, *J. Appl. Microbio.*, **86**, 412-420（1998）.

7） Angelidaki, I., and Ahring, B.K., : Effects of free long-chain fatty acids on thermophilic anaerobic digestion. *Appl. Microbiol. Biotech*, **37**, 808-812（1992）.

8） Rinzema, A., Boone, M., van Knippenberg, K., and Lettinga, G., : Bactericidal effect of long chain fatty acids in anaerobic digestion. *Wat. Envion. Res.*, **66**, 40-49（1994）

9） 佐々木 宏，李 玉友，関 廣二：油脂含有廃棄物の高速メタン発酵処理，第 34 回日本水環境学会年会講演集，380（2000）.

10） 山下耕司，佐々木 宏，李 玉友，関 廣二：高温・高濃度 Co-digestion による油脂系食品廃棄物の高速減量化・資源化処理，第 11 回廃棄物学会研究発表会，283-285（2000）.

11） 李 玉友，山下耕司，佐々木 宏，関 廣二：高濃度 Co-digestion による油脂系食品廃棄物の高速減量化・資源化処理，第 37 回環境工学研究フォーラム講演集，49-51（2000）.

12） 山下耕司，李 玉友，関 廣二：高濃度二段共発酵による油脂系廃棄物の高速メタン発酵処理システム，第 12 回廃棄物学会研究発表会，339-341（2001）.

13） Li, Y.Y., Sasaki, H., Yamashita, K., Seki, K. and Kamigochi, Y., : Integrated Methane Fermentation of High-Fat Content Food Wastes by High-Solids Co-digestion, *Proceedings of Fifth International Symposium on Waste Management Problems in Agro-Industries*, 65-72（2001）.

14） 李 玉友，山下耕司，関 廣二：油脂廃棄物をバイオガスに分解する高速 Co-digestion 処理システム，2001 有機資源循環利用国際シンポジウム，19-3 (2001).

キーワード：油脂，メタン発酵，共発酵，生ごみ，余剰汚泥

文責：アタカ工業（株）　李 玉友

第2章
油脂含有食品加工排水のメタン発酵促進技術の開発

（株）荏原製作所

はじめに

メタン発酵（嫌気性処理）では，生分解性の有機物がメタン，炭酸ガス，水などに分解されるが，油脂のような難分解性有機物は残留するため，さらに処理，処分を行う必要がある．このような難分解性有機物を経済的，実用的に可溶化・低分子化してメタン発酵の前駆物質に転換できれば，エネルギーとしてのメタン回収量の増加，発生廃棄物量の削減に貢献することができる．特に，油脂分は大部分が炭素と水素とから構成されており，嫌気的な生物分解反応で油脂分解率が向上すればメタンへの転換量は大きく向上する．例えばRoedigerは，分解可能な有機物質1 gをメタン発酵した場合の理論的なメタン発生量は，脂肪では850 m*l* / g，炭水化物で395 m*l* / g，タンパク質で500 m*l* / gとしている[1]．即ち，エネルギー回収の観点からは，油脂をメタン発酵することの利点は大きい．

そこで本研究は，油脂含有食品加工排水の経済的，実用的な前処理方法を開発し，メタン発酵を促進することによって，メタン回収量の増加，発生廃棄物量の削減を図ることを目的とする．

油脂含有排水を排出する可能性の高い業種を市場調査した結果，単独の業種としては豆腐・しみ豆腐・油揚げ類の製造業が多いことがわかり，豆腐製造排水を本研究の対象に選定した．

1.　油脂含有排水のメタン発酵前処理方法の検討

1.1.　実験方法

1.1.1.　実験材料

(1) 脂質分解用酵素

(a) リパーゼ（Novo Nordisk Bioindustry, Ltd.）：酵素比活性 100 kU / g（1 kU とは，一定の標準条件下でトリブチリンから酪酸を 1 分間に 1 mmol 遊離させる酵素量である），細菌由来，液状，適用温度 20～50℃，適用 pH 6～11.

(b) 酸化還元酵素（Novo Nordisk Bioindustry, Ltd.）：酵素比活性：500 U / g，カビ由来，ゼリー状，適用温度 50～70℃，適用 pH 5～7. 製剤は，ラッカーゼ，酵素メディエーター（反応伝達物），リン酸バッファー剤，ノニオン系界面活性剤を含む.

(2) 油脂含有排水

豆腐製造工場より豆腐製造排水と豆腐揚げ廃油を採取し，実験に供した．実験では，豆腐製造排水に豆腐揚げ廃油を適宜添加して油脂含有排水とした.

(3) メタン発酵回分実験用の汚泥

油脂含有排水は，豆腐製造排水に揚げ廃油（5 m*l* / *l*）および乳化剤としてアルギン酸ナトリウム（50 mg / *l*）を添加した排水を用いた．生ごみの高温メタン発酵汚泥[2]を種汚泥とし，53℃で 3ヶ月間，油脂含有排水で汚泥を馴致した（VSS 3,420 mg / *l*，COD_{Cr} 7,940 mg / *l*，クロロホルム抽出物質 2,720 mg / *l*，中性脂肪 1,500 mg / *l*，高級脂肪酸 299 mg / *l*，pH 7.8）.

1.1.2. 酵素による可溶化条件の検討

豆腐製造排水 50 m*l* に揚げ廃油を添加し（廃油濃度2.0 m*l* / *l*-排水），可溶化実験の油脂含有排水とした．この排水にリパーゼ 500 U または酸化還元酵素 100 mg を添加し，50℃で一晩，酵素反応させた．反応終了後，クロロホルム/メタノールの混合溶媒を用いた分液ロート抽出法（KM Shaker V-DX，Iwaki）で 10 m*l* 酵素反応液中の全脂質分を抽出，測定した．この抽出物の脂質成分をイアトロスキャン用焼結薄層棒（クロマロッド-SⅢ，Iatron）で展開分離して TLC / FID 分析計（Iatroscan TH-10）で測定し，酵素による中性脂肪分解率を評価した．なお，メタン発酵回分実験では，原水および汚泥の脂質分析をヘキサン/イソプロパノールの混合溶媒を用いた試験管抽出法で行った（1.1.6. 詳述）.

1.1.3.　メタン発酵に及ぼす可溶化方法の影響の検討

豆腐製造排水に廃油5g/l添加した試料（VSS 15,300 mg / *l*，COD_{Cr} 33,200 mg / *l*，pH 3.9）を用い，NaOH 溶液 1 mol / *l* で pH 6～7 に調整後，酵素添加（リパーゼ 10 kU / *l*，酸化還元酵素 1 kU / *l*），無添加，室温，50℃の各条件で前処理した．これら前処理水について，バイアル瓶（容量 125 m*l*）を用いてメタン発酵回分実験を行い，可溶化条件とメタン回収率との関係を調べた．回分実験方法は，バイアル瓶に各前処理水 3 m*l* と油脂含有排水で馴致したメタン発酵汚泥 37 m*l* とを調整後，気相部を窒素置換し，COD_{Cr} / VSS（g / g）比 0.78，55℃，100 r / min.で振とうして行った．前処理および回分実験には，オイルバスシェーカ（タイテック MH-10）を用いた．

1.1.4.　油脂の乳化前処理およびリパーゼ前処理効果の検討

豆腐製造排水に廃油5g/l添加した試料を用い，NaOH 溶液 1 mol / *l* で pH 6～7 に調整後，表1に示す温度，乳化剤，リパーゼ処理の条件で前処理を行った．これら前処理水について，上記 1.1.3. と同一方法でメタン発酵回分実験を行い（COD_{Cr} / VSS 比 0.78，55℃，100 r / min. 振とう），乳化前処理およびリパーゼ前処理とメタン回収率との関係を調べた．

表 1　回分実験に用いた油脂含有排水の前処理条件

前処理条件	前処理条件		
	反応温度	乳化剤（0.1 g / *l*）	リパーゼ（5 kU / *l*）
①	室温	−	−
②	室温	ベントナイト	−
③	室温	アルギン酸Na	−
④	室温	−	+
⑤	室温	ベントナイト	+
⑥	室温	アルギン酸Na	+
⑦	50℃	−	−
⑧	50℃	ベントナイト	−
⑨	50℃	アルギン酸Na	−
⑩	50℃	−	+
⑪	50℃	ベントナイト	+
⑫	50℃	アルギン酸Na	+

1.1.5. メタン発酵に及ぼす高級脂肪酸組成の影響の検討

上記 1.1.4.と同一方法で油脂含有排水試料を調整し（pH 6～7），リパーゼ（5 kU / *l*）で前処理した．このリパーゼ前処理水を用いてメタン発酵回分実験を行い，高級脂肪酸組成とメタン回収率との関係を調べた．回分実験方法は，リパーゼ前処理水 ① 3 m*l*，② 9 m*l*，③ 12 m*l*，④ 15 m*l*を，豆腐製造排水で馴致したメタン発酵汚泥 37 m*l*（VSS 3,800 mg / *l*，COD_{Cr} 16,600 mg / *l*，クロロホルム抽出物質 2,980 mg / *l*，中性脂肪 665 mg / *l*，高級脂肪酸 233 mg / *l*，pH 8.2）に添加して，55℃でメタン発酵回分実験を行った．また，前処理水無添加のメタン発酵系を対照実験系とした．

1.1.6. 分析方法

原水およびメタン発酵汚泥中の脂質は，ヘキサン / イソプロパノール（5：3）の混合溶媒を用いた試験管法で抽出し，ヘキサン抽出液を 80℃で乾燥し，得られた抽出物質重量からヘキサン抽出物質濃度を算出した．そして，ヘキサン抽出物質中の全脂質成分をクロマロッド-SⅢおよび TLC / FID 分析計（Iatroscan TH-10，Iatron）で定量分析した．さらに，ヘキサン抽出物質中の高級脂肪酸濃度をガスクロマトグラフ（島津 GC-17A，検出器 FID，キャピラリーカラム DB-FFAP）で分析した．

発生したガスの組成は，ガスクロマトグラフ（ジーエルサイエンス GC-322，検出器 TCD，カラム Active carbon 30 / 60，カラム温度 95℃，TCD 電流値 120 mA）で分析した．

揮発性脂肪酸（Volatile fatty acid，VFA）は，高速液体クロマトグラフ（エルマ光学 ERC-8710，検出器 RI，カラム Shodex Ionpack KC-811，カラム温度 60℃，移動相 0.1％リン酸）で分析した．COD_{Cr} の分析は米国の Standard Methods（18th Edition，1992 年）に従った．TS（Total solids），VTS（Volatile total solids），SS（Suspended solids），VSS（Volatile suspended solids），BOD，ケルダール窒素，pH，アルカリ度は下水試験方法上巻（1997年版）に準拠して行った．

1.2. 結果および考察

1.2.1. 可溶化条件の検討

リパーゼ単独で処理した場合，試料中の中性脂肪の 96％が高級脂肪酸に分解された．酸化還元酵素で処理した場合は，中性脂肪の 85 %が減少したが，高級脂肪酸の蓄積は見られず，また，中性脂肪の大部分は極性を有する脂質画分に転換されたことがわかった（図1）．

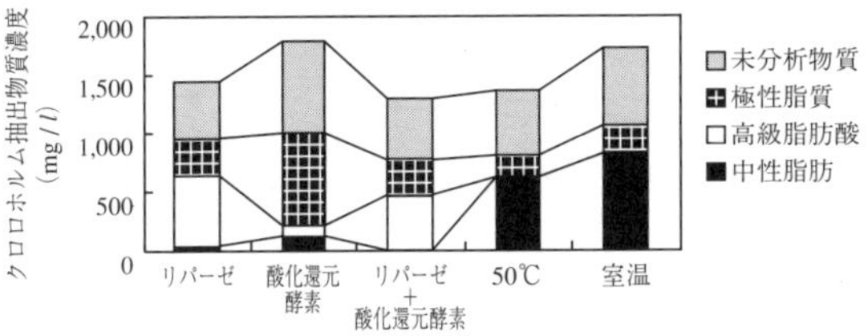

中性脂肪減少率	96	85	100	22（%）
高級脂肪酸の蓄積濃度	593	94	461	0（mg / l）

図1　豆腐製造排水の酵素分解実験

さらに，リパーゼと酸化還元酵素を併用した条件では，中性脂肪が 100 %減少し，同時に高級脂肪酸の蓄積も見られた．また，いずれの酵素で処理した場合も試料中の脂質組成は大きく変化した．なお，酵素処理した試料には，中性脂肪の油滴は肉眼では観察されなかった．

1.2.2.　メタン発酵に及ぼす可溶化条件の影響

豆腐製造排水に廃油 5 g / l を添加した油脂含有排水について，①室温・24 h，② 50℃・24 h，③ リパーゼ（5 kU / l）・50℃・24 h，④ 酸化還元酵素（1 kU / l）・50℃・24 h の各条件で前処理後，8 日間のメタン発酵回分実験を行い，メタン生成量を調べた（図 2）．メタン発酵前の試料中の全 COD_{Cr} 量から算出した理論上のメタン生成量に対して，リパーゼで前処理した排水（③）では8日目に理論値の 80 %のメタンを生成した．これに対して，リパーゼで処理していない排水（①と②）では，8 日目のメタン生成量は理論値の 30 %であった．また，酸化還元酵素で前処理した排水（④）では，理論値の 10 %以下しかメタン生成できなかった．

この回分実験を 8 日目に終了し，メタン発酵による油脂分解特性を調べた（図 3）．リパーゼで前処理した場合（③），メタン発酵後は全脂質の 60～70%が除去された．リパーゼ処理していない排水（①と②）では，脂質は 10～30%しか除去されず，残留した油脂の主成分は中性脂肪であった．一方，酸化還元酵素で処理した場合（④），脂質のほぼ全量が残存した．

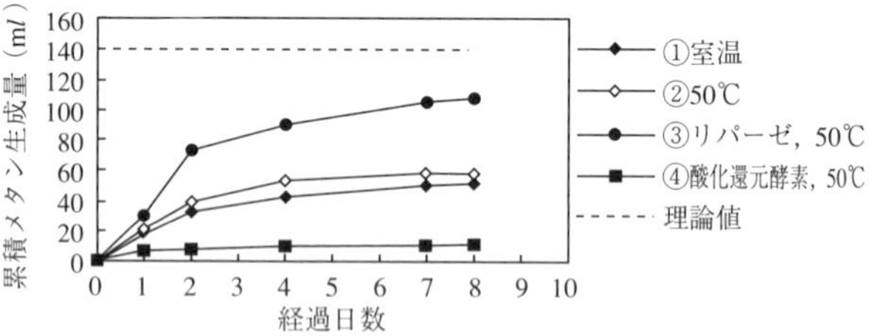

図2　前処理した豆腐製造排水のメタン発酵特性

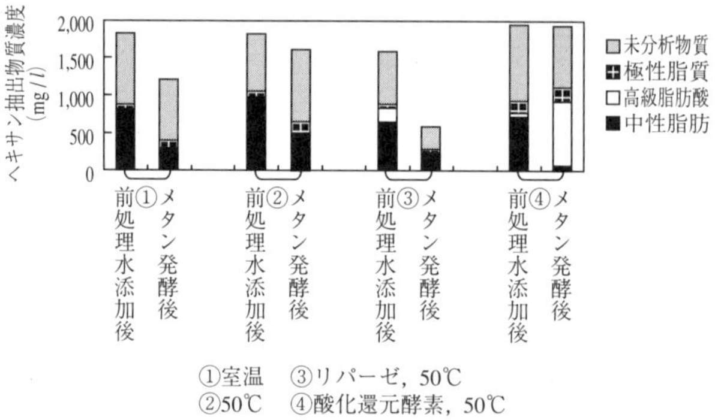

図3　前処理による脂質の除去特性

1.2.3.　メタン発酵に対する乳化前処理およびリパーゼ前処理効果の検討

乳化剤による油脂分散と酵素による前処理効果とを比較するため，油脂含有排水で馴致した高温メタン発酵汚泥を種汚泥として，回分実験を行った（図4）．9日間のメタン発酵試験の結果，室温，50℃，ベントナイト，アルギン酸Naで前処理した系でのメタン発酵促進効果は認められなかった．一方，リパーゼで前処理した場合，前処理温度と関係なくメタン発酵促進効果が現れた．乳化剤とリパーゼを併用した場合，リパーゼ単独の前処理より著しい効果は認められなかった．これらの結果から，乳化前処理により油脂の分散性が向上し，汚泥微生物への接触効率を上げることはできたが，油脂分解微生物の活性化はできなかったことがわかった．

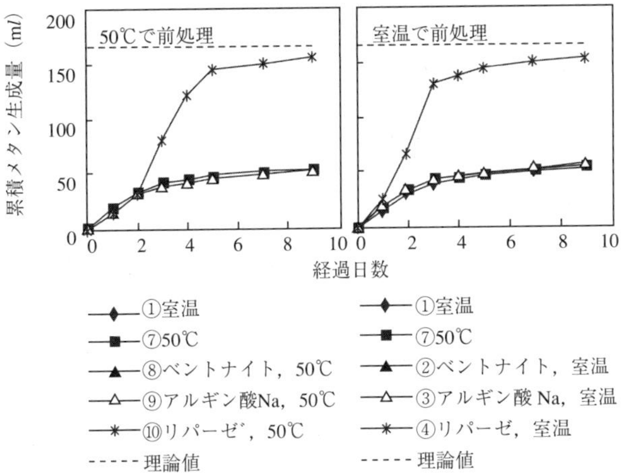

図 4　乳化前処理とリパーゼ前処理効果の比較

1.2.4.　メタン発酵に及ぼす高級脂肪酸組成の影響の検討

豆腐製造排水＋廃油の試料をリパーゼで加水分解して生成した高級脂肪酸は，ガスクロマトグラフ分析の結果，C18：1(50.0 %)＞C18：2(25.0 %)＞C16：0(10.3 %)＞C18：3(7.81 %)＞C18：0(6.78 %) の順であった．このような排水について，添加量を変えてメタン発酵回分実験を行い，有機物負荷および脂質負荷とメタン回収率との関係を調べた．

回分実験において，各添加条件下で汚泥に与えた有機物と脂質負荷を表 2 および表 3 に，メタン生成特性を図 5 に示す．

リパーゼ前処理水 ① 3 m*l*，② 9 m*l* を添加した場合，14 日間でメタン生成がほぼ完了した．これに対して，リパーゼ前処理水 ③ 12 m*l* と④ 15 m*l* を添加した場合，初期の 14 日間はほとんどメタン生成されず，14 日目以降に ③ のメタン生成量が急速に上昇し，④も徐々にメタンを生成し始めた．31 日目ではすべての試料でメタン生成が終了した．メタン生成がほぼ完了するまでの日数は ① 10 日＜ ② 11日＜ ③ 20日＜④ 24 日であった．これらの結果から，リパーゼ前処理水の混合比率の増加，即ち脂質の高負荷によってメタン発酵が阻害されることがわかった．

表2　回分実験の有機物（COD_{Cr}）負荷と脂質負荷

回分実験 No.	リパーゼ前処理水添加量（m*l*）	COD_{Cr}負荷 (g / g-VSS)	クロロホルム抽出物質（mg / g-VSS）	中性脂肪（mg / g-VSS）	高級脂肪酸 注)（mg / g-VSS）
Control	0	4.4	783	175	61
①	3	5.1	933	179	114
②	9	6.5	1,230	188	218
③	12	7.3	1,380	192	270
④	15	8.0	1,530	197	323

注）高級脂肪酸とは，脂質の加水分解によって誘導されてきた炭素数 11 以上の長鎖脂肪酸．

表3　回分実験の高級脂肪酸負荷

回分実験 No.	リパーゼ前処理水添加量（m*l*）	C16：0	C16：1	C18：0	C18：1	C18：2	C18：3
Control	0	30	13	0	37	0	0
①	3	20	13	19	42	14	4
②	9	32	13	27	89	43	13
③	12	38	13	31	113	58	18
④	15	44	13	35	136	72	22

単位：mg / g-VSS

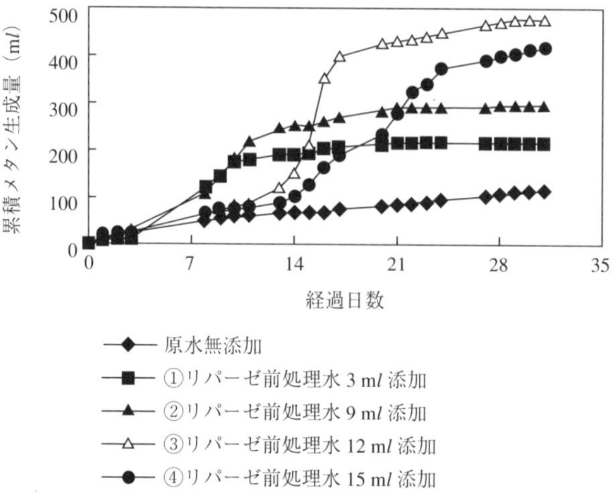

図5　リパーゼ処理水のメタン発酵回分実験

本実験に用いた排水試料の有機物成分は，糖質 34.4 ％，脂質 25.0 ％，タンパク質 14.7 ％であり，脂質成分が全有機物の 1 / 4 以上を占めた．脂質の嫌気性処理では，高負荷域（4～5 g COD / g-VSS 以上）で脂質成分が酸生成およびメタン生成に対して阻害作用をもつことが報告されている[3]．また，55℃の高温メタン発酵での酢酸資化性メタン生成活性に対する高級脂肪酸の阻害特性について，メタン生成活性が10％阻害される負荷は，C16：0＝1,205 mg / g-VSS，C18：0＝882 mg / g-VSS，C18：1（cis）＝14 mg / g-VSS，C18：2＝3.9 mg / g-VSS，C18：3＝22 mg / g-VSS という報告もされている[4]．

本実験に用いた排水での C18：1 と C18：2 の負荷は，上記の阻害値よりも高い条件にあった．特に，リパーゼ処理水④ 15 m*l* を添加した場合，C18：3 の負荷も上記の阻害負荷に達した．したがって，本実験でリパーゼ処理水を 12 m*l* 以上添加した系では，不飽和高級脂肪酸（C18：1，C18：2，C18：3）によるメタン生成活性の阻害が生じたものと考えられる．

1.3.　まとめ

（1）油脂含有排水をリパーゼで前処理した場合，原水中の中性脂肪の大部分が分解され，メタンとして回収されることがわかった．これに対して，酵素処理していない場合には，原水中の中性脂肪は大部分が分解されずに残存することがわかった．溶解性 COD_{Cr} 成分の分解率はリパーゼ添加の有無にかかわりなく同等であった．リパーゼ添加は，原水中の SS 性 COD_{Cr} 成分を可溶化し，メタン回収率を増加させた．

（2）酸化還元酵素は中性脂肪を極性脂質画分や未同定の疎水性物質に変換するが，メタン発酵反応を阻害することがわかった．

（3）乳化処理によって排水中に油脂分を均一に分散させたが，油脂分解の促進にはならなかった．油脂のメタン発酵効率を向上するには，油脂と微生物の接触性，油脂分解微生物の活性改善の両面を行う必要があると考えられた．

（4）豆腐製造排水・廃油をリパーゼ処理して生成する高級脂肪酸は，主として C16：0，C18：0，C18：1，C18：2 および C18：3 であった．そして，リパーゼ処理水の添加量が多くなると，メタン発酵は阻害された．この場合，C18：1，C18：2，C18：3 の不飽和高級脂肪酸が限界濃度以上となり，メタン発酵が阻害されたと考えられる．

2. 豆腐製造排水の連続メタン発酵特性

2.1. 実験方法

2.1.1. 実験材料

（1）リパーゼ

（1.1.1.（1）に同じ）

（2）連続実験装置

前段に酵素前処理槽（有効容積 2.5 *l*），後段に完全混合型メタン発酵槽（有効容積 3.5 *l*）からなる連続実験装置（合計 3 系列）を用いた（図 6）.

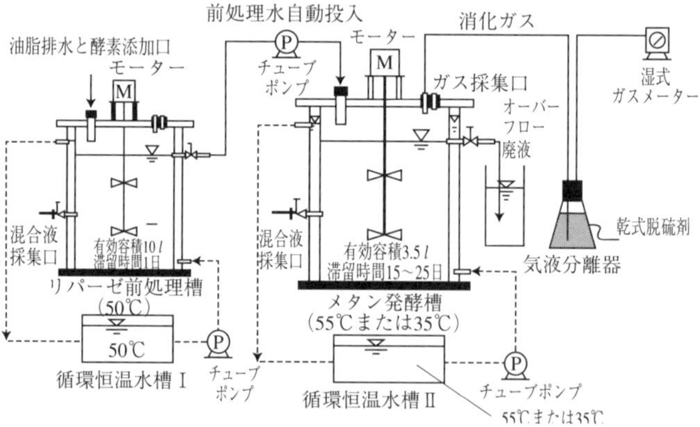

図 6　連続実験装置のフローシート

（3）種汚泥

生ごみの高温メタン発酵汚泥[2]と豚糞尿の中温メタン発酵汚泥[5]を種汚泥とした.

（4）油脂含有排水

豆腐製造排水に 0～1 m*l* / *l* の豆腐揚げ廃油を添加したものを用いた（中性脂肪 0.5～1.5 g / *l*）. この油脂含有排水は 5℃で冷蔵保存し，連続実験に供した.

（5）乳化剤と pH 調整剤

乳化剤としてアルギン酸ナトリウム（300～400 cP）とベントナイト，pH 調整剤として水酸化カルシウムを用いた（いずれも和光純薬製の特級試薬).

2.1.2.　連続運転条件

メタン発酵装置 3 系列（発酵槽 A〜C，有効容積 3.5 *l*）を用いてメタン発酵の連続実験を行い，処理特性を調べた．連続運転条件を表 4 に示す．

表 4　豆腐製造排水メタン発酵連続実験の運転条件

<table>
<tr><th colspan="2">発酵槽</th><th>A</th><th>B</th><th>C</th></tr>
<tr><td colspan="2">温度（℃）
HRT（日）</td><td>55
16</td><td>55
15</td><td>35
16〜25</td></tr>
<tr><td colspan="2">廃油添加量</td><td colspan="3">1〜84 日目 0 ml / l
85 日目〜 1 ml / l</td></tr>
<tr><td colspan="2" rowspan="3">乳化処理</td><td>1〜40 日目
アルギン酸 Na</td><td colspan="2" rowspan="3">142日目〜
$Ca(OH)_2$＋ベントナイト</td></tr>
<tr><td>40〜142 日目
0.5%でん粉＋アルギン酸 Na</td></tr>
<tr><td>143 日目〜
$Ca(OH)_2$＋ベントナイト</td></tr>
<tr><td colspan="2">リパーゼ前処理
汚泥返送</td><td>−
143日目〜</td><td>＋
43日目〜</td><td>＋
143日目〜</td></tr>
<tr><td rowspan="2">COD_{Cr} 負荷</td><td>g / l･日</td><td>1.43</td><td>1.35</td><td>0.81</td></tr>
<tr><td>g / g-VSS・日</td><td>0.30</td><td>0.24</td><td>0.35</td></tr>
<tr><td rowspan="3">脂質負荷＊
（mg/g-VSS･日）</td><td>ヘキサン抽出物質</td><td>33.8</td><td>28.4</td><td>40.7</td></tr>
<tr><td>中性脂肪</td><td>18.4</td><td>0</td><td>0</td></tr>
<tr><td>高級脂肪酸</td><td>4.93</td><td>19.3</td><td>27.7</td></tr>
</table>

＊廃油 1 ml / l 添加した場合．

・発酵槽 A：リパーゼ前処理せず・高温（55℃）メタン発酵
・発酵槽 B：リパーゼ前処理・高温メタン発酵
・発酵槽 C：リパーゼ前処理・中温（35℃）メタン発酵

2.1.3.　原水の酵素前処理方法と性状

酵素前処理にはリパーゼ（4 kU / *l*）を用い，50℃で 1 日処理した．酵素処理後は 5℃に冷却保存した．表 5 にリパーゼ処理系および無処理系の原水性状を示す．

表5　豆腐製造排水メタン発酵連続実験の原水性状

原水		発酵槽Aの原水 (リパーゼ前処理せず)	発酵槽BとCの原水 (リパーゼ前処理)
	pH	5.36	6.98
	アルカリ度	1,840	668
	VSS	5,570	5,150
	SS	5,950	5,810
	VTS	13,100	12,600
	TS	18,900	18,600
COD_{Cr}	Total	22,900	20,300
	ろ液	9,500	9,540
BOD	Total	10,900	12,400
	ろ液	7,120	8,400
	VFA	5,050	4,400
脂質	ヘキサン抽出物質	2,590	2,380
	中性脂肪	1,410	0
	高級脂肪酸	378	1,620
ケルダール窒素		1,160	1,390

単位：mg / *l*（pH除く）

2.1.4.　分析方法

（1.1.6.に同じ）

2.2.　結果および考察

2.2.1.　メタン発酵連続運転

3系列のメタン発酵連続運転によるガス生成速度と運転条件を図7に示す．

生成ガスの平均メタン含有率は，メタン発酵槽A：64.1 %，発酵槽B：63.4 %，発酵槽C：69.8 %であった．

中温メタン発酵では，廃油を添加してないリパーゼ前処理排水でも，HRT 16日で安定なメタン発酵ができなかった．これは，中温メタン発酵汚泥中の油脂分解微生物の活性が低いことや，増殖速度が遅いことが考えられる．また，運転150日目から4ヶ月間の連続運転期間中で安定処理できたときのCOD_{Cr}負荷は，高温メタン発酵の場合1.5 g / *l*・日，中温メタン発酵の場合は0.8 g / *l*・日であり，脂質負荷（ヘキサン抽出物質負荷）は，高温メタン発酵の場合150 mg / *l*・日，中温メタン発酵の場合91 mg / *l*・日であった．これらの結果から，高温メタン発酵の方が中温メタン発酵よりもCOD_{Cr}負荷および脂質負荷を高く運転できることがわかった．

実験に用いた油脂含有排水の有機物濃度は COD_{Cr} 2.1％，BOD 1.0％であり，メタン発酵槽内に微生物を充分量保持できない可能性が考えられた．そこで，① メタン発酵しやすい BOD 成分として 0.5％でん粉を原水に添加する方法，② 汚泥返送によって槽内の菌体濃度を高める方法を試験した．その結果，リパーゼ処理しない油脂排水（メタン発酵槽 A）では，でん粉添加（運転 40 日目以降）によって油脂負荷の低い条件では安定なメタン発酵を行うことができたが，豆腐揚げ廃油添加によって油脂負荷を高くするとメタン発酵は停止した（図 7）．メタン発酵が停止した時点では発酵槽内の pH が 6.5 に下がり，汚泥濃度も低下した（図 8）．さらに，発酵槽内の液表層には多数のオイルボールが観察された．その後，汚泥返送することによって廃油を添加した油脂負荷の高い条件でも安定な連続運転ができた．

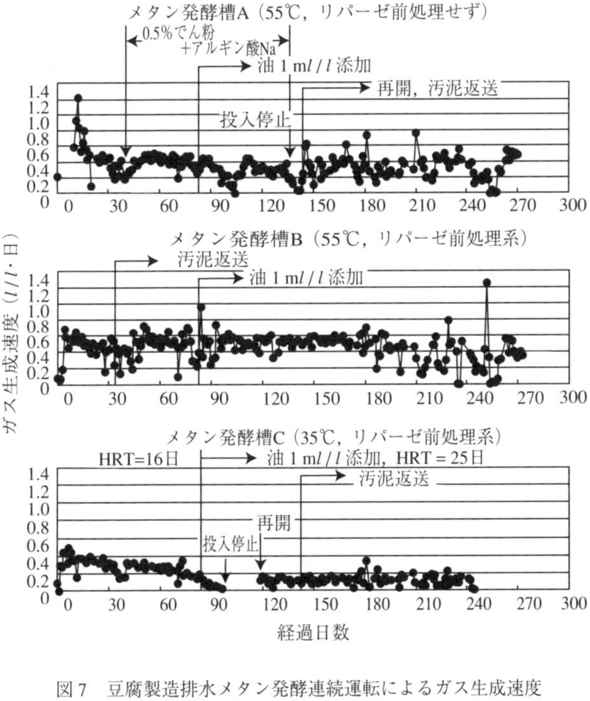

図 7　豆腐製造排水メタン発酵連続運転によるガス生成速度

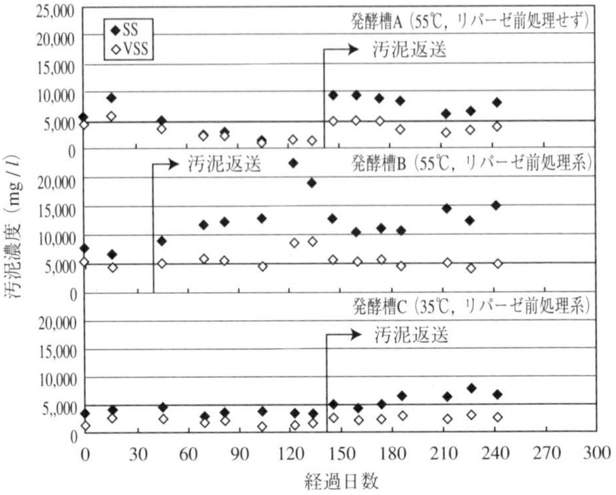

図8　豆腐製造排水メタン発酵連続実験の汚泥濃度

3 系列のメタン発酵槽の安定運転時（運転 174 日目）における汚泥性状を表 6 に示す．COD_{Cr} 除去率は，リパーゼ前処理系（発酵槽 B：72.3 %；発酵槽 C：82.2 %）の方がリパーゼ前処理しない系（発酵槽 A：67.7 %）よりも高かった．また，脂質除去特性としてヘキサン抽出物質除去率も，リパーゼ前処理系（発酵槽 B，77.3 %，発酵槽 C：86.8 %）の方が高かった．そして，リパーゼ前処理しない系に残留したヘキサン抽出物質の約 1 / 3 は中性脂肪であった．

表6　豆腐製造排水メタン発酵連続実験の汚泥性状

発酵槽	A	B	C
pH	7.48	7.52	7.30
アルカリ度	7,010	8,540	5,400
VSS	4,800	5,580	2,340
SS	8,630	11,000	4,950
VTS	6,870	7,470	4,140
（除去率）	（47.6%）	（40.7%）	（67.1%）
TS	14,400	16,300	10,300
（除去率）	（23.8%）	（12.4%）	（44.6%）

COD_{Cr}	Total (除去率)	7,400 (67.7%)	5,630 (72.3%)	3,610 (82.2%)
	ろ液 (除去率)	1,360 (85.7%)	1,260 (86.8%)	766 (92.0%)
BOD	Total (除去率)	1,550 (85.8%)	892 (92.8%)	388 (96.9%)
	ろ液 (除去率)	812 (88.6%)	772 (90.8%)	206 (97.5%)
	VFA	123	127	0.99
脂質	ヘキサン抽出物質 (除去率)	1,120 (56.8%)	540 (77.3%)	315 (86.8%)
	中性脂肪 (除去率)	289 (79.5%)	11.5 (/)	17.6 (/)
	高級脂肪酸 (除去率)	51.9 (86.3%)	46.6 (97.1%)	26.8 (98.3%)
	ケルダール窒素	1,190	1,670	1,220

運転第 174 日目の分析結果，単位：mg / *l*（pH と除去率は除く）

2.2.2.　リパーゼによる前処理効果の検討

リパーゼによる前処理効果を検討するため，約 2 週間隔でメタン発酵槽に残留したヘキサン抽出物質の組成を定量分析した（図 9）.

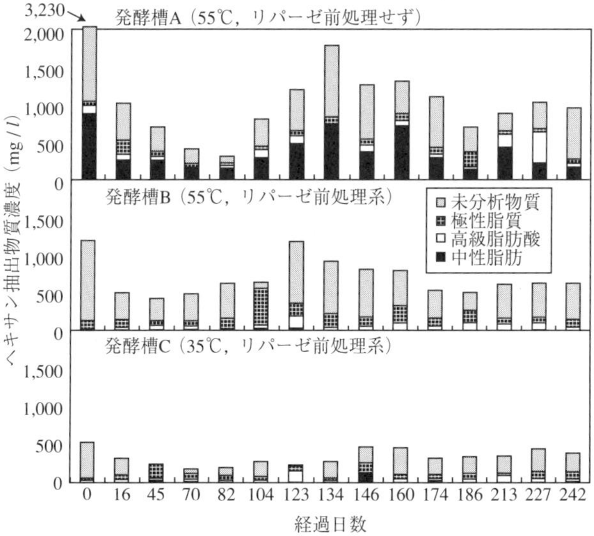

図 9　豆腐製造排水メタン発酵連続実験の脂質除去特性

リパーゼ前処理しない系では（発酵槽 A），発酵槽内に中性脂肪が残留していることがわかった．これに対して，リパーゼ前処理系では（発酵槽 B と C），中性脂肪はほぼ完全に除去され，高級脂肪酸も 90 %以上除去された．これらの結果より，油脂のメタン発酵においてはリパーゼの前処理が有効であることがわかった．

2.2.3. 物質収支

連続メタン発酵実験による処理性能を評価するため，3 系列の運転データから物質収支（COD_{Cr} 収支）を求めた（図 10）．データ解析は，安定な運転期間中のガス生成量（運転 146～174 日目の 29 日間），原水およびメタン発酵汚泥の COD_{Cr} 平均値（運転 146，160，174 日目の 3 回の分析結果）を基に行った．

リパーゼ前処理・高温メタン発酵系（発酵槽 B）では，油脂含有排水の COD_{Cr} 除去率は 71％で，除去 COD_{Cr} の 86％をメタンとして回収できた．これに対して，リパーゼ前処理せず・高温メタン発酵系（発酵槽 A）では，

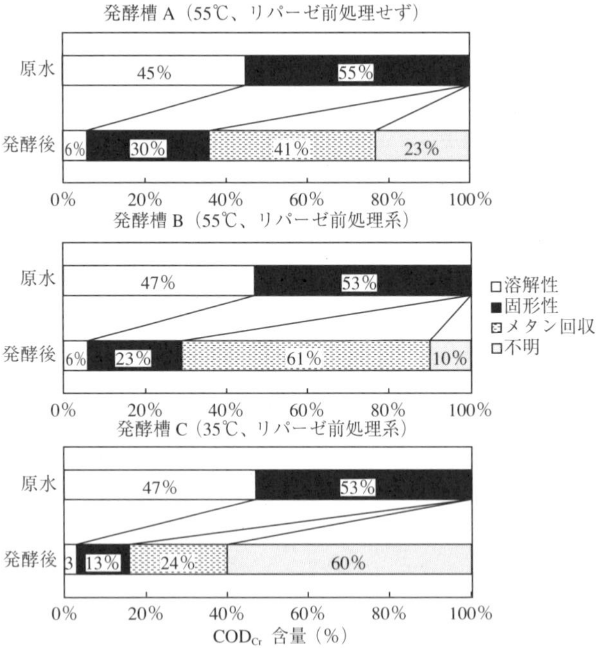

図 10　豆腐製造排水メタン発酵連続実験の COD_{Cr} 物質収支

COD_{Cr} 除去率は 64 %だったが，メタン回収量は除去 COD_{Cr} の 64 %であった．また，リパーゼ前処理・中温メタン発酵系（発酵槽C）では，COD_{Cr} 除去率は 84%と最も高かったが，メタン回収量は除去 COD_{Cr} の 29%と非常に少なかった．発酵槽 C で物質収支が合わなかった原因は後述する（3.2.3）．これらの結果より，油脂含有排水をメタン発酵する場合，メタン回収量の点からもリパーゼ前処理と高温メタン発酵を組み合わせたプロセスが最適であると考えられた．

2.2.4.　メタン発酵槽内およびメタン発酵汚泥の観察

連続運転期間中の 3 系列の発酵槽内を観察した．中温メタン発酵（発酵槽 C）では，液表層に多量のスカムが蓄積し（図 11），発酵槽内壁にも油脂状物質が厚く付着していた（図 12）．これに対して，高温メタン発酵系（発酵槽 A と B）では，液表層でのスカム発生はほとんどなく，発酵槽内壁に付着した油脂状物質の量は発酵槽 A＞発酵槽 B の順であった．発酵槽底部には，3 系列ともほぼ

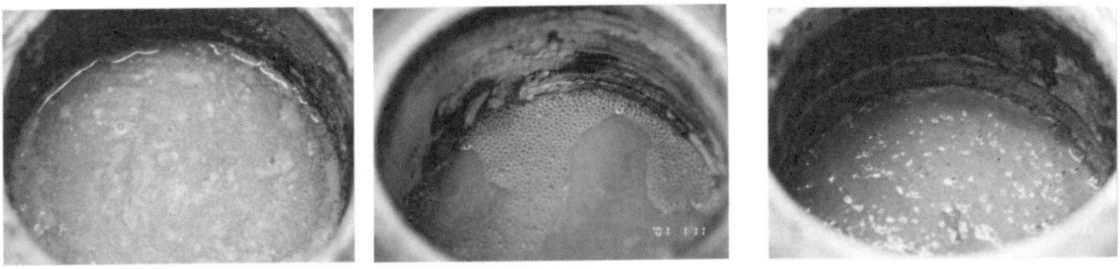

発酵槽 A（55℃，リパーゼ前処理せず）　発酵槽 B（55℃，リパーゼ前処理系）　発酵槽 C（35℃，リパーゼ前処理系）

図 11　メタン発酵槽内における汚泥液面のスカム状物質

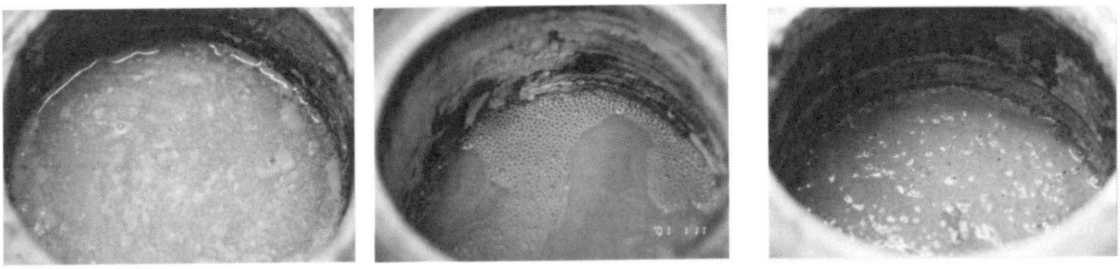

発酵槽 A（55℃，リパーゼ前処理せず）　発酵槽 B（55℃，リパーゼ前処理系）　発酵槽 C（35℃，リパーゼ前処理系）

図 11　メタン発酵槽内における汚泥液面のスカム状物質

同量の黒色の砂状固形物が観察された．これは，原水中に含まれる水酸化カルシウム由来の Ca^{2+} と発酵槽内でのメタン発酵産物などが反応して生成された不溶性物質であると考えられる（図 13）．

各汚泥を 1 *l* のガラスビーカに分取し，均一に撹拌後静置し，汚泥性状を比較観察した（図 14）．汚泥粒子のサイズは，発酵槽 B＜発酵槽 A＜発酵槽 C の順であった．汚泥の沈降速度は，発酵槽 B＜発酵槽 A＜発酵槽 C の順であった．

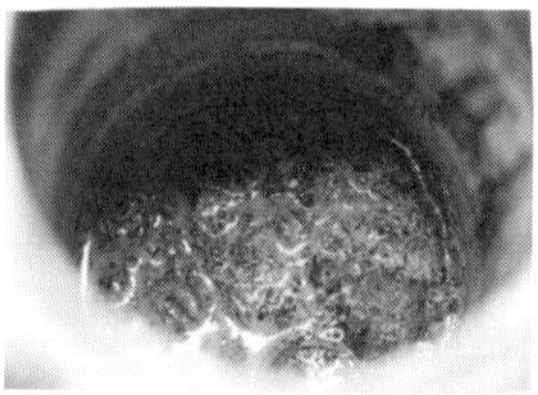
発酵槽 A
（55℃，リパーゼ前処理せず）

発酵槽 B
（55℃，リパーゼ前処理系）

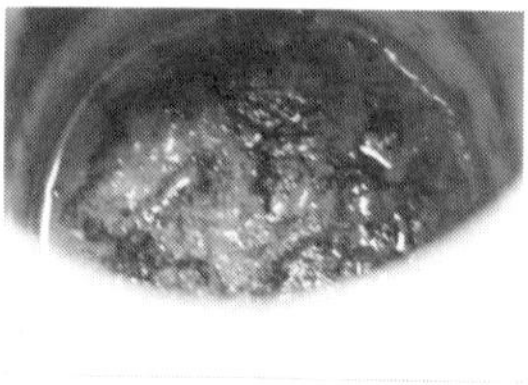
発酵槽 C
（35℃，リパーゼ前処理系）

図 13　メタン発酵槽底部に残留した固形物質

撹拌した直後

静置 5 分後

静置 15 分後

静置 30 分後

図 14　各メタン発酵汚泥の沈降分離特性

以上の結果から，油脂含有排水のメタン発酵では，汚泥の分散性が有機物分解率とメタン回収率に大きく関与していることがわかった．一方，発酵槽内に蓄積したカルシウム様固形物はポンプ・配管の閉塞など，メタン発酵装置のトラブル因子となる可能性も高いことから，実装置設計ではこれらの不溶性物質を定期的に除去するなどの工夫も必要である．

2.3.　まとめ

（1）油脂含有排水のメタン発酵では，高温メタン発酵の方が中温メタン発酵よりも COD_{Cr} 負荷および脂質負荷を高く運転できることがわかった．

（2）メタン発酵連続実験により，リパーゼ前処理と高温メタン発酵の組み合わせが有効であることが明らかになった．

（3）リパーゼ前処理しない系では，汚泥中に中性脂肪が残留した．

（4）油脂含有排水をリパーゼで前処理し，高温メタン発酵した系では（発酵槽 B），COD_{Cr} 除去率約 70 %，メタン回収率は 60 %であった．

3.　油脂含有排水（豆乳希釈液）のベンチスケールメタン発酵試験

3.1.　実験方法

3.1.1.　実験材料

（1）種汚泥

連続運転装置の立ち上げには，種汚泥として，豆腐製造排水の中温および高温メタン発酵汚泥[6]（前述の 2.参照）を用いた．

（2）油脂含有排水

連続実験に用いた油脂含有排水は，市販の豆乳を希釈して用いた（豆乳希釈排水）（豆乳：水＝1：3.8 で希釈，ヘキサン抽出物質 5～6 g / *l*，中性脂肪 2～3 g / *l*，高級脂肪酸 0.4～1.3 g / *l*）．この排水を原水槽に 25℃で保存し，連続実験に供した．

（3）リパーゼ

（1.1.1.（1）に同じ）

（4）連続実験装置

前段にリパーゼ前処理槽（有効容積 2.0 *l*），後段に完全混合型メタン発酵槽（有効容積 24 *l*）からなるベンチスケールの連続実験装置を用いた（合計 2 系列，図 15 と図 16）．

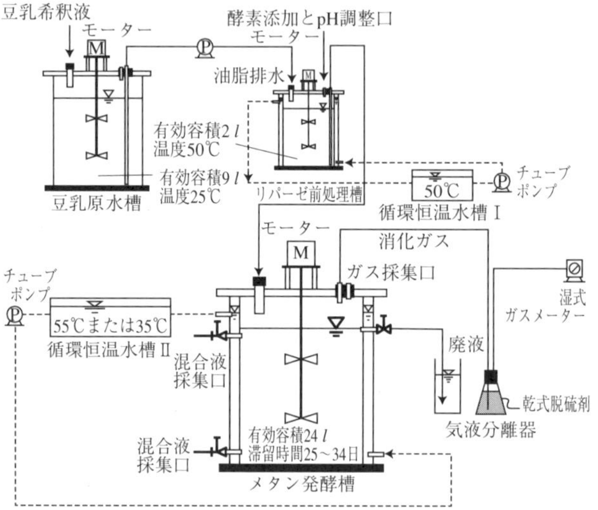

図 15　ベンチスケールメタン発酵連続実験装置のフローシート

図 16　メタン発酵連続実験装置の概観

3.1.2.　酵素前処理条件および原水性状

表 7 に豆乳希釈液とその酵素処理水の性状を示す．

表7　豆乳希釈液およびそのリパーゼ前処理水の性状

原水		豆乳希釈液	リパーゼ前処理水
	pH	4.9	5.3
	アルカリ度	−	1,660
	VSS	16,300	13,000
	SS	16,500	13,700
	VTS	18,600	14,400
	TS	20,100	16,600
COD_{Cr}	Total	38,000	38,900
	ろ液	7,640	12,000
BOD	Total	21,700	22,600
	ろ液	5,060	12,500
VFA	乳酸	0	9
	蟻酸	0	10
	酢酸	723	1,960
	プロピオン酸	926	1,430
	酪酸	591	971
	吉草酸	499	1,160
	合計	2,740	5,540
脂質	ヘキサン抽出物質	5,490	5,730
	中性脂肪	3,570	550
	高級脂肪酸	428	1,610
	ケルダール窒素	1,880	1,960

単位：mg / l（pH 除く）

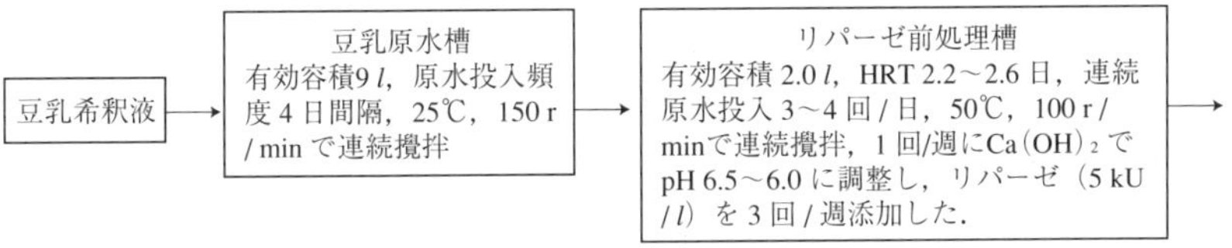
豆乳希釈液
豆乳原水槽
有効容積9 l，原水投入頻度4日間隔，25℃，150 r / min で連続撹拌
リパーゼ前処理槽
有効容積 2.0 l，HRT 2.2〜2.6 日，連続原水投入 3〜4 回 / 日，50℃，100 r / minで連続撹拌，1 回/週にCa(OH)2 でpH 6.5〜6.0 に調整し，リパーゼ（5 kU / l）を 3 回 / 週添加した．

図17　豆乳希釈液の前処理装置運転条件

3.1.3.　連続運転条件

メタン発酵装置2系列（Run1 と 2，有効容積 24 l）を用い，油脂含有排水の高温（Run1，55℃）および中温（Run2，35℃）メタン発酵の連続運転を行った．表8は，豆乳希釈液のベンチスケール連続運転条件と前項の豆腐製造排水の連続運転条件とを比較してまとめた（表8）．

表 8　豆腐製造排水および豆乳希釈液のメタン発酵連続運転条件の比較

		豆腐製造排水 (2000 年実施)		豆乳希釈液 (2001 年実施)	
発酵槽No.		B	C	Run 1	Run 2
温度 (℃)		55	35	55	35
HRT (日)		15	25	18～25	34
汚泥返送		あり		なし	
COD_{Cr} 負荷	g / l･日	1.35	0.81	2.10	1.30
	g / g-VSS・日	0.24	0.35	0.53	0.40
脂質負荷 (mg / g-VSS・日)	ヘキサン抽出物質	28.4	40.7	77.8	56.6
	中性脂肪	0.67	0.96	7.47	5.44
	高級脂肪酸	19.3	27.7	21.8	15.9

3.1.4. 分析方法

(1.1.6.に同じ)

3.2. 結果および考察

3.2.1. メタン発酵連続実験

図 18 と図 19 に 2 系列のメタン発酵連続処理特性を示す.

発酵槽内の油脂を均一に分散するため，中温メタン発酵槽 Run2 の攪拌速度を高温メタン発酵槽 Run1 よりも高くして運転した．メタン発酵での発生ガス中の平均メタン含有量は，発酵槽 Run1 は 66.6 %，発酵槽 Run2 は 63.9 %だった.

連続運転開始から 5ヶ月間は，20% (w / v) の水酸化カルシウムを用いて 3 日毎にリパーゼ前処理槽 pH を 6.5～7 に調整し，発酵槽へ投入した．その後，リパーゼ前処理槽 pH を 1 週間毎に 6.0 に調整して運転した．高温メタン発酵槽 Run1 では，最初の 4ヶ月間は HRT 18 日で運転し，その後，HRT 25 日に負荷を下げた．中温メタン発酵槽 Run2 では，HRT 34 日で 7ヶ月間安定運転することができた.

メタン発酵槽 pH は，高温メタン発酵 Run1 で約 8.0，中温メタン発酵 Run2

で約 7.7 であった．Run1 の汚泥では，HRT 18 日の 3ヶ月間の連続運転中は pH が高い状態であり，VFA が蓄積し始めた．主な蓄積有機酸はプロピオン酸であった．運転 5ヶ月後，HRT 25 日に負荷を下げ，さらにリパーゼ前処理槽の pH 調整頻度と pH 設定値を下げて運転した結果，VFA は 2,000 mg / l 以下になった．なお，メタン発酵槽での高級脂肪酸の蓄積は見られなかった．

一方，中温メタン発酵 Run2 では，40～200 mg / l の高級脂肪酸蓄積以外には，VFA 蓄積はほとんど見られなかった．

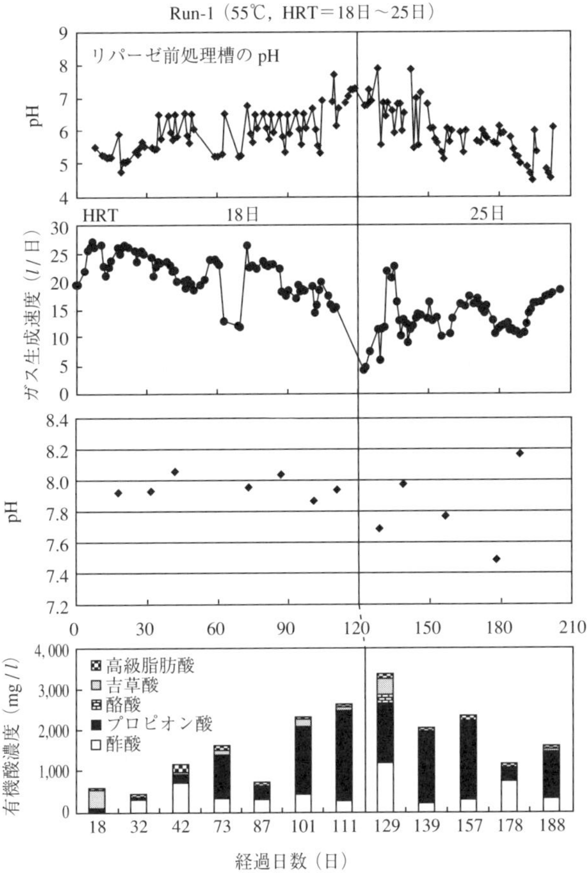

図 18　豆乳希釈液の高温メタン発酵処理特性

COD_{Cr} 除去率は，中温メタン発酵 Run2 で 80%，高温メタン発酵 Run1 で 68%だった．脂質除去率は，高温 Run1，中温 Run2 ともに，ヘキサン抽出物質除去率は>80%，中性脂肪除去率は>78%，高級脂肪酸除去率は>95%だった．

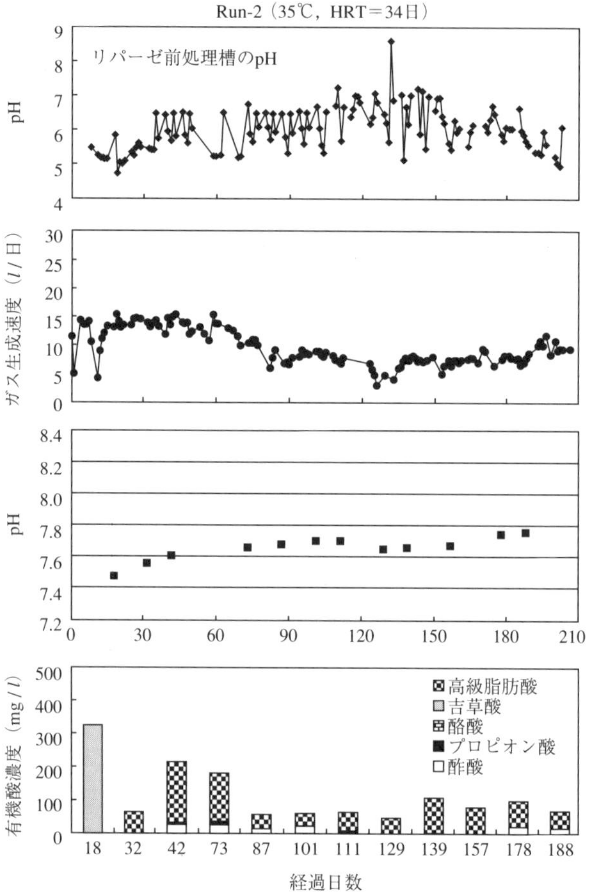

図 19　豆乳希釈液の中温メタン発酵処理特性

3.2.2.　酵素前処理を用いたメタン発酵の安定性

メタン発酵連続実験における VFA および脂質除去特性を図 20 と図 21 に示す．

高温メタン発酵の連続実験では，原水中脂質の約 85％が除去でき，中性脂肪と高級脂肪酸の残留はなかった．一方，VFA 除去率は 60％で，主にプロピオン酸が残留した．このプロピオン酸はタンパク質分解の代謝産物と考えられる．HRT 18 日運転時の汚泥中に VFA が 2,000 mg / *l* 以上蓄積したとき，アンモニア性窒素 1,660～1,740 mg / *l*，ケルダール窒素 2,160～2,340 mg / *l*，pH 7.9～8.2であり，pH が高い傾向にあったことから，アンモニアによるメタン発酵への影響も考えられた．なお，高温メタン発酵では一般に，アンモニア性窒素 2,500 mg / *l* 程度，pH 7.6～7.8 でアンモニアによるメタン生成活性低下が報告されている．これらの結果から，リパーゼ前処理と高温メタン発酵処理により脂質除去は良好であったが，アンモニアなどによる反応阻害によってメタン発酵が不安定になることがわかった．

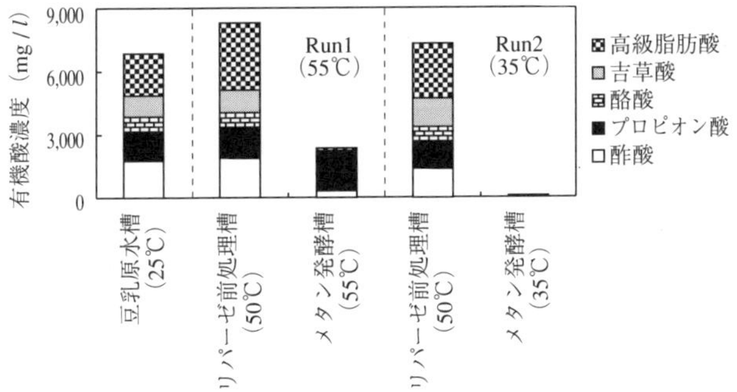

図 20　豆乳希釈液メタン発酵連続実験の有機酸除去特性

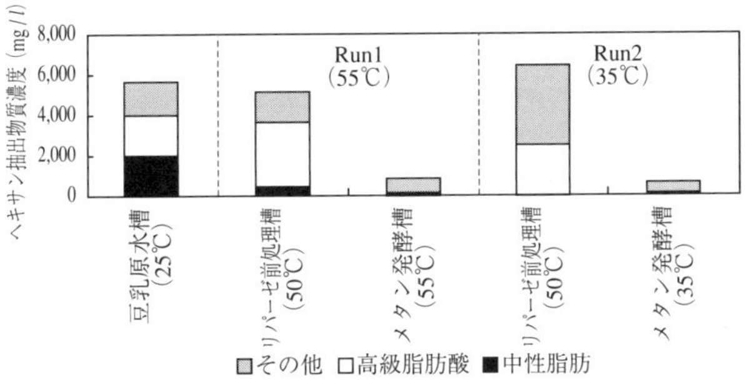

図 21　豆乳希釈液メタン発酵連続実験の脂質除去特性

3.2.3. 物質収支

連続運転期間中の物質収支変動を調べ，メタン発酵性能を評価した．連続運転開始後 2～6ヶ月のメタン発生量と原水およびメタン発酵汚泥の COD_{Cr} 平均値から，Run1 と Run2 の物質収支（COD_{Cr} 収支）を解析した（図 22）．

高温メタン発酵 Run1 では，5ヶ月の連続運転期間中の COD_{Cr} 除去率は 50～70 %で，除去有機物はほぼすべてメタンとして回収された．

これに対して，中温メタン発酵 Run2 では，COD_{Cr} 除去率は 80 %だったが，

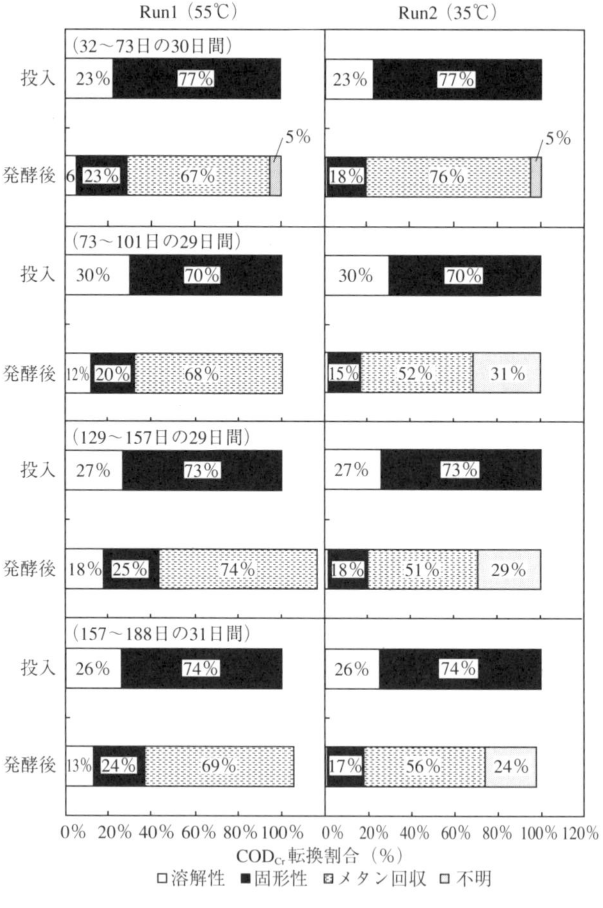

図 22　豆乳希釈液のメタン発酵連続実験における COD_{Cr} の物質収支

運転 3 ヶ月後からはメタン回収率が 50 %となった．Run2 では，強い機械攪拌によって汚泥は分散され，槽内液面でのスカム形成や発酵槽壁面への汚泥付着は起きなかった．しかし，中温メタン発酵槽からの流出汚泥の液表層には厚いスカム層形成が観察された．油脂メタン発酵の中温汚泥は疎水性が高いため，発生ガスの放出・回収に影響があるものと推察される．

3.3.　まとめ

（1）高温と中温メタン発酵では，リパーゼ前処理により 80 %以上の油脂が除去された．メタン発酵汚泥中には中性脂肪と高級脂肪酸の蓄積はなかった．

（2）豆乳希釈液の高温メタン発酵では，脂質除去は良好であったが，アンモニアなどによる反応阻害によって主にプロピオン酸が蓄積し，メタン発酵が不安定になることがあった．

（3）豆乳希釈液の中温メタン発酵では，発酵槽内で油脂を分散するために強い機械攪拌を必要とした．そして，有機物除去率は高い一方，メタン回収率が低いことが確認された．

4.　油脂含有排水メタン発酵技術課題の整理

油脂排水処理を対象に開発した酵素前処理と高温メタン発酵処理の有効性について，従来技術との比較で考察しつつ，実用化における技術課題を整理した．主要技術課題として，（1）油脂分解における微生物反応の促進，（2）反応阻害の対策，（3）発酵装置の最適化，（4）バイオガス回収効率の向上について以下に述べる．

（1）油脂分解における微生物反応の促進

油脂含有排水は油脂成分の分散性が悪いため，油脂成分が原水槽または発酵槽の液面に浮上したり，槽壁面に付着してメタン発酵プロセスでのトラブルの原因となっていた．この対策として，高温処理または乳化剤（ベントナイト，アルギン酸 Na など）による前処理で分散することが効果的と考えられてきたが，本研究結果では，50℃の高温処理や乳化剤で前処理した回分実験系でのメタン発酵促進効果は認められなかった．

一方，油脂含有排水をリパーゼで前処理（50℃，1 日）した場合，メタン発酵促進効果を確認できた．また，乳化剤とリパーゼとを併用した場合，リパーゼ前処理と比較して顕著な効果は認められなかった．

したがって，油脂メタン発酵効率を向上するためには，油脂と微生物との接触性の因子に加え，油脂分の性状（中性脂肪，高級脂肪酸組成，油脂含有率など），油脂分解微生物の生育環境（栄養バランス，滞留時間，微生物濃度など）を最適化していくことが課題である．

(2) 反応阻害の対策

豆乳希釈液のようなタンパク質含有率の高い油脂排水を高温メタン発酵した場合，リパーゼ前処理によって油脂分解は促進されたが，アンモニアなどによってメタン生成反応が阻害される傾向にあった．このため，プロピオン酸などの VFA 蓄積が起こり，メタン発酵の安定性は失われやすくなった．

また，豆腐製造排水の回分実験では，高級脂肪酸もメタン生成反応を阻害することが示された．

即ち，油脂メタン発酵では高温メタン発酵が効果的であるものの，アンモニア阻害および高級脂肪酸阻害に対する微生物反応での対処策を検討しておく必要がある．

(3) 発酵装置の最適化

乳化処理した油脂含有排水・廃棄物をメタン発酵する場合，原水中の油脂成分は比較的均質に発酵槽に投入できるが，メタン発酵による油脂分の分解速度は遅く，スカムなどが液表層に形成されたり発酵槽壁面に付着し，メタン発酵阻害の原因となっていた．特に中温メタン発酵では，スカムやオイルボールが形成され，油脂分解率は低かった．

したがって，油脂の高負荷メタン発酵処理を行う場合は，効率的な撹拌方法，発酵装置形状，乳化剤投入など，発酵槽内での油脂分散のための要素技術も重要課題である．

(4) バイオガス回収効率の向上

豆腐製造排水および豆乳希釈液の中温メタン発酵では，発酵槽内で油脂を分散するために強い機械撹拌を必要とした．そして，有機物除去率が高い一方，メタン回収率が低いことが確認された．また，中温メタン発酵槽から流出した汚泥の液面には厚いスカム層の形成が観察された．これは，油脂メタン発酵の中温汚泥は疎水性が高いため，バイオガスの放出に影響があるものと推察される．

油脂含有排水の中温メタン発酵処理の場合，メタンの回収効率を向上するための装置的工夫と的確な反応条件の把握が今後の技術課題である．

引用文献

1） 岩井重久監著，申丘 撤・名取 真共著：『下・廃水汚泥の処理』，コロナ社，25-43（1997）．

2） チュウ シュンホウ，片岡直明，宮 晶子，山田紀夫：生ごみのメタン発酵特性，第33回日本水環境学会年会講演集，278（1999）．

3） 田中修三，多久和夫：嫌気性生物処理に及ぼす高級脂肪酸の影響，土木学会第42回年次学術講演会要旨集，868-869（1987）．

4） チュウ シュンホウ，李 玉友，宮原高志，野池達也：中温および高温メタン発酵に及ぼす高級脂肪酸の阻害効果の比較，土木学会論文集，559/VII-2，31-38（1997）．

5） 片岡直明，鈴木隆幸，石田健一，山田紀夫，本多勝男：家畜糞尿のメタン発酵処理システムの実証試験，環境工学研究論文集，36，443-453（1999）．

6） ハオ リンユン，片岡直明，宮 晶子，鈴木隆幸：油脂含有排水のメタン発酵連続処理特性，第35回日本水環境学会年会講演集，394（2001）．

キーワード：油脂，食品加工排水，高温メタン発酵，リパーゼ，高級脂肪酸

文責：（株）荏原製作所　鈴木隆幸
ハオ リンユン

第3章

嫌気性発酵を用いた生ごみ，焼酎廃液，汚泥混合廃棄物処理技術の開発

（株）日本製鋼所

はじめに

一般に好気性の排水処理では処理 BOD に対して 30～50％の余剰汚泥が発生する．下水処理場では汚泥処理に嫌気性消化が行われているが，目的は汚泥の安定化が主体であり積極的なエネルギー回収を行っていない．また，最終的には汚泥の焼却処分が一般に行われているが，近年のダイオキシン問題により，汚泥のみならず生ごみなどを含めた有機廃棄物をなるべく焼却せずに処理する方法が求められている．さらに，近年ロンドン条約により焼酎廃液が海洋投棄できなくなり，その処理方法が課題となっている．

本研究では，生ごみ，焼酎廃液，下水汚泥などの各種有機廃棄物を原料とした高温メタン発酵技術の開発を行い，エネルギーとして有効利用可能なメタンガス回収システムを構築することを目的とした．そのために各種原料の発酵特性を把握し，さらにメタンガス回収の効率化を図るべく混合原料の使用，すなわち共発酵技術について検討を行った．また，発酵廃液の処理を含めたトータルシステムとすべく，消化脱離液の好気性あるいは嫌気性水処理についても検討した．

1. 生ごみ，下水汚泥，焼酎廃液の高温メタン発酵処理技術

1.1. 高温メタン菌の培養

1.1.1. 実験方法

高温メタン菌の培養を目的として，下水汚泥，生ごみ（ドッグフード），乳牛糞尿を原料とするラボスケールでのメタン発酵実験を行った．種菌には下水処理場の消化脱離液（37℃発酵）を用い，ドッグフードを粉砕して水に懸濁させた生ごみ疑似汚水（以下「疑似生ごみ」とする）と下水処理場の混合

濃縮汚泥の混合物，および市内の牧場から採取した乳牛糞尿を発酵原料とした．疑似生ごみ，乳牛糞尿とも TS（固形分濃度）7%となるように調製した．ドッグフードの保証成分を表 1 に示すが，タンパク質，脂肪の他，各種の微量金属も含まれており，栄養的にバランスのとれた成分になっている．

下水汚泥と疑似生ごみの混合系は，1 *l* 三角フラスコに中温（37℃）発酵消化脱離液 0.50 *l*，下水汚泥 0.25 *l*，疑似生ごみ 0.25 *l* を投入し，乳牛糞尿系では，実容積約 4 *l* の褐色ガラス瓶に消化脱離液 1.05 *l*，乳牛糞尿を 2.45 *l* 投入した．表 2 に各原料の酸発酵後の性状を示す．いずれの原料系についてもガスバッグを付け，恒温槽で 37℃と 55℃の 2 条件に保持して，生成するガス量，

表1　ドッグフードの成分

成分	粗タンパク質	粗脂肪	粗繊維	粗灰分	水分	リン
重量(%)	23.0 以上	7.0 以上	5.0 以下	9.0 以下	10.0 以下	0.8 以上

上記成分の他，鉄，銅，マンガン，コバルト，ヨウ素，亜鉛，ビタミンなどを含む

表2　酸発酵後の原料特性

	下水処理場消化脱離液	下水汚泥	疑似生ごみ	乳牛糞尿	下水汚泥＋疑似生ごみ
TS（%）	1.3	2.8	7.4	6.4	5.1
VS（%）	0.8	2.2	6.7	5.5	4.5
pH	7.11	6.12	−	6.48	5.95
BOD（mg / *l*）	3,650	9,950	27,400	11,600	24,400
SS（mg / *l*）	12,000	23,800	43,300	62,900	36,300
T-C（mg / *l*）	5,400	13,000	33,000	20,000	24,000
T-N（mg / *l*）	1,300	1,700	3,000	1,800	2,400

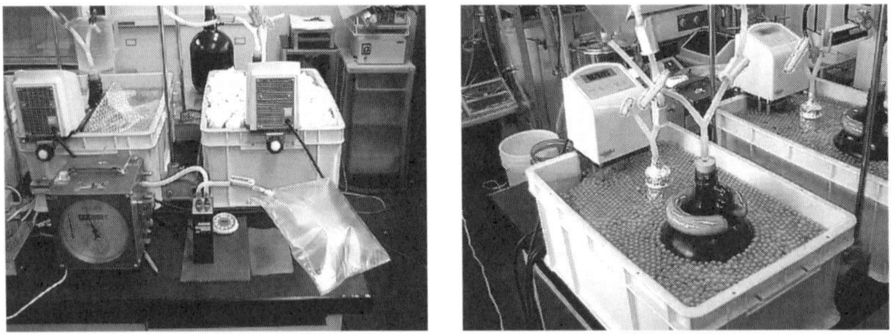

図1　培養実験の実施状況

ガス濃度を測定した．ガスバッグに溜まったガス量を湿式ガスメータで測定するとともに，簡易型可燃性ガス濃度計（理研計器（株），NP-85）にてメタン濃度を検出した．1 日に 1 回のガス測定後に，容器内をマグネチックスターラで撹拌した．実験の様子を図 1 に示す．

1.1.2.　結果と考察

下水汚泥＋疑似生ごみ系および乳牛糞尿系で得られたバイオガス量，メタンガス濃度の経時変化をそれぞれ図 2，3 に示す．全ての条件で投入翌日に顕著なガス生成が観察されたが，下水汚泥＋生ごみ系では定常的なガス生成は得られず，また，メタンガス濃度も上昇しなかった．これに対し乳牛糞尿系では，37℃においてバイオガス量，メタンガス濃度ともに初期から徐々に上昇する傾向が観察された．種汚泥として用いた下水処理場の消化脱離液，および原料の乳牛糞尿にはともに中温のメタン生成細菌が含まれているため，37℃の発酵はスムーズに生じると考えられ，17 日目でバイオガス生成量はピークに達した．一方，55℃の場合には，10 日目くらいまではバイオガス生成量が少ないが，メタンガス濃度は徐々に増加する傾向を示した．その後 10 日目くらいから急激にバイオガス生成量が増加したが，15 日目以降は再度ガス量が低下しており，一旦発酵が始まるとその速度は 37℃の場合よりも早いことを確認した．

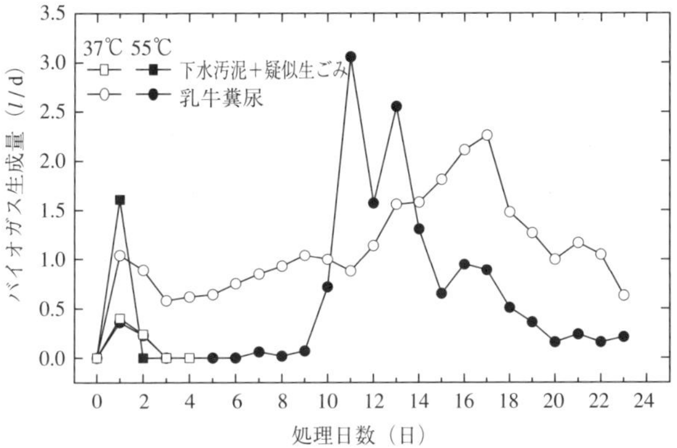

図 2　バイオガス生成量の経時変化

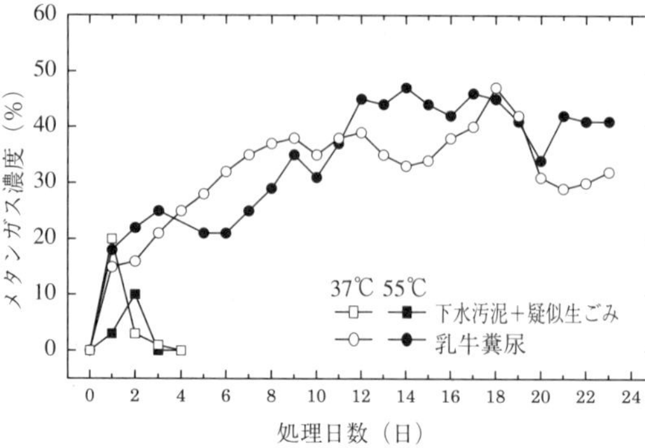

図3　メタン濃度の経時変化

荒木ら[1]は，中温 UASB グラニュール汚泥中の Methanosaeta について FISH 法を適用し，高温種もわずかながら混在することを報告している．今回の試験結果でも，乳牛糞尿を原料とした場合には 55℃での発酵が可能であることが確認できた．下水汚泥＋生ごみ系では 37℃でも発酵が行えず，試験後のフラスコからは，酸臭がした．この原因としては，消化脱離液に対して発酵原料が多すぎたため，酸発酵のみが進行し，槽内の pH が急激に低下したためと考えられる．

1.2.　生ごみと下水汚泥の共発酵挙動

1.2.1.　実験方法

図 4 および図 5 に示す連続試験装置を用いて，生ごみと下水汚泥の共発酵試験を実施した．発酵槽はステンレス製のジャケット付反応容器で，有効容積 10 *l* である．発酵原料の投入に用いるポンプはタイマーで制御され，1 日分の投入量を任意の回数に分割して投入できる．バイオガス生成量は，脱硫塔の後段に設置したパルスカウンタ付の湿式ガスメータにより計測され，一定時間毎の積算流量データがコンピュータに蓄積される．バイオガス中のメタン濃度は脱硫後のガスをガスバッグに捕集し，ガスクロマトグラフにより分析した．

下水汚泥と前出の疑似生ごみとの混合原料を表3に示す条件で調整し，まず 40℃，2 日間酸発酵処理した後，種汚泥（疑似生ごみを原料としたメタン発酵消化脱離液）を満たしたメタン発酵槽に連続投入した．メタン発酵槽では，

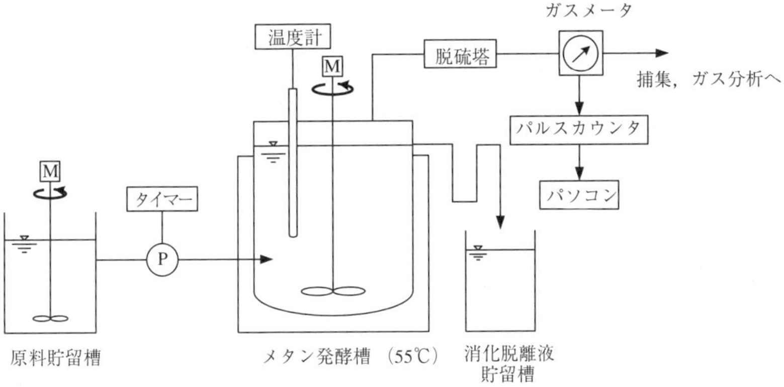

図4　連続メタン発酵試験装置の概略図

図5　連続メタン発酵試験装置の外観

滞留日数（以下「HRT」とする）14日，試験期間は，試験条件により若干異なるが，42日以上である．

表3に示した原料投入比は，混合原料中TSが8%となるよう調整する中での両者のTS比である．また，入手できた下水汚泥は含水率98%であったた

表3　下水汚泥と疑似生ごみの混合原料投入条件

		下水汚泥：疑似生ごみ			
		10：0	7：3	3：7	0：10
原料投入量（l/d）	実測値	0.7	0.7	0.7	0.7
原料中TS（%）	実測値	8.18	8.11	8.33	7.91
原料中VS（%）	実測値	6.41	6.71	7.35	7.43
原料中VS/TS（%）	実測値	78.4	82.7	88.2	93.9

め，ロータリーエバポレータで55℃，減圧させながら水分を蒸発させ，原料調整に用いた.

1.2.2. 結果と考察

酸発酵処理後（メタン発酵投入直前）の物性およびメタン発酵挙動が定常状態になった以降の平均的な発酵データを表4に示す.

表4　下水汚泥と疑似生ごみの共発酵データ

		下水汚泥：疑似生ごみ			
		10：0	7：3	3：7	0：10
酸発酵処理後 TS（%）	実測値	7.42	6.08	6.71	6.98
酸発酵処理後 VS（%）	実測値	5.57	4.72	5.78	6.49
酸発酵処理後 VS / TS（%）	実測値	75.1	77.6	86.1	93.0
バイオガス発生量（l / d）	実測値	12.9	15.9	24.5	31.2
メタン濃度（%）	実測値	66.9	65.7	67.0	68.3
有機物分解率（%）	実測値	54.3	51.0	58.6	77.5

今回の試験では原料は下水汚泥と疑似生ごみの混合物であるが，メタン発酵挙動（分解挙動）はそれぞれ単一原料で処理される場合と同じであると仮定してみる．すなわち，下水汚泥および疑似生ごみは混合されても原料固有の発酵挙動をとると仮定する.

この仮定が正しいかどうか表4に示した試験結果などをもとに検討してみる．以下に試算手順を示し，その結果を表5に示す.

（1）表4に示した4つの試験条件に対する結果にはばらつきがあるため，VS / TS について4点の最小二乗をとり，より正しい値とする.

（2）下水汚泥および疑似生ごみ単品のデータからそれぞれの分解率を求め，3：7および7：3の時のそれぞれの分解有機物量を推測する.

（3）（1）で求められた補正 VS / TS を用い，単一原料（下水汚泥と疑似生ごみ）の分解 VS あたりのバイオガス生成量を計算する.

（4）混合原料中における下水汚泥と疑似生ごみの分解有機物より，生成するバイオガス量を推測する.

こうして求めた予測バイオガス生成量と実際に生成したバイオガス量を図6に示すが，よく一致することがわかる.

図6より，疑似生ごみと下水汚泥の組成比と生成するバイオガス量はほぼ

直線関係にあることがわかった．このことより，任意の混合比について生成するバイオガス生成量を推測することができる．

表 5　バイオガス生成量の推測

		下水汚泥：疑似生ごみ			
		10：0	7：3	3：7	0：10
補正酸発酵処理後 VS / TS（%）		73.8	79.3	86.7	92.2
有機物分解量 （g）	疑似生ごみ	0	9.1	23.5	34.9
	下水汚泥	20.8	11.9	5.6	0
分解 VS 当たりのバイオガス生成量 （m^3 / kg-分解 VS）	疑似生ごみ	0	－	－	0.89
	下水汚泥	0.62	－	－	0
予測したバイオガス生成量 （l / d）	疑似生ごみ	0	8.1	21.0	31.2
	下水汚泥	12.9	7.4	3.5	0
	合計	12.9	15.5	24.5	31.2

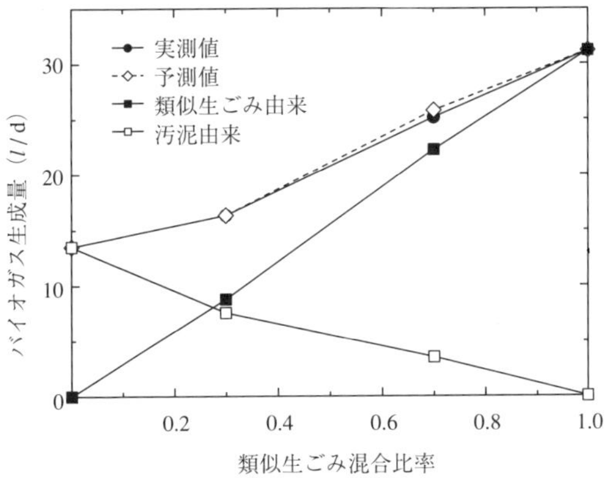

図 6　実測および予測バイオガス生成量の比較

実プラントでは単一廃棄物を処理することよりも幾種類かの廃棄物を混合処理することの方が多いと考えられる．混合廃棄物を扱う場合，いつも予備試験と称した実廃棄物を用いた発酵試験をしなければプラント，特にメタン発酵槽を設計できないということでは大変な時間を要する．しかし，この試験結果より，混合系における有機物分解率，バイオガス生成量といったメタン発酵挙動はそれぞれの廃棄物の和となることがわかったことより，単一廃棄物の発酵データを蓄積していけば，混合系での発酵挙動を推測できることがわかった．

1.3. 各種焼酎廃液のメタン発酵特性

1.3.1. 実験方法

焼酎廃液のメタン発酵処理においては，前段で固液分離を行い，液分のみを5倍程度までの範囲で希釈してからメタン発酵槽へ送る場合が多い[2, 3]．分離後の固形分は家畜飼料として引き取られているが，その流通に関して将来的な不安がある．そのため，本試験では固液分離を行わず，固液を一括してメタン発酵処理することとした．

焼酎製造の蒸留工程で発生する廃液の性状は焼酎の原料によって異なっており，メタン発酵処理における処理条件も異なることが予想される．よって，代表的ないくつかの焼酎廃液についてメタン発酵試験を実施し，それぞれのメタン発酵特性を調査した．

表6　供試焼酎廃液の性状

項　目	単位	麦焼酎（常圧）	麦焼酎（減圧）	芋焼酎（常圧）	泡盛
pH		4.0	4.2	4.1	4.1
TS	mg / l	77,600	103,800	50,200	28,700
VS	mg / l	74,300	99,200	44,900	28,000
VS / TS		0.96	0.96	0.89	0.98
SS	mg / l	45,200	69,500	34,100	2,790
BOD	mg / l	73,200	88,000	44,200	22,300
COD_{Mn}	mg / l	46,800	52,000	31,600	−
COD_{Cr}	mg / l	−	−	−	61,900
n-ヘキサン抽出物	mg / l	1,460	1,750	1,460	10
全炭素	mg / l	42,500	55,900	26,400	21,300
全窒素	mg / l	6,100	7,700	3,000	3,100
C / N		7.0	7.3	8.8	6.9

供試廃液には麦焼酎廃液，芋焼酎廃液，および泡盛廃液を選んだ．なお，麦焼酎廃液については常圧蒸留および減圧蒸留からの廃液をそれぞれ用意した．本試験では固液分離を行わず，固液一括処理することとしたが，麦焼酎廃液と芋焼酎廃液では，配管に詰まりを生じさせそうな大きな固形物があったため，10メッシュのスクリーンにより粗大な固形物残渣のみ除去した．表6に各供試焼酎廃液の性状を示す．

2.1. 項に示した連続試験装置を用い，麦焼酎廃液および芋焼酎廃液については無希釈廃液，泡盛廃液は無希釈および 2 倍希釈で連続発酵試験を実施した．また，泡盛廃液では発酵槽内の有機酸濃度を監視しながら，必要に応じて $NiCl_2$，$CoCl_2$，および $FeCl_2$ を無機栄養塩として供試廃液に添加した．

1.3.2.　結果と考察

表 7 に麦焼酎（常圧蒸留），芋焼酎および泡盛廃液のメタン発酵特性を示す．芋焼酎廃液は無希釈のまま HRT 10 日でメタン発酵が可能であったが，麦焼酎廃液での無希釈かつ HRT 10 日処理では過負荷となり発酵の継続が困難であった．泡盛廃液は，無機栄養塩類を添加しても無希釈の場合で 25 日以上の HRTが必要であり，芋焼酎廃液と同等の HRT でメタン発酵させるには 2 倍の希釈が必要であることがわかった．

焼酎廃液の処理にメタン発酵を採用するか否かは，他の処理技術との比較において，処理槽の大きさや工程数に起因する設備規模，薬品使用の有無，および所要動力など，多様な因子から総合的に判断して決定される．メタン発酵処理におけるエネルギー収支を考えると，希釈水は処理槽容積と増大させるだけでなく，発酵槽の温度維持に要する投入熱量の増大を招き，メタンガスとしてエネルギーを回収できるというメタン発酵処理の利点を相殺することになる．また，HRT を長く設定することも処理槽容積を増大させる．今回実施した 3 種類の焼酎廃液に関する試験結果より，エネルギー収支および設備小型化の観点からは，無希釈かつ3種中最短の HRT で処理できた焼酎廃液が，最もメタン発酵処理を採用しやすい焼酎廃液であると考えられる．

表 7　各種焼酎廃液のメタン発酵特性

	麦焼酎廃液	芋焼酎廃液	泡盛	
希釈	無希釈	無希釈	無希釈	2 倍希釈
発酵温度（℃）	55	55	55	55
HRT（d）	10	10	25	10
COD_{cr} 容積負荷（kg / m^3・d）	11.3*	7.0*	2.5	3.1
バイオガス生成量（m^3 / m^3・d）	-	3.4	1.0	1.2
メタン濃度	-	69.1	61.9	62.0

* T-C から求めた概算 COD_{cr} 値を用いた

1.4. 生ごみと焼酎廃液の共発酵挙動

1.4.1. 実験方法

メタン発酵処理に希釈が必要な焼酎廃液において，メタンガスの回収効率，すなわち処理総量あるいは発酵槽容積あたりのバイオガス生成量を向上させることを目的として，生ごみと焼酎廃液の共発酵試験を実施した．

供試廃液として泡盛廃液を用いた．前項のメタン発酵試験結果を踏まえ，2倍希釈（COD_{Cr} 濃度：30,000 mg / *l*）を基準として，泡盛廃液を希釈するための希釈水の一部を置き換える形で生ごみを添加した．混合液の COD_{Cr} 濃度が35,000，40,000，および 45,000 mg / *l* となるように生ごみを添加することによって，泡盛廃液単独での上限負荷からさらに負荷を上乗せした．HRT は単一系と同様に 10 日とした．図7に試験における泡盛廃液と生ごみの混合調製方法を模式的に示す．

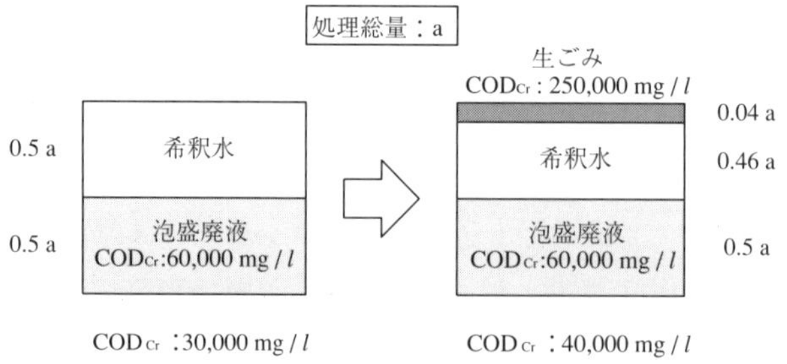

図 7　泡盛廃液と生ごみの混合調製方法一例

1.4.2. 結果と考察

泡盛廃液へ生ごみ添加した系の発酵条件および結果を表 8 にまとめて示す．泡盛廃液単一系においては，COD_{Cr} 容積負荷約 3 kg / m^3・d 以上での発酵は困難であったのに対し，泡盛廃液と生ごみの混合系では RUN4 において COD_{Cr} 容積負荷約 4.8 kg / m^3・d でも安定した発酵を維持できた．RUN4 では重量比で泡盛廃液 100 に対して 12 の割合で生ごみを添加しており，実規模に換算すると泡盛廃液排出量 1,000 kg / d（1 m^3/ d）に対し生ごみを 120 kg / d で加えたことになる．この時得られた発酵槽容積 1 m^3 あたりのバイオガス生成量は約 2 m^3/ m^3・d であり，泡盛廃液単一でのメタン発酵で得られる生成量に対して

70％以上増大した．バイオガス中のメタン濃度については生ごみの添加による変化は見られなかった．以上の結果より，泡盛廃液のような比較的分解率が低く，なおかつ安定発酵のために希釈が必要な有機性廃棄物のメタン発酵では，生ごみを希釈水の一部と置き換えて少量添加することで処理総量を増やすことなくメタン回収効率を大幅に高め得ることがわかった．

表 8　泡盛廃液と生ごみの共発酵試験条件と結果（平均値）

	項　目	単　位	RUN 1	RUN 2	RUN 3	RUN 4
混合調製	生ごみ添加率	[kg-COD / kg-COD]	0	0.18	0.35	0.56
	混合重量比	[泡盛廃液：生ごみ]	100：0	100：4	100：8	100：12
	混合後の希釈倍率	[－]	2.00	1.92	1.85	1.79
	混合後の COD_{Cr} 濃度	[mg / l]	30,643	36,029	41,305	47,800
発酵条件	COD_{Cr} 容積負荷	[kg / m^3·d]	3.06	3.60	4.13	4.78
	HRT	[d]	10	10	10	10
	発酵温度	[℃]	55	55	55	55
発酵特性	バイオガス生成量	[m^3 / m^3·d]	1.15	1.42	1.69	1.99
	投入 COD_{Cr} 当たりのバイオガス生成量	[m^3 / kg-COD]	0.37	0.39	0.41	0.42
	メタン濃度	[%]	58.9	58.9	57.7	57.5
	COD_{Cr} 分解率	[%]	59.1	72.2	－	73.8

共発酵挙動を把握する目的で，2.2. 項の生ごみと下水汚泥の共発酵試験結果に対して行ったのと同様の手法で，各廃棄物単一の発酵データを基にした共発酵時のバイオガス生成量および COD_{Cr} 分解率の推算を行い，予測値と共発酵実測値との比較を行った．なお，推算に必要な各廃棄物単一での発酵データとして泡盛蒸留廃液では RUN1 の値を，生ごみに関しては我々の試験経験値として投入 COD_{Cr} 当たりのバイオガス生成量 0.52 m^3 / kg，COD_{Cr} 分解率 83％を用いた．図 8 および図 9 に結果を示す．バイオガス生成量について予測値と実測値がよく一致していることから，2.2. 項で述べた生ごみと下水汚泥の共発酵と同様に，泡盛廃液と生ごみの混合系においても，その発酵挙動は各廃棄物単一でのメタン発酵挙動に依存することがわかる．COD_{Cr} 分解率については実測値が予測値を上回っているが，表3の値から分解 COD_{Cr} 当たりのメタンガス生成量を求めると，理論値である 0.35 m^3 / kg に対して RUN1 で 0.37，RUN2～4 では 0.32 m^3 / kg 前後となっていることから，生ごみ由来の難分解性有機物の一部が発酵槽内に沈降して脱離液中の COD_{Cr} 濃度が低下した

結果，COD_{Cr}分解量を実際より多く見積もったことが考えられる．

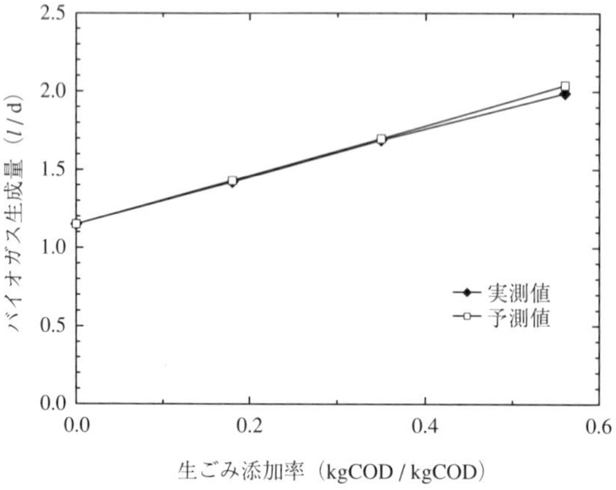

図 8　実測および予測バイオガス生成量の比較

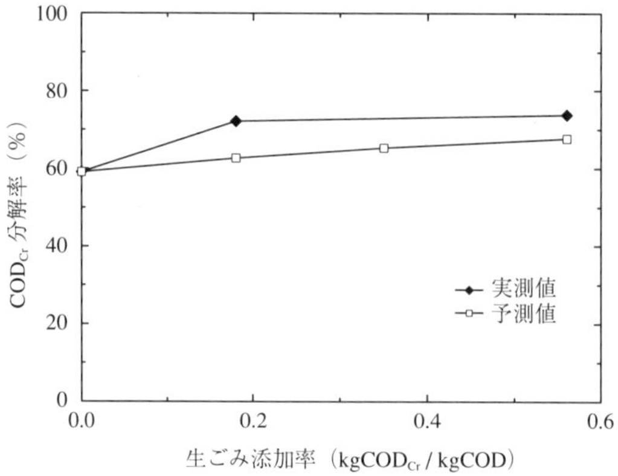

図 9　実測および予測 COD_{Cr} 分解率の比較

1.5.　小型実証装置による長期生ごみ処理試験

1.5.1.　実験方法

図 10 に示すメタン発酵小型実証装置を用いた．本装置は有効容積 1,540 *l*，基準処理量は日量 90 kg である．生ごみ処理に用いる場合は，希釈水量にもよるが，生ごみとして日量 50～60 kg を処理できる．試験では病院残飯を搬入し，夾雑物を除去した後，破砕して希釈水とともに調整槽へ投入した．調

整槽では 40℃で 1 日間貯留することで可溶化させてからメタン発酵処理を行った．

中小規模食品工場などにおいて考えられる運転条件のうち，下記のような負荷ショックが大きくなる条件を想定してメタン発酵試験を行うこととした．週間投入パターンは原則として 5 日間毎日投入後，2 日間投入停止とした．試験期間中の発酵条件を表 9 に示す．

想定条件 1：休祝日（正月など長期休暇含む）は廃棄物が発生せず投入なし

想定条件 2：専任従事者がおらず 1 日 1 回の短時間一括投入

図 10　メタン発酵小型実証装置の外観

表 9　小型実証試験装置におけるメタン発酵条件

	単　位	RUN 1	RUN 2	RUN 3	RUN 4	RUN 5
投入方法	[回 / d]	1	1	1	2	2
HRT	[d]	17	17	17	17	17
目標 TS 濃度	[%]	8	10	12	10	12
VS 容積負荷	[kg / m^3·d]	4.0	4.9	6.4	5.3	6.1
COD_{Cr} 容積負荷	[kg / m^3·d]	5.8	7.8	-	7.7	9.1

1.5.2.　結果と考察

疑似生ごみ（目標 TS 8%）で十分に馴養し，その後生ごみに切り替えて発酵が安定したのを確認してから RUN1 を開始した．小型実証装置における生ごみメタン発酵の運転経過として，図 11 にバイオガス生成量と発酵槽内の有機酸濃度を示す．図中では 7 日毎にバイオガス生成量が急激に低下しているが，これは 5d / 週の投入パターンによるものである．RUN1 において 5 日間投入を停止し，その後停止前と同じ負荷で投入を再開したところ，これをきっかけとしてプロピオン酸が蓄積し始めた．その後は 5d / 週の投入パターンを継続したが，バイオガス生成量に変化はなく，プロピオン酸濃度も約 1,300 mg / l をピークに減少し，5 日間の投入停止から復帰後約 30 日で元のレベルに安定した．RUN2 において再び 3 日間の投入停止期間を設けたところ，同じくこれをきっかけとしてプロピオン酸の蓄積が始まった．この時はプロピオン酸濃度が低下するのを待たずにさらに負荷を上げたため RUN3 で発酵が停止したが，その後槽内の pH 調整などの処置で回復させて再馴養し，1 日 2 回の分割投入に変更したところ，RUN4，5 では有機酸の蓄積も見られず安定した発酵が継続した．

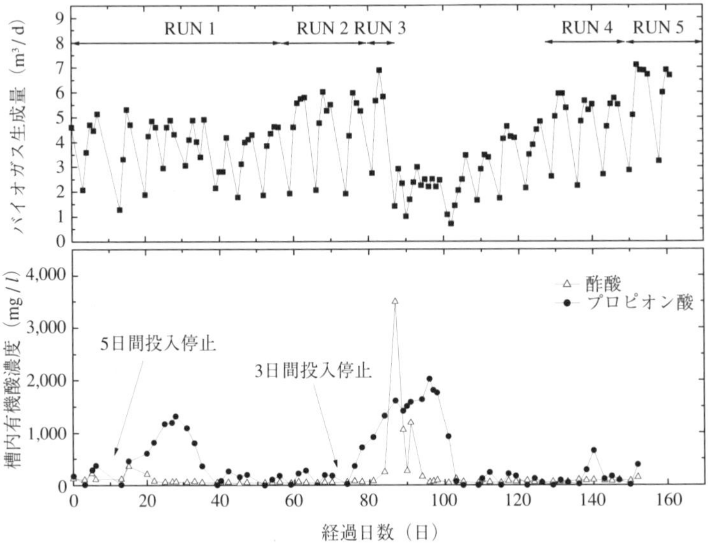

図 11　運転経過とメタン発酵に及ぼす投入負荷ショックの影響

生ごみは他の有機性廃棄物に比較してメタン発酵が容易であるといわれており，10 kg COD_{Cr} / m^3・d 以上での安定発酵もいくつか報告例[4, 5]がある．一方，今回の試験結果では容積負荷 8 kg COD_{Cr} / m^3・d 付近が負荷の上限と考えられた．この理由は，本試験ではサイクリックな 2 日間の投入停止期間で一旦槽内の活性が低下したところに，1 日 1 回の短時間一括投入を行ったことによって投入再開時の負荷が大きくなり，急激な酸生成にメタン生成過程が追いつかなかったためである．また，今回の試験において 8 kg COD_{Cr} / m^3・d 程度以下の緩やかな負荷条件での運転であっても，投入停止が 3 日以上になると投入再開直後に有機酸の蓄積が認められたことから，実際のプラント運転において投入停止期間が 3 日以上になる場合には一時的に負荷を下げて馴養期間を設ける必要があるといえる．

2.　消化脱離液処理技術

2.1.　UASB 法による嫌気性処理の基礎調査

2.1.1.　実験方法

上向流式スラッジブランケット（Upflow Anaerobic Sludge Blanket：UASB）法が消化脱離液の処理に適用できるかを判断する目的で試験を行った．

図 12 に本試験で使用した UASB 反応器を示す．全容積 10 *l* であり，カラム（有効容積 7 *l*，0.1 m × 0.1 m × 0.7 m）の上部に気固液分離装置（GSS，3 *l*）を備えた構造である．槽内はウォータージャケットにより，35℃恒温とした．

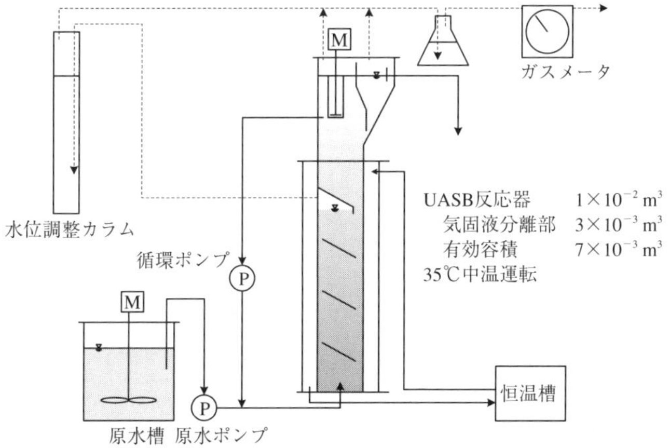

図 12　UASB 反応器の概略図

表10　芋（甘藷）焼酎廃液の水質

pH	4.29
SS（mg / l）	19,700
VSS（mg / l）	18,900
V / S 比	0.96
全 CODcr（mg / l）	74,400
溶解性 CODcr（mg / l）	49,800
有機性窒素（mg / l）	1,549
アンモニア性窒素（mg / l）	81
亜硝酸性窒素（mg / l）	0.1
硝酸性窒素（mg / l）	300

供試廃水は，表10に示す芋焼酎廃液を水道水で希釈し，COD_{Cr}6,000 または 3,000 mg / l に調整したものを用いた．また，栄養バランスをとるためにリン酸水素二カリウムを 174 mg / l（COD：N：P ＝3,000：120：8）添加した．種汚泥には都市下水を処理する UASB 反応器のグラニュール汚泥を用いた．

培養汚泥に対して，メタン生成活性（kg COD_{Cr} / kgVSS・d）を評価した．この操作は，窒素パージを施す嫌気条件下で行った．まず，リン酸緩衝液（25 mM，pH 7.0），無機塩，還元剤（$Na_2S\cdot 9H_2O$，250 mg / l），酸化還元指示薬（レサズリン，1 mg / l）重炭酸ナトリウム（1,000 mg / l）からなる培地を作製した．培養汚泥を培地中で嫌気的に分散処理し，0.122 l のバイアル瓶に分注した．このとき，バイアル内 pH を 7.0±0.1 に調整した．バイアル瓶にテスト基質である酢酸および水素を添加し，これを 35℃恒温ロータリーシェーカに装着し，バイアル瓶中のガス量と組成を経時的に測定した．

2.1.2. 結果と考察

図13は反応器の全 COD_{Cr} 除去率，溶解性 COD_{Cr} 除去率，COD_{Cr} 容積負荷および HRT の経時変化を示す．10日目頃，酸敗により COD_{Cr} 除去率が低下したために，NaOH により pH を 9.0 前後に調整し，緩衝剤として $NaHCO_3$ を 1,500 mg / l 添加した．COD_{Cr} 容積負荷は 5 から 15 kg / m^3・d まで段階的に変化させた．この間 HRT は 15 時間から最終的に 3.5 時間まで短縮された．

運転期間 60 日，COD_{Cr} 容積負荷 15 kg / m^3・d で全 COD_{Cr} 除去率 70%，溶解性COD_{Cr} 除去率 85%を達成し良好な処理状況を示した．また今回の試験より，最適な運転を実現するためには pH の調整を行う必要があることがわかった．

さらに，ここではデータを割愛したが，COD_{Cr} 3,000 mg / *l* に対して PO_4^{3-} 10 mg / *l* が消費されたことから，リンの添加も必要であると考えられた．

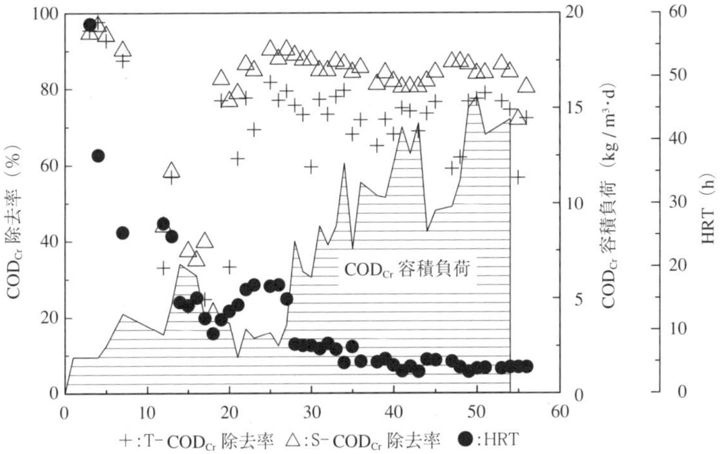

図13　T・S-COD_{Cr} 除去率，COD_{Cr} 容積負荷，HRT の経時変化

図14には酢酸および H_2 / CO_2 に対するメタン生成活性を示す．運転60日目の保持汚泥の酢酸資化性メタン生成活性値は，種汚泥の活性と比較して4.2倍（0.7 kg COD_{Cr}-CH_4 / kgVSS・d），水素資化性メタン生成活性値は3.1倍（1.7 kg COD_{Cr}-CH_4 / kgVSS・d）に上昇した．21日目にみられる酢酸資化性メタン生成活性の低下は，酸敗の影響と考えられる．

本試験は実際の消化脱離液を用いたものではないが，UASB処理の基本特性を把握することができた．UASB処理では高負荷で COD_{Cr} を除去できる点が長所と言えるが，試験結果と同様に，消化脱離液の処理に適用する際にも前段での固液分離が不可欠であると予想されることから，汚泥発生量抑制の点では効果は少ないと考えられる．

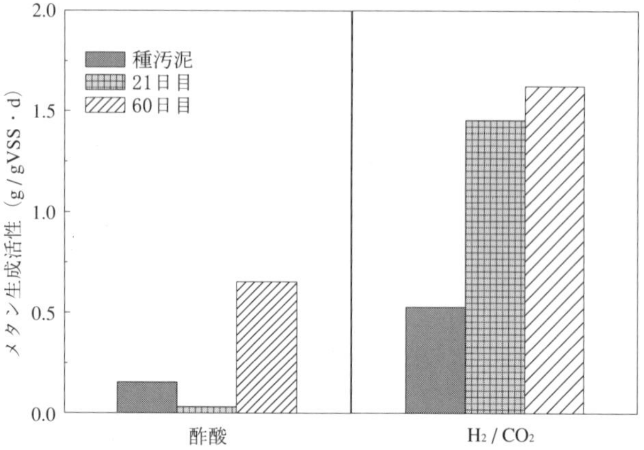

図 14　酢酸および水素基質供与メタン生成活性

2.2.　好気性高濃度・高負荷処理の基礎調査

2.2.1.　実験方法

我々がこれまでに開発した高濃度汚水用の曝気塔を適用することを考え，既存の試験装置を用いて汚水処理試験を実施した．この時点では，試験に必要な消化脱離液量を確保できなかったため，装置の処理能力の確認を目的と

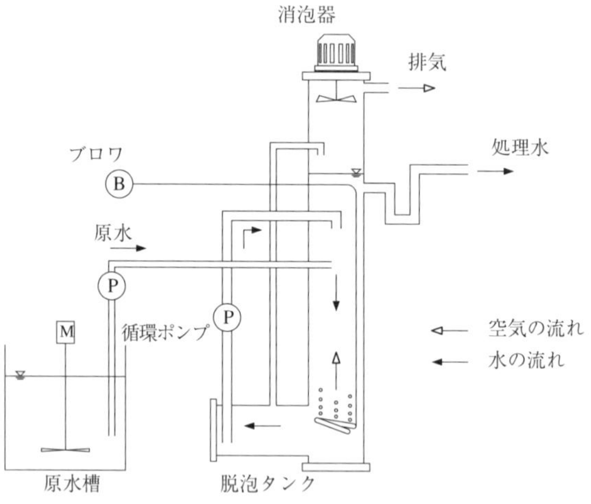

図 15　好気性水処理試験装置の概略図

した．供試汚水にはメタン発酵試験で使用したドッグフード汚水を用いた．試験装置の概略を図 15 に示す．対向流の曝気装置で，汚水と気泡との接触時間を増すことで酸素溶解速度を増加させ，高負荷処理を行わせる装置となっている．試験装置は，内径：0.1 m，高さ：3.01 m で曝気槽の有効容積は 14 l である．高負荷処理時の顕著な発泡にも対応できるよう，リアクター上部には消泡器を設置している．

ドッグフード汚水は BOD 濃度で 15,000～50,000 mg / l を目標として作製し，2 日間の嫌気性貯留後の汚水を原水槽に投入して目標 BOD 容積負荷 25 kg / m^3·d で処理した．次のステップとして，有機物除去率についてさらに性能を高めるため，上記装置の処理水排出部に沈降槽を設けて汚泥を返送することにより，曝気槽内の菌体をより高濃度に保つことを試みた．

2.2.2.　結果と考察

試験に用いたドッグフード汚水は，目標 BOD を 15,000～50,000 mg / l としたが，2 日間の嫌気性貯留により，その濃度は 6,500～27,000 mg / l にまで低下した．このため，実際の容積負荷は約 13 kg BOD / m^3·d となっている．試験時は，曝気量：10 l / min，循環流量：50 l / min，処理温度：55℃で行った．処理前後の水質分析の結果を表 11 に示す．汚水が高濃度になるほど滞留時間が長くなるため BOD 除去率は上昇し，最大で 90 %を示した．一方，SS の除去率はあまり上がらず，どの濃度においても 60 %前後であった．メタン発酵

表 11　ドッグフード汚水による高負荷・高濃度処理の結果

BOD (mg / l)	in	6,500	8,600	11,800	14,900	17,400	26,700
	out	1,370	2,490	2,100	1,680	4,700	2,800
	除去率（%）	78.9	71	82.2	88.7	73	89.5
SS (mg / l)	in	14,300	21,300	19,200	33,600	31,900	64,800
	out	5,750	7,750	7,700	6,550	11,600	23,900
	除去率（%）	59.8	63.6	59.9	80.5	63.6	63.1
n-ヘキサン抽出物 (mg / l)	in	2,810	1,570	2,260	2,850	3,050	3,550
	out	380	200	1,130	410	420	730
	除去率（%）	86.5	87.3	50	85.6	86.2	79.4
T-N (mg / l)	in	1,010	1,680	1,940	2,100	2,500	3,540
	out	990	1,280	1,990	1,470	2,400	2,190
	除去率（%）	2	23.8	-2.6	30	4	38.1

消化脱離液に SS 分が多く含まれる場合には，消化脱離液を好気性処理のみでは浄化できず，何らかの固液分離手段を用いる必要があると示唆された．

汚泥返送については，沈降槽での汚泥の分離が十分に行われず，実際には一度流出した汚水がそのまま槽内に再投入される状態であった．返送比 0.5 の時の総括 BOD 容積負荷を算出した結果，原水 BOD 容積負荷 13 および 25 kg / m³・d に対し，総括 BOD 容積負荷はそれぞれ 16～17 kg / m³・d および 30～33 kg / m³・d と，原水 BOD 容積負荷の 20～30 %に相当する負荷が上乗せされていると推定された．

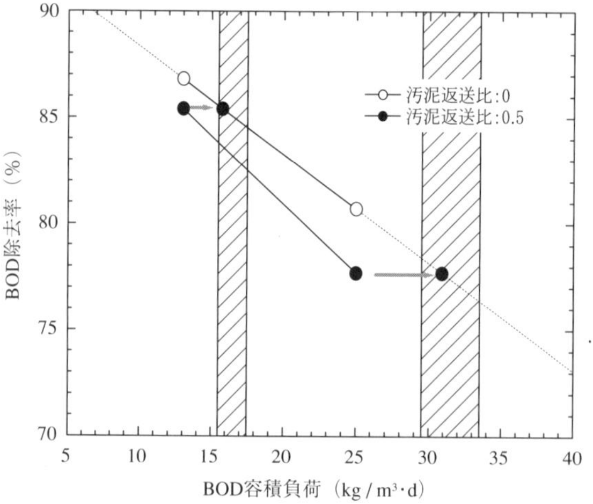

図 16　返送運転における負荷上昇とBOD除去率

図 16 に返送比 0 および 0.5 の時の BOD 除去率と BOD 容積負荷の関係を整理した．一般的な傾向として負荷が増大すると除去率は低下することが知られているが，本試験においても同様な結果となった．返送比 0.5 の点を BOD 容積負荷上乗せ分移動させると返送比 0 の直線に乗ること，返送運転開始後も二酸化炭素の発生量にほとんど変化がなかったことより，本装置における返送運転では，菌体はほとんど濃縮されておらず，返送液中の未分解有機物が多量に曝気槽内に投入されるため，槽内の菌体に対する有機物負荷が上昇した結果，除去率の低下を招いたと推察された．

2.3.　膜分離活性汚泥法による消化脱離液処理

2.3.1.　実験方法

6.2. 項の基礎試験結果から，6.2.1. 項に示した装置では溶解性の有機成分はある程度除去できるもの，固形有機成分の分解が不十分であり，重力沈降による SS の分離も期待できないことが予測されたため，膜分離活性汚泥法による BOD，SS および窒素除去を検討した．一般に，活性汚泥法においては流入汚水中に SS が多量に含まれる場合，あらかじめ固液分離を行って液分のみを処理対象とするが，今回は汚泥発生量の低減を狙って，消化脱離液を固液分離せずに処理槽に流入させ，槽内で固形有機成分を消化させることを試みた．

消化脱離液処理試験に用いた連続試験装置を図 17 に示す．中空糸膜ユニット（孔径 0.4 μm，膜面積 0.09 m^2）を浸漬させた有効容積 15 l の曝気槽（以下「膜分離槽」とする）の前段に有効容積 3 l の脱窒槽を設置している．消化脱離液は定量ポンプにより連続的に脱窒槽へ投入され，膜分離槽から返送される槽内液と攪拌混合された後，オーバーフローにより膜分離槽へ流入する．処理水は膜ユニットを通して吸引ポンプにより排出される．

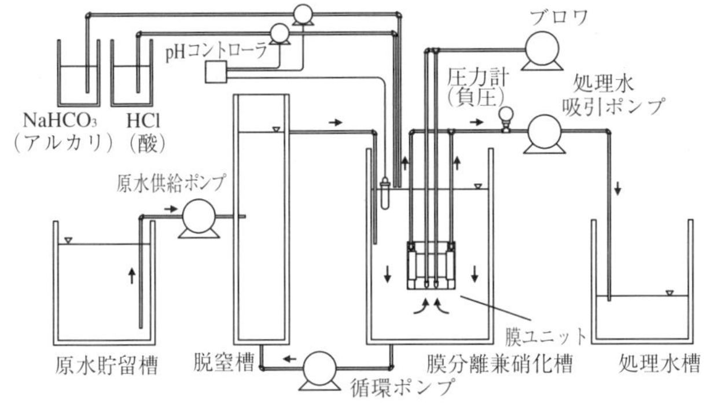

図 17　膜分離活性汚泥処理試験装置の概略図

本試験では下水処理場から採取した活性汚泥を種汚泥として用いた．供試汚水として生ごみ処理で長期運転中の小型メタン発酵実証装置から排出される消化脱離液を 3 倍に希釈して用いた．処理量は膜分離槽での HRT が 5 日となるよう，3 l / d に設定した．膜分離槽では硝化の進行に伴い pH が低下するため，試験途中から pH コントローラを用いて 5%-$NaHCO_3$ を膜分離槽内に添加し，pH を 7.0 以上に維持した.

2.3.2. 結果と考察

表 12 に本試験における処理成績を示す．本処理法では固形物の除去に中空糸精密ろ過膜を用いており，SS の除去率は 100 %となった．有機物の除去については溶解性 BOD で 85 %程度，COD_{Cr} では約 95 %の除去率であり，概ね良好な水質を得た．窒素除去に関して，当初は NH_4^+ の硝化に主眼をおいて循環比を低めに設定することで，循環比（処理流量に対する膜分離槽から脱窒槽への返送流量の割合）3.5 で NH_4^+-N を全て NO_3^--N に転換することができた．しかし，処理水中には NO_3^--N が大量に残留し，流入 NH_4^+からの窒素除去率は 72 %に留まった．その後，循環比を 7.0 に変更し，NO_3^- の脱窒槽への返送供給量を増加させた結果，膜分離槽で生成した NO_3^- の全量を除去でき，窒素除去率は 94 %まで向上した.

本処理法では，希釈後でも SS 濃度約 4,000 mg / *l* の消化脱離液を固液分離せずにそのまま流入させるため，膜分離槽内では時間の経過に伴って MLSS 濃度が直線的に上昇した．図 18 は，処理が比較的安定していた期間における MLSS 濃度の変化から槽内における流入 SS の蓄積速度を求めたものであり，膜分離槽内では 5.3×10^{-3} kg / d の速度で SS が蓄積していることがわかった．一方，図 18 の期間における消化脱離液からの平均 SS 流入速度は 1.56×10^{-2} kg / d であったことから，膜分離槽では流入 SS の 66 %が消化されていると推

表 12　膜分離活性汚泥処理試験の成績

項目	単位	循環比 3.5			循環比 7.0		
		原水	処理水	除去率	原水	処理水	除去率
pH	[−]	8.6	7.9		8.7	7.9	
SS	[mg / *l*]	3,789	0	100	4,284	0	100
BOD*	[mg / *l*]	960	148	84.5	967	184	81.0
CODcr	[mg / *l*]	7,585	140	98.2	9,005	148	98.4
T-N**	[mg / *l*]	−	160	72.2	−	40	93.9
NH_4^+-N	[mg / *l*]	575	0	−	660	40	−
NO_3^--N	[mg / *l*]	0	160	−	0	0	−
T-P***	[mg / *l*]	−	30		−	20	

* 溶解性 BOD を表す．** NH_4^+-N と NO_3^--N の合計を T-N とした.
*** PO_4^{3-}-P を T-P とした.

定された．なお，MLSS の増減に関わる因子としては菌体の増殖および自己消化も考えられる．今回は汚泥転換率および自己消化率を実験的に求めることはしなかったが，類似の廃水に関する文献値[6]を用いて菌体増殖速度を概略見積もったところ，上記の流入 SS の蓄積速度に対して無視できるほど小さいと考えられた．

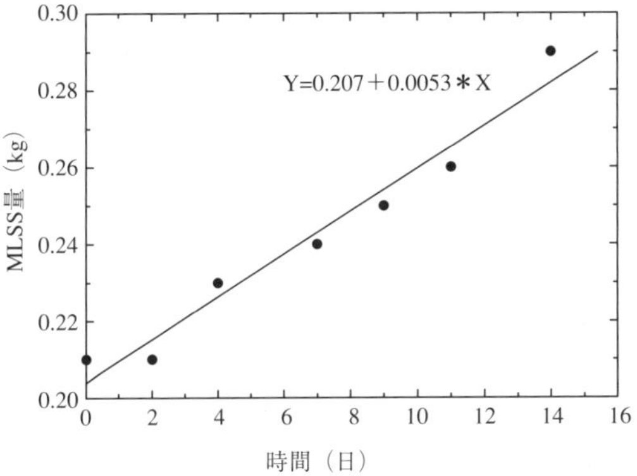

図 18　膜分離槽内の SS 蓄積速度

消化脱離液は一般に固形物濃度が高く，しかも沈降性が悪いことから，残留 BOD よりもむしろ固形物の除去が問題となる．本処理法では膜分離槽中で固形物をろ過するため，表 12 に示したように処理水には SS が残らず，さらに，膜分離槽内で 60 %以上の SS が消化されるため，前段で固液分離を行う場合と比較して汚泥の発生量も低減される．本処理法は曝気槽前段の脱水設備および後段の沈降槽が不要であり，省スペースかつ汚泥発生量の少ない脱離液処理技術として有望であると考えられた．

3.　まとめ

3.1.　生ごみ，下水汚泥，焼酎廃液の高温メタン発酵処理

高温メタン菌は，下水処理場の嫌気消化汚泥または家畜糞尿などの，比較的入手しやすい中温メタン菌を種として培養できることを確認した．

焼酎廃液に高温メタン発酵処理を適用する場合，麦焼酎，芋焼酎および泡

盛の各廃液のうち，芋焼酎廃液が最もエネルギー回収効率に優れ，メタン発酵の利点を活かせることがわかった．芋焼酎廃液の他は，希釈または高温発酵としては長いHRTが必要であるが，生ごみとの共発酵により大幅なメタン回収効率の向上を見込めることがわかった．

下水汚泥と生ごみ，および泡盛廃液と生ごみの共発酵挙動から，一般に生物処理の対象と考えられる有機性廃棄物では，その共発酵におけるバイオガス生成挙動が混合する各廃棄物単一でのメタン発酵特性に依存し，各廃棄物単一でのメタン発酵データの蓄積により共発酵挙動の予測が可能であることを明らかにした．

実際のプラント運転で想定される状況を模擬した条件で長期運転を実施した結果，サイクリックな投入停止および1日1回の短時間一括投入は高負荷処理には適さないこと，比較的負荷が低い条件でも投入停止期間が3日以上になる場合には一時的に負荷を下げて馴養期間を設ける必要があるなどの知見を得た．

3.2. 消化脱離液処理技術

メタン発酵後の消化脱離液の処理技術として，嫌気性処理（UASB）と好気性処理についてその適性を検討した．UASBについては前段で固液分離が必要であること，好気性処理はSSの流入を許容し，処理槽内でSSを60 %程度消化するが，汚泥の沈降性が悪く水質を満足しないことがわかった．そこで，SSの除去性能を満足させるために精密ろ過膜の適用を考え，加えてBOD，窒素も同時に除去することを狙って膜分離活性汚泥法による処理を検討した．その結果，BOD，SSおよび窒素の除去に関して良好な成績を得た．また，膜分離槽内では流入SSの約65 %が消化されていると推察され，前段で固液分離を行う場合と比較して汚泥の発生量も低減されることがわかった．膜分離活性汚泥法では曝気槽前段の脱水設備および後段の沈降槽が不要であり，省スペースかつ汚泥発生量の少ない消化脱離液処理技術として有望であるとの結論を得た．

3.3. 今後の展開

今後の展開としては以下の事項が重要と考える．共発酵においてその発酵挙動が各廃棄物のメタン発酵特性に依存するという事実は，さらなる発酵効率向上のためには各々の有機廃棄物の分解率を高めることが不可欠であることを意味する．そのためには対象廃棄物を液化あるいは低分子化するための前処理技術が今後のメタン発酵における分解率向上およびメタン発酵過程の高速化に有望と考えられ，各有機廃棄物に応じた可溶化前処理技術を確立する必要がある．

消化脱離液処理については，得られる水質および汚泥発生量の抑制の観点から，膜分離活性汚泥法が有望と考えられた．実用化に向けての問題点としては，分離膜適用によるコストの高騰が挙げられる．メタン発酵処理自体は，一般に処理規模が増大するほどエネルギー効率が高くなる傾向があるが，逆に消化脱離液処理に用いる分離膜にはスケールメリットが小さい．したがって，メタン発酵工程を含めたトータルシステムとしての経済性を詳細に検討し，膜分離活性汚泥法が適する処理規模を見極めることが必要である．

引用文献

1)　荒木信夫，鈴木拓也，五十嵐英明，原田秀樹，関口勇地：グラニュール汚泥の中温から高温への馴致におけるメタン生成菌の変遷，第33回日本水環境学会年会講演集，39（1999）.

2)　木田建次，森村茂：焼酎蒸留廃液の効率的処理システムの開発，醸協，90，(4) 255（1995）.

3)　石黒政儀，渡部義公，増田純雄，戸田正人：回転円板法による焼酎蒸留廃液のメタン発酵に関する研究，土木学会西部支部研究発表会概要集，306（1990）.

4)　李 玉友，佐々木 宏，鳥居久倫，奥野芳男，関 廣二，上垣内郁夫：生ごみの高濃度消化における中温と高温処理の比較，環境工学研究論文集，36，413-421（1999）.

5)　東郷芳孝，多田羅昌浩，後藤雅史：生ごみの高温メタン発酵処理システム，鹿島技術研究所年報，47，135-140（1999）.

6)　井出哲夫：水処理工学，技報堂出版（1990）.

キーワード：メタン発酵，共発酵，焼酎廃液，生ごみ，膜分離活性汚泥法

文責：（株）日本製鋼所　相澤大器

第 4 章

余剰汚泥の排出を抑制した有機性廃棄物処理技術の開発

キユーピー（株）

はじめに

当社工場で発生する廃棄物の中では，食品残渣と廃水処理からの余剰汚泥の占める割合が高く，飼料や肥料としての利用など様々な方法で処理しているが，マヨネーズ，ドレッシングの製造工程から発生する残渣は油脂含量も高く，制約条件もあるため焼却・埋立委託している工場もある．企業の社会的責務や今後の処理コスト上昇を考えたとき，これらの残渣や汚泥を自社内で処理し，外部へ排出する量を極力低減する技術を確立しておくことが求められている．

最初は，生産工程から発生する食品残渣を細分化して，加工場からの汚水と併せ，好気性・嫌気性複合の微生物群により処理するシステムを検討したが，高濃度処理槽における処理が進まず，期待したような結果は得られなかった．テストプラントの規模などを見直したが，実ラインでの採用が不可と判断される規模となるため，このシステムによる処理は困難と判定した．

その後食品残渣の減容化と排水処理への負荷低減のため，さまざまな手法について検討し，生ごみ処理機を用いた処理なども検討したが，当社が排出する油脂含量の高い有機性廃棄物の処理方法としては不適当と判定した．最終的に，汚泥発生量を大幅に低減することが可能と考えられた「高温メタン発酵処理」について検討することとした．

1. 廃棄物の組成分析

1.1. 実験方法

当社の一工場から排出している主要な有機性廃棄物であるマヨネーズ，各種ドレッシング，サラダ油，サラダ，茹卵などの残渣について組成分析を行った．

分析方法を表 1 に示す．

表 1　成分分析方法

T-BOD（生物的酸素要求量）	JIS K 0102 21 および 32.1
S-BOD（可溶物質の生物的酸素要求量）	メンブランフィルターでろ過後 JIS K 0102 21 および 32.1
T-COD_{cr}（化学的酸素要求量）	JIS K 0102 20
S-COD_{cr}（可溶物質の生物的酸素要求量）	メンブランフィルターでろ過後 JIS K 0102 20
SS（浮遊物質）	環境庁公示台 59 号付表 8
VSS（揮発性浮遊物質）	河川湖沼調査指針
T-N（全窒素）	下水道試験方法第 3 章 26 節
NH_4-N（アンモニア態窒素）	下水道試験方法第 3 章 22 節
T-P（全リン）	下水道試験方法第 3 章 27 節
PO_4-P（オルトリン酸態リン）	下水道試験方法第 3 章 27 節
Ca（カルシウムイオン）	JIS K 0102 50.2
Mg（マグネシウムイオン）	JIS K 0102 51.2
Na（ナトリウムイオン）	JIS K 0102 48.2
K（カリウムイオン）	JIS K 0102 49.2
Cl^-（塩化物イオン）	JIS K 0102 35
Fe（鉄イオン）	JIS K 0102 57.2
SO_4^{2-}（硫酸イオン）	JIS K 0102 41.3
Cu（銅イオン）	JIS K 0102 52.2
Co（コバルトイオン）	JIS K 0102 60.2
Ni（ニッケルイオン）	JIS K 0102 59.2
n-Hex（n-ヘキサン抽出物量）	環境庁公示第 64 号付表 8

1.2.　分析結果

各廃棄物の組成分析結果を表 2 に示す．

この結果から，マヨネーズ，ドレッシング類，ポテトサラダは，n-ヘキサン抽出物は高いが窒素やリンは少ないことがわかる．ポテトサラダは配合されているマヨネーズの油分のため n-ヘキサン抽出物も高い値となっている．

一方，茹卵は窒素，リンを多く含有している．マヨネーズやドレッシングなどの油分の多い有機性廃棄物をメタン発酵処理する場合には，必要になる窒素やリンの成分を，茹卵によって補給できるものと考えられた．

表2　廃棄物の組成 単位：（mg / *l*），：-測定不能，N.T.：未測定

	マヨネーズ	ドレッシング和風	ドレッシング胡麻タイプ	ドレッシングクリーミィタイプ	ゆず風味調味料	食用油	ポテトサラダ	茹卵
T-BOD	1,000,000	498,000	310,000	165,000	89,000	-	65,322	212,520
S-BOD	25,800	122,000	92,000	46,000	11,000	-	50,615	29,106
T-CODcr	2,100,000	541,000	374,000	207,000	120,000	-	104,477	279,510
S-CODcr	128,000	142,000	103,000	65,000	77,500	-	76,400	40,656
SS	864,000	348,000	701,000	569,000	700	-	133,509	227,535
VSS	847,000	330,000	608,000	543,000	660	-	130,453	214,599
T-N	2,550	2,890	4,250	4,790	5,630	27.5	2,044	18,249
NH_4-N	<0.01	246	200	143	518	<0.01	N.T.	N.T.
T-P	317	265	589	583	634	2.20	254	1,850
PO_4-P	3.0	6.5	13.7	<3	18.6	-	N.T.	N.T.
Ca	102	84.6	544	134	139	4.0	N.T.	N.T.
Mg	16	96.7	274	33.0	250	0.9	N.T.	N.T.
Na	6,540	29,000	11,500	8,610	29,000	8,610	N.T.	N.T.
K	158	778	1,000	297	1,580	5.3	N.T.	N.T.
Cl^-	10,600	14,800	15,600	12,700	99,800	-	N.T.	N.T.
Fe	12.0	13.0	10.0	6.6	8.7	3.2	N.T.	N.T.
SO_4^{2-}	78.1	11.3	21.4	98.5	15.9	-	N.T.	N.T.
Cu	<2.5	<2.5	<2.5	<2.5	<2.5	<2.5	N.T.	N.T.
Co	<2.5	<2.5	<2.5	<2.5	<2.5	<2.5	N.T.	N.T.
Ni	<2.5	<2.5	<2.5	<2.5	<2.5	<2.5	N.T.	N.T.
n-Hex	700,000	444,000	329,000	38,000	16,600	999,000	424,020	7,392

2.　各原料のメタン発酵特性の検討

2.1.　実験方法

油分を多量に含む場合，その濃度によりメタン発酵が阻害される場合がある．そこで，油分による阻害特性を検証するため，油分を多量に含むマヨネーズ，ドレッシング類（和風，胡麻タイプ，クリーミィタイプ）と，ゆず風味調味料，食用油について，メタン発酵バイアル試験を行った．

実験は，スキムミルクで馴養した種汚泥 300 m*l* に各原料を 0.6g，2.2g，10.5g，30.3g の 4 通りの割合で混合して，ガス発生量を連続的に測定した．実験には図 1 に示す装置を用い，55℃に制御した恒温槽内で実施した．

図 1　メタン発酵バイアル試験装置

2.2. 実験結果

各原料のメタン発酵特性の実験結果を図 2 に示す.

マヨネーズ, ドレッシングの和風, 胡麻タイプと, ゆずポン酢については, 原料投入量の増加に伴い, ガス発生量も増加しており, 本実験による投入量では油分による顕著な阻害はないものと考えられた.

ドレッシング中でクリーミィタイプだけは, 最大投入量でガス発生量が低下した. クリーミィタイプは他のドレッシングと比較すると T-COD_{Cr} 濃度も

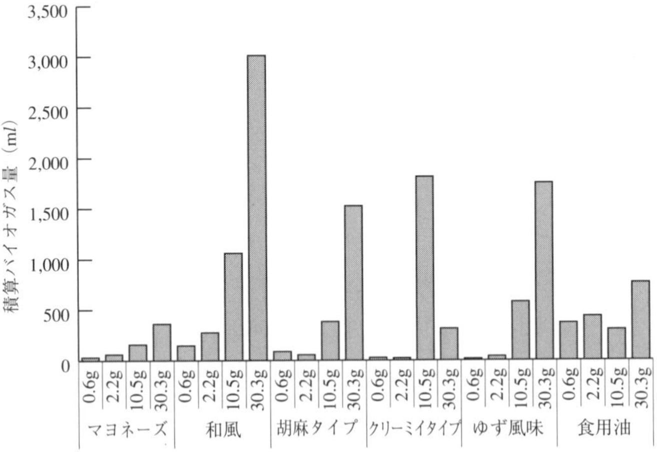

図 2　各原料のバイアル試験結果

低く，過負荷によるガス量低下ではなく，含有成分によるメタン生成菌の活性阻害の可能性が高いものと考えられた．

食用油に関しては，ガス発生がほとんど見られなかった．スキムミルクを補助栄養源として添加したところ，スキムミルク添加量相当のガス発生が観察できた．この結果から食用油は単独では栄養素が不足し，分解しにくいものと考えられた．

3. 油分含有量の違いによるドレッシングのメタン発酵特性の検討

3.1. 実験方法

メタン発酵における油分含量の影響を検証するために，各原料のメタン発酵特性の検討において使用したドレッシング胡麻タイプについて，油分の多い通常配合（油分含有量：58.6 %，以下 Oil＋と記載）と，油分だけを大幅に減らした配合でサンプル（油分含有量：5.0%，以下 Oil－と記載）を作成し，メタン発酵バイアル試験を行った．

実験は，スキムミルクで馴養した種汚泥 300 m*l* と各原料を 30 g の割合で混合して，ガス発生量を連続的に測定した．実験装置は図 1 に示す装置を使用し，55℃に制御した恒温槽内で実施した．

3.2. 実験結果

ドレッシング胡麻タイプの，油分の多いサンプル（Oil＋）と，油分の少な

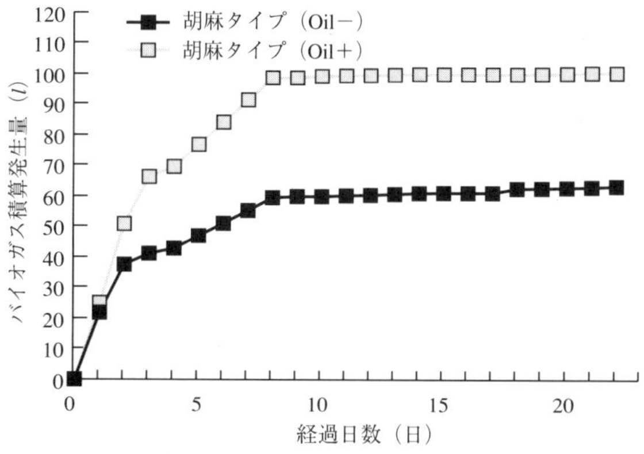

図 3　油分含有量の違いとバイオガス積算発生量

いサンプル（Oil－）のバイアル試験結果から，バイオガス積算発生量（油分以外の成分量を同一量とした場合の換算値）を図 3 に示す．ドレッシング中の油分を分解してバイオガスが発生する場合，油分の少ないサンプル（Oil－）を使用した場合より，油分の多いサンプル（Oil＋）を使用した場合の方が積算ガス量が増加すると考えられる．

図 3 に見るように，胡麻タイプでは油分の多いサンプル（Oil＋），油分の少ないサンプル（Oil－）ともに 9 日程度までガスが発生しているが，積算ガス量は油分の多いサンプル（Oil＋）の方が 1.5 倍となっており，油分が一定程度分解されているものと考えられた．

4. 混合廃棄物によるメタン発酵特性の検討

4.1. 実験方法

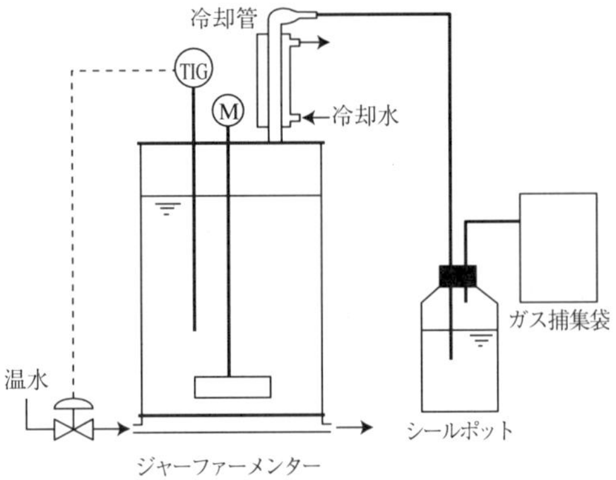

図 4　バッチ試験に使用した装置の概略図

表 3　原料の混合割合

マヨネーズ残渣	12.29 g	（13.4 %）
ドレッシング胡麻タイプ残渣	2.14 g	（ 2.3 %）
食用油残渣	0.71 g	（ 0.8 %）
茹卵残渣	23.68 g	（27.4 %）
ポテトサラダ 残渣	3.14 g	（ 3.4 %）
ポテト残渣	41.14 g	（44.7 %）
排水処理脱水汚泥	8.91 g	（ 9.7 %）
計	92.00 g	（100.0 %）

当社の一工場から排出される有機性廃棄物の排出割合をもとに，各廃棄物を混合し，メタン発酵バッチ実験を行った．実験装置は図 4 に示すものを使用し，55℃となるように温度を制御した．

原料は，表 3 に示す割合で混合したもの 92 g を，スキムミルクで馴養した種汚泥 6 *l* に混合して実施し，ガス発生量を連続的に測定した．

4.2.　実験結果

バッチ実験によるメタン発酵の結果を図 5 に示す．

混合廃棄物 1トン当たり 220 m^3 のバイオガスが発生し，分解に要する時間は 18 日程度であることがわかった．また混合廃棄物の COD_{Cr} は 510,000 mg / *l* であり，バイオガス中のメタンが 65 %であること，0.35 *l* のメタンは 1 g の COD_{Cr} に相当することから投入原料の約 80 %が分解されているものと考えられた[1]．

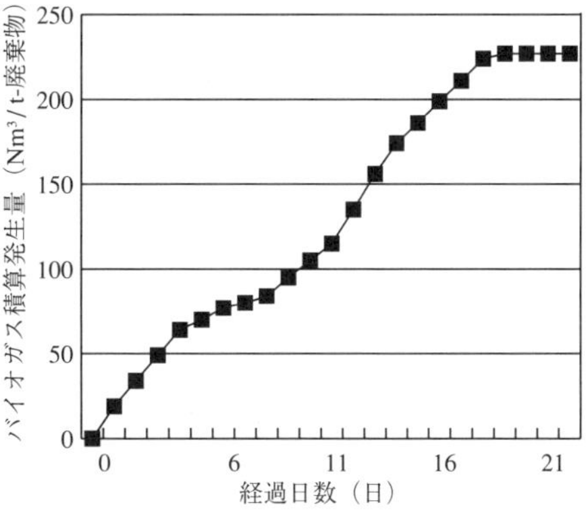

図 5　混合廃棄物 1トン当たりのバイオガス積算発生量

5.　廃棄物のメタン発酵連続処理実験

5.1.　油分を多量に含む廃棄物を原料としたメタン発酵連続処理実験

5.1.1.　実験方法

連続処理実験の原料は，工場から排出される有機性廃棄物のうち，油分の高いマヨネーズ，ドレッシングを主体とし，窒素，リンなどの栄養素の供給源として，排出量の多い茹卵を用いるように考え，マヨネーズ，ドレッシング胡麻タイプ，茹卵，水をそれぞれ 1：1：1：22 の割合で混合し，メタン発酵連続処理実験を行った．

実験には図 6，7 に示す装置を製作し，バイオリアクターは 55℃となるように制御した．分析は，表 1 に示す方法に準じた．

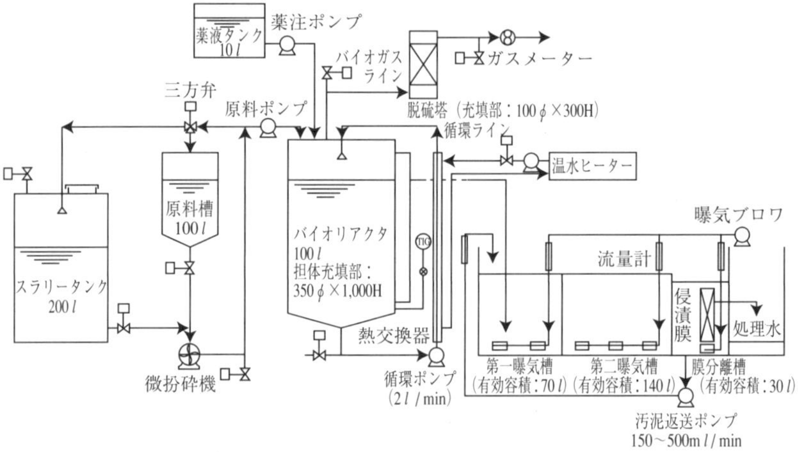

図 6　連続実験に使用した装置の概略図

図 7　連続実験に使用した装置

5.1.2.　実験結果

COD_{Cr} 容積負荷とガス発生量の経日変化を図 8 に，有機酸濃度（VFA），アルカリ度（TAC）の結果を図 9 に示す．実験に使用した原料とメタン発酵処理液の平均組成を表4に示す．またサンプル量と滞留時間は以下のとおりであった．

経過日数	0日 ～ 20日	サンプル量	0.4 l	滞留時間	30 日
	21日 ～ 39日		0.5 l		15 日
	40日 ～		1.2 l		10 日

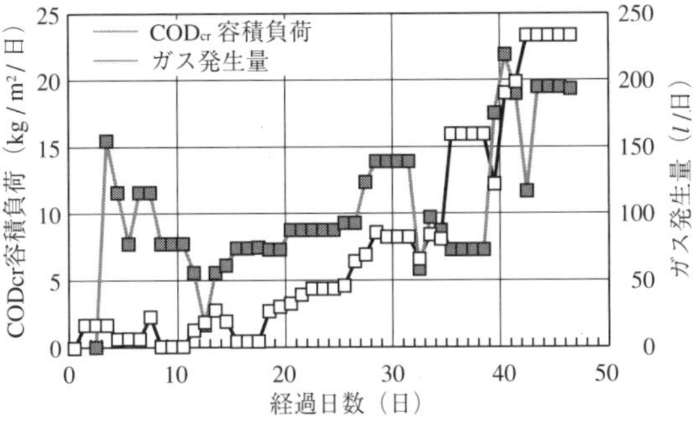

図 8　COD_{cr} 容積負荷とガス発生量の経日変化

表 4　原料とメタン発酵処理液の平均組成（単位：mg / l）

	原　料	メタン発酵処理液	除去率
T-BOD	169,100	30,500	82.0 %
S-BOD	44,400	15,900	64.2 %
T-COD_{cr}	206,600	32,100	84.5 %
S-COD_{cr}	46,200	14,000	69.7 %
SS	55,400	5,400	90.3 %
VSS	55,300	5,200	90.6 %
n-Hex	42,000	1,700	96.0 %

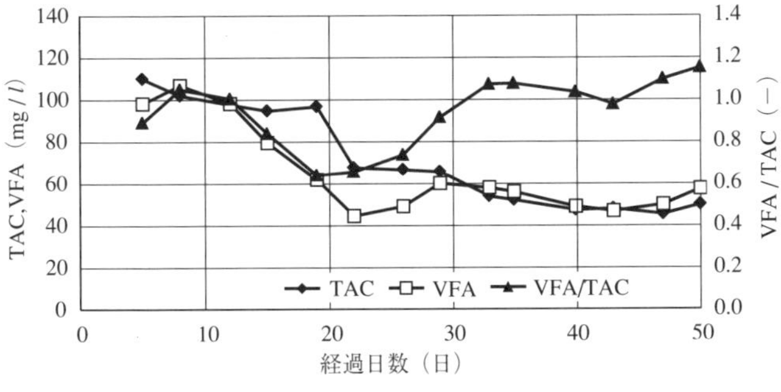

図 9　VFA，TAC，VFA / TAC の経日変化

実験開始20日後から，ガス発生量が負荷の上昇に伴いガス発生量も増加し，水を除く原料（マヨネーズ，ドレッシング，茹卵）1トン当たりのバイオガス発生量は250 m^3 であった．

また表4に見るように，ガス発生量が安定した期間（43～47日目）におけるT-BOD除去率は82%，T-COD_{Cr} 除去率は85%，SS除去率は90%，n-Hex除去率は約96.0%であった．

有機酸濃度（VFA）はガス発生量が安定した期間（43～47日目）では50 mg/l 程で安定していたが，アルカリ度（TAC）も有機酸濃度（VFA）と同程度と低く，pHは6.8程度であった．バイオリアクターを安定に運転するためには，アルカリの供給が必要と考えられる[2)]．

5.2. 高級脂肪酸による阻害低減実験

5.2.1. 実験方法

油分が分解する過程で生成する高級不飽和脂肪酸はメタン発酵の阻害原因となる．高級不飽和脂肪酸は，カルシウム，マグネシウムなどと不溶性の塩を生成し，阻害を軽減することが知られている．そのため，5.1.1.の実験に用いた原料に5%の濃度となるように塩化カルシウムを加え，5.1.1.と同様な方法，設備で実験を行った．

5.2.2. 実験結果

COD_{Cr} 容積負荷とガス発生量の経日変化を図10に，有機酸濃度（VFA），アルカリ度（TAC）の経日変化を図11に示す．実験に使用した原料とメタン発酵処理液の平均組成を表5に示す．またサンプル量と滞留時間は以下のとおりであった．

経過日数		サンプル量		滞留時間	
	0日 ～ 20日		0.4 l		30日
	19日 ～ 40日		0.5 l		15日
	41日 ～		1.2 l		10日

実験開始5日後から，負荷の上昇に伴いガス発生量も増加し，水を除く原料（マヨネーズ，ドレッシング，茹卵）1トン当たりのバイオガス発生量は190 m^3 であった．

表5に見るように，ガス発生が安定した期間（40日目以降）でのT-BOD除去率は79%，T-COD_{Cr} 除去率は88%，SS除去率は93%，n-Hex除去率は

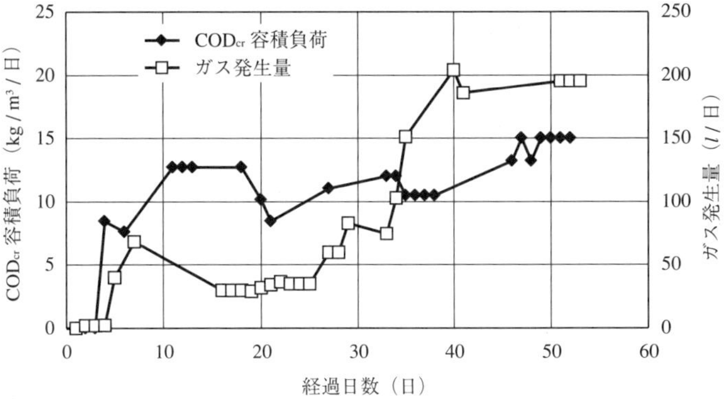

図 10　COD_{cr} 容積付加とガス発生量の経日変化

表 5　カルシウム添加後の原料とメタン発酵処理液の平均組成（単位：mg / *l*）

	原　料	メタン発酵処理液	除去率
T-BOD	87,300	18,000	79.4 %
S-BOD	20,900	10,000	52.2 %
T-COD_{cr}	211,700	24,500	88.4 %
S-COD_{cr}	14,800	13,100	11.5 %
SS	60,900	4,000	93.4 %
VSS	59,000	3,800	93.6 %
n-Hex	39,400	167	99.6 %

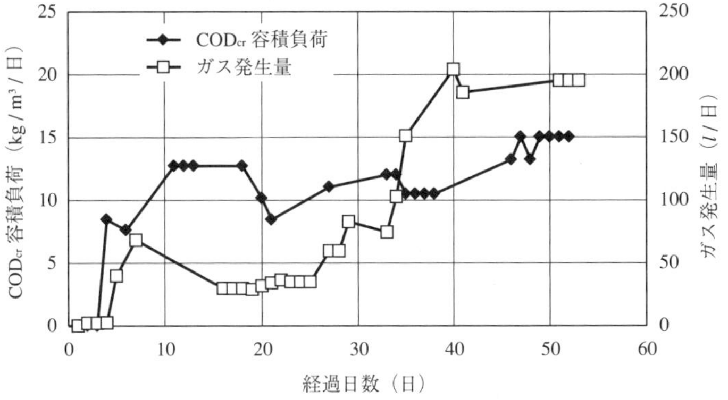

図 11　VFA，TAC，VFA / TAC の経日変化

約99.6 %であった．

表 5 のカルシウムを添加した原料の組成と表 4 のカルシウムを添加していない原料の組成の数値を比較すると，n-Hex，T-BOD，S-BOD，S-COD_{Cr} が低く，T-COD_{Cr} の値は同程度となっている．これはカルシウムの添加により，高級脂肪酸が不溶化したことによるものと考えられる．

実際にカルシウムを添加した試験では，原料槽にカルシウムによると考えられるスケール状の堆積物が生成し，循環ラインが閉塞し原料供給に支障ある状態となった．そのため 20 日以降は原料を目の大きさ 2 mm のストレーナーでろ過し，堆積物を除去して使用した．

実験を継続するに従い，バイオリアクター内に固形分の堆積が確認された．この固形分はゴム状で，カルシウムと油分が反応し生成したものであると考えられ，循環ラインやポンプを閉塞させるほど成長した．そのためリアクター内の温度が低下し，安定した運転が困難となった．

有機酸濃度（VFA）は，立ち上げ直後は急激に上昇したが徐々に低下し，実験開始後 43 日目以降にはリアクター内温度低下の頻発に伴い上昇傾向を示した．

5.3. 工場から排出される廃棄物の排出割合によるメタン発酵連続処理実験

5.3.1. 実験方法

当社の一工場から排出される有機性廃棄物の割合をもとに，各廃棄物を混合し，これを原料としたメタン発酵連続処理実験を行った．

実験には図 6，7 に示す装置を使用した．原料は表 6 に示す割合で混合し，立ち上げ時はマヨネーズ，ドレッシングを含まない原料を使用し，定常運転

表6 原料の混合割合（重量比）

	原料配合 1	原料配合 2	原料配合 3
マヨネーズ 残渣	0 （ 0.0 %）	6 （ 6.5 %）	10 （ 10.0 %）
ドレッシング 胡麻タイプ 残渣	0 （ 0.0 %）	6 （ 6.5 %）	10 （ 10.0 %）
ポテトサラダ 残渣	10 （ 12.5 %）	10 （ 10.9 %）	10 （ 10.0 %）
野菜屑	25 （ 31.3 %）	25 （ 27.2 %）	25 （ 25.0 %）
茹卵 残渣	35 （ 43.7 %）	35 （ 38.0 %）	35 （ 35.0 %）
厨房の生ごみ	10 （ 12.5 %）	10 （ 10.9 %）	10 （ 10.0 %）
計	80（100.0 %）	92（100.0 %）	100（100.0 %）
水	80	92	100

となった後にマヨネーズ，ドレッシングを加えた原料で運転した．分析は，表 1 に示す方法に準じた．

5.3.2.　実験結果

表 3 の原料割合 1 でバイオリアクターを立ち上げ 16 日間運転，実験開始後 17～52 日の 35 日間はマヨネーズ，ドレッシングを各 6.5 %添加の原料割合2で，53 日目以降の 41 日間はマヨネーズ，ドレッシングを各 10 %添加の原料配合 3 で実験を行った．

COD_{Cr} 容積負荷とバイオガス発生量を図 12 に，有機酸濃度（VFA），アルカリ度（TAC）の経日変化を図 13 に示す．

原料配合 1 で実験開始後，16 日目までは原料投入量によく追随してバイオガスが発生し，有機酸濃度も低い状態で安定した．

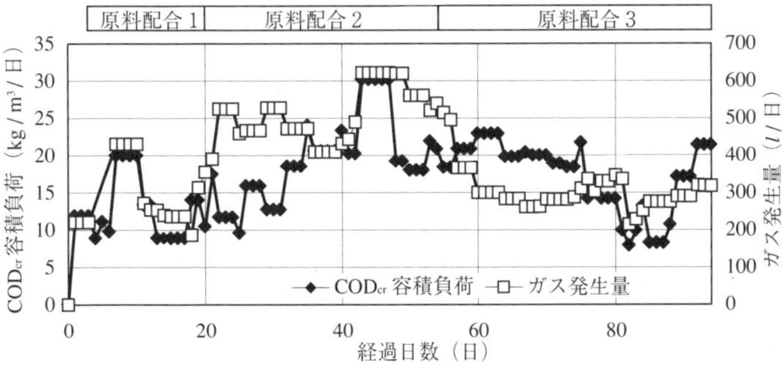

図 12　COD_{cr} 容積負荷とバイオガス発生量

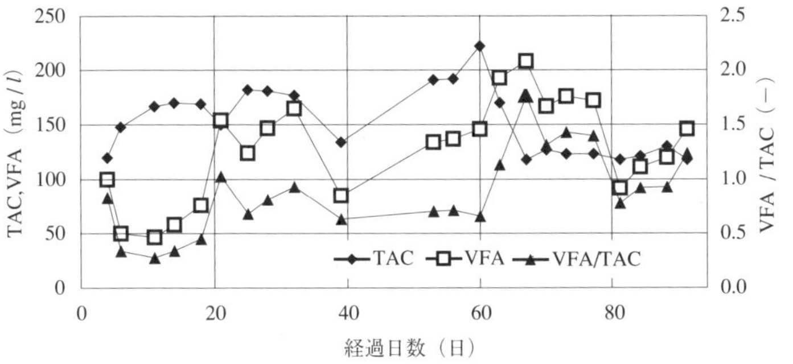

図 13　VFA，TAC，VFA / TAC の経日変化

実験開始 17 日後からマヨネーズとドレッシングを，それぞれ 6.5 %加えた原料配合 2 で運転を開始した．開始直後には有機酸濃度が急激に上昇したが，ガス発生量も徐々に増加する傾向を示し，実験開始後 25 日目以降は有機酸濃度の上昇が止まり，低下傾向を示した．

実験開始後 53 日目からは，COD_{Cr} 容積負荷を 2 / 3 まで低下させた状態で，マヨネーズとドレッシングをそれぞれ 10 %添加した原料配合 3 で実験を継続したが，有機酸濃度に顕著な変化はなく，VFA / TAC 値も 0.6～0.7 と低い値で推移し，メタン発酵が正常な状態で進行しているものと考えられた[2)]．

その後，COD_{Cr} 容積負荷を上昇させたところ，有機酸濃度が上昇し，ガス発生量の増加が見られなかったため徐々に負荷を低下させ，運転を継続した．

実験開始後 70 日目以降は有機酸濃度の上昇とアルカリ度の低下が止まり，依然高い有機酸濃度ではあるが安定したガス発生量が観察された．

原料 1 トン当たりに換算したバイオガス発生量を図 14 に示す．

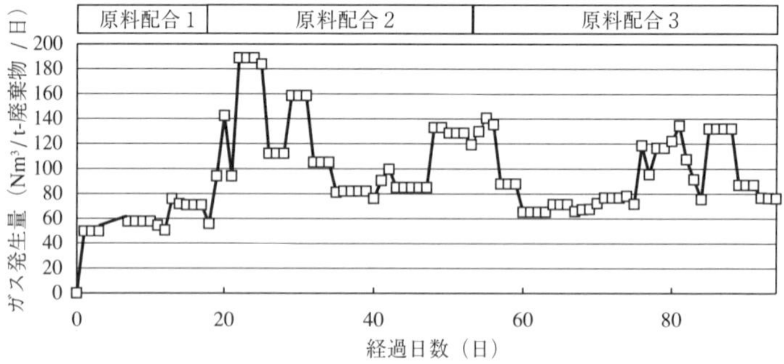

図 14　バイオガス発生量

バイオガスの発生が安定した期間における廃棄物 1トン当たりのガス発生量は，マヨネーズ，ドレッシングを加えない原料配合 1 にあっては 70 m^3 であったが，マヨネーズ，ドレッシングをそれぞれ 6.6 %添加した原料配合 2 では 190 m^3 まで上昇した．

またそれぞれ 10 %添加した原料配合 3 の場合は 130 m^3 であったが，有機酸の上昇傾向が見られリアクターの安定した運転は若干困難と判断された．

各原料配合における原料とメタン発酵処理液の平均組成を，表 7～9 に示す．

ガス発生が安定した期間における T-BOD，T-COD_{Cr}，SS，n-Hex の除去率は，原料配合2では，それぞれ87 %，86 %，94 %，99.7 %であり，10 %添加した原料配合3では，それぞれ53 %，66 %，76 %，97.9 %であった．

表7　原料とメタン発酵処理液の平均組成
（マヨネーズ，ドレッシング添加前）（単位：mg / *l*）

	原　料	メタン発酵処理液	除去率
T-BOD	61,300	21,800	64.4%
S-BOD	11,900	11,900	0.0%
T-CODcr	133,000	18,400	86.2%
S-CODcr	20,900	11,400	45.5%
SS	73,200	2,500	96.6%
VSS	72,000	2,200	96.9%
n-Hex	26,800	211	99.2%

表8　原料配合2とメタン発酵処理液の平均組成
（マヨネーズ，ドレッシング6.6 %添加後）（単位：mg / *l*）

	原　料	メタン発酵処理液	除去率
T-BOD	120,000	15,900	86.8%
S-BOD	9,800	12,400	−26.5%
T-COD_{cr}	202,600	28,400	86.0%
S-COD_{cr}	27,700	15,800	43.0%
SS	88,300	5,600	93.7%
VSS	86,400	5,100	94.1%
n-Hex	58,000	168	99.7%

表9　原料配合3とメタン発酵処理液の平均組成
（マヨネーズ，ドレッシング10 %添加後）（単位：mg / *l*）

	原　料	メタン発酵処理液	除去率
T-BOD	120,000	57,000	52.5%
S-BOD	35,500	37,400	−5.4%
T-COD_{cr}	250,000	86,000	65.6%
S-COD_{cr}	36,150	26,350	27.1%
SS	113,500	27,000	76.2%
VSS	112,000	24,800	77.9%
n-Hex	79,000	1,660	97.9%

6. まとめ

工場から排出している各種の有機性廃棄物の数量と，メタン発酵処理に必要となる窒素やリンなどの成分を考慮して実験を行った．

5.3. の連続処理実験では，廃棄物の配合を段階的に変え，有機酸濃度，アルカリ度，ガス産生量などを確認した結果，マヨネーズ・ドレッシングをそれぞれ6.5%添加した条件でバイオガス発生量も高く，安定した状態にあり，油分の多い廃棄物の処理にこだわらず，工場から排出している有機性廃棄物を平均的に処理するならば，安定した処理が可能であると考えられた．

また 5.3. の実験をもとに，マヨネーズ，ドレッシングをそれぞれ 6.5 %添加した条件で，5トン/ 日の廃棄物を処理する場合を想定したメタン発酵処理システムの概要を表 10 に示した．

表 10　5 トン / 日規模のメタン発酵処理システムの概要

バイオリアクタ容積	有効容積 110 m^3　（ϕ 5,000×6,000 H）
希釈率	重量比で 1.16 倍量の水で希釈
滞留時間	10 日間
ガス発生量	950 m^3（190 m^3 / トン－廃棄物）
回収熱量として	約 530 万 kcal　（約 5.3 Gcal）
発電可能電力量	2,465 kWh（総合発電効率を 40 %とした場合）
T-COD_{cr} 除去率	86 %
T-BOD 除去率	87 %
SS 除去率	94 %
n-Hex 除去率	99.7 %

引用文献

1）R.E.Speece著／松井三郎・高島正信監訳：産業廃水処理のための嫌気性バイオテクノロジー，技報堂出版，31-32（1999）．
2）益田光信・佐野寛共著：メタン発酵の基礎と応用，燃料及燃焼，51（4），276（1986）．

キーワード：メタン発酵，バイオガス，有機性廃棄物，マヨネーズ，ドレッシング

文責：キユーピー（株）　山田栄徳

第5章
鯖節製造廃液の有効利用・処理技術の開発

日本たばこ産業（株）
協同組合沼津水産開発センター

はじめに

静岡県沼津市は，鯖節の生産高において，全国の約 60 ％を占め，その生産に伴い排出される鯖煮汁廃液の排出量は莫大である．

現在は，活性汚泥処理により浄化しているが，その年間維持費は相当な額であり，鯖節業者や，地域の行政の負担は非常に大きい．

そのため，煮汁廃液の処理量をできる限り減少させる，あるいは，煮汁廃液から再利用可能な資源を回収することで結果的に廃液中の BOD を引き下げる技術の開発が求められている．

本研究は，煮汁廃液から調味料として利用可能な旨味成分を回収することで，煮汁廃液の処理にかかる負担を可能な限り低減する技術の開発が目的である．

鯖煮汁から調味料を得るためには煮汁から窒素分を濃縮回収した上で，異味，異臭，着色および夾雑物を低減する必要がある．その手段として濃縮機，膜ろ過装置などによる窒素分の濃縮，回収の検討や，各種微生物を用いた発酵による異味，異臭の改善，そして，タンパク分解酵素や麹を用いたタンパク質の分解による呈味力の強化などの検討を行うものである．

1. 鯖煮汁および圧搾水の分析

1.1. 実験方法

鯖節製造工程フローを図 1 に示した．生鯖は水道水，または海水にて水煮した後，過剰な脂肪分を除去するため圧搾される．圧搾後の鯖は薫蒸され鯖節となり，煮汁はそのまま廃棄され，圧搾工程で出た圧搾水は加熱し，タンクに貯蔵する．脂肪を浮上分離させた後，水相のみを廃棄し，脂肪は業者が

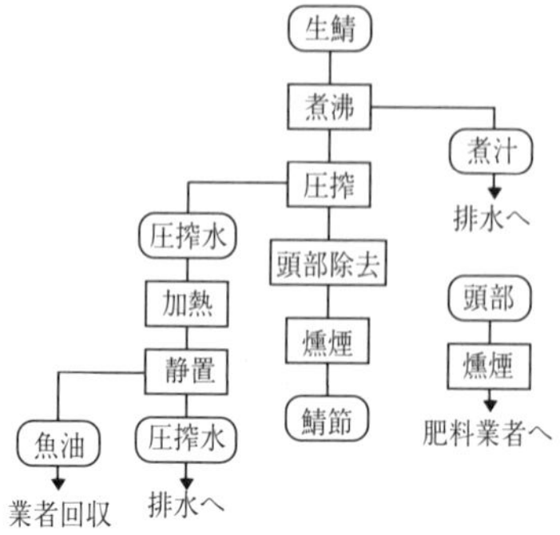

図1　鯖節製造工程

回収している．

実験に用いた鯖煮汁は鯖節業者から使用直後の煮汁を耐熱ポリ容器で回収した．回収した煮汁は直ちに氷水で冷却し，試験に供した．長期間保存する場合は小分けして，−20℃で冷凍保管した．

鯖圧搾水は衛生的な観点からタンクに貯蔵する前の段階の圧搾水を回収し，80℃まで加熱後，3,000 rpm，10 分の遠心分離を行い得られた水相を用いた．長期間保存する場合は同様に−20℃で冷凍保管した．

分析項目は成分分析全般と重金属（鉛，砒素，総水銀，カドミウム），フォルモール態窒素含有率（以後，F-N と略す），総窒素含有率（以後，T-N と略す），タンパク分解率（F-N / T-N×100，以後 F / T と略す），Brix，pH，NaCl，一般生菌数について行った．

1.2.　結果と考察

鯖煮汁，圧搾水の成分分析結果を表 1 に示した．鯖煮汁は旨味の指標となる遊離アミノ酸含有量を示す F-N が，0.03 %，T-N が 0.16 %，Brix が 2.6 % で有用な成分が非常に少なかった．それに対して鯖圧搾水は F-N が 0.13%，T-Nが 0.9 %，Brix が 8.5 %で鯖煮汁に比べるとかなり濃度が高く，調味料の素材として有望であることが判明した．よって，以後の試験は鯖圧搾水を中心に検討を進めることとした．

表 1　鯖煮汁，圧搾水分析結果

分析項目	煮汁	圧搾水	分析方法	備考
水分	98.20 %	92.20 %	減圧加熱乾燥法	
蛋白質	0.99 %	5.90 %	ケルダール法	係数 6.25
脂質	0.50 %	0.20 %	ソックスレー抽出法	
炭水化物	0.03 %	0.20 %	計算値	
灰分	0.28 %	1.50 %	直接灰化法	
重金属(Pb)	検出限界以下	検出限界以下	硫化Na比色法	検出限界 1 ppm
砒素(As_2O_3)	0.3 ppm	1.5 ppm	DDTC-Ag吸光光度法	
カドミウム	0.01 ppm	0.03 ppm	原子吸光光度法	
総水銀	検出限界以下	検出限界以下	還元気化原子吸光光度法	検出限界 0.01 ppm
F-N	0.03 %	0.13 %	ホルモール滴定法	
T-N	0.16 %	0.95 %	ケルダール法	
F / T	18.75 %	13.70 %	計算値	F-N / T-N×100
Brix	1.60 %	8.50 %	屈折計	
pH	6.3	5.7	ガラス電極法	
NaCl	0.30 %	1.20 %	電導度法	
一般生菌数	1×103^2 個 / g	2×10^2 個 / g	寒天培地平板法	

2.　タンパク分解酵素製剤を用いたタンパク加水分解率の向上

2.1.　実験方法

圧搾水に 36 %塩酸または 50 %水酸化ナトリウム溶液を加え，各酵素製剤の至適 pH に調整後，各酵素製剤を圧搾水に対して 0.05 %添加し，各酵素の至適温度にて 16 時間，穏やかに攪拌しつつ酵素反応を実施した．反応の停止は反応液を 95 ℃，30 分加熱し，タンパク分解酵素を失活させた．得られた酵素反応液の F-N と T-N を測定し，タンパク加水分解率を求めた．また，単独で効果が高かった酵素製剤については他の酵素製剤との併用試験を実施した．併用試験では酵素製剤は各々 0.05 %ずつ添加した．

2.2.　結果と考察

表 2 に示したように，単独で酵素製剤を用いた場合はオリエンターゼ 20A（阪急共栄物産（株））で約 35 %のタンパク分解率が得られた．オリエンターゼ 20A と他の酵素製剤との併用試験結果を表 3 に示す．エンドペプチダーゼであるオリエンターゼ20Aとエキソペプチダーゼを含有するフレーバーザイ

ム（ノボノルディックジャパン）を併用したとき，約 44 ％と最も高いタンパク加水分解率と苦味の低減が可能となった．

表 2　市販酵素製剤単独使用による酵素反応

名　称	反応pH	反応温度	反応時間	F/T（%）
プロテアーゼP	8	45	16hr	32.08
プロテアーゼS	8	70	16hr	26.8
オリエンターゼ 22 BF	10	65	16hr	30.24
プロチン AC 20	10	70	16hr	29.84
プロテアーゼA	7	50	16hr	28.72
プロテアーゼN	7	55	16hr	30.88
オリエンターゼ 90N	7	55	16hr	29.28
オリエンターゼ 10NL	7	55	16hr	30.32
オリエンターゼ ONS	7	50	16hr	26.16
アルカラーゼ 2.41	7	60	16hr	28.88
ニュートラーゼ	7	50	16hr	28.48
フレーバーザイム	7	50	16hr	29.52
ペプチダーゼR	4	40	16hr	27.28
パパイン W-40	4.5	65	16hr	22.16
プロテアーゼM	4.5	50	16hr	31.68
ニューラーゼF	3	45	16hr	19.76
オリエンターゼ 20 A	3	55	16hr	34.48

表 3　市販酵素製剤単独使用による酵素反応

酵素製剤 1	名　称	反応 pH	反応温度	反応時間	F/T（%）
オリエンターゼ 20A	プロテアーゼA	4	50	16hr	32.71
	プロテアーゼN	4	50	16hr	36.88
	アルカラーゼ 2.4*l*	4	50	16hr	35.23
	ニュートラーゼ	4	50	16hr	32.55
	フレーバーザイム	4	50	16hr	43.85
	ペプチダーゼR	4	50	16hr	38.25
	パパイン W-40	4	50	16hr	42.25
	プロテアーゼM	4	50	16hr	38.99

3.　鯖圧搾水の清澄化

3.1.　実験方法

公称孔径 0.1 μm（旭化成工業（株）マイクローザ MF PSP-113）と 0.2 μm（同 UMP-153）の精密ろ過膜モジュール（MF）と，分画分子量 3,000（同マイクローザ UF SEP-1053)，6,000（同 SIP-1013)，10,000（同 SLP-1053）の限外ろ過膜モジュール（UF）を用いて未分解の圧搾水と酵素によるタンパク質の分解を行った圧搾水のろ過を行った．ろ過は圧搾水を 50℃に保温し，各モジュールに最も適した流速と差圧で行った．また，得られたろ液の F-N，T-N，F / T，Brix，濁度（660 nm の吸光度）を測定した．

3.2.　結果と考察

膜ろ過を行うことで不溶性固形分などの夾雑物を除去し，清澄化することができた．ただし，タンパク質未分解の圧搾水では，含まれるタンパク質（主としてゼラチン）の分子量が大きいため，UF を用いた場合，Brix や T-N の低下が認められた（表4参照）．また，酵素反応後の圧搾水の場合も同様に，未分解のタンパク質の一部が除去されたため，見かけ上，タンパク加水分解率が上昇した．

表4　膜ろ過ろ液分析値

・酵素分解前

孔径または分画分子量	F-N（%）	T-N（%）	F / T（%）	Brix（%）	濁度(Abs)
0.2 μm	0.13	0.85	15%	7.9	0.08
0.1 μm	0.13	0.8	16%	7.6	0.06
M.W 10,000	0.13	0.22	59%	4	0.02
M.W 6,000	0.12	0.19	63%	3.8	0.01
M.W 3,000	0.12	0.15	80%	3.5	0.01

・酵素分解後

孔径または分画分子量	F-N（%）	T-N（%）	F / T（%）	Brix（%）	濁度(Abs)
0.2 μm	0.41	0.93	44 %	8.4	0.07
0.1 μm	0.40	0.92	43 %	7.9	0.07
M.W 10,000	0.39	0.82	48 %	7.6	0.01
M.W 6,000	0.39	0.80	49 %	7.5	0.01
M.W 3,000	0.40	0.78	51 %	6.7	0.01

4.　発酵による鯖圧搾水の風味改善

4.1.　酵母による発酵

4.1.1.　実験方法

日本たばこ産業（株）が保有する酒酵母，パン酵母などの酵母菌株，約

1,000 株の内，酒酵母を中心に 50 株を試験に供した．各酵母菌株の培養液は，YM 培地（グルコース 1 %，ペプトン 0.5 %，イーストエキス 0.3%，マルトエキス 0.2 %，pH 7.0）3 m*l* を PP チューブ（SARSTEDT 社製，容積 15 m*l*）に分注し，オートクレーブにて 121℃，10 分間滅菌後，冷却した培地に各菌株を一白金耳接種し，30 ℃にて 15～20 時間，振とう培養したものを用いた．

鯖節業者より入手した新鮮な鯖圧搾液を 80℃まで加熱後，3,000 rpm，10 分の遠心分離により水相と油相に分離，デカントして水相を得た．得られた鯖圧搾水を 36 %塩酸を用いて pH 4.0 に調整後，タンパク分解酵素製剤オリエンターゼ 20A とノボフレーバーザイムを各 0.05 %添加し，50℃で 20 時間攪拌しつつ酵素反応した．得られた酵素反応液を 500 m*l* 容バッフル付き三角フラスコに 100 g ずつ分注し，糖源としてグルコースを 3 g 加え，シリコ栓（井内清栄堂）をはめた後，80℃まで加熱し殺菌した．次いで 30℃まで冷却した後，各酵母培養液を 3 m*l* 加え，30℃にて18時間，振とう発酵した．発酵終了後，3,000 rpm，10 分間の遠心分離を行い上清液を酵母発酵液サンプルとした．

得られた酵母発酵液サンプルは pH，Brix，F-N，T-N，F / T を分析した後，被験者 5 名にて官能試験を行い，生臭み，発酵香などについて評価した．

4.1.2. 結果と考察

約 50 株の酵母について検討を行った結果，8 株の酵母において鯖圧搾水の異味，異臭を除去すると同時に好ましい発酵香が付与されることが判明した（表 5 参照）．

表 5　酵母発酵試験結果

菌株名	菌株用途	エタノール	グルコース	酵母菌数	官能評価
W-2	ウイスキー用	1.80 %	0.36 %	4.7×10^{11} 個 / g	完熟果実臭強，生臭み弱
OC2	ワイン用	2.37 %	0.16 %	1.4×10^{11} 個 / g	吟醸香，生臭み弱
IFO-0346	ラム酒用	1.77 %	0.34 %	3.4×10^{11} 個 / g	発酵臭強，生臭みなし
WB	ビール用	2.00 %	0.17 %	8.2×10^{11} 個 / g	発酵臭強，生臭み弱
SK-1	清酒用	2.23 %	0.01 %	4.6×10^{10} 個 / g	完熟果実臭強，生臭み弱
TA-4	清酒用	1.77 %	0.09 %	6.2×10^{10} 個 / g	完熟果実臭強，生臭み弱
K-13	清酒用	2.15 %	0.00 %	1.2×10^{12} 個 / g	完熟臭，甘い香り，生臭みなし
NCYC575	ワイン用	1.19 %	1.36 %	6.8×10^{7} 個 / g	完熟果実臭強，生臭み弱

4.2. 乳酸菌による発酵

4.2.1. 実験方法

日本たばこ産業（株）が保有する食品由来の乳酸菌約 100 株の内，20 株を試験に供した．乳酸菌培養液は 10 %脱脂粉乳培地（脱脂粉乳 10%，ペプトン0.1 %，蒸留水 90%）3 m*l* を PP チューブに分注し，オートクレーブにて 110℃，15 分滅菌後，冷却した培地に各乳酸菌を一白金耳接種し，37℃にて 15～20時間，静置培養したものを用いた．

鯖節業者より入手した新鮮な鯖圧搾液を 80℃まで加熱後，3,000 rpm，10 分の遠心分離により水相と油相に分離，デカントして水相を得た．得られた鯖圧搾水を 36 %塩酸を用いて pH 4.0 に調整後，タンパク分解酵素製剤オリエンターゼ 20A とノボフレーバーザイムを各 0.05 %添加し，50℃で 20 時間撹拌しつつ酵素反応した．得られた酵素反応液を 200 m*l* 容三角フラスコに 100 g ずつ分注し，糖源としてグルコースを 3 g 加え，アルミ箔で密封した後，80℃まで加熱し殺菌した．次いで 37℃まで冷却した後，各乳酸菌培養液を 3 m*l* 加え，37℃にて 18 時間，静置発酵した．発酵終了後，3,000 rpm，10 分間の遠心分離を行い上清液を乳酸菌発酵液サンプルとした．

4.2.2. 結果と考察

乳酸菌による静置発酵では，生臭みなどの異臭や異味の除去効果はあまり認められなかった．また，一部の乳酸菌では酸臭が強く感じられて，好ましい風味ではなかった．ただし，一部の乳酸菌でタンパク加水分解率の向上効果が認められた（表 6 参照）．これは乳酸菌のもつプロテアーゼによりタンパク質またはペプチドが加水分解されたためと推測された．

表 6　乳酸菌発酵液分析結果

菌株名	F-N	T-N	F / T	官能評価
Control	0.42	0.95	44%	生臭み強
Lactobacillus fermentum B-1041	0.44	0.95	46%	酸臭弱，生臭みあり
Lactobacillus plantarum B-1043	0.43	0.94	46%	酸臭弱，生臭みやや強
Lactobacillus fermentum B-1044	0.45	0.95	47%	酸臭弱，生臭みあり
Lactobacillus pentosus B-1063	0.44	0.94	47%	酸臭強，生臭み強
Lactobacillus delbrueckii B-0653	0.43	0.95	45%	酸臭弱，生臭みあり
Lactobacillus leichmannii B-0759	0.46	0.95	48%	酸臭弱，生臭みあり
Lactobacillus leichmannii B-0760	0.47	0.95	49%	酸臭弱，生臭みあり

4.3. 麹菌による発酵

4.3.1. 麹の調製方法

小麦フスマに同量の水を加え，清潔な布で包み，蒸気で加熱殺菌した．得られた殺菌フスマはステンレス製のパットに広げ，室温まで冷却後，各麹菌の胞子を 1 / 2,000 量添加し混合した．乾燥を避けるため湿らした布で蓋をして 30℃で 2 日間培養した（図 2 参照）．得られたフスマ麹は密封し冷蔵庫で保管した．

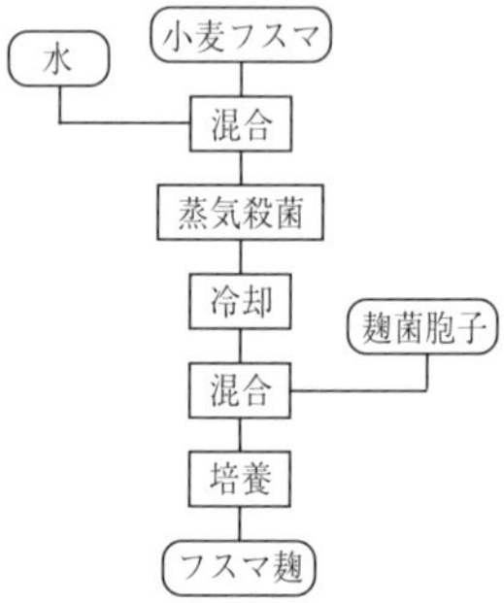

図 2　フスマ麹調製工程

4.3.2. 実験方法

酒造用麹，醤油用麹 8 株を試験に供した．鯖節業者より入手した新鮮な鯖圧搾液を 80℃まで加熱後，3,000 rpm，10 分の遠心分離により水相と油相に分離，デカントして水相を得た．得られた鯖圧搾水を 36%塩酸を用いて pH 4.0 に調整後，タンパク分解酵素製剤オリエンターゼ 20A とノボフレーバーザイムを各 0.05%添加し，50℃で 20 時間撹拌しつつ酵素反応した．得られた酵素反応液を 200 m*l* 容三角フラスコに 100 g ずつ分注し，各フスマ麹を 10 g 加え，30℃，40℃，50℃の各温度条件下で 3日間発酵した．発酵終了後，3,000rpm，10 分間の遠心分離を行い上清液を麹発酵液サンプルとした．

得られた自己消化液麹発酵サンプルは pH，Brix，F-N，T-N，F / T を分析した後，被験者 5 名にて官能試験を行い，生臭み，発酵香などについて評価した．

4.3.2. 結果と考察

各麹の発酵液の分析結果を表 7 に示す．麹による発酵により高温条件下ではタンパク加水分解率の向上効果が認められた．特に焼酎用麹（*Aspergillus orizae*）No.14 株を用いた場合，約 55%のタンパク加水分解率が得られた．また，麹発酵による異臭の除去効果は非常に高かったが，固形培地に用いたフスマの香りが強く残り好ましくなかった．

また，フスマ麹の調製工程上，雑菌汚染の可能性が高いため，麹による発酵は今後，液体培養などの検討が必要と考えられた．

表7　麹発酵試験結果

菌株名		F-N	T-N	F/T	官能評価	備考
Control	30℃	0.4	0.95	42%	生臭み強，腐敗臭	
	40℃	0.41	0.95	43%	生臭み強，腐敗臭	
	50℃	0.42	0.95	44%	生臭み強，やや腐敗臭	
Aspergillus orizae No.14	30℃	0.47	0.95	49%	生臭みややあり，フスマ臭あり	焼酎用
	40℃	0.51	0.95	54%	生臭みなし，フスマ臭あり	
	50℃	0.55	0.95	58%	生臭みなし，フスマ臭ややあり	
Aspergillus usami No.29	30℃	0.45	0.95	47%	生臭みややあり，フスマ臭あり	糖化用
	40℃	0.45	0.95	47%	生臭みなし，フスマ臭あり	
	50℃	0.47	0.95	49%	生臭みなし，フスマ臭ややあり	
Aspergillus awamori No.32	30℃	0.47	0.95	49%	生臭みややあり，フスマ臭あり	焼酎用
	40℃	0.49	0.95	52%	生臭みなし，フスマ臭あり	
	50℃	0.49	0.95	52%	生臭みなし，フスマ臭ややあり	
Aspergillus sojae No.46	30℃	0.46	0.95	48%	生臭みややあり，フスマ臭あり	醤油用
	40℃	0.47	0.95	49%	生臭みなし，フスマ臭あり	
	50℃	0.49	0.95	52%	生臭みなし，フスマ臭ややあり	

5. 鯖エキスのラボスケール試作

5.1. 実験方法

鯖節業者より入手した新鮮な鯖圧搾液 1,200 g を 80℃まで加熱後，3,000 rpm，10 分の遠心分離により水相と油相に分離，デカントして水相を得た．得られた鯖圧搾水 1,000 g を36%塩酸を用いて pH 4.0 に調整後，5,000 m*l* 容三角フラスコに移し，シリコ栓（井内清栄堂）をセットした後，80℃まで加熱殺菌した．次いで室温まで冷却した後，各々にタンパク分解酵素製剤オリエンターゼ 20A とノボフレーバーザイムを各 0.5 g 添加し，50℃で 16 時間攪拌しつつ酵素反応を実施した．酵素反応終了後，グルコース 30 g と酵母

（*Schizosaccharomyces pombe*）培養液 30 m*l* を添加し，30℃，200 rpm にて 16 時間振とう培養した．得られた発酵液を公称孔径 0.2 μm の MF モジュール（旭化成（株）製マイクローザUMP-153）にて精密ろ過し，酵母菌体と不溶性固形分を除去，清澄化した．得られた清澄化液はエバポレーターにて Brix40 まで加熱減圧濃縮した．濃縮後に 40％水酸化ナトリウムを用いて pH を 6.0 に調整し，塩分を 15％に調整した後，65℃，30 分間加熱殺菌し試作エキス 200 g を得た．

試作で得られたエキスは T-N，F-N，F / T，pH，塩分の分析と，一般生菌数，および官能検査を実施した．官能検査は被験者 5 名にて全窒素量を同濃度に調整した鰹エキスを比較対照に旨味，甘味，苦味，魚臭，異臭について調査した．

5.2. 結果と考察

鯖エキスの分析結果を表 8 に官能試験結果を表 9 に示す．得られたエキス

表 8　鯖エキス試作品分析値

	ラボスケール試作品	テストプラント試作品	分析方法
水分	48.90％	49.30％	赤外線乾燥法
Brix	51.20％	50.80％	屈折糖度計
T-N	4.10％	4.00％	ケルダール法
F-N	2.00％	2.00％	フォルモール滴定法
F-N/T-N	48.80％	50.00％	計算値
pH	6	5.9	ガラス電極法
NaCl	14.90％	15.00％	導電率測定法
重金属（Pb）	検出限界（0.05ppm）以下	検出限界（0.05ppm）以下	原子吸光光度法
カドミウム	0.25ppm	0.24ppm	原子吸光光度法
総水銀	検出限界（0.01ppm）以下	検出限界（0.01ppm）以下	還元気化原子
吸光光度法			
無機態砒素	検出限界（1ppm）以下	検出限界（1ppm）以下	原子吸光光度法
着色度	4.236 Abs	4.621 Abs	OD at 400 nm
一般生菌数	2.0×10 個 / g	9.0×10 個 / g	標準寒天培地法
酵母	0 個 / g	0 個 / g	ポテトデキストロース寒天培地
カビ	0 個 / g	0 個 / g	ポテトデキストロース寒天培地
乳酸菌	0 個 / g	0 個 / g	BCP 加寒天培地
大腸菌群	陰性	陰性	デゾキシコレート培地
嫌気性菌	0 個 / g	0 個 / g	クロストリジア培地
腸炎ビブリオ	陰性	陰性	TCBS 寒天培地
耐熱菌	0 個 / g	0 個 / g	標準寒天培地

は鰹エキスに比較して旨味，甘味などの呈味力が強く異味は感じられなかった．また，香りも魚臭などの異臭はほとんど感じられず，酵母による発酵臭が強く残存し，味醂のような発酵調味液に類似した風味が感じられた．

表 9　ラボスケール試作品官能評価

対象と比較して	強い	同程度	弱い
旨味	3	2	0
甘味	2	3	0
苦味	0	1	1
魚臭	0	0	5
異臭	0	0	5

6.　製造工程簡略化

6.1.　実験方法

酵素反応と酵母発酵を同時に行うことで製造に要する日数を削減するため，発酵温度，pH，反応時間について条件の見直しを実施した．

比較対照の段階的発酵サンプルは前述のラボスケール試作品を用いた．複合発酵のサンプルは下記の手順にて調製した（図 3 参照）．

Brix10.0 の鯖圧搾水各 100 g を pH 3.0，3.5，4.0，4.5，5.0 に調製後，500 m*l* 容バッフル付き三角フラスコに移し，シリコ栓（井内清栄堂）をセットした後，80℃まで加熱し殺菌した．次いで室温まで冷却した後，各々にタンパク分解酵素製剤オリエンターゼ 20A とノボフレーバーザイムを各 0.5 g，グルコ

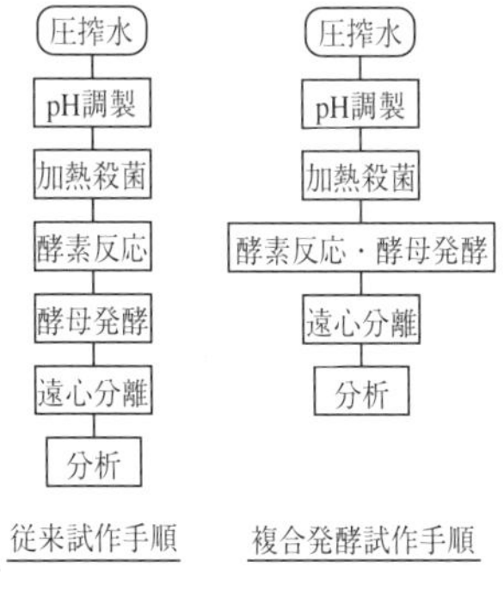

図 3　新旧試作工程比較

ース 3 g，酵母（*Schizosaccharomyces pombe*）培養液を 3 m*l* 添加し，30℃，35℃，40℃，45℃，50℃，200 rpm にて振とう培養した．

得られた発酵液は 3,000 rpm，10 min の遠心分離後，上清の T-N，F-N を測定し，タンパク加水分解率を求めた．

6.2. 結果と考察

40℃，pH 4.0 の条件で 24 時間複合発酵を行ったときタンパク加水分解率が 48％で尚かつ酵母発酵による異臭除去効果も認められた（表 10 参照）．従来の段階的発酵法では酵素反応と酵母発酵，およびその間の pH 調整，殺菌などに計 48 時間かかっていたため約 24 時間の工程短縮が可能となった．

表 10　複合発酵条件検討結果

pH	発酵温度	F-N	T-N	F-N / T-N 比	判定	官能検査備考
3	30℃	0.66	1.52	43.3	△	発酵香ややあり
	35℃	0.7		46.1	×	発酵香なし
	40℃	0.72		47.4	×	発酵香なし
	45℃	0.74		48.5	×	発酵香なし
	50℃	0.75		49.2	×	発酵香なし
3.5	30℃	0.66	1.52	43.1	○	発酵香あり
	35℃	0.71		46.9	○	発酵香あり
	40℃	0.73		48.2	△	発酵香ややあり
	45℃	0.76		50.3	×	発酵香なし
	50℃	0.78		51	×	発酵香なし
4	30℃	0.66	1.55	42.8	○	発酵香あり
	35℃	0.72		46.5	○	発酵香あり
	40℃	0.75		48.2	○	発酵香あり
	45℃	0.76		49.2	×	発酵香なし
	50℃	0.78		50.4	×	発酵香なし
4.5	30℃	0.63	1.56	40.6	○	発酵香あり
	35℃	0.65		41.7	○	発酵香あり
	40℃	0.67		43.2	○	発酵香あり
	45℃	0.72		46.1	×	発酵香なし
	50℃	0.74		47.5	×	発酵香なし
5	30℃	0.62	1.56	39.8	○	発酵香あり
	35℃	0.63		40.5	○	発酵香あり
	40℃	0.66		42	○	発酵香あり
	45℃	0.69		44.2	×	発酵香なし
	50℃	0.73		46.8	×	発酵香なし

7.　テストプラントにおける製造工程の確立

7.1.　実験方法

7.1.1.　スケールアップ試作

初期の試作はラボスケールをそのままスケールアップして図 4 と写真 1～8 に示した設備を用いて実施した（工程概略は図 5 参照）.

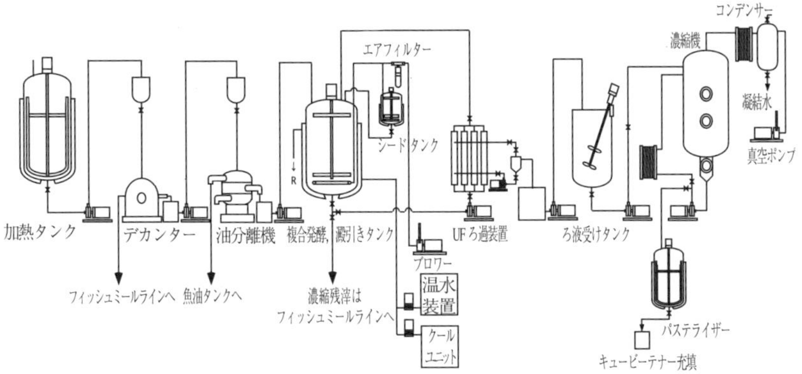

図 4　テストプラント概略

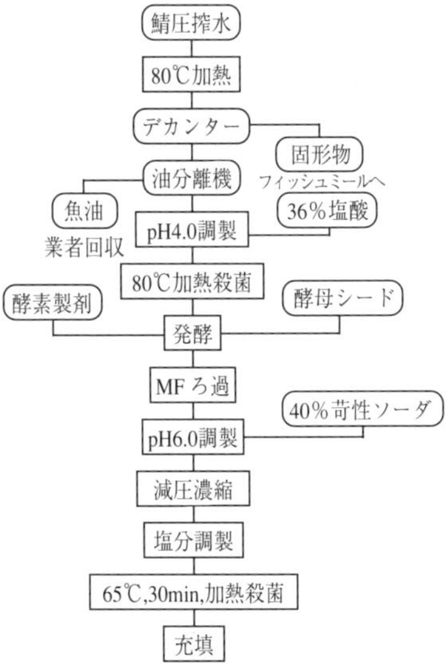

図 5　鯖エキス試作工程（改良前）

写真1　加熱タンク

写真2　デカンター

写真3　油分離器

写真4　発酵タンク

写真5　UFろ過装置

写真6　パステライザー

写真7　濃縮機

写真8　テストプラント外観

鯖圧搾水 1,000 kg を鯖節業者から 1トンコンテナにて回収し加熱タンクに投入した．粘度を低下させるため，80℃まで加熱しデカンター（石川島播磨工業製）で固形物を除去した後，油分離機（アルファ・ラバル製）で脂肪分を除去した．得られた清澄化鯖圧搾水 800 kg を発酵タンクに移送し 36%塩酸を用いて pH 4.0 に調整した後，80℃達温加熱で殺菌した．40℃まで冷却後，オリエンターゼ 20A を 2 kg，ノボフレーバーザイムを 1 kg，グルコース 24 kg を添加，シードタンクにて培養した 24 *l* の酵母培養液（*Schizosaccharomyces pombe*）を送液した後，ブロワーから 400 *l* / 分の無菌エアーをタンク内に通気しながら 300 rpm で攪拌しつつ 24 時間，発酵した．発酵終了後，MF（旭化成，UMP-353，公称孔径 0.2 μ m）ろ過装置にて酵母菌体を除去した．得られた清澄発酵液は pH を50%苛性ソーダ溶液を用いて 6.0 に調整後，減圧濃縮機にて Brix 40 まで濃縮した．濃縮液は塩分を 15%に調整した後，65℃，30 分加熱した．得られたエキス 196 kg は 20 *l* のキュービーテナーに充填し，冷蔵保管した．

7.1.2.　改良された試作工程

中期から後期で実施した検討結果から工程を以下のような内容に改良した（図 6 参照）．使用した設備は図 4 と同様．

鯖圧搾水 1,000 kg を鯖節業者から 1トンコンテナにて回収し加熱タンクに投入した．粘度を低下させるため，80℃まで加熱しデカンターで固形物を除去した後，油分離機で脂肪分を除去した．得られた清澄化鯖圧搾水 800 kg を発酵タンクに移送し 36%塩酸を用いて pH 4.0 に調整した後，80℃達温加熱で殺菌した．40℃まで冷却後，オリエンターゼ 20A を 2 kg，ノボフレーバーザイムを 1 kg，グルコース 24 kg 添加，シードタンクにて培養した 24 *l* の酵母培養液を送液した後，ブロワーから 400 *l* / 分の無菌エアーをタンク内に通気しながら 300 rpm で攪拌しつつ24時間，発酵した．発酵終了後，pH を 50%苛性ソーダ溶液を用いて 8.0 に調整した後，UF（旭化成 SIP-3013，分画分子量 10,000）ろ過装置にて酵母菌体を除去した．得られた清澄発酵液は減圧濃縮機にて Brix 40 まで濃縮した．濃縮液は pH を 36%塩酸を用いて 6.0 に調整後，塩分を 15%に調整し，65℃，30 分加熱した．得られたエキス 178 kg は 20 *l* のキュービーテナーに充填し，冷蔵保管した．

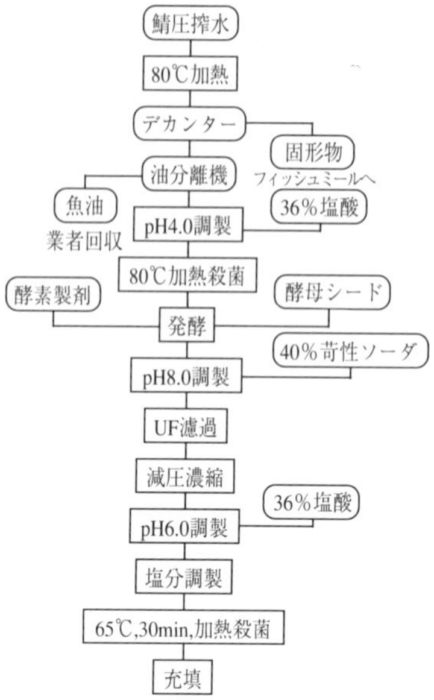

図6　鯖エキス試作工程（改良後）

7.1.3.　試作エキス分析

試作で得られたエキスはタンパク質，炭水化物，脂質，灰分，T-N，F-N，F / T，pH，NaCl，重金属含有量（カドミウム，鉛，砒素，水銀）の分析と，衛生検査（一般性菌数，大腸菌群，嫌気性菌，腸炎ビブリオ，耐熱菌）と，官能検査を実施した．官能検査は被験者 5 名にて全窒素量を同濃度に調整した鰹エキスとラボスケール試作品を比較対照に旨味，甘味，苦味，魚臭，異臭について調査した．

また，エキスは保存安定性を虐待試験にて検査した．

エキス 30 g を滅菌遠沈管に採り，37℃で 0 日，3 日，1 週間，2 週間，3 週間，4 週間保存し，一般生菌数および官能試験，着色度，沈殿の発生状況を確認した．

7.2.　結果と考察

7.2.1.　スケールアップに伴う問題点の改善検討

ラボスケールをそのままスケールアップしてテストプラント試作を実施し

たところ，以下のような問題点が認められた．

(1) 濃縮温度，時間が増加したため，濃縮中に粘性が急激に増加し，濃縮機から排出されなくなった．

(2) 濃縮率を下げ，製品 Brix を低めに設定した場合でもエキスの冷蔵保管中に大量に澱が発生した．

(3) エキス着色度の増加とえぐみ，焦げ臭およびアンモニア臭が発生した．

これらの問題点に共通した原因として加熱時間の増加が考えられた．ラボスケールでは 30℃から 80℃の昇温時間が 10 分程度だったのが，テストプラントの温水機とタンクジャケットによる加熱では 1 時間以上かかっていた．しかしながら設備面から昇温時間の短縮は困難であり，対策は別の方法を検討した．その結果，従来 MF（精密ろ過膜）を用いていたろ過工程を分画分子量 10,000 の UF（超精密ろ過膜）に変更することで未分解のタンパク質，高分子ペプチドを除去し濃縮中の粘度を抑え，澱の発生も最小限にすることが可能となった．濃縮中の粘性が低下したことで濃縮効率も向上し，焦げ臭の発生は防止できたがアンモニア臭は残存した．この対策として，濃縮を pH 8.0 以上で実施し，アンモニア，ジメチルアミン，トリメチルアミンなどの揮発性塩基窒素を揮発させることで風味を改善することが可能となった．

7.2.2. 改良後の試作結果

MF ろ過を UF ろ過へ変更した結果，減圧濃縮時の粘度上昇と澱の発生を抑えることが可能となった．ただし，圧搾水に残存する脂肪分が疎水性のポリスルフォン膜に付着し性能低下が著しくなる傾向があった．これは UF ろ過の前工程で pH をアルカリ性にすることで防止することができた．ただし，MF ろ過を UF ろ過へ変更したことにより除去される窒素分が増加，エキスの歩留まりが若干低下した．

7.2.3. 試作鯖エキス分析結果

表 8 に示したとおり，着色度がやや大きい以外，ほとんどの分析項目でラボスケール試作品とテストプラント試作品の分析値に差異は認められなかった．

表 11 に官能試験の結果を示した．同窒素濃度の鰹エキスに比較して試作エ

キスは旨味，甘味が強く，苦味，魚臭，異臭が少ないことが確認された．保存試験の結果，エキス中の一般生菌は増殖せず，逆に減少する傾向にあった．また，着色の進行と風味の変化，澱の発生からみて37℃で3週間までは品質を維持できることが判明した．この結果から冷蔵保管では1年間程度の賞味期限を設定できる可能性が高い（表12参照）．

表11　テストプラント試作エキス官能試験結果

対象と比較して	強い	同程度	弱い
旨味	5	0	0
甘味	2	2	1
苦味	0	2	3
魚臭	0	0	5
異臭	0	1	4

表12　鯖エキス保存安定性試験結果

37℃保存日数	0 day	3 day	1 week	2 week	3 week	4 week
一般生菌数	9×10^2個/g	2×10^2個/g	8×10個/g	1.7×10個/g	2×10個/g	3×10^2個/g
沈殿	－	－	－	－	－	±
色調（OD at 400nm）	4.621	4.991	5.611	6.119	6.927	7.468
風味	標準	変化なし	変化なし	変化なし	若干の加熱臭を感じる	若干の焦げ臭，えぐみを感じる
判定	○	○	○	○	○	×

8.　コスト試算

8.1.　実験方法

計算の前提条件として下記の条件を用いた．

（1）生産量：200 kg / バッチ（鯖圧搾水集荷量 1,200 kg / バッチ）
　1.8 トン/月
　21.6 トン/年

（2）作業人員：2 人 / 日

8.2.　結果と考察

テストプラントにおける試作エキスのコスト試算を行った結果を表13に示す．比例製造費は366.70円 / kg だが，1バッチの生産量が200 kg と極めて少量であることから，人件費，設備償却費などの固定費は 550.30 円 / kg．これらを合計した製造原価は 917.00 円 / kg になる．

魚介系調味料の卸値は，500～1,000 円 / kg が相場となっており，テストプラントでエキスを製造，販売した場合，採算が合わない可能性が高い．

しかしながら，現在，沼津水産開発センターで計画中の各種魚介系エキス製造プラントが建設された場合，生産量の増加による固定費の大幅な削減が可能であり，今後も引き続き検討を続行する必要がある．

表 13　コスト試算結果

費用名目	単価（円 / Kg）
原料費	321.88
包材費	24.82
用役費	20
比例製造費合計	366.7
設備償却費	61.73
人件費	488.57
固定費合計	550.3
製造原価	917

9．まとめ

一連の検討の結果，鯖節製造において最も環境負荷が大きいと推測される鯖圧搾水から有用成分である窒素分を回収し，鯖エキスとして製品化とすることが可能となり，結果として排水処理設備や環境への負荷を軽減することができる技術が開発された．

製造コストはテストプラントでの製造を前提にしているため，かなり高い金額となったが，将来，沼津水産開発センターで本格的エキス工場を建設した場合は今回の約半分程度のコストで生産できる可能性もあり今後も検討を継続していく．

キーワード：鯖節，煮汁，圧搾水，発酵，膜ろ過

文責：日本たばこ産業（株）　長澤 淳

第6章

水産加工排水汚泥等の減量化及び発酵熱の有効利用技術の開発

（株）オーケーバイオ研究所

はじめに

水産加工工場から出る排水や廃棄物には、BOD，COD および油分などが多く含まれており、従来の処理方法では多くの余剰汚泥が発生する。本研究では固形物減量化槽と廃液の浄化槽によって構成されている2段処理システムを工夫し、*Bacillus* 属細菌を主体とする OKZ 菌の浄化能力を活用して処理水質の確保と汚泥の大幅な減量化を実現できる技術を開発した。

1. *Bacillus* 属細菌を主体とする微生物群の COD 低減効果の確認

1.1. 実験目的

Bacillus 属細菌を主体とする微生物群（以下 OKZ 菌と略記する）の浄化能力を確認するため、OKZ 菌を種とした生物処理の回分実験を行い、COD_{Mn} 低減効果を検討した。

1.2. 実験方法

図 1 に示す回分式実験装置を作製した．この装置の基本構造は二重円筒構造のアクリル製の密閉型容器に曝気できるよう空気供給パイプを取り付けたものである．内部容積は 250 m*l* であった．温度測定のための熱電対，サンプル採取管，排気栓，観察用の窓を設置した。また保温のため、二重円筒の中間に発泡ウレタン保温材料を充填した．

COD 除去テストを行うために、この回分式反応槽内に予め 121℃ 15 分間高圧殺菌した 50%濃度の普通ブイヨンを150 m*l* 入れ、そして OKZ 菌を5 m*l* 投入して接種した。この OKZ 菌接種物は、OKZ 菌の粉末 O.5 g を蒸留水 30 m*l* に加え 80℃ 20 分間加温して調整した均一な OKZ 菌液であった。また反応槽内に酸素を供給することを目的としてブロアーを用いて空気流量 30 m*l* /minで曝気した．但し空気中のほこりや雑菌の混入を防ぐため，乾燥滅菌したグラスウールをパイプ中に詰め，フィルターとした．

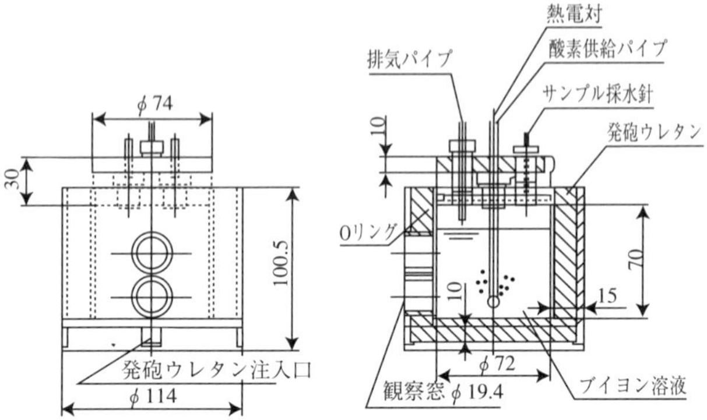

図1　実験装置図

実験装置をインキベーター内に入れ温度制御できるようにした．実験開始時まずインキベーターの設定温度を 65℃まで上げ，12 時間後に 36℃に設定して実験を行った。実験期間中は反応槽液中の COD，pH の変化を調べた．

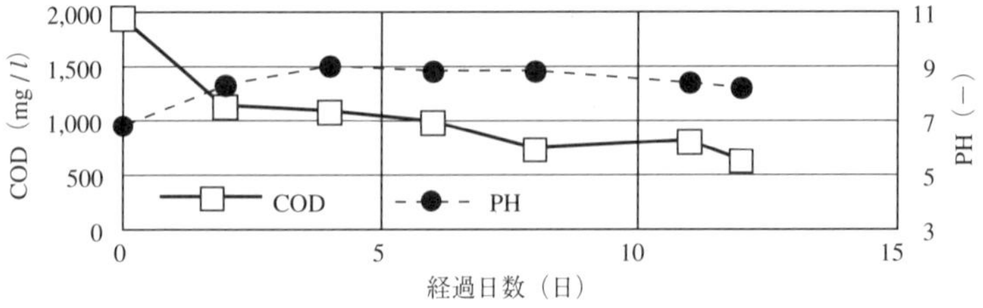

図2　反応槽内の COD と pH の経日変化

1.3.　実験結果

反応槽液中の COD，pH の経日変化を図 2 に示す．実験期間中，pH は 7～9 のアルカリ範囲で推移していた．COD 濃度は培養経過日数の増加とともに低下し，実験開始 8 日後には，COD が実験開始時の 1 / 3 近くまで減少した．また培養 8 日目で反応槽内のサンプルを採取して顕微鏡で菌相を調べた結果、桿菌が多数観察された．この実験より，*Bacillus* 属細菌を主体とする OKZ 菌は好気性条件においてCOD分解能力があることが示唆された．

1.4. まとめ

回分式実験により，*Bacillus* 属細菌を主体とする OKZ 菌は好気性条件の水溶液において COD 浄化能力があることを証明できた．

2. OKZ 菌の浄化効果に及ぼす曝気の影響

2.1. 実験目的

前述の実験により，OKZ 菌は好気性条件の水溶液において COD 浄化能力を有することがわかった．そこで OKZ 菌の浄化能力を発揮できる条件を把握することを目的として曝気の有無による影響を確認するための実験を行った．

2.2. 実験方法

実験装置は前記の図 1 の設備とほぼ同様であったが，曝気なしの条件には高温蒸気滅菌を行った三角フラスコを用いた（以下，曝気を行った反応槽を反応槽 A と曝気を行わない三角フラスコを反応槽 B と記載する．）．

これらの回分式反応槽内に予め 121℃ 15 分間高圧殺菌した 50 %濃度の普通ブイヨンを 150 m*l* 入れ、そして OKZ 菌を 5 m*l* 投入して接種した。この OKZ 菌接種物は、OKZ 菌の粉末 0.5 g を蒸留水 30 m*l* に加え80℃ 20 分間加温して調整した均一な OKZ 菌液であった。また反応槽 A は前節の実験と同様に 30 m*l* / min で空気をブロアーで送り曝気を行った．対比系列としての反応槽 B には曝気せず無酸素条件とした。実験装置をインキベーター内に入れ温度制御できるようにした．実験開始時まずインキベーターの設定温度を 65℃まで上げ，12 時間後に 36℃に設定して実験を行った。実験期間中は反応槽液中の COD，pH および菌数の変化を調べた．

2.3. 実験結果

反応槽 A，B における COD の経日変化を図 3 に，また反応槽 A，B におけるpH の経日変化を図 4 に示す．

図 3 に見るように，曝気のない反応槽 B では COD の低下が緩やかで，初期の 6 日間で COD の低減がほとんどなかったのに対して，曝気を行った反応槽 A では COD の低下が早く、10 日で 1600 mg / *l* から約 400 mg / *l* まで減少した。

pH に関しては，図 4 に見るように反応槽Aと基準槽ではアルカリ域で推移していたが，反応槽 B では嫌気性条件であるため、酸生成による pH 低下が見られた。また、臭気面でも反応槽Aの臭気が少ないのに比べ，反応槽 B では非常に強い臭気があり，顕微鏡観察からも全く異なるタイプの菌相増殖が見られた．また反応槽 A における生菌数を表 3 に示す．実験開始時の菌数は 5.70×10^3 個 / m*l* であったが、実験開始 4 日後に 10^7 個 / m*l* 以上まで増殖した。これに対して、曝気しなかった反応槽 B では、培養 4 日後の菌数は反応槽A の 10 分の 1 以下であった．このように、OKZ 菌は好気性条件においてよく増殖するといえる。

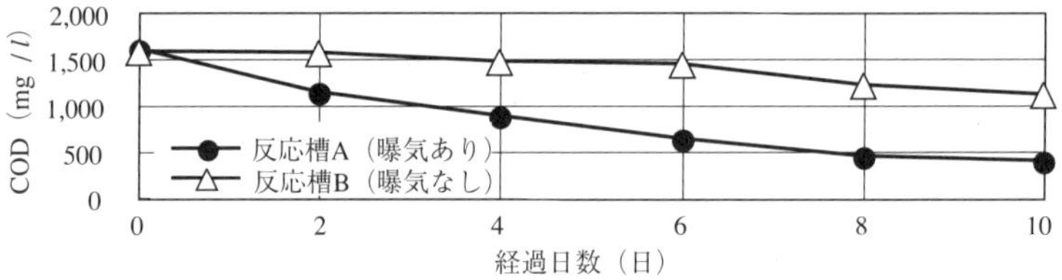

図 3　反応槽内のCODの経日変化

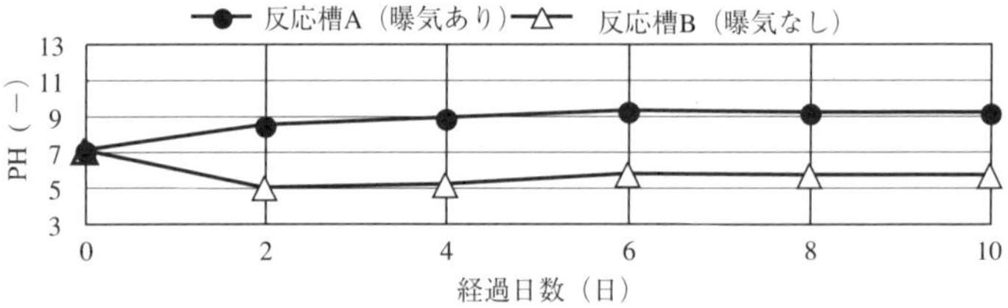

図 4　反応槽内の pH の経日変化

表 1　反応槽 A における生菌数の経時変化

経過日数		生菌数（個 / m*l*）
実験開始時		5.70×10^3
実験開始	4 日後	2.56×10^7
	6 日後	4.40×10^7
	10 日後	3.85×10^7

2.4.　まとめ

本実験より、OKZ 菌の増殖には曝気を行う好気性条件が必要であることがわかった。また COD 浄化の観点からも曝気を行うことが必要である。

3.　水産加工場排出残渣の減量化検討

3.1.　目的

水産加工工場から出る排水や廃棄物には、BOD，COD および油分などが多く含まれており、従来の処理方法では多くの余剰汚泥が発生する。本研究では固形物減量化槽と廃液の浄化槽によって構成されている 2 段処理システムを工夫し、*Bacillus* 属細菌を主体とする OKZ 菌の浄化能力を活用して処理水質の確保と汚泥の大幅な減量化を実現できる技術を開発した。

3.2.　実験装置および方法

水産加工場排出残渣の減量化のために，図 5 に示す減量化装置を作製した．この装置は主に減量化槽と浄化槽の設備で構成されている．本処理装置において減量化槽の役割は主に投入される固形残渣の可溶化、減量化を行うこと

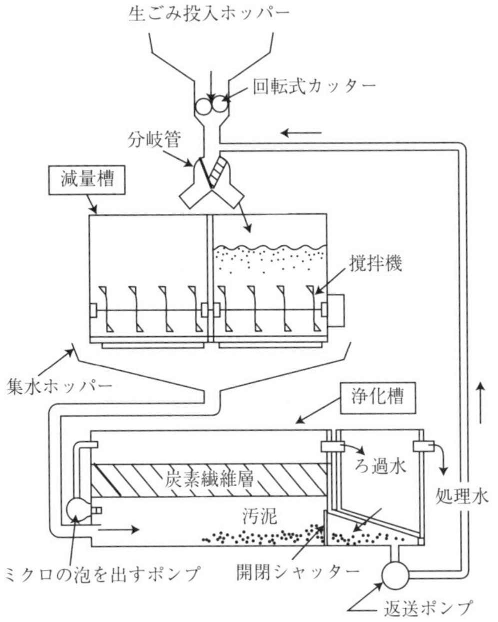

図 5　減量化装置の概略図

であるのに対して，浄化槽の役割は主として減量化槽から出る廃液を処理することである。以下に，減量化槽，浄化槽の仕組みについて項目別に説明する。

3.2.1. 減量化槽の仕組み

減量化槽は，高さ・幅・奥行各 1 m のステンレス製の容器を 2 基並列に接続したもので，内部に撹拌機を取り付けてある．また減量化槽の底部には 0.2 mm の孔を多数あけてある．減量化槽には珪酸カルシウムとセラッミックスの混合物と OKZ 菌を入れておく．ミキサーで破砕処理した水産加工残渣（魚のアラなどの生ごみ）が浄化槽から返送された余剰汚泥と混合した後、上部から減量化槽に投入され、機械攪拌装置で槽内微生物とよく混合されることで OKZ 菌の働きにより減量化される。減量化槽の底部に集まった汚水は珪酸カルシウムやセラミックスなどの混合材を通して下部側面にある孔から排出され，集水ホッパーを通して次に記載する浄化槽に流出される。

二つの減量化槽は 40 日おきに交互に使用した.

3.2.2. 浄化槽の仕組み

浄化槽は，菌体を付着させた炭素繊維層で上下に区切られており，下部側面にはミクロの泡を噴射するポンプを設置してある．このポンプの役割は槽内攪拌と酸素供給、両方の役割をしている。前述した減量化槽から排出されるろ液は浄化槽の下部より流入し，ミクロの泡によって撹拌されながら，微生物に浄化される。反応した混合液はプラスチック繊維層を通すことで、ろ過作用などにより微生物や SS 成分が浄化槽下部の反応部分に閉じこめられ

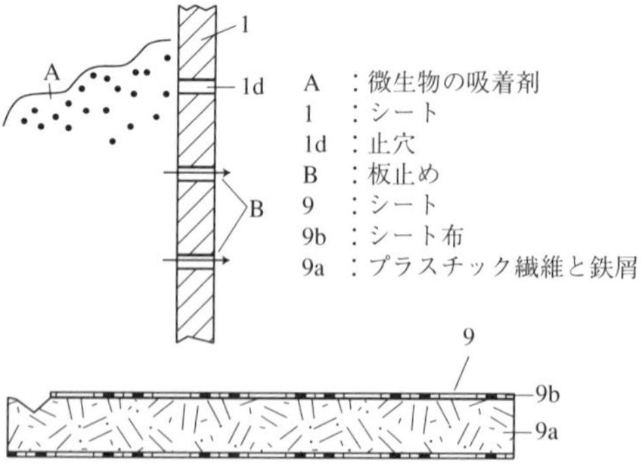

図 6　プラスチック繊維槽

る。このようにして得られたろ過水は右側に流れて処理水となる。また下部に堆積した余剰汚泥を返送ポンプにより減量化槽上部の分岐管前に返送されて破砕された生ごみと混合して減量化槽に投入される。

浄化槽に設置されているプラスチック繊維層は図 6 のようにプラスチックと鉄屑をプラスチック板で挟み、充填ろ材として多段的に設けることによって、下部より上昇してくる混合液はろ過される仕組みとなっている．このプラスチック繊維は基本的に二つの役割がある。一つは微生物を付着させて菌体濃度高める効果であり、もう一つは SS 成分の流出を防ぐろ過効果である。

3.2.3.　実験方法

前記の実験装置を用い，水産加工品残渣である魚のアラを処理する連続実験を行った．

1 m^3 の減量化槽には，予め珪酸カルシウムとセラッミックスの混合物に OKZ 菌を添加したもの（重量 80 kg）を入れておき，そして魚のアラ 100 kg と汚水 1,000 kg を 1 日 1 回，回転カッターで破砕した後，減量化槽に投入した．上記の量を週に 6 回（6 日）の頻度で減量化槽の第 1 槽に投入した。40 日後に投入する槽を第 2 槽に切り替え，第 1 槽側はそのまま撹拌を継続し，40 日後に内容物を抜き取り，重量を測定するとともに，窒素・リン酸・カリウムなどの成分と，有害金属についての分析確認を行った．このように二つの減量化槽は交互に利用して、80 日一つのサイクルが完成する。そのうち、前半の 40 日は廃棄物と汚水の連絡的処理を行い、後半の 40 日間には何も投入せず、残渣の肥料化熟成を行う。

また浄化槽には，上記減量化槽の底部から流出する廃液が流入し，好気性微生物に分解されながら、プラスチック繊維層を通して浄化槽の上部より処理水を得た。この浄化槽出口処理水の COD 濃度を測定した．

3.3.　実験結果

3.3.1.　減量化槽による処理効果

実験開始 24 時間後、魚アラの 90～95 %が分解される。図 7 に一例として減量化槽運転前半サイクルの 40 日間の処理状況をまとめた。実験開始時には 80 kg の菌床を予め投入している。その後日曜日を除いて 1 日 100 kg の魚のアラを 40 日間連続投入したが、実質的累積投入魚アラの重量は 100 kg×35

日＝3500 kg と計算される。実験開始から 40 日後に，減量化槽の第 1 槽から抜き取った内容物の重量は 255 kg であり，最初に投入してあった OKZ 菌および珪酸カルシウムとセラッミックスの混合物の重量 80 kg を差し引くと，残渣の重量は 175 kg であった．単純計算で減量化率は（3,500 kg - 175 kg）/ 3,500 kg＝95 %であった。

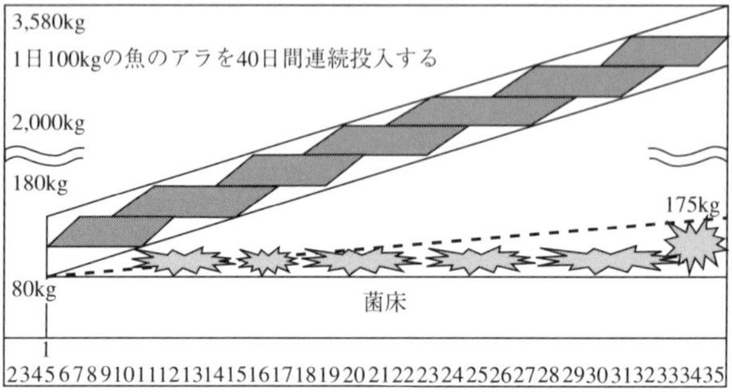

図 7　減量化槽の前半 40 日間における固形物の処理状況

3.3.2. 残渣発生量およびその肥料価値

また浄化槽で発生した余剰汚泥を減量化槽に返送して微生物による分解を進めた結果、減量化槽 1 サイクル終了時（80 日）では、投入固形物の 98

表 2　残渣の成分と,重金属についての分析結果

分析項目	分析値	分析法
塩分濃度	1.0 %	肥料分析法 5-5
全窒素	3.4 %	肥料分析法 4-1
リン酸（P_3O_6）	2.6 %	肥料分析法 4-2
カリウム（K_2O）	13.0 %	肥料分析法 4-3
有機炭素	28.9 %	下水試験法 一般汚泥試験 21 に準ずる
PH（25℃）	8.1	ガラス電極法
全水銀	0.13 mg / kg	肥料分析法 5-11
鉛	6 mg / kg	肥料分析法 5-18
カドミウム	0.3 mg / kg	肥料分析法 5-6
ヒ素	3.3 mg / kg	肥料分析法 5-23
銅	12 mg / kg	肥料分析法 5-17
亜鉛	58 mg / kg	肥料分析法 5-1

（株）日本環境科学研究所による分析結果

％が分解し、残渣は最終的に完熟した堆肥となる。この減量化槽残渣の成分と重金属関する分析結果を表 2 に記載する．

表 2 の分析結果に見るように，減量化槽の残渣は肥料としての使用が可能な状態にあった．

3.3.3.　浄化槽の処理効果

また，浄化槽の水理学的滞留時間（HRT）を 24 時間と設定して処理した結果，流入廃液の COD は 35,000 mg / *l* であったが，浄化槽出口処理水の COD は 20 mg / *l* 以下であった．

3.4.　まとめ

本研究では固形物減量化槽と廃液の浄化槽によって構成される 2 段処理装置を製作し、後段での浄化槽で発生する余剰汚泥を前段の固形物減量化槽に返送して生物分解を図るシステムを工夫した。減量化槽には，珪酸カルシウムとセラッミックスの混合物に OKZ 菌を添加したものを入れておき、二つの減量槽を 40 日毎に交互に使用することで、魚アラを連続投入する前半の 40 日間で固形物の減量化を図り、そして投入しないサイクル後半の 40 日で残渣の熟成堆肥化を図ることとした。

水産加工残渣である魚アラについて処理した結果、投入固形物の 98 ％が分解し、2 ％の残渣も最終的に完熟した堆肥となっていた。また後段の浄化槽から出る処理水の COD 濃度は 20 mg / *l* 以下で、処理効果は良好であった。

4.　研究成果のまとめ

（1）水産加工場から出る排水や汚泥は，BOD・COD および油分などが高く、余剰汚泥も多い状態にあり，また冬場の水温低下に伴う排水処理の能力低下の問題もあり，年間を通じた排水の安定処理が求められている．本研究では、*Bacillus* 属細菌を主体とする微生物群を用いて汚泥発生量を低減するシステムの開発を目的とした．

（2）最初に *Bacillus* 属細菌を主体とする微生物群の COD 低減効果を確認した．実験開始 8 日後には COD が開始時の 1 / 3 近くまで減少しており，pH はアルカリ領域で推移していた．また曝気の有無による影響を確認したが，曝気をした場合に COD が大きく低下することが確認できた.

(3) 固形物減量化槽と廃液の浄化槽によって構成される 2 段処理装置を製作し、後段での浄化槽で発生する余剰汚泥を前段の固形物減量化槽に返送して生物分解を図るシステムを工夫した。減量化槽には,珪酸カルシウムとセラッミックスの混合物に OKZ 菌を添加したものを入れておき、二つの減量槽を 40 日毎に交互に使用することで、魚アラを連続投入する前半の 40 日間で固形物を減量化し、そして投入しないサイクル後半の40日で残渣を熟成堆肥化した。

水産加工残渣である魚アラについて処理した結果、投入固形物の 98 %が分解し、2 %の残渣も最終的に完熟した堆肥となっていた。また後段の浄化槽から出る処理水の COD 濃度は 20 mg / l 以下で、処理効果は良好であった。

キーワード：水産加工場，魚のアラ，*Bacillus* 属，汚泥減量化，堆肥化

文責：（株）オーケーバイオ研究所　小野寺 和夫

第 7 章

でんぷん工場等の高濃度排水の物理化学的固液分離技術の開発

（株）前川製作所

はじめに

食料品製造業における排水は，有機物が主体であり生物処理に適した排水であるが，多くの場合，高濃度であるため負荷量が大きく処理が不安定となりやすい．したがって，負荷の低減，処理性能の安定化のためには沈殿，堆積，腐敗の原因となる浮遊性夾雑物を前処理で取り除く必要がある．

電解浮上法は排水中の電極に直流電流を印加，水の電気分解により発生する酸素と水素の微小気泡に懸濁物質を付着，浮上させ固液分離を行うものである．本研究開発では，高濃度排水としてでん粉工場ならびに食鶏工場排水を対象に，電解浮上法を用いて懸濁物質の除去による生物処理槽への排水負荷の低減を図るとともに，電解電極上での酸化還元反応を利用した有機物分解[1)]，酸素ガスの発生に伴う溶存酸素の向上などの副次的な効果についての検討を行った．初めにでん粉工場ならびに食鶏工場排水を対象に回分式の基礎試験を実施し，処理温度，処理時間，印加電流値，電極間距離，電解補助剤などの諸条件の検討を行った．次にこの結果を踏まえ食鶏工場現地にて流通式試験を実施，処理能力の実証，加圧浮上処理との比較ならびに微生物処理槽への影響評価などを行った．

1.　でん粉工場排水に対する電解浮上基礎試験

1.1.　実験方法

供試排水は甘藷でん粉工場より排出された実排水を使用した．供試排水の性状を表 1 に示す．排水の通電性を表す導電率は 0.441 S / m であった．甘藷でん粉工場排水の特徴として，甘藷でん粉が収穫後の短期間に集中的に製造されるため BOD が高く，腐敗により容易に有機酸が生成することなどが挙げられる[2~4]．本実験で使用した電気分解浮上装置の概略を図 1 に示す．陽極にチタン，陰極に SUS を用いた電極板（電極面積 32 cm²，電極間距離 5 mm）に対し直流電流の通電により排水中で電気分解を行った．電源には最大電圧 36V，最大電流 10A の直流電源装置を用いた．実験は供試排水 5 *l* に対し 60 分間通電を行い，印加電流（2，5，10A），実験開始時の排水温度（0，5，20，30℃），電解補助剤（塩化ナトリウム）濃度の異なる各条件について回分式試験を行った．電気分解槽内の排水温度，pH，導電率，溶存酸素を連続的に測定するとともに，10 分間隔で処理水のサンプリングを行い，懸濁物質濃度（SS）および化学的酸素要求量（COD）の水質測定を行った．また，実験終了後，生物的酸素要求量（BOD），全窒素（T-N），全リン（T-P），ノルマル

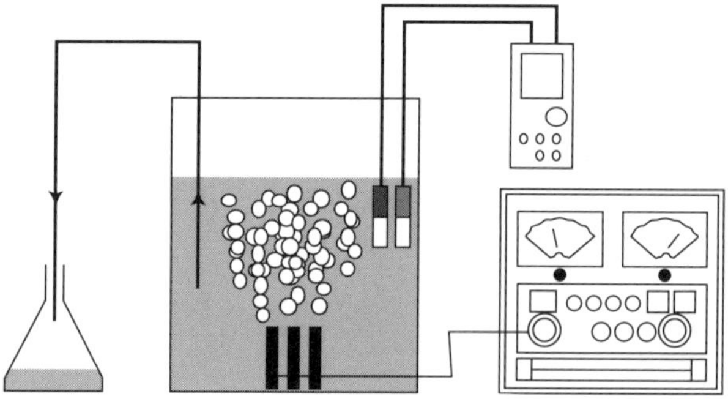

図 1　電気分解槽

表 1　甘藷でん粉工場排水の性状

項　目	測定値
BOD［mg / *l*］	1,300
COD［mg / *l*］	836
SS［mg / *l*］	500
T-N［mg / *l*］	100
T-P［mg / *l*］	26
ヘキサン抽出量［mg / *l*］	5
DO［mg / *l*］	3.8
pH	4.67
導電率［S / m］	0.441

ヘキサン抽出物質量の測定も併せて行った．pH，SS，COD_{Mn}，BOD，T-N，T-P の測定は下水試験法に準拠して行った．

1.2. 結果と考察

実験条件ならびに結果を表 2 に示す．電解浮上処理により測定項目全般において減少が確認され，特に SS に対しては顕著な除去効果が得られた．また，塩化ナトリウムの添加により，導電率の上昇，所定の印加電流値に対する電圧値の低下が認められた．

表 2　実験条件ならびに結果

電流 [A]	電圧 [V]	開始温度 [℃]	NaCl 添加量 [g]	BOD [mg / l]	COD [mg / l]	SS [mg / l]	T-N [mg / l]	T-P [mg / l]
2	10	5	0	1,300	730	190	130	25
5	21	5	0	840	454	146	54	23
10	36	5	0	700	288	20	20	15
10	36	0	0	650	294	27	19	11
10	26	20	0	740	341	40	26	14
10	21	30	0	720	318	20	23	11
10	14	5	5	640	596	100	47	22
10	10.5	5	10	470	388	67	67	17

1.2.1. 印加電流条件の検討

SS，COD 除去率の経時変化を図 2，3 に示す．SS，COD ともに通電に伴い除去率の増加が認められた．また，印加電流値が高い条件ほど大きな除去効果が確認された．特に 10A の条件では，通電時間 30 分間で急激に除去率が増加し，60 分で 94 %の除去率が得られた．また，COD も同様に印加電流値

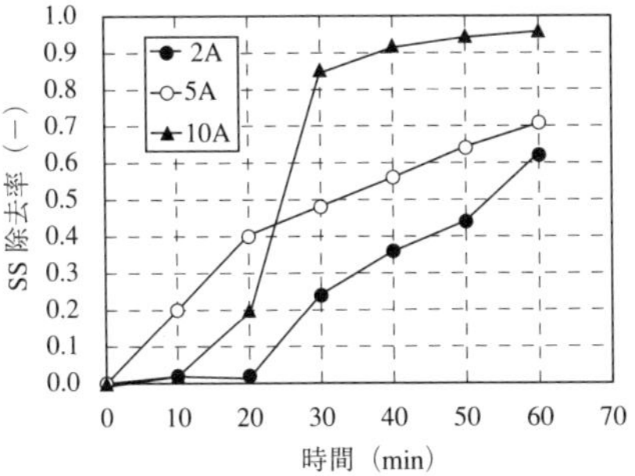

図 2　SS 除去率の経時変化

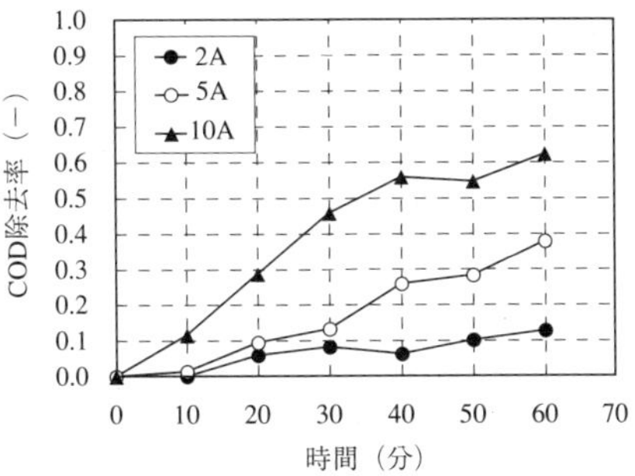

図 3　COD 除去率の経時変化

が高い条件ほど大きな除去効果が得られ，10A で 60 %の除去率が得られた．その他の水質項目については，BOD，T-N はそれぞれ最大 46 %，80 %の除去率を示した（表 2）．電解処理により排水の導電率，pH に大きな変化は認められなかったが，溶存酸素は電解開始直後より増加が認められ飽和濃度以上の値（16 mg / *l*）を示した．排水温度は通電とともに経時的に上昇し，印加電流が高い条件ほどその上昇幅は大きなものとなった．

SS および COD ともに，印加電流が高い条件ほど効果的な除去が可能であることが明らかとなった．SS は気泡へ付着・浮上分離されることから，SS 除去において排水中の懸濁物質量に対する気泡量を把握することが重要である．電解処理時における気泡の発生量は通電した電流量によって決定されることから，供試排水について印加電流値に対する気泡量を実測し，各試験条件に対する発生気泡量の算出を行った．この値をもとに懸濁物質の単位重量当たりの気泡重量を表す気固比を導き出し SS 除去率との関係について整理を行った（図 4）．気固比が 1.7 g / g に達するまでは，SS 除去率の上昇が観察され，それ以上の気固比において除去率は一定値に近づく傾向が見られた．したがって，電解浮上処理の操作条件として，気固比は 1.7 g / g 程度が SS 除去に対し最も効率的であると推察され，過大にすると電力費の増大，過少では処理不良になると考えられる．

一方，COD の減少は SS 除去ならびに電極面上での電解酸化などによる溶存性有機物の分解が関与していると推察されることから，排水溶液量に対す

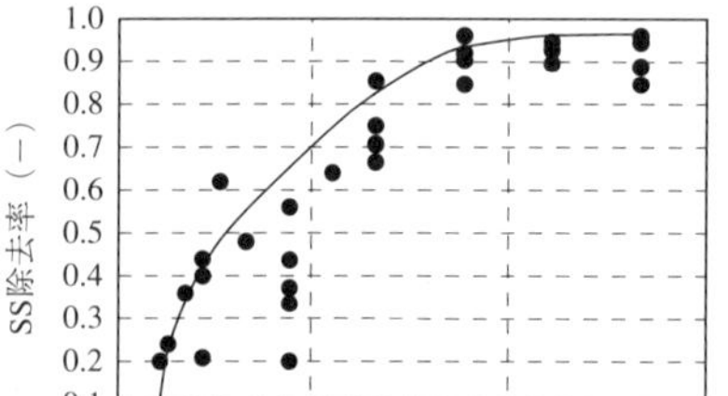

図 4　SS 除去率と気固比の関係

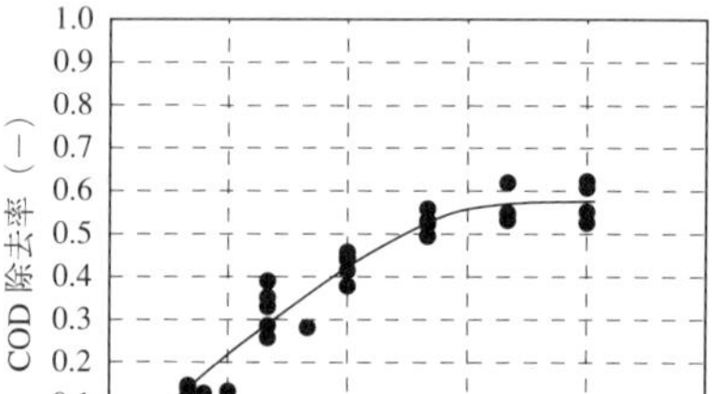

図 5　COD 除去率と電量濃度の関係

る印加電流量の把握が必要である．図 5 に COD 除去率と電量濃度の関係を示す．電量濃度とは単位溶液量に対する通電量を表し，反応量を決める指標となる [5]．電量濃度の増加に伴い COD 除去率の増加が認められたが，1.5 Ah / l 以上では除去率が一定値に近づく傾向を示した．したがって，本試験で用いたでん粉排水に対して電量濃度 1.5 Ah / l が COD 除去に対して効率的な印加電流値であると推察される．

1.2.2.　温度条件の検討

SS 除去率の経時変化は，いずれの温度帯においても同様の挙動を示し（図 6），60 分の処理で 90 %程度の高い除去率を示した．また，COD 除去率の経時変化についても温度の違いによる大きな差異は認められず 50～60 %の除去率であった（図 7）．また，BOD，T-N などの水質項目についても，すべての温度帯において同程度の除去率を示した．したがって，でん粉工場排水において，排水温度が電解浮上の処理能力に与える影響は小さく，排水水温の変動に対して安定した処理の可能性を示唆する結果が得られた．pH，導電率に関して温度に対する変化は認められなかったが，溶存酸素は 0℃ならびに 5℃の低い水温条件では 16 mg / l の高い値を示したが，20℃ならびに 30℃の高い水温条件では 8 mg / l に留まり，温度条件に大きく影響されることが明らかとなった．

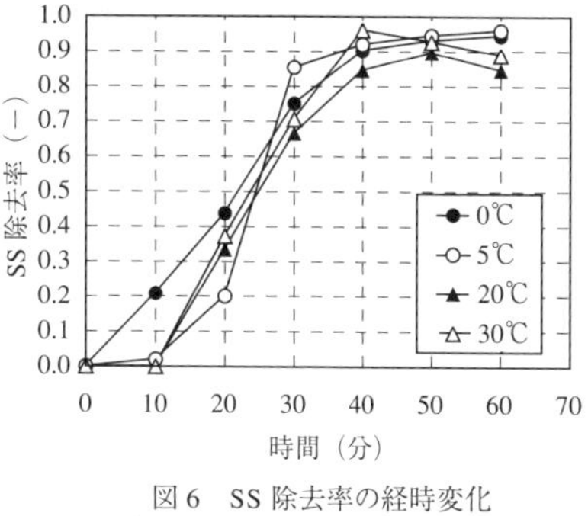

図 6　SS 除去率の経時変化

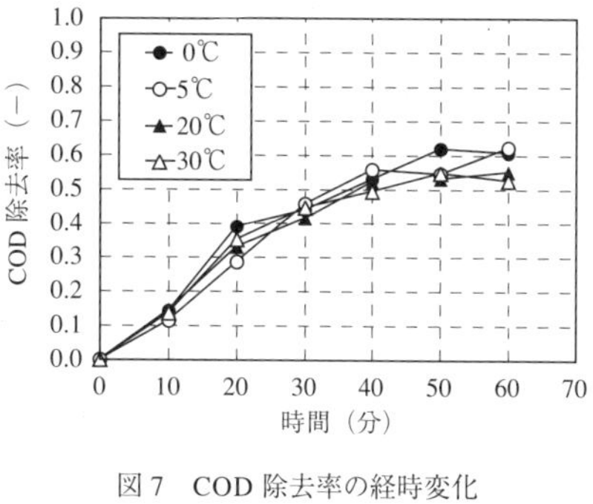

図 7　COD 除去率の経時変化

1.2.3.　塩化ナトリウム添加の検討

塩化ナトリウムを添加した条件について SS，COD 除去率の経時変化を図8, 9 に示す．塩化ナトリウムの添加により，導電率の大幅な増加とそれに伴い所定電流に対する電圧値の減少が確認された．供試排水に対し 0.1 %の塩化ナトリウムを添加した場合，排水の導電率は 1.35 S / m と 3 倍程度増加，印加電圧値は添加しない場合に比べ 40 %まで減少した．さらに 0.2 %の添加では，導電率 2.10 S / m，電圧値は 27 %に減少した．印加電圧の低下に伴い通電中の排水温度の上昇は抑制される結果となり，これに伴い溶存酸素は 20 mg / l 程度の高い値を示した．また，排水中の pH は通電とともに上昇する傾向にあり，添加した塩化ナトリウムの電気分解による次亜塩素酸ナトリウムの生成が考えられ，オルトトリジン法により遊離残留塩素濃度を測定したところ，印加電流値 10A，通電時間 60 分で 100 ppm 程度の測定値が得られた．これより塩化ナトリウムなどの塩の添加により使用電力抑制の可能性を示す結果が得られ，さらに適当な塩を選択することにより次亜塩素酸ナトリウムなどの電解生成物による酸化還元反応の促進などの副次的効果が期待できることが明らかとなった．しかし，定常状態での SS 除去率は電解補助剤を加えない条件に比べ若干の低下が見られ，また，COD，BOD，T-N などの溶存成分に対しては特に 5 g（0.1 %）の添加条件において大幅な除去量の減少が認められた（表 2）．これは溶存成分の分解に塩化ナトリウム添加に伴う排水水温上昇の抑制と次亜塩素酸ナトリウム生成による酸化剤濃度の上昇が大きく影響していることを示唆していると思われ，COD，BOD，T-N 除去に対してはこれらの要因を考慮する必要がある．

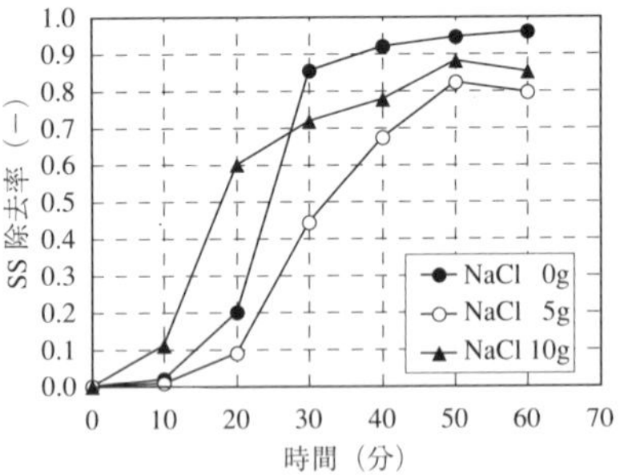

図 8　SS 除去率の経時変化

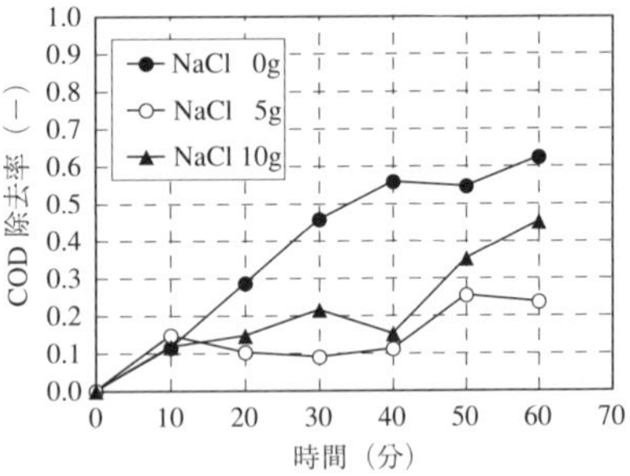

図 9　COD 除去率の経時変化

2. 食鶏工場排水に対する電解浮上基礎試験

2.1. 実験方法

供試排水は食鶏工場より排出された実排水を使用した．食鶏工場排水の性状を表3に示す．排水の通電性を表す導電率は0.11 S / m であった．食鶏工場排水の特徴として血色が強くBOD が高い，また腐敗，変質しやすい性状などが挙げられる[6)]．甘藷でん粉工場排水に対する基礎試験と同様，図1に示す実験装置を使用し，実排水5lを供試排水として印加電流（0.7，3.4，9.0A），実験開始時の排水温度（0，20，30℃），電極間距離（1，2，5，10mm）の異なる条件について回分式試験を行った．処理時間は電解浮上により排水中のSS 濃度が一定になるまでとした．電気分解槽内の排水温度，pH，導電率，溶存酸素を連続的に測定するとともに，所定時間に処理水のサンプリングを行い，SS およびCOD の水質測定を行った．また，実験終了後，BOD，T-N，T-P，ノルマルヘキサン抽出物質量の測定も併せて行った．

表3 食鶏工場排水の性状

項　目	測定値
BOD ［mg / l］	1,300
COD ［mg / l］	455
SS ［mg / l］	660
T-N ［mg / l］	210
T-P ［mg / l］	25
ヘキサン抽出量 ［mg / l］	320
DO ［mg / l］	0.6
pH	6.60
導電率 ［S / m］	0.110

2.2. 結果と考察

実験条件ならびに結果を表4に示す．電解浮上処理により測定項目全般において減少が確認された．特にSS，ヘキサン抽出物質量に対しては顕著な除去効果が得られた．また，電極間距離を大きくすることにより，所定電圧値に対する印加電流値の低下が認められた．

2.2.1. 印加電流条件の検討

電圧・電流を変化させた条件について試験を行った．処理水の分析結果を表4に，SS，COD 除去率の経時変化をそれぞれ図10，11に示す．SS は印加電流が高いほど大きな除去効果が確認され，9.0A の印加電流条件で 96 %の除去率が得られた．また，COD も同様に減少し最大で約 45 %の除去率が得られた．その他の水質項目については，BOD，T-N，ノルマルヘキサン抽出物質量はそれぞれ最大 63 %，38 %，95 %の除去率を示した（表 4）．電解処理により排水の導電率，pH に大きな変化は認められなかったが，溶存酸素は電解開始直後より増加が認められ 6 mg / l を示した．排水温度は通電とともに経時的に上昇し，印加電流が高い条件ほどその上昇幅は大きなものとなった．

表 4　実験条件ならびに結果

電流 [A]	電圧 [V]	開始温度 [℃]	電極間距離 [mm]	BOD [mg / l]	COD [mg / l]	SS [mg / l]	T-N [mg / l]	T-P [mg / l]	ヘキサン抽出量 [mg / l]
0.7	10	20	1	1100	580	618	190	23	110
3.4	20	20	1	390	290	237	150	20	32
9	36	20	1	470	255	42	130	20	14
7.8	36	0	1	460	350	98	160	22	46
7.4	36	30	1	470	300	110	140	21	17
7.3	36	20	2	360	225	40	130	19	15
3.5	36	20	5	430	240	74	160	19	25
2.2	36	20	10	610	360	112	170	21	26

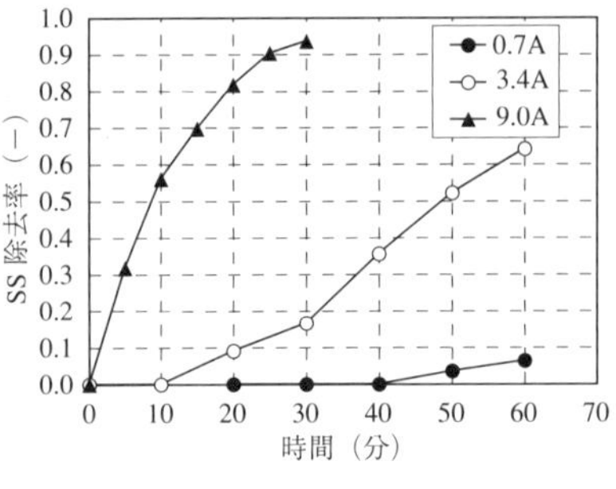

図 10　SS 除去率の経時変化

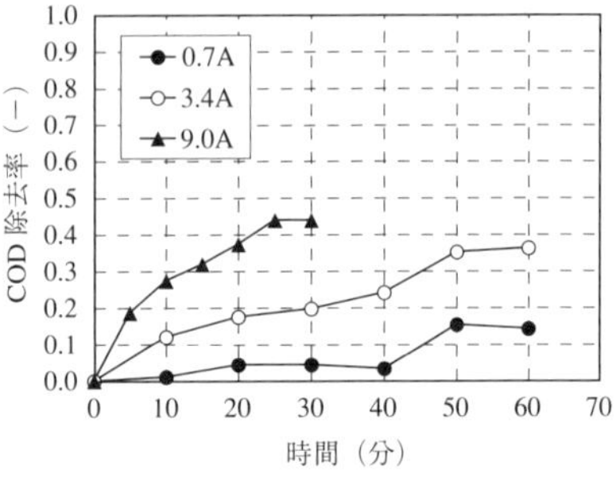

図 11　COD 除去率の経時変化

気固比と SS 除去率の関係を図 12 に示す．気固比が 0.25 g / g に達するまでは，SS 除去率の急激な上昇が観察され，0.25 g / g 以上では除去率は定常値に近づく傾向が見られた．したがって，食鶏工場排水に対して気固比は 0.25 g / g 最適値と見なされる．また，でん粉工場排水と比較した場合，その挙動は大きく異なり，排水性状により気固比の最適値が異なることが明らかとなった．電解浮上の利点として気泡発生量が電流値で容易に制御が可能な点が挙げられ，排水性状の変化に対し柔軟な適応が期待される．

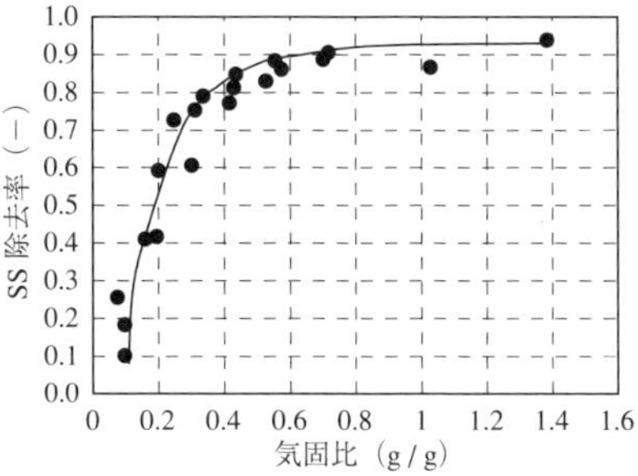

図 12　SS 除去率と気固比の関係

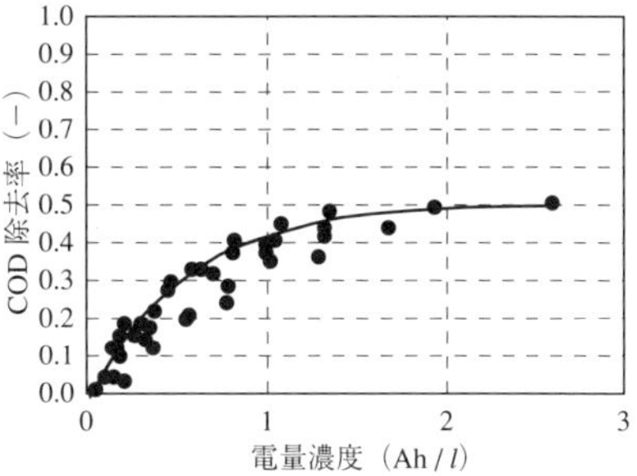

図 13　COD 除去率と電量濃度の関係

COD 除去率と電量濃度の関係を図 13 に示す．でん粉工場排水と同様に電量濃度の増加に伴い COD 除去率の増加が認められ，1.0 Ah / l 以上では除去率が一定値に近づく傾向を示した．したがって，食鶏工場排水に対して電量濃度 1.0 Ah / l が COD 除去において最適値であると推察される．電解処理において通電電流値は，供試排水の導電率，気泡発生量ならびに電量濃度の最適値を考慮した電解浮上処理槽の設計が必要と考えられる．

2.2.2　温度条件の検討

表 4 の試験結果より，SS，COD はいずれの温度帯においても大きな変化は見られなかった．電解浮上処理において，排水温度が SS，COD 除去に与える影響は小さく，排水水温の変動に対し安定した処理能力を示した．また，BOD，T-N などの水質項目についても，すべての温度帯において同程度の除去率を示した．したがって，食鶏工場排水において，排水温度が電解浮上の処理能力に与える影響は小さく，排水水温の変動に対して安定した処理の可能性を示唆する結果が得られた．pH，導電率に関して温度に対する変化は認められなかったが，溶存酸素は 0℃の低い水温条件では 9 mg / l の高い値を示したが，20℃ならびに 30℃の高い水温条件では 3～5 mg / l に留まり，温度条件に大きく影響されることが明らかとなった．

2.2.3. 電極間距離の検討

各電極間距離における SS，COD 除去率の経時変化を図 14，15 に示す．電極間距離が小さくなるにつれ所定電圧 36 V に対し高い電流値を示し，SS および COD について除去速度の増加が認められた．

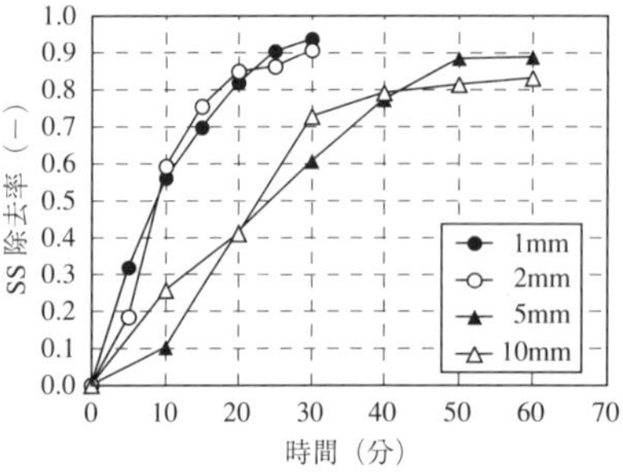

図 14　SS 除去率の経時変化

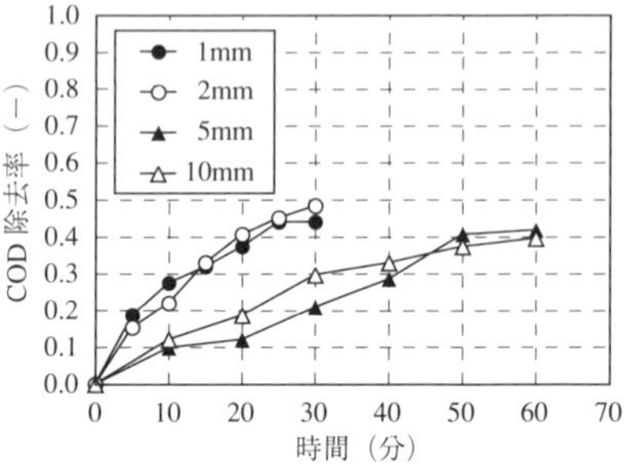

図 15　COD 除去率の経時変化

電極間距離が小さくなるにつれ，通電する電流値の増大および SS 除去率の定常値に達するまでの処理時間の短縮が認められた．しかし，SS 除去率を消費電力について整理した結果，図 16 に示すように電極間距離が小さいほど SS 除去により大きな電力が必要となる事が明らかとなり，電極間距離の設定においては処理能力と消費電力の考慮が必要である．

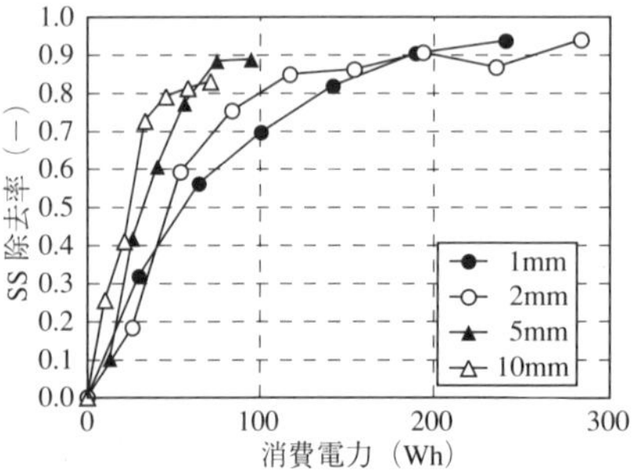

図 16　SS 除去率と消費電力量の関係

表 5　食鶏工場排水の性状

項　目	測定値
BOD［mg / l］	1,200 ～500
COD［mg / l］	1,400 ～540
SS［mg / l］	900 ～ 440
T-N［mg / l］	210
T-P［mg / l］	25
ヘキサン抽出量［mg / l］	280～110
pH	8.06 ～7.31
導電率［S / m］	0.617～0.252

3. フィールド試験による実証

3.1. 実験方法

フィールド試験に用いた食鶏工場排水の性状を表 5 に示す．排水性状に大きな変動幅が認められるのは，有機物負荷の高い血液廃液の不定期な流入，また，工場休業日前後の排水量の変動が影響するためと思われる．

排水処理の実験フローを図 17，電解浮上装置の概略を図 18 に示す．電解浮上槽は容積 70 l，電極面積 1224 cm^2 の電極板を使用し，電極間距離は基礎試験の結果から 5 mm に設定した．電源には最大電圧 15V，最大電流 30A の直流電源装置を使用した．好気微生物処理槽の容積は 8 m^3 であり，曝気槽と最終沈殿槽からなる．電解浮上処理槽ならびに好気微生物処理槽を含む排水処理装置（処理能力 2 m^3 / d）を用いて食鶏工場排水に対するフィールド試験を実施，電解浮上による固液分離処理および好気微生物処理を実施した．所定時間毎に電気分解槽内の排水温度，pH，導電率，溶存酸素の測定を行うとともに排水原水，浮上処理水，微生物処理水の SS および COD，TOC の経時変化を観察した．また，24 時間おきに BOD，ノルマルヘキサン抽出物質量の測定も行った．

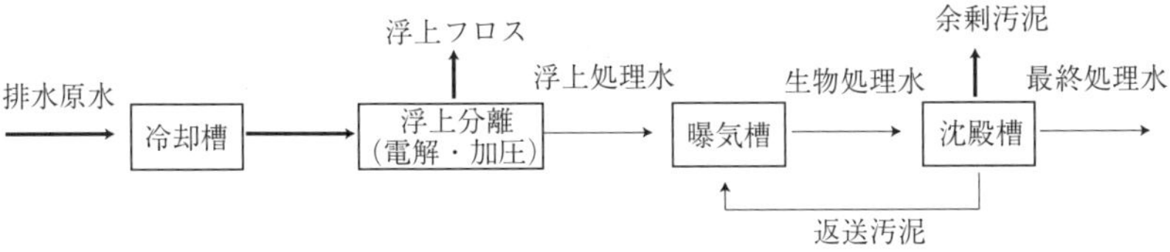

図 17　実験排水処理フロー

1）加圧浮上処理の性能評価

食鶏工場既設の加圧浮上槽（滞留時間 50 分）より得られた処理水を 2 m^3 / d の流量で曝気槽へ送水，連続的に好気微生物処理を行った．加圧浮上の処理能力ならびに曝気槽の安定性について評価を行った．

2）電解浮上処理の性能評価

排水原水を 2 m^3 / d の流量で電解浮上槽へ送水（滞留時間 50 分），固液分離をした後，曝気槽中で連続的に好気微生物処理を行った．

電解浮上における印加電流値を 48 時間毎に変化させ，25A から 5A までの電流範囲で試験を行った．

3）電解処理に対する温度変化の影響

排水原水を 2 m^3 / d の流量で冷却槽へ送水，5℃から 25℃までの範囲で所定温度まで冷却した後，印加電流 15A の処理条件により連続的に電解浮上処理（滞留時間 50 分）を行った．固液分離後は曝気槽中で微生物処理を行った．

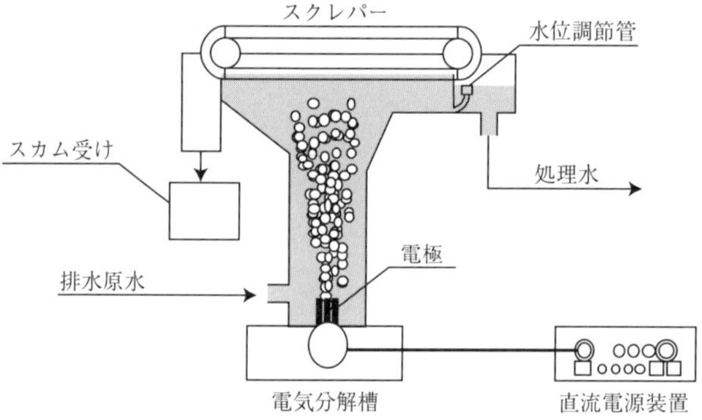

図 18　電解浮上処理装置

3.2.　結果と考察

3.2.1.　電解処理の曝気槽に与える影響評価ならびに加圧浮上処理との比較

1）浮遊性懸濁物質（SS）

加圧浮上処理ならびに電解浮上処理時における SS 除去率の経時変化を図 19 に示す．加圧浮上処理水，電解浮上処理水ともに SS の低減が認められた．電解浮上処理では印加電流値が高い条件ほど除去率も高くなり，15A 以上の電流値条件では SS 除去率 60 %以上の安定した値を示す結果となった．さらに加圧浮上と電解浮上の SS 除去率の比較より，印加電流値 15A 以上で加圧浮上の平均除去率 43%を上回る結果となった．各試験条件に対する気泡量を算出し，気固比と SS 除去率の関係について整理を行った（図 20）．気固比が 0.1 g / g に達するまでは，SS 除去率の上昇が観察され，それ以上の気固比において除去率は一定値に近づく傾向が見られた．これより今回の連続式電解浮上処理の条件として，懸濁物質量 1 g に対し気泡量 0.1 g が最適値と考えられる．基礎試験で得られた結果に比べ若干低い値が得られたが，概ね良好な一致が見られた．

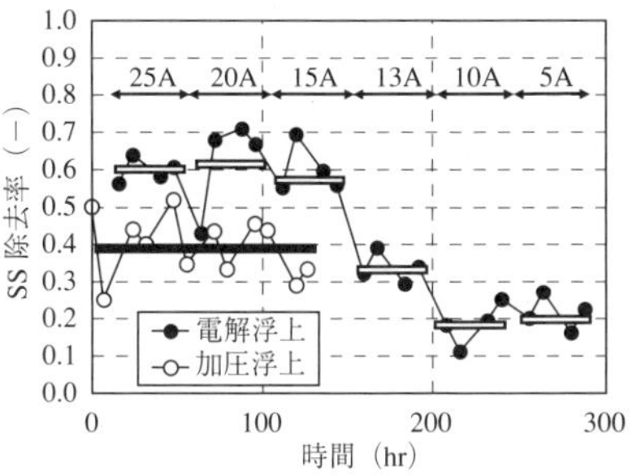

図 19　電解浮上と加圧浮上の SS 除去率の比較

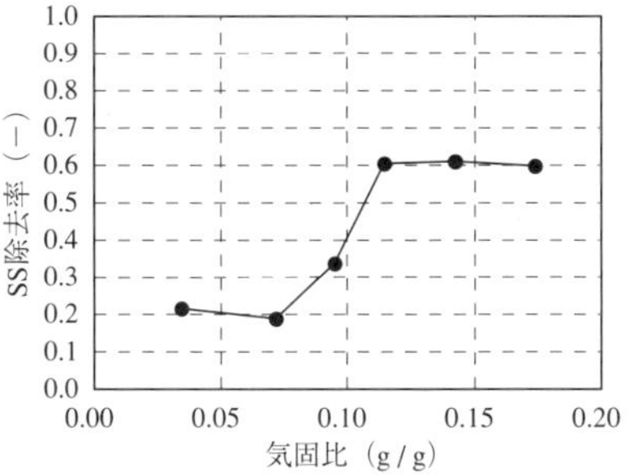

図 20　SS 除去率と気固比の関係

2）化学的酸素消費量（COD_{Mn}）ならびに有機体炭素（TOC）

加圧浮上処理ならびに電解浮上処理時における COD 除去率の経時変化を図 21 に，TOC 除去率の経時変化を図 22 示す．また，加圧浮上ならびに電解浮上処理の微生物処理水 COD の比較を図 23 に示す．電解浮上処理水において COD，TOC の減少が認められたが，基礎試験の結果と比較して低い除去効果を示した．本実験における電量濃度は最大で 0.3 Ah / *l* と小さく，基礎試験で得られた最適電量濃度

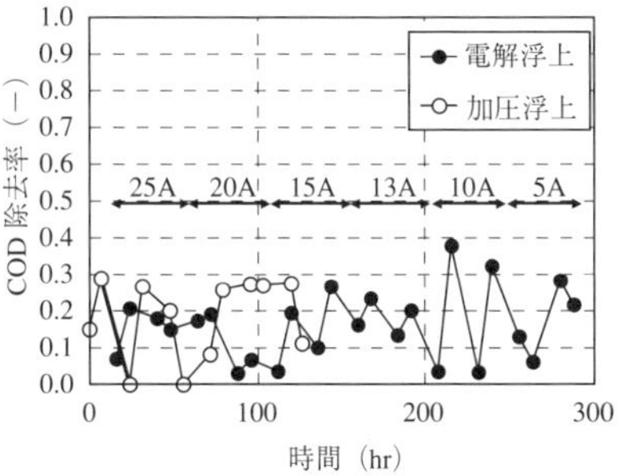

図 21　電解浮上と加圧浮上の COD 除去率の比較

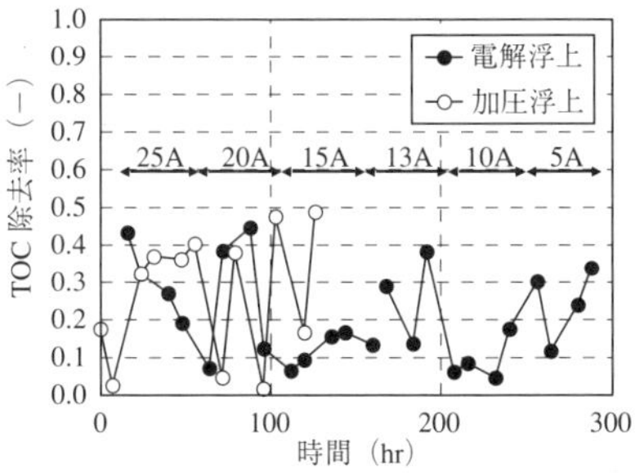

図 22　電解浮上と加圧浮上の TOC 除去率の比較

1.0 Ah / *l* に達しなかったため充分な除去率が得られなかったと考えられる．微生物処理水は加圧，電解処理ともに安定的に平均 60 mg / *l* の COD 値を示した．加圧と電解の微生物処理水 COD の比較により曝気槽の安定性，処理能力に大きな差異は認められず，電解処理によって発生する次亜塩素酸ナトリウムなどが微生物活性に与える影響は小さいことが明らかとなった．

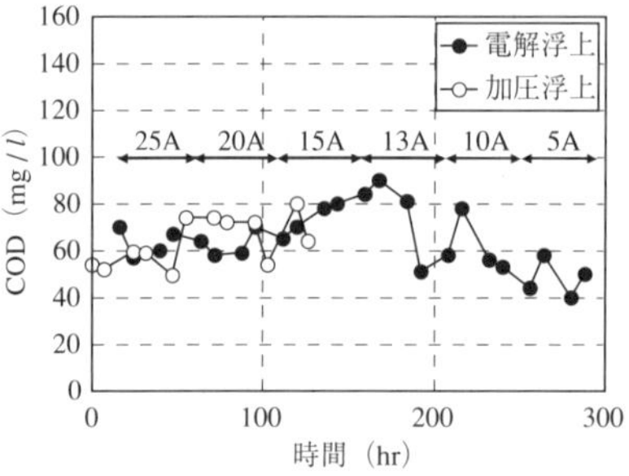

図 23　電解浮上と加圧浮上の微生物処理水 COD の比較

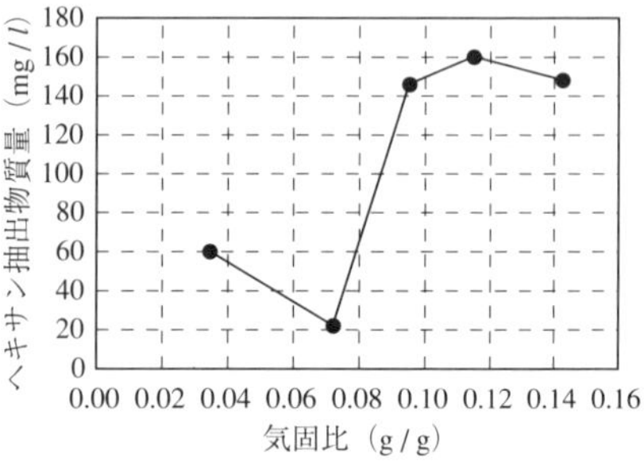

図 24　ヘキサン抽出物除去量と気固比の関係

3）ヘキサン抽出物質量

電解浮上処理時におけるヘキサン抽出物質除去量と気固比の関係を図 24 に示す．SS と同様の傾向を示し，気固比が高い条件ほど除去量も上昇，0.1 g / g の気固比条件ではヘキサン抽出物質除去量は 145 mg / *l* 以上の安定した値を示す結果となった．さらに加圧浮上処理との比較では，SS 除去率と同様 0.1 g / g の気固比条件（15A 以上の電流値）で加圧浮上処理の平均除去量 82 mg / *l* を上回る結果が得られた．電解浮上は油分などの除去にも有効であることが明らかとなった．

3.2.2.　温度に対する処理能力の影響

1）浮遊性懸濁物質（SS）

各温度帯における SS 除去率の経時変化を図 25 に示す．いずれの温度帯においても電解浮上処理水は排水原水に比べ SS の低減が認められた．SS 除去率は，安定した処理能力を示す結果となった．この結果，電解浮上処理では気温の季節変動などに対して，安定した排水処理が可能であることを示唆する結果が得られた．

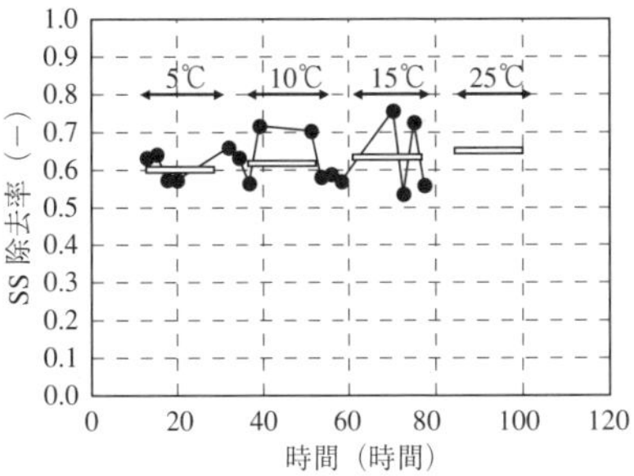

図 25　各温度帯における SS 除去率の変化

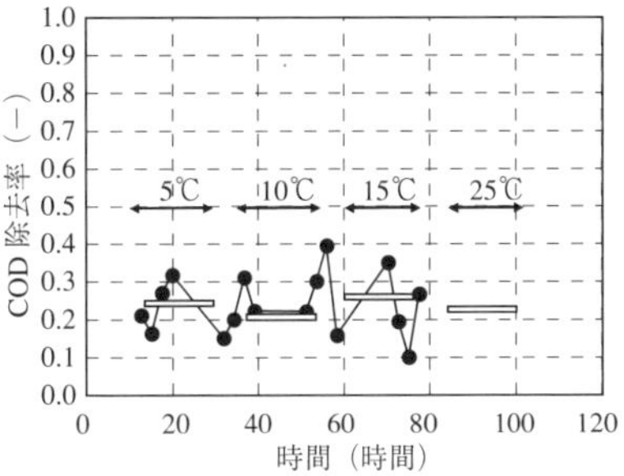

図 26　各温度帯における COD 除去率の変化

2）化学的酸素消費量（COD_{Mn}）

各温度帯における電解浮上処理水の COD 除去率の経時変化を図26に示す．すべての温度条件において 25 ％程度の COD 除去率が認められ，温度に影響を受けることなく安定した処理能力を示した．

4．まとめ

本研究では，食品製造業における高濃度排水として甘藷でん粉工場排水ならびに食鶏工場排水を対象に電解浮上による固液分離技術の開発を試みた．初めに甘藷でん粉工場排水に対し回分式基礎試験を実施し，印加電流値，排水温度，電解補助剤の添加などの条件検討を行った．この結果，SS 除去率は気泡量に依存し，懸濁物質量と気泡量の比である気固比によって整理できることが明らかとなった．一方，COD 除去率は排水に印加される電流量に影響され，単位溶液量に対する通電量を表し反応量を決める指標となる電量濃度との関係が明らかとなった．この結果を踏まえ，甘藷でん粉工場排水に対して最適な電流条件が見出すことができた．また，SS，COD 除去率ともに排水温度の影響が小さく，水温に関わらず安定した処理が可能であることが確認された．電解補助剤の条件検討にいたっては，塩の添加による排水導電率の増加，印加電圧の減少により低電力での電解浮上処理とともに次亜塩素酸ナトリウムなどの電解生成物による効率的酸化分解の可能性を示す結果が得られた．

次に食鶏工場排水に対する回分式基礎試験では，印加電流値，排水温度，電極間距離の検討を行い，諸条件において最適値を調べた．甘藷でん粉工場排水と同様，SS 除去率ならびに COD 除去率に深く関与する気固比，電量濃度について考察を行い最適な電流条件を見出した．また，排水温度に対する実験より処理能力の影響は小さいことが改めて確認された．電極間距離の検討により距離の小さい条件ほど高い印加電流が得られ，SS 除去速度の増加が認められるが，大きな電力が必要となることが明らかとなった．したがって，電極間距離においては，処理速度，電力，電極面上へのスケールの付着などの考慮が必要であり，本試験で用いた食鶏工場排水に対しては 5 mm が最も適切な設定値であることがわかった．

最後に基礎試験より得られた結果を踏まえ，食鶏工場現地にてフィールド試験を実施した．2 m^3 / d の処理能力において流通式試験を行い，加圧浮上処理との比較，生物処理槽への影響，温度に対する処理能力の依存性について検討を行った．気固比 0.1 g / g 以上の電流条件において加圧浮上の SS ならびにノルマルヘキサン抽出物質量の除去率を上回る結果が得られた．また，電解浮上処理水に対する好気微生物処理の COD 測定により，電解によって発生すると思われる次亜塩素酸ナトリムなどの生物処理槽への影響も認められず，安定した処理が可能であることが確認された．

今後の課題として電力量の抑制が挙げられる．本試験で使用した電解浮上装置（処理能力 2 m^3 / d ）を既設の加圧浮上槽（処理能力 1,200 m^3 / d ）と同規模にスケールアップし消費電力量について単純比較した場合，約 3 倍程度の電力が必要となる．電力量抑制のためには懸濁物質と気泡の接触効率の向上，気泡粒径の最小化など，より効率的な浮上分離を可能とする電極や装置構造の開発，塩の添加による印加電圧の抑制などによる電解条件の検討が必要である．電解反応は酸化還元反応などの化学的処理ならびに気泡分離などによる物理的処理の両側面を持つため排水処理において応用範囲は幅広いと考えられ，本研究開発で試みた固液分離としての利用だけでなく，電解酸化や次亜塩素酸を利用した汚泥削減処理，T-N・T-P 除去処理などへの技術開発が今後に期待される．

引用文献

1）　佐藤真士，小川博嗣，寺島一生，植田 稔，堀本能之：有機系廃水処理の高度化に関する研究，環境保全研究成果集，1，1-40（1995）.
2）　山川公一朗，岩堀恵佑，立田 茂，藤田正憲：カビペレットによるでん粉排水処理の動力学的解析，用水と廃水，38，215-221（1996）.
3）　永浜伴紀：甘藷澱粉利用の現状と将来方向 2，農業技術，47，454-456（1992）.
4）　永浜伴紀：甘藷澱粉利用の現状と将来方向 1，農業技術，47，414-418（1992）.
5）　水処理管理便覧編集委員会：『水処理管理便覧』，丸善（1998）.
6）　畠中 豊：食肉センターにおける排水処理，用水と排水，34，902-910（2000）.

キーワード：固液分離，電解浮上，電気分解，電量濃度，気固比

文責：（株）前川製作所　山上伸一

第8章
オゾンを用いた食品工場の高効率余剰汚泥減容技術の開発

三菱電機（株）

はじめに

食品産業工場廃水処理プロセスでは大量の余剰汚泥が発生し，その処分には膨大なエネルギー，スペースが必要となるため，コスト削減のみならず環境負荷低減の観点からも処理プロセスにおける余剰汚泥量の低減化が重要な課題となっている．さらに近年の食品の多様化，高栄養化に伴い従来の活性汚泥法を中心とするプロセスでは処理が不十分となり処理水が悪化することも懸念されている．

本技術開発では食品産業工場廃水処理における上記課題の解決を目的とし，近年，上水処理や下水の高度処理などで幅広く用いられているオゾン処理を従来の処理プロセス（活性汚泥処理）に併用した高度廃水処理技術を開発し，ならびに高効率処理システムを構築した．研究内容は既設食品工場廃水処理の現状を調査把握したうえで，以下の点に注力し，研究開発を進めた．

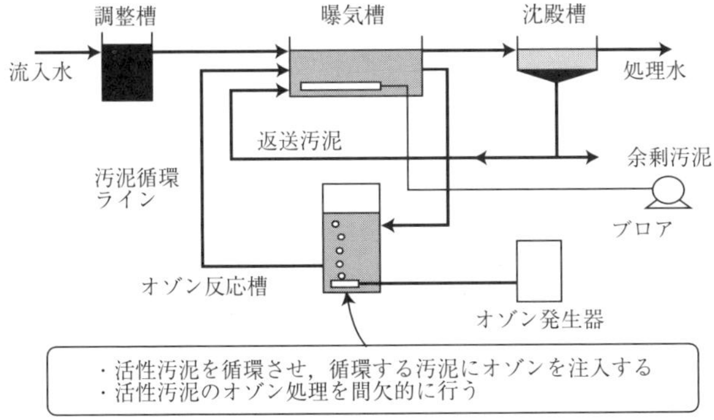

図1　オゾン併用型余剰汚泥低減システムのフロー

①オゾン処理条件が汚泥低減効率に与える影響
②高効率オゾンリアクターの効果
③オゾンと汚泥の反応モデル化
④高負荷型活性汚泥処理方法へのオゾン処理の適用

これらに関しシステムのコスト低減，高効率汚泥低減，廃水処理機能安定化について配慮し，実験検討を進め，その結果新しい汚泥低減システムを開発した．開発システムの概要を図1に示す．

1. オゾン処理条件が汚泥低減効率に与える影響に関する研究

1.1. ラボスケール実験

1.1.1. 実験方法

オゾンによる活性汚泥の溶解および生物分解性向上に対するオゾンガス濃度の影響を検討するため，ガス濃度の異なるオゾンガスを用いた連続オゾン処理実験を行った．実験装置のフローを図2に，処理条件を表1にそれぞれ示す．

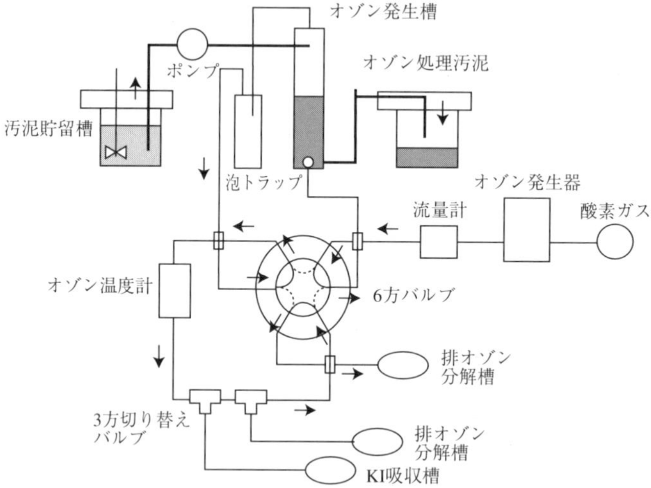

図2　連続処理実験フロー

表 1　連続処理実験における処理条件

反応槽内汚泥容積（l）	1.0					
汚泥 MLSS 濃度（mg / l）	4,700					
オゾンガス流量（ml / 分）	150					
オゾンガス濃度（mg / l）	26.0		60.0		134.0	
汚泥流量（ml / 分）	107.2	53.6	268.1	133.9	534.8	268.1
滞留時間（分）	9.3	18.7	3.7	7.5	1.9	3.7
オゾン吸収量（mg-O_3 / g-MLSS）	11.0	22.0	10.2	20.5	11.8	23.5

オゾン処理汚泥溶液の DOC を測定し溶解性を調べるとともに，その生物分解性を測定した．生物分解性については，有機物分解活性に富む活性汚泥（以後，分解汚泥とする）に，基質としてオゾン処理汚泥を与えると，オゾン処理汚泥の生物分解性が高いほど分解汚泥の酸素利用速度が増大すると考え，下水実験方法の酸素利用速度[1)]に準拠して測定した．操作としては図 3 のように分解汚泥とオゾン処理汚泥を混合し，曝気により溶存酸素（以下，DO とする）濃度を高めた後，曝気停止直後から DO 濃度を経時的に測定した．ブランクとして図 3 のように分解汚泥単独，オゾン処理汚泥単独の DO 濃度を測定し，差からオゾン処理汚泥に対する酸素利用速度を求めた．また，実験間の分解汚泥の活性の違いを補正するため，実験ごとに分解汚泥にグルコース溶液を混合して酸素利用速度を測定し，この値に対する相対値から生物分解性を評価した．

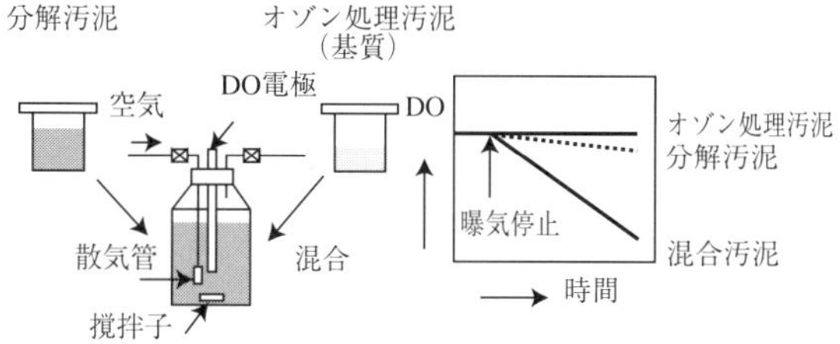

図 3　酸素利用速度測定装置

1.1.2.　結果と考察

図 4 にオゾン吸収量とオゾン処理汚泥の DOC 濃度の関係を示す．図より汚泥の DOC 濃度はオゾン吸収量に伴い増加し，汚泥がオゾン処理によって溶解することが明らかである．ただし，DOC 濃度は注入するオゾンガス濃度によ

ってほとんど差はなく，これより，本実験範囲のオゾン吸収量では汚泥の溶解に対してはオゾンガス濃度の影響は小さいことが示された．

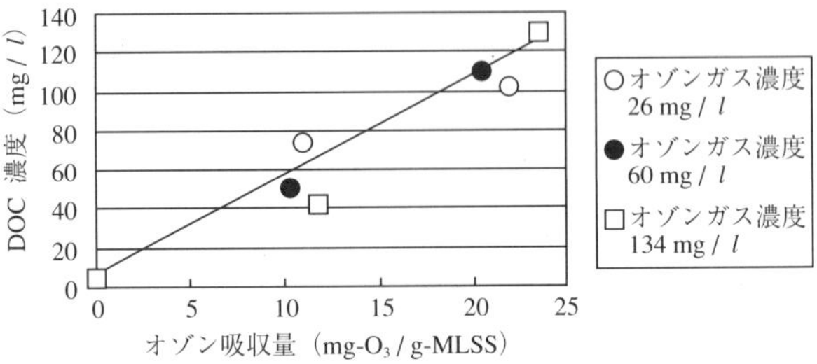

図 4　オゾン吸収量とオゾン処理汚泥 DOC 濃度の関係

図 5 にオゾン吸収量とオゾン処理汚泥の酸素利用速度比の関係を示す．図よりオゾン処理汚泥の酸素利用速度はオゾン吸収量の増加に伴い上昇し，特にオゾン吸収量が 10 mg-O_3 / g-MLSS を超えると，その増加傾向はオゾンガス濃度によって大きく異なり，オゾンガス濃度が高いほど酸素消費速度は大きくなった．この結果から，同じオゾン吸収量でも高濃度のオゾンガスを用いて処理することにより低濃度オゾンガスを用いる場合に比べ生物分解性の高い処理汚泥を得られることが明らかになった．

このように，オゾンガス濃度に対する汚泥の生物分解性と溶解性が異なる傾向を示したことから，オゾン処理汚泥の生物分解性には汚泥表面の改質など溶解以外の要因が存在することが示唆された．これより高濃度オゾンガスを用いることによって溶存オゾン濃度が高くなると汚泥の溶解と同時に汚泥

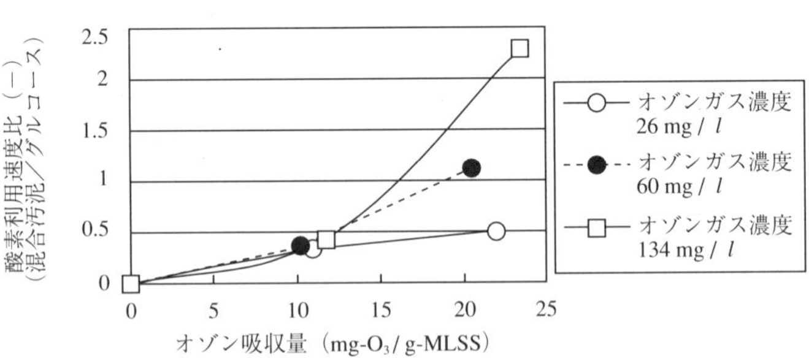

図 5　オゾン吸収量とオゾン処理汚泥酸素利用速度比の関係

表面とオゾンの反応が進み，その結果生物分解性が向上すると考えられた．

1.2.　実廃水を用いた廃水処理実験

1.2.1.　実験方法

オゾンガス濃度が余剰汚泥低減に与える影響を確認するために，実廃水を使用し，連続処理実験を行った．

実廃水処理実験装置のフローを図 6 に示す．本実験条件については表 2 に示す．実験装置は流量調整槽，曝気槽，沈澱槽からなる廃水処理部と曝気槽から汚泥をオゾン反応槽へ引き抜きオゾン処理する汚泥処理部から構成されている．本実験では汚泥処理比とオゾンガス濃度をパラメーターとして発生汚泥量について調査した．

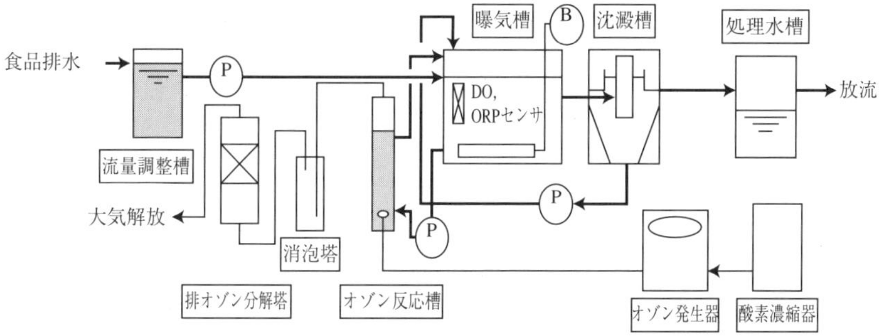

図 6　実排水処理試験フロー

表 2　廃水処理条件とオゾン処理条件

廃水処理条件		オゾン処理条件	
曝気槽	2.5 m^3	汚泥処理比（余剰汚泥に対するオゾン処理汚泥比）	0～7.0
沈殿槽	0.25 m^3		
オゾン反応槽	62.8 *l*		
処理水量	2.0 m^3 / day	オゾン注入時間	0～17.6 hr / day
曝気槽 MLSS 濃度	5,000 mg / *l*	オゾンガス流量	0～8.4 *l* / min
排水 BOD 濃度	400～1,200 mg / *l*	供給オゾン濃度	0，40，100 g / Nm^3

1.2.2.　結果と考察

（1）汚泥処理比（オゾン処理汚泥量に対する余剰汚泥量の比）と余剰汚泥低減量の関係

実験により廃水処理性能および余剰汚泥発生量を求め，汚泥処理比と汚泥収率の関係を明らかにした．図7に示す．

汚泥処理比の上昇に伴い，活性汚泥の余剰汚泥量は減少することを確認した．処理比1ではオゾン処理なしに比べ，38 %低減可能で処理比3以上では100 %以上低減可能で汚泥処理比の操作によって，余剰汚泥発生量の低減をコントロールできる．

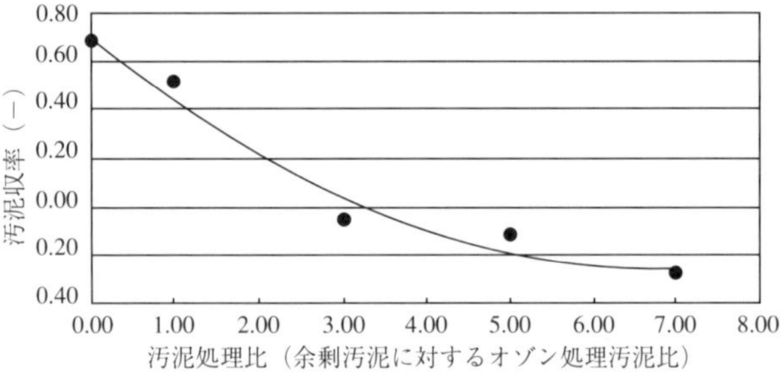

図7　汚泥処理比と汚泥収率の関係

(2) 余剰汚泥低減に与えるオゾンガス濃度の影響

オゾン吸収量，汚泥処理比を固定し，オゾンガス濃度を40 g / Nm^3 および100 g / Nm^3 の2ケースで余剰汚泥低減量を比較した結果を図8に示す．図より除去BOD量と発生汚泥量との間には直線で示される相関が見られ，オゾンガス濃度40 g / Nm^3 の場合では正の相関，100 g / Nm^3 の場合では負の相関となる．それぞれ1 kgのBOD除去量に対して，40 g / Nm^3 の場合では156 gの活性汚泥が発生し，100 g

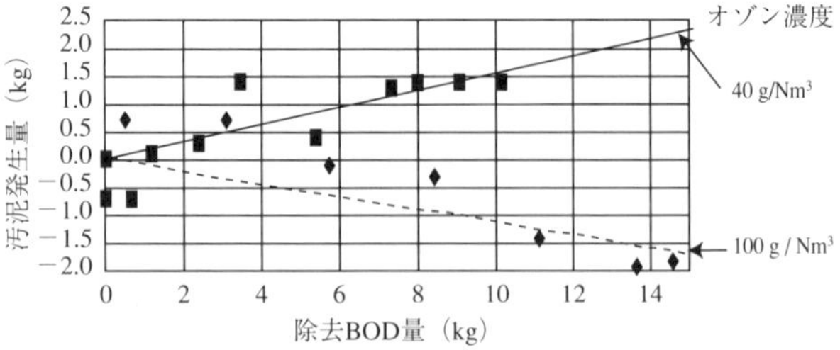

図8　除去BODと汚泥発生量の関係

/ Nm^3 の場合では逆に 111 g 減少する傾向が見られた．これはラボスケール実験で得られたように高濃度オゾンガスが生物分解性を向上できることに由来すると考えられる．これら結果より高濃度オゾンガスを用いた処理は余剰汚泥の低減に効果的であることが明らかになった．

2.　エジェクターを用いた高効率オゾンリアクターシステムの開発

2.1.　ラボスケール実験

2.1.1.　実験方法

汚泥のオゾン処理装置としてエジェクターを用いたオゾンリアクターを考え，その効果を調べるためエジェクター処理実験を実施した．図 9 にこの実験装置のフローを，表 3 に処理条件をそれぞれ示す．図示するように，エジェクター，ラインミキサーを備えた気液分離槽に活性汚泥を投入し，汚泥を循環させながらエジェクターよりオゾンを注入した．汚泥溶液の流量一定のもと，汚泥当たりのオゾン吸収量がほぼ一定となるようにオゾンガス流量，

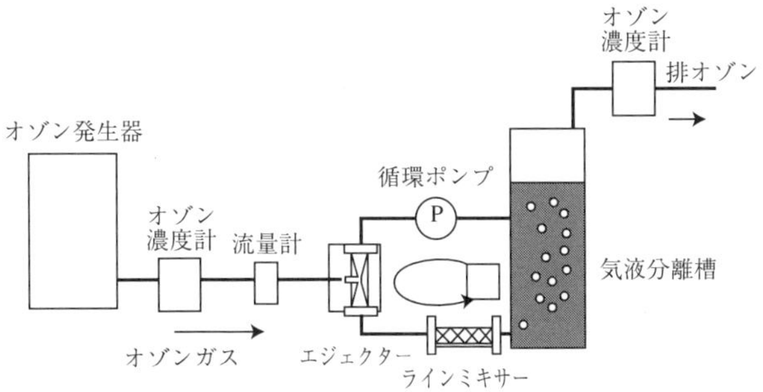

図 9　エジェクター処理実験装置フロー

表 3　エジェクター処理実験における処理条件

汚泥混合液流量 (l / min)	オゾンガス流量 (l / min)	G / L (−)	オゾンガス濃度 (mg / l)	循環時間 (min)	循環比 (−)	スタティックミキサー
2.0	1.0	0.5	92.5	15	5	なし，あり
2.0	0.4	0.2	87.6	30	10	なし
2.0	0.2	0.1	88.3	51	17	なし

反応時間をかえて実験を行い，オゾン吸収効率，オゾン処理汚泥の生物分解性に対するG / L（汚泥溶液の循環流量に対するオゾンガス流量の比率）の影響を調べた．

2.1.2. 結果と考察

図 10 にエジェクター処理実験におけるオゾン吸収量と汚泥溶液の DOC 濃度の関係を示す．オゾン吸収量の増加に伴い汚泥溶液の DOC 濃度が増加しており，エジェクター型オゾンリアクターにおいてもオゾン処理によって汚泥の溶解が進むことを確認した．

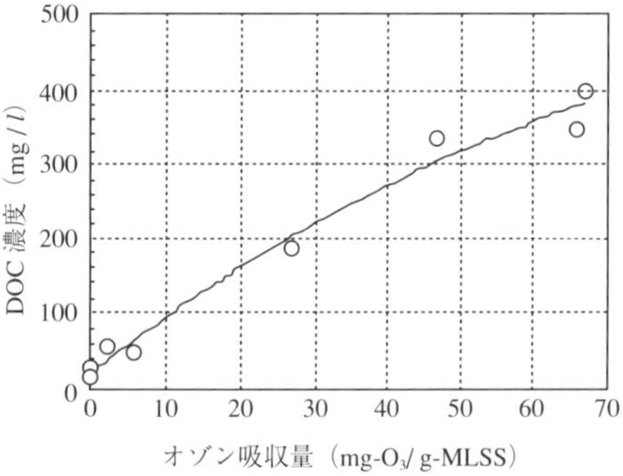

図 10 オゾン吸収量と DOC 濃度の関係

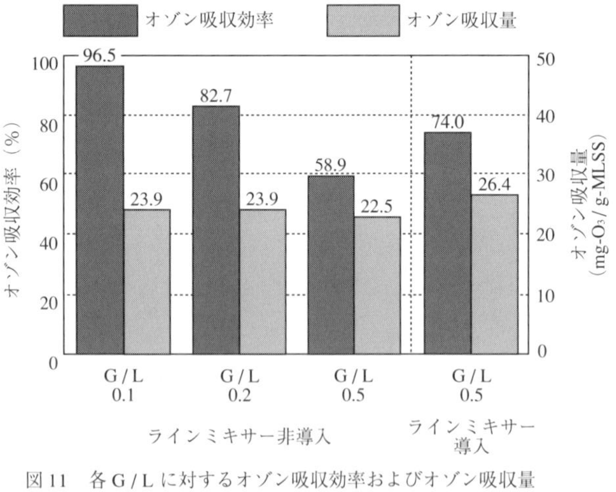

図 11 各 G / L に対するオゾン吸収効率およびオゾン吸収量

次に，オゾン吸収率，汚泥溶解に対する G / L の影響を調べた．各 G / L に対するオゾン吸収量とオゾン吸収効率を図 11 に，各 G / L に対する汚泥溶液のDOC 濃度を図 12 にそれぞれ示す．

両図よりラインミキサーを導入しない場合，オゾン吸収効率は G / L によって大きく異なり，G / L ＝ 0.1 では 95 %以上の高い吸収効率を得た．従来の

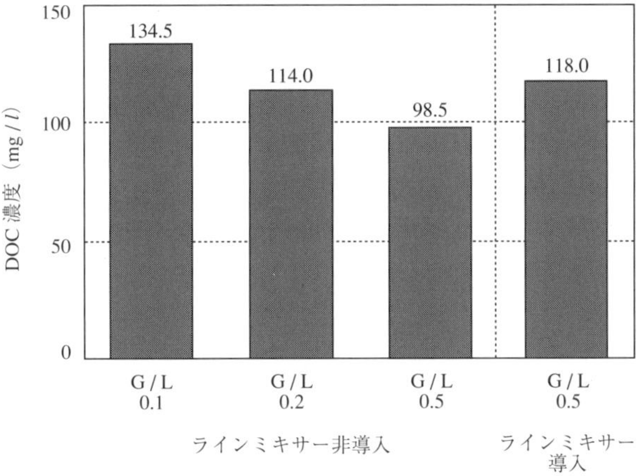

図 12　各 G / L に対する DOC 濃度

散気方式によるオゾンリアクターでは，オゾン吸収効率を確保するために水深が必要でリアクターが大型化する．上記のように小型のエジェクターに対し低い G / L で運転することにより非常に高いオゾン吸収効率が得られ，また気液分離槽にも高さは必要とならないことから，エジェクターの採用によりコンパクトなオゾンリアクターを構築できることが示された．また，汚泥溶液の DOC 濃度についても吸収効率と同様に G / L を低くすることにより高くなり，汚泥の溶解が進むことがわかった．この結果は低い G / L での運転がオゾン処理汚泥の溶解性を高めることを示しており，オゾン注入量やオゾン処理汚泥量を低減し効率的な余剰汚泥低減につながるものと考えられる．

さらに，G / L ＝ 0.5 においてラインミキサーを導入することによりオゾン吸収効率が 58.9 %から 74.0 %へ，DOC 濃度が 98.5 mg / l から 118 mg / l へと増加しており，ラインミキサーの導入はオゾン吸収効率，生物分解性を高める効果があることがわかる．これは，ラインミキサーの大きな撹拌・混合効

果を示しており，このような物理的な作用がオゾン処理の効果を促進したと考えられる．

以上より，エジェクターは高いオゾン吸収効率とともに高い汚泥の溶解性が得られるコンパクトなオゾンリアクターとして非常に有効であると判断できた．

2.2. 実廃水を用いた廃水処理実験

2.2.1. 実験方法

約 120 日間のベンチスケール実験によりエジェクターを用いたオゾンリアクターの余剰汚泥低減効果を確認した．図 6 に示す実験装置において，オゾン反応槽へのオゾンガス供給方式を散気管方式とエジェクター方式に切り替え可能なものに改造し，表 4 に示す条件で実験を行った．オゾンガスの供給時間は曝気槽内に設置された MLSS 計により汚泥量の増減を自動測定し，処理時間が決定されるように自動制御した．実験期間中系内の汚泥量を測定し，余剰汚泥低減効果を評価した．

表 4　廃水処理条件とオゾン処理条件

廃水処理条件		オゾン処理条件	散気管方式	エジェクター方式
曝気槽	2.5 m^3	汚泥処理比（余剰汚泥に対するオゾン処理汚泥比）	3.0～4.0（汚泥の増減量応じた自動時間設定）	
沈殿槽	0.25 m^3			
オゾン反応槽	62.8 l			
処理水量	約 0.8 m^3 / 日	オゾン注入時間（min / 日）	370～1,230	970
曝気槽 MLSS 濃度	5,000 mg / l	オゾンガス流量（l / min）	3.0～5.0	2.5
排水BOD濃度	600～3,810 mg / l	供給オゾン濃度（g / Nm^3）	150	

2.2.2. 結果と考察

（1）汚泥低減効率

実験期間中の汚泥低減効率（オゾン消費量に対する発生汚泥低減量）の変化について散気管方式とエジェクター方式の結果を図 13 に示す．エジェクターについては G / L ＝ 0.1～0.2 で使用した．散気管方式では運転開始とともに汚泥低減効率は除々に低下した．一方，エジェクター方式は 4～14 前後の汚泥低減効率を示した．平均値を比較すると散気管方式では期間中約 6.4 kg-MLSS / kg-O_3，エジェクター方式では 7.7 kg-MLSS / kg-O_3 となり，エジェクター方式の方が高い余剰汚泥低減効果が得られた.

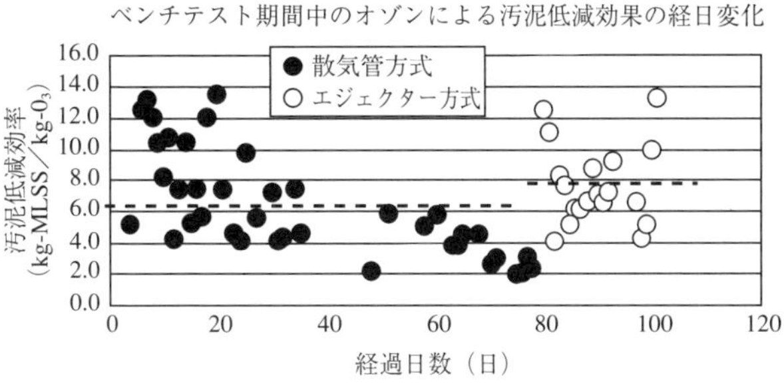

図 13　ベンチスケール実験における汚泥低減効率の変化

(2)　オゾン併用型活汚泥法における流入負荷量と廃水処理水の関係

流入負荷量（BOD 容積負荷量）と処理水 BOD 濃度の関係を図 14 に示す.

散気管方式では，流入負荷量の上昇に伴い，処理水 BOD 濃度は増加する傾向にあった．これは負荷上昇に伴い発生汚泥量も増加し，汚泥処理比も増加することから，オゾン処理汚泥が曝気槽に送泥される際の負荷源上昇がもたらした結果であると考えられる．したがって，BOD 処理性能を維持し，活性汚泥の流入負荷条件を把握した上で，オゾン処理汚泥量をコントロールすることが必要となる.

またエジェクター方式では負荷量に関係なく，処理水 BOD は散気管方式に比べ高い値を示した.

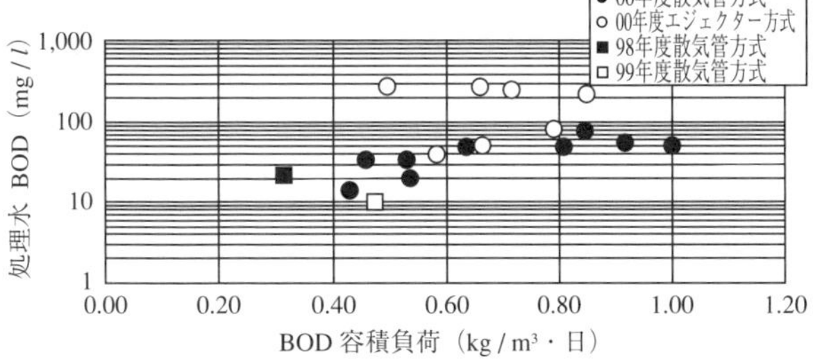

図 14　廃水流入負荷と処理水 BOD の関係 (汚泥処理比 3～4）

(3) オゾンガス供給方式比較検討結果

ベンチスケール実験結果に基づき散気管方式とエジェクター方式について表5に示す比較検討を行った.

上記より，エジェクター方式は散気管方式に比べ汚泥低減効果が高く，かつ，イニシャルコストが低減するというメリットが明らかとなった．また，廃水処理性能に及ぼす影響やランニングコストをいかに低減できるかがエジェクター方式の課題として明確になった.

表5　オゾンガス供給方式の違いによる比較検討結果

	散気管方式	エジェクタ方式
余剰汚泥低減効率	△	○
廃水処理性能	○	△
イニシャル	△（100）	○（82）
ランニング	○（100）	△（165）
活性汚泥に与える影響	○（オゾン処理無時と同等）	△（呼吸活性低下確認）

注）上記かっこ内の数字はコスト比率を示し，散気管方式を100とした.

3.　オゾンと汚泥の反応モデルに関する研究

3.1.　反応モデル

3.1.1.　実験方法

オゾン併用型余剰汚泥低減システムにおける反応を図15のように想定した．ここでは，反応を曝気槽での反応とオゾン反応槽での反応に分け，以下の3つを各槽における構成成分とした.

・処理微生物：有機物を分解する活性のある微生物（以下AMとする).

・固形有機物：処理微生物（AM）以外の活性汚泥の固形成分（不活化した細菌や非溶解性有機物など)．処理微生物（AM）により分解可能な成分（以下SOとする).

・溶解有機物：溶解性の有機物（以下，IOとする).

また，活性汚泥中の固形成分，即ち処理微生物（AM）と固形有機物（SO）を合わせたものを，以下，活性汚泥固形成分と称する.

各槽での反応はこれまでの実験結果[2~5]に基づき以下のように想定した.

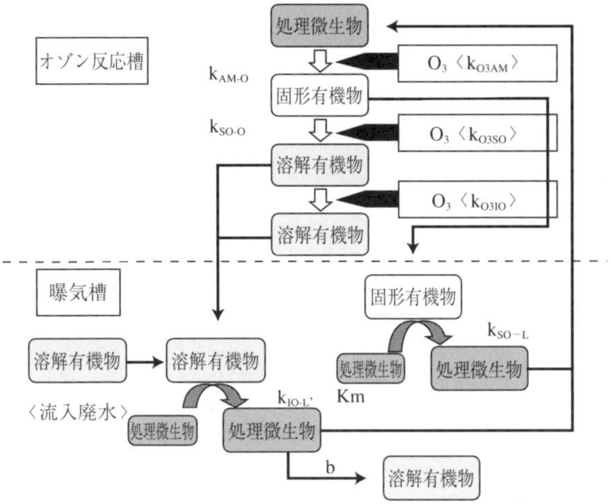

図 15　オゾン併用型余剰汚泥低減システムにおける反応

(1) 曝気槽

流入廃水やオゾン処理汚泥に由来する固形有機物（SO）および溶解有機物（IO）は処理微生物（AM）により分解資化され，処理微生物（AM）に変換される．また，処理微生物（AM）は自己分解して溶解有機物（IO）となる．

(2) オゾン反応槽

オゾンにより処理微生物（AM）が固形有機物（SO）へ，固形有機物（SO）が溶解有機物（IO）へそれぞれ変換される．オゾンと溶解有機物（IO）の反応では，オゾンの消費に伴い溶解有機物（IO）の低分子化，生物分解性の向上などの改質は起こるが，その濃度変化（低下）にまでは至らない．

反応モデルにおいて，各反応の速度定数を図 15 のように設定し，曝気槽，オゾン反応槽の物質収支から反応モデル式を導出した．ここで，処理微生物（AM），固形有機物（SO），溶解有機物（IO），および溶存オゾンの反応は 1 次反応と仮定し，処理水は曝気槽出口で瞬時に固液分離され溶解有機物（IO）のみが放流されると仮定した．

給食工場の実廃水を用いた連続処理実験[2~5]，および図 2 の実験装置を用いたオゾン処理実験の実験データをもとに各反応速度定数を求めた．また，連続処理実験[2~5]の7つの実験結果について実験結果と反応モデルを用いて得られた計算結果を比較し反応モデルの妥当性を評価した．

3.1.2. 結果と考察

図16に発生汚泥量，処理水DOC濃度の実験結果と計算結果の一例を示す．本図で，DOC濃度にやや異なる傾向があるが，これ以外は良好な合致が得られており，実験結果と計算結果はほぼ合致したと判断した．他の実験についても同様の合致が得られた．これに対し，反応速度定数 $k_{AM\text{-}O}$，即ちオゾンによって処理微生物（AM）が固形有機物（SO）へ変換される過程の反応速度定数は，実験結果と計算結果を合致させるには実験ごとに異なる値（0.5～5 *l* / mg-O_3・hr）を設定する必要があった．これより，オゾンによる処理微生物（AM）の固形有機物（SO）への変換がオゾン処理条件によって影響を受けていることが考えられた．そこで，実験ごとに求めた $k_{AM\text{-}O}$ 値とオゾンガス濃度，

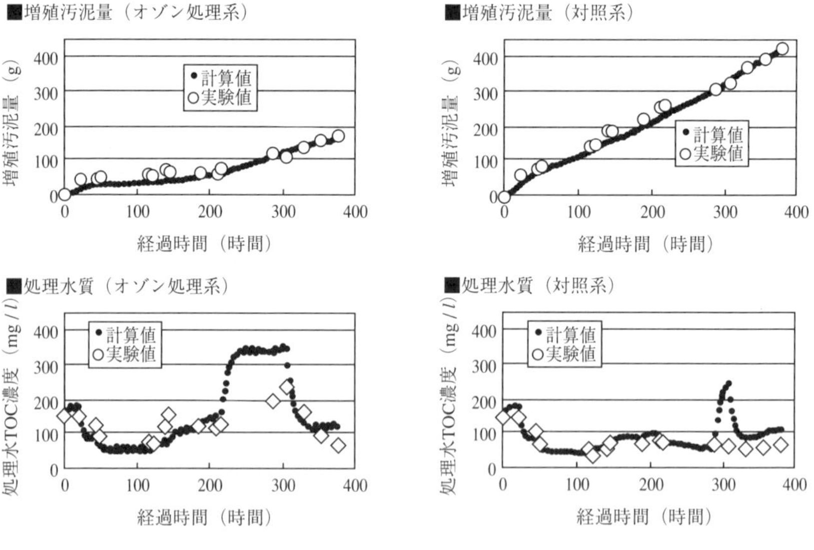

図16　発生汚泥量，処理水DOC濃度の実験結果と計算結果の比較（一例）

溶存オゾン濃度との関係について調べた．図 17 に $k_{AM\text{-}O}$ 値と溶存オゾン濃度（計算値）の関係を示す．図のように両者には明確な直線関係があり，これより，溶存オゾン濃度が高いほど，処理微生物（AM）の固形有機物（SO）への変換速度が大きくなることがわかった．本モデルではこの処理微生物（AO）の固形有機物（SO）への変換は，有機物分解活性を有する微生物が，生物によって分解可能な固形有機物に変化したことに相当する．よって，この結果から溶存オゾン濃度が高いほど活性汚泥固形成分の生物分解性が高くなると考えられた．図 17 から得られた溶存オゾン濃度と $k_{AM\text{-}O}$ の関係をモデル式に導入し，再度計算を行うと，すべての実験について実験結果と計算結果は図 16 に示したのと同様の良好な合致が得られた．

以上より，高濃度のオゾンガスを用いることで溶存オゾン濃度を高くすることは，活性汚泥固形成分の生物分解性を向上することが示された．

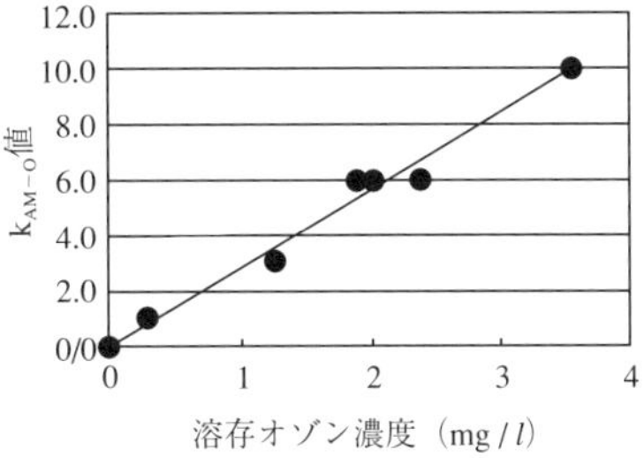

図 17　溶存オゾン濃度と $K_{AM\text{-}O}$ 値の関係

3.2.　余剰汚泥低減効果のシミュレーション

3.2.1.　実験方法

得られた反応モデルを用いて高濃度オゾンガスを用いた間欠処理と低濃度オゾンガスを用いた連続処理について表 6 の条件のもとで計算を行い，汚泥低減効果について比較検討した．

3.2.2.　結果と考察

汚泥発生収率の計算結果を図 18 に示す．汚泥発生収率はオゾン吸収量の増加に伴い低減するが，その低減傾向は明らかに高濃度オゾンガスを用いた間欠処理の方が低濃度オゾンガスを用いた連続処理よりも大きく，これまでの実験結果と合致する結果となった．この時の溶存オゾン濃度は間欠処理の方が高

表6　オゾン処理条件（計算条件）

項目	間欠処理	連続処理
オゾンガス濃度	120 mg / *l*	30 mg / *l*
オゾン処理時間	4時間のうち1時間	24時間連続
オゾン吸収量	0～30 mg-O_3 / g-MLSS	0～70 mg-O_3 / g-MLSS
処理汚泥比*	3.5	
曝気槽 MLSS 濃度	4,,000 mg / *l*	

* 処理汚泥比：オゾン処理汚泥量/増殖汚泥量

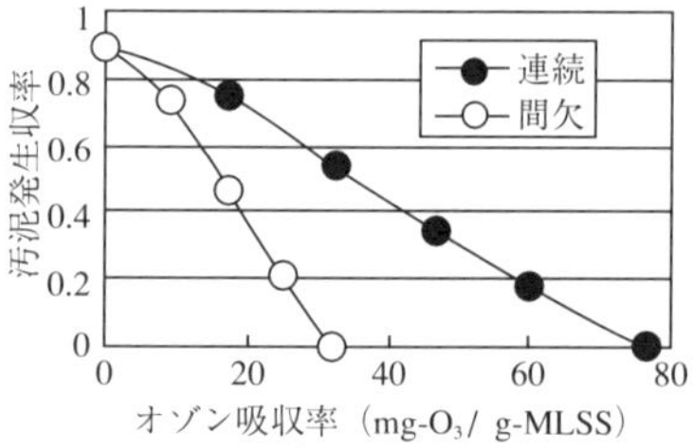

図18　オゾン吸収量と汚泥発生収率の関係

いことから，高濃度のオゾンガスを用いることで溶存オゾン濃度を高く保持でき，これが最終的に汚泥発生収率の低減につながったものと考えられる．

以上より間欠オゾン処理方式が汚泥低減効果に優れる方法であることがこれまでの実験だけでなく反応モデルを用いたシミュレーションからも明らかになった．

4.　高負荷型活性汚泥法へのオゾン併用処理の適用検討

4.1.　オゾン処理汚泥量と活性汚泥廃水処理性能の影響確認実験

4.1.1.　実験方法

ベンチテストで最適オゾン吸収条件を求め，図6に示す連続実験装置にて食品産業廃水を用い実験を行った．その時の実験条件を表7に示す．本実験では，オゾン処理汚泥量を変化させ，系内の汚泥量を測定し，余剰汚泥低減効果を確認した．また消費オゾン量と汚泥低減効率の関係や曝気槽内汚泥の酸素利用速度比の変化，処理水質への影響について評価した．この結果をもとに効率よく余剰汚泥を低減する運用方法についても検討した．

表 7　廃水処理条件とオゾン処理条件

廃水処理条件		オゾン処理条件	散気管方式
曝気槽	1.25 m³	汚泥処理比（余剰汚泥に対するオゾン処理汚泥比）	0～30
沈殿槽	0.125 m³		
オゾン反応槽	30 *l*		
処理水量	約 1.5 m³ / 日	オゾン注入時間	0～1,056 min / 日
曝気槽 MLSS 濃度	5,400～7,400 mg / *l*	オゾンガス流量	0.6～1.5 *l* / min
排水 BOD 濃度	135～220mg / *l*	供給オゾン濃度	150 g / Nm³

表 8　廃水処理条件とオゾン処理条件

実験 RUN	1	2	3
実験系	廃水処理系のみ（オゾン処理なし）	廃水処理系のみ（オゾン処理あり）	廃水処理系＋汚泥処理系（オゾン処理あり）
汚泥処理比	0	0.47～1.31	0.8～1.5
曝気槽循環比	−	0.1～0.2	
オゾン注入時間	0 min / 日	165 min / 日	286 min / 日
オゾンガス流量	なし	1.5 *l* / min	2.5 *l* / min
供給オゾン濃度	150 g / Nm³		
曝気槽容量	2.5 m³		
好気性消化槽容量	−	−	1.25 m³
処理水量	約 1.8 m³ / 日		
MLSS 濃度	曝気槽 2,300～3,900 mg / *l*，好気性消化槽 8,500～11,000 mg / *l*		
原水水質	830～1,600 mg / *l*		

4.1.2.　結果と考察

ベンチテストでオゾン吸収量は約 30 mg-O_3 / g-SS が最適であることを確認し，オゾン併用余剰汚泥低減システムにおいてオゾン処理汚泥量を徐々に増加させ，汚泥収率や低減効率などを評価した.

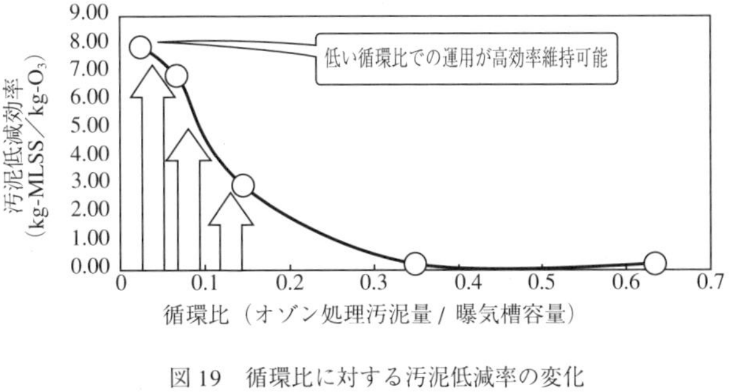

図 19　循環比に対する汚泥低減率の変化

(1) 余剰汚泥の低減効果

図 19 に循環比（オゾン処理汚泥量を曝気槽容量で除した比率）と汚泥の低減効率の変化を示す．通常余剰汚泥量が減少しない場合，オゾン処理汚泥量の増量が考えられるが，本システムでは増量しても，効率維持は難しく，余剰汚泥の低減も進まなくなる結果となった．

(2) オゾン処理汚泥量の増減に伴う廃水処理性能変化および微生物活性への影響

循環比と廃水処理性能である除去率比（オゾン処理有時/オゾン処理無時）の比較および酸素利用速度比（オゾン処理有無について）を調査した．結果については図示しないが，循環比を 0.2 以上に設定すると廃水処理性能が低下し，0.3 以上では曝気槽内の活性汚泥の酸素利用速度比が低下した．ゆえに，オゾンを用いた余剰汚泥低減システムでは，水質低下を防ぎ，処理活性を維持し，高効率での余剰汚泥低減を行うためには，循環比 0.2 以下で運転することが望ましいと判断した．

これらの結果から，オゾン処理汚泥量を増やしていけば，曝気槽への流入負荷量が増大すると同時に，曝気槽内微生物活性が低下し，余剰汚泥発生比率と処理性能が変化し，オゾンによる汚泥低減効率が低下していくことが明らかとなった．そこでオゾンによる余剰汚泥低減効率の低下を抑え，微生物がもつ自己分解機能を利用し，廃水処理性能が低下しない新しい処理システムを検討した．

4.2. 新システムでの実験検証

4.2.1. 実験方法

食品廃水処理で多く見られる高負荷型活性汚泥処理にオゾン処理を適用した場合，余剰汚泥発生量が多いため，余剰汚泥を低減するには多量の活性汚泥をオゾン処理しなければならない．そのため曝気槽に対するオゾン処理汚泥比率（循環比）が上昇し，微生物活性および余剰汚泥低減効率低下が懸念される．したがって今までの技術課題とこれまでの研究成果を踏まえ，改善を加えた新しいシステム（図 20）を考案し，効果を実証するために食品産業廃水を用い実験を行った．その時の実験条件を表8に示す．システムフローは，廃水処理系と汚泥処理系の 2 つの処理系から構成されており，廃水処理系では汚泥処理量を低く運転する従来のオゾンシステムを用い，汚泥処理系では廃水処理系で発生した余剰汚泥をオゾン処理し，その後に好気性消化を行う．この実験系における余剰汚泥量を測定し，余剰汚泥低減効果を確認した．

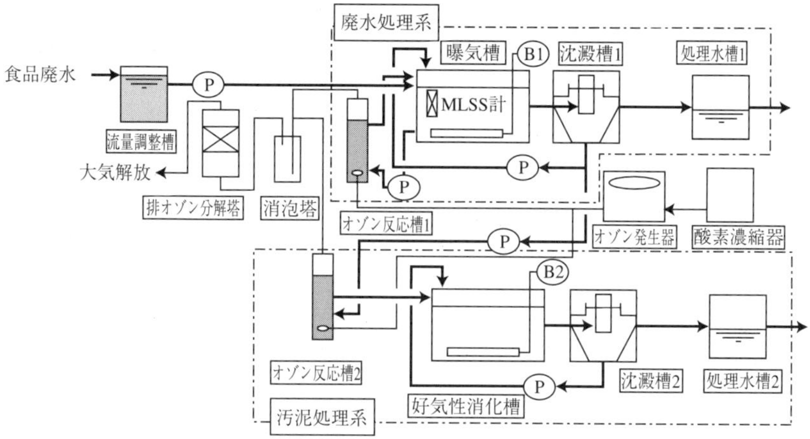

図 20　ベンチスケール実験フロー

表 8　廃水処理条件とオゾン処理条件

実験 RUN	1	2	3
実験系	廃水処理系のみ（オゾン処理なし）	廃水処理系のみ（オゾン処理あり）	廃水処理系＋汚泥処理系（オゾン処理あり）
汚泥処理比	0	0.47～1.31	0.8～1.5
曝気槽循環比	－	0.1～0.2	
オゾン注入時間	0 min / 日	165 min / 日	286 min / 日
オゾンガス流量	なし	1.5 *l* / min	2.5 *l* / min
供給オゾン濃度	150 g / Nm^3		
曝気槽容量	2.5 m^3		
好気性消化槽容量	－	－	1.25 m^3
処理水量	約 1.8 m^3 / 日		
MLSS 濃度	曝気槽 2,300～3,900 mg / *l*，好気性消化槽 8,500～11,000 mg / *l*		
原水水質	830～1,600mg / *l*		

4.2.2. 結果と考察

（1）余剰汚泥低減効果

図 21 に RUN1，2，3 における積算流入 BOD に対する積算余剰汚泥発生量を示す．RUN2では汚泥処理比は約 0.7 で，オゾンによる汚泥低減効率は 15.4 kg-SS / kg-O_3 であった．また RUN3（新システム）ではさらに余剰汚泥が低減され，廃水処理系では約 15%，汚泥処理系（2 段目オゾン＋好気性消化槽）では約 57 %の低減が可能であった．これより，オゾン処理法および好気性消化法それぞれの余剰汚泥低減効果を確認でき，システムとしての運用実現が可能となった．

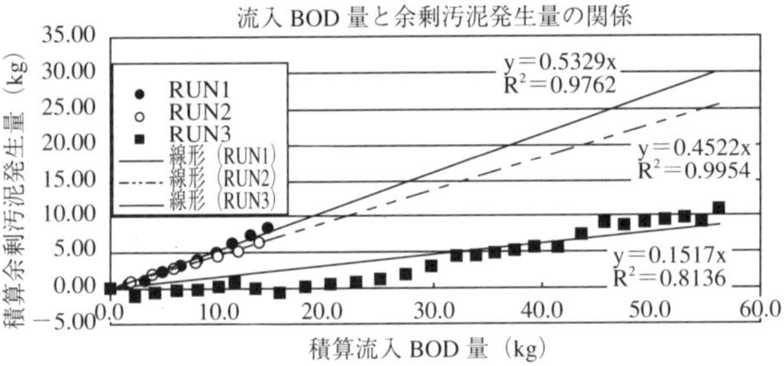

図 21　RUN1，2，3 における積算流入 BOD 量と積算余剰汚泥発生量の関係

4.3. 新システムでの概念設計

4.3.1. 実験方法

食品産業廃水の高負荷処理における余剰汚泥低減システムの有効性を評価するために，次に示す条件のもとシミュレーションを用いて装置計画を行い，従来システムと新システムでの概算コスト比較を行った．

（1）装置計画条件

- 処理廃水量：800 m^3 / 日
- 廃水 BOD：1,100 mg / l
- 曝気槽 MLSS：6,000 mg / l
- 放流水質：BOD 600 mg / l 以下
- 余剰汚泥発生量低減量：50，70 %
- 好気性消化槽 MLSS：10,000 mg / l（膜処理利用時 15,000 mg / l）

(2) 比較対象処理方式

A 方式：オゾン処理併用型余剰汚泥低減システム
（下記システムフロー a 部のみ）

B 方式：オゾン処理＋好気性消化槽沈殿分離システム
（下記システムフロー a＋b＋c部）

C 方式：オゾン処理＋好気性消化槽膜分離システム
（下記システムフローa＋b＋d）

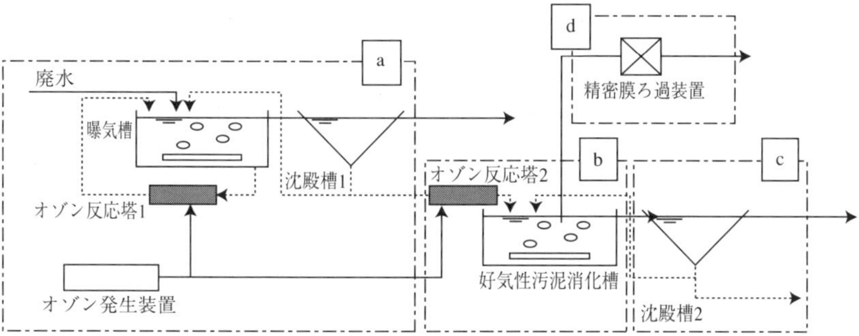

図 22　コスト比較検討システムフロー

4.3.2. 結果と考察

(1) 各水槽容量およびオゾン発生装置容量試算結果

先に示した反応モデルをこのシステムに拡張し，この拡張モデルを用いたシミュレーションにより，各槽容量を試算し，概算コストを比較した．結果は表 9 のとおり．

表 9　シミュレーターによる必要容量計算結果

対象項目	A 方式		B 方式		C 方式	
	50%	70%	50%	70%	50%	70%
曝気槽容量（m^3）	600					
好気性消化槽容量（m^3）	−		60	290	40	200
オゾン発生装置容量（kg / hr）	2.5	6.0	0.75		0.75	

(2) コスト試算比較検討

上記計算結果を用い試算条件のもとランニングおよびイニシャル概算を比較検討した．結果は表 10 のとおりである．

表 10　コスト概算比較結果一覧

対象項目	余剰汚泥発生量 50 %低減			余剰汚泥発生量 70 %低減		
	A 方式	B 方式	C 方式	A 方式	B 方式	C 方式
ランニングコスト (A 方式を100とした場合の比率 ：処理汚泥量当たりのランニングコスト)	100	55	65	100	27	33
イニシャルコスト (A 方式を 100とした場合の比率－上段： 汚泥処理設備費用／下段：設備全体費用)	100/100	87/93	95/97	100/100	65/77	67/78

【試算条件】

・ブロア動力は 0.021 kw / m^3 -air として試算した.

・沈殿槽 1：水面積負荷は 25 m / 日，沈殿槽 2：水面積負荷 10 m / 日とする.

・電力単価は 14 円 / kwh とする.

・オゾン消費電力 20 kwh / kg-O_3 とする.

・その他一般付属ポンプ類（原水ポンプ，放流ポンプ，調整槽ポンプ，レーキなど）の消費電力は 10 kw とする.

・1 年間装置稼働日数 240 日とする.

・メンテナンス頻度は 1 回 / 年とする.

・原水受槽，流量調整槽，曝気槽，沈殿槽，好気性消化槽，は RC 製とし，5 万円 / m^3 とする.

・廃水処理機械設備費は土木費用に対し 30 %とする．汚泥処理に関しては土木，製缶費用に対し 10 %とする.

・廃水処理設備に要する原水受槽，流量調整槽，放流槽，ポンプ類，レーキなども考慮した.

上記ランニングコストに関し，A 方式に比べ，B，C 方式では 45 %，35 %とコスト低減が可能となり，有効な処理方式であることが確認できた．イニシャルコストに関し，余剰汚泥発生量 50 %低減の場合，A 方式に比べ B，C 方式では安価となり，70 %低減の場合はさらに安価となる結果となった.

このような高負荷処理である活性汚泥法へのオゾン適用（A 方式）に関し，余剰汚泥の低減量を増加すれば，オゾンの余剰汚泥低減効率が低下するため，ランニング，イニシャルともに上昇する．ゆえに，このようなケースが多々ある食品産業廃水処理へのオゾン適用に関し，新しい方式である B，C 方式（好気性消化法併用システム）が，オゾンの汚泥低減効率を高く維持し，かつ高濃度活性汚泥の自己分解能を汚泥低減に有効活用でき，処理法双方のメリットが生かせられるシステムであると考える．

5. まとめ

実態調査により食品産業における活性汚泥処理施設の現状は高負荷条件での厳しい運用，糸状菌などによる維持管理トラブル発生が明らかとなった．このような廃水処理施設へのオゾン適用方法について検討を重ね，従来の活性汚泥間欠オゾン処理方式を改良し，好気性消化方法を組み合わせた新しい処理方式を開発した．ラボテスト，ベンチテストの実施により，実用化に向け大きな成果を得ることができた．

(1) 高濃度オゾンガスを用いた場合，溶存オゾン濃度の増加に伴い，生物分解性が向上するため，汚泥分解速度が加速し，少ないオゾン量で高汚泥低減効果が得られる．

(2) エジェクターを採用した高効率オゾンリアクターは散気管方式と比べ廃水処理性能および電力消費量に課題を残すものの，汚泥低減効率を向上し，イニシャルコストを削減できる．

(3) オゾン併用型余剰汚泥低減システムを対象に反応モデルを想定し，シミュレーションを実施し，概念設計を行った．反応モデルを用いたシミュレーションは各種反応機構の解明に役立つと同時に設備計画の一手法として大いに有効である．

(4) 高負荷型活性汚泥へのオゾン処理適用に関し，好気性消化法を付加した新しい処理方式では，汚泥低減率の低下を防止する効果が認められ，コスト面でも従来法より安価となり，今後期待できるシステムであることが確認できた．

今後，これらの成果をもとに，窒素，リン除去などの高度処理機能を付加した新しいシステム開発を目指し，食品産業環境保全に努めていく所存である．

引用文献

1） 下水試験法：日本下水道協会（1997）.

2） T. Kamiya, J. Hirotsuji : Wat. Res. Tech. 38（8-9），145-153（1998）.

3） 神谷俊行，廣辻淳二，渡部徹雄，森 一晴，福永由紀子：三菱電機技法，73（4）275-278（1999）.

4） 神谷俊行，森 一晴ら：第 8 回日本オゾン協会年次研究講演会講演集，198（1999）.

5） 神谷俊行，濱田由紀子，廣辻淳二：第 9 回日本オゾン協会年次研究講演会講演集，203-206（2000）.

キーワード：オゾン，活性汚泥，汚泥減容，食品排水，可溶化

文責：三菱電機（株） 森 一晴

第 9 章

小規模食品工場排水の低コスト汚泥減量化技術の開発

ナガノ　エヌ・イー（株）

はじめに

食品産業排水処理における問題点の一つに排水処理過程で生じる汚泥の処理がある．

特に，小規模の食品工場では排水処理に関わるコストの半分近くを占めているケースも少なくない．こうした費用は当然，製造原価に直結するため，規模が小さいほど切実な問題となっている．

しかし，現状の汚泥処理技術は大規模な排水処理を行っている事業所に対するものが大半を占め，小規模の事業所排水に対して応用するには，イニシャルコスト，ランニングコストの両面から，過大な設備になりがちである．

そこで本研究では，小規模の食品工場排水処理過程で生じる汚泥を，汚泥減量槽を利用し，イニシャルコスト，ランニングコストともに低コストで減量させることを検討した．

低コストを目標としているため，物理的な機器あるいは化学的な薬品の投与をできるだけ用いない方法が最適と考えた．そこで汚泥中の生分解性の有機物を嫌気・好気の条件下に交互に置くことによって自己消化と酸化による分解を効率的に行い，汚泥減量を実現させる事を目標とした．

1. 嫌気条件下における汚泥の減少試験

1.1. 試験の方法

基礎実験として，汚泥の減量効果を確認するためにまず汚泥を人工的に発生させ，嫌気条件下に放置することにより時間経過にしたがって，汚泥がどのように減少するかを確認した．

1.1.1. 人工下水の調合

水道水 1 *l* に対して下記の割合で BOD 520 mg / *l*，T-N 54 mg / *l*（Org-N 28 mg / *l*），PO_4-P10 mg / *l* の人工水を調合した．

グルコース	300 mg / *l*	KCl	14 mg / *l*
グルタミン酸	300 mg / *l*	KH_2PO_4	22 mg / *l*
NH_4Cl	100 mg / *l*	$NaHPO_4$	58 mg / *l*
$CaCl_2$	14 mg / *l*	$FeCl_3 \cdot 6H_2O$	2 mg / *l*
$MgSO_4$	10 mg / *l*		

1.1.2. 汚泥減少度の測定

人工下水処理によって増殖した活性汚泥（MLSS 濃度 3000 mg / *l*）2 *l* を実験槽にて静かに攪拌しながら 12 時間おきに採水し，GA100 のろ紙でろ過後，108℃で乾燥し重量を測定することによって行った．

1.2. 結果と考察

試験は，試験槽を 20℃の恒温槽内に設置し行った．結果は図 1 のとおりである．24 時間でほぼ 5 %の減少が見られている．さらに 72 時間経過後では 27%程度が減少した．

全体としては，120 時間の嫌気放置によって投入量に対しておよそ 33 %の汚泥が減量する結果となった．この中で特に注目する部分は，36 時間後から 84 時間後にかけての汚泥の減少速度である．今回の実験では，36 時間経過以前の部分と 84 時間経過後以降で減量されたと思われる部分は，投入量のおよそ 8.3 %であり，これは，36 時間経過後以前では，活性汚泥の自己消化反応が進行しないことが考えられる．

また，84 時間経過後以降は，汚泥の自己消化反応がほぼ完了している状態であると考えることができる．反対に 36～84 時間の間では，投入量のおよそ 25 %が減量されていて，これは減量汚泥の 75 %に相当している．この間では完全嫌気状態で活性汚泥の活発な自己消化反応が起こっているものと推察される．しかし，これは人工下水によって生成された活性汚泥のため，各種食品産業排水処理からの汚泥がこのような時系列変化を起こすかどうかは，十分に検討する必要があると考えられる．

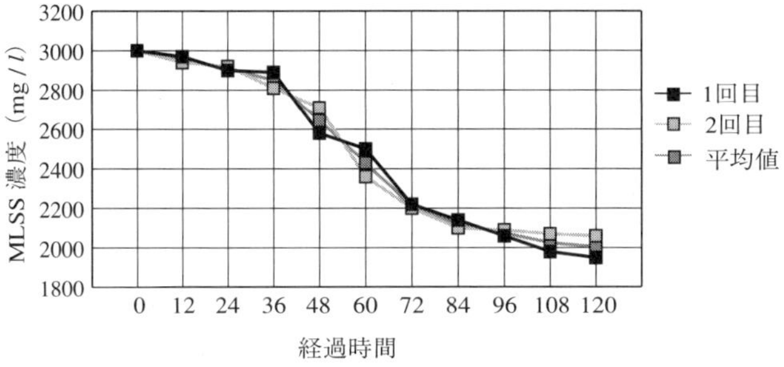

図 1　嫌気条件下の経過時間における汚泥の減少度

2.　嫌気条件下においた活性汚泥の好気撹拌による減量試験

2.1.　試験の方法

2.1.1.　汚泥減少度の測定

1.1.1. と同様に，MLSS 濃度 3000 mg / *l* の汚泥を 2 *l* 用いて，嫌気による汚泥減量の進行度に応じて曝気を行い，この時の汚泥減量の効果を 12 時間おきに検証した.

2.1.2.　曝気時間と送風量

各槽への曝気はそれぞれの嫌気放置終了後 1 時間行い，送風量は 2 *l* / min で行った.

2.2.　結果と考察

試験は，試験槽を20℃の恒温槽内へ設置して行った. 結果の図 2 は，各槽の平均値を表示している. 結果からみると，11 時間ごとに 1 時間曝気を行った RUN-A は汚泥の減少は認められていない. これは汚泥の自己消化が行われていないためと思われる. 対して，RUN-B（23 時間ごと 1 時間曝気）および RUN-C（47 時間ごと 1 時間曝気）は 1.2. の結果を大幅に上回る減量の結果を得ることができた. これは，汚泥の自己消化による分解と酸化による分解が効率的に起こった結果と考えられる. 時間的な関係からみれば RUN-B よりも RUN-C の結果が良いものとなっている. したがって，今回の実験では 47 時間程度の嫌気に対して 1 時間程度の曝気が最も高効率の良い結果となった.

これは嫌気条件の連続保持時間と曝気のタイミングを確認するための試験であったが，曝気を行うタイミングは，この開発における重要なファクターの一つであることが判明した．結果からみると，12 時間サイクルの運転によるものは，定期的に曝気を行っても，ほとんど汚泥が分解されない．嫌気条件下で放置したものと比べると汚泥の減量自体が行われないことが判明した．それに対して 48 時間サイクルのものは，嫌気条件で放置した物に比べてほぼ 2 倍の汚泥の減量を得ることができた．これは 1.2. の結果とあわせて考えると，嫌気条件下での自己消化反応と好気条件下での酸化が相乗的に作用したことが考えられる．

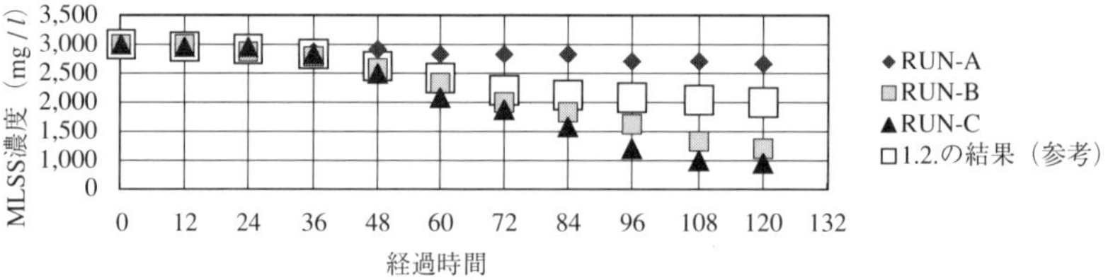

図 2　嫌気条件下での好気攪拌による汚泥減少度

3. 好気条件下における酸化分解反応検証試験

3.1. 試験方法

3.1.1. 実地試験槽（2 槽式）の概要（図 3 参照）

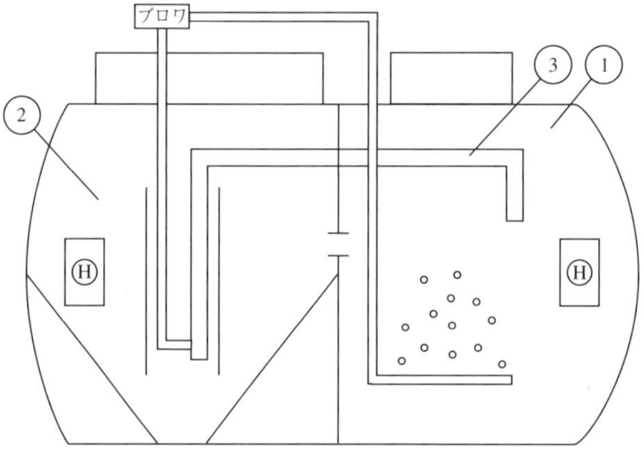

図 3　実地試験槽（2 槽式）概要

① 曝気槽：2000 ϕ、有効水深 1.6 m、有効容量 5.6 m^2

② 嫌気反応槽：ホッパー型、有効水深 1.6 m、有効容量 2.8 m^2

③ 汚泥返送管：タイマー制御にて返送費を調節，最大 22.4 m^3 / 日を返送

3.1.2.　実地試験槽の設置

3.1.1. に基づき製作した実地試験槽を登別市下水道部の管理する終末処理場「若山浄化センター」に設置した.

同センターは，オキシデーションデッチ法により，登別市の生活系の排水を処理している．生活系排水より得られる余剰汚泥は，その性状が多種に及んでおり，食品産業排水への応用が十分可能であるとの考え方から，今回の実験では同処理場の汚泥を用いて減量の試験を行った（この汚泥は，汚泥濃縮貯留槽において 3 日間濃縮が行われており，第一次的な自己消化はほぼ終了しているものと思われる.）.

3.1.3.　実地試験槽の運転

設置後，槽内へ MLSS 濃度 12,000 mg / *l* の汚泥を投入し，希釈によって槽内の MLSS 濃度が 7,000 mg / *l* 程度になるよう調整して試験を開始し，曝気槽内の曝気時間にあわせて，MLSS 濃度，DO がどのように変化するかについて計測を行った.

3.2.　結果と考察

図 4，図 5 は水温 21～22℃とほぼ一定状態での曝気槽内における，MLSS，DO 濃度の変化と同時に計測した ORP の変化である．曝気開始から 3 時間後

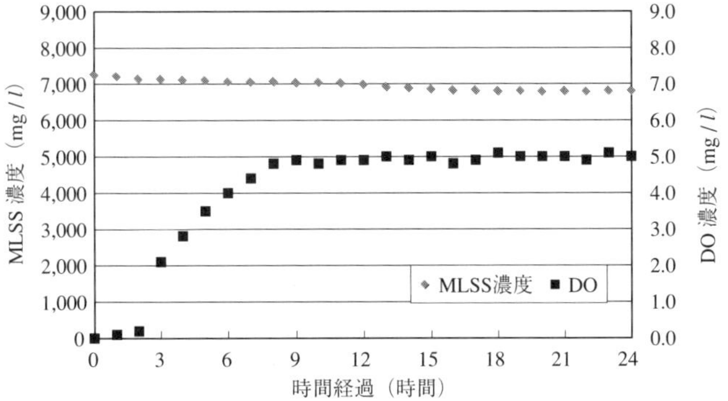

図 4　MLSS，DO の濃度変化

に，DO 濃度が上昇を始めている．それにあわせて ORP も上昇するが，大きな変化はそれほど見られない．開始8時間後には，槽内の DO はほぼ安定してくるが，ORP が上昇を始めるのと 4 時間から 5 時間の差が生じている．

これは還元状態の汚泥が曝気によって酸素を供給されることにより酸化が生じ，反応の進行につれて槽内が好気条件へ移行していくためと考えられ，これによって汚泥が減少していくと考えられる．

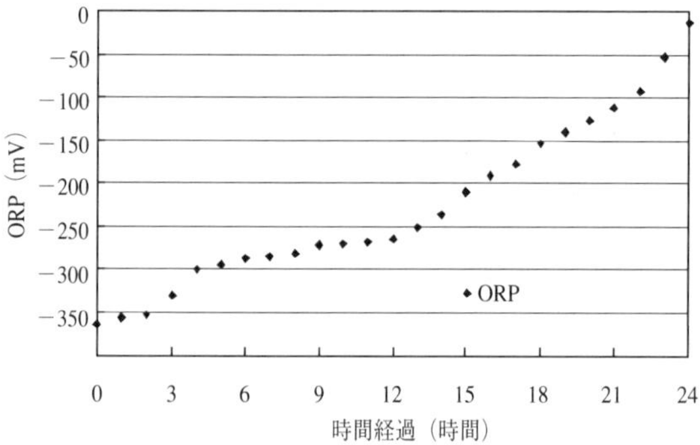

図 5　ORP の変化

4.　嫌気・好気サイクル検討試験

4.1.　試験の方法

本試験は，3.好気条件下における酸化分解反応検証試験と同じ実地試験槽で行い，水温 21～23℃とほぼ一定の条件で，嫌気反応槽からの汚泥の供給はエアリフトポンプによる返送方式とした．

曝気槽の有効容量に対する割合で返送量を決定することとし，返送比は 50 %，100 %，200 %とする．また返送のタイミングは 4 回 / 1 日（6 時間ごと），2 回 / 1 日（12 時間ごと），1 回/ 1 日（24 時間ごと）の 3 パターンとし，1 週間の曝気槽の MLSS 濃度，DO の変化と嫌気反応槽における ORP の変化について計測を行う．

4.2.　結果

表 1 はそれぞれの組み合わせにより試験を行った結果得られた特徴である．嫌気反応槽での還元が十分進行しない状態で，返送を行っても（⑥，⑦，⑧，

⑨）MLSSの減少はほとんど認められない．反対に曝気槽での酸化が十分行われない状態で汚泥が返送されても（④，⑤）やはり，MLSSは減少しなか

表1　それぞれの組み合わせによる結果から得られた特徴

タイミング／返送比	4回/1日（6時間ごと）	2回/1日（12時間ごと）	1回/1日（24時間ごと）
50%（2.8 m^3/日）	① MLSSの減少　小 DOの変化　小 ORP　還元状態	② MLSSの減少　大 DOの変化　小 ORP　還元状態	③ MLSSの減少　最大 DOの変化　小 ORP　還元状態
100%（5.6 m^3/日）	④ MLSSの減少　中 DOの変化　大 ORP　酸化状態	⑤ MLSSの減少　小 DOの変化　小 ORP　還元状態	⑥ MLSSの減少　小 DOの変化　大 ORP　酸化状態
200%（11.2 m^3/日）	⑦ MLSSの減少　小 DOの変化　小 ORP　酸化状態	⑧ MLSSの減少　小 DOの変化　小 ORP　酸化状態	⑨ MLSSの減少　小 DOの変化　大 ORP　酸化状態

注：各特徴は、投入時と1週間後の状況を比較した結果による．

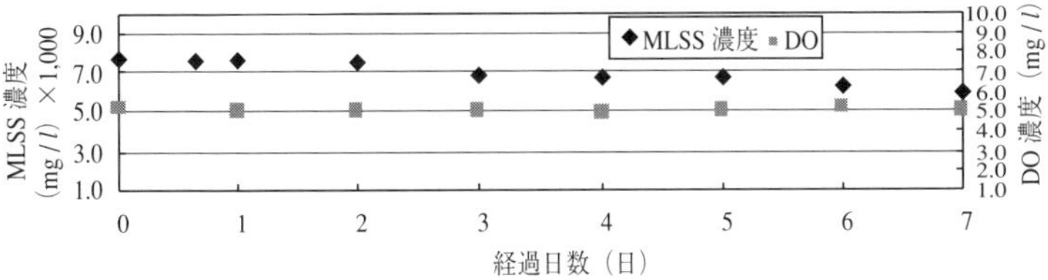

図6　③の設定におけるMLSS，DOの変化

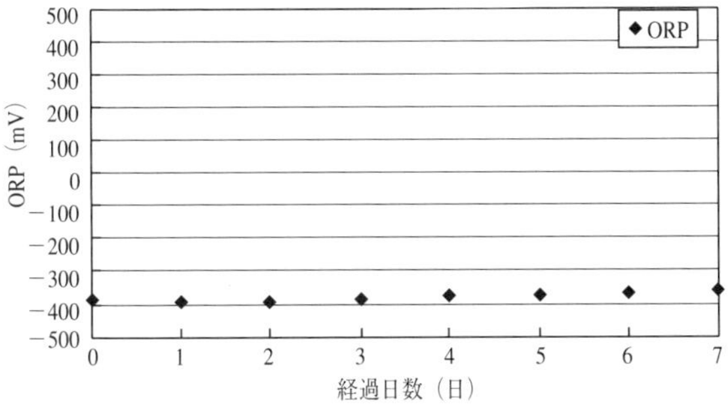

図7　③の設定におけるORPの変化

った．この試験で最も効率よく MLSS の減少が認められたのは③の設定であり，MLSS 濃度は投入時の 75 %まで減少し，嫌気反応槽における ORP も－350 mVと高いレベルでの還元状態にあった（図 6，7 参照）．

5. 連続運転による汚泥減量試験

5.1. 試験方法

1. 嫌気・好気サイクル検討試験試験で最も効率的であると考えられる返送比 50 %，返送タイミング 1 回 / 1 日の設定で，実地試験槽を運転し，1 ヶ月ごとに汚泥の投入を行い装置全体で汚泥減量がどのように進行するか曝気槽内 MLSS 濃度より検証を行う．

MLSS 濃度は，曝気槽，嫌気反応槽それぞれの水深 0.5 m，1.0 m，1.5 m の 3 点を平均して求めた．

5.2. 結果と考察

図 8 は，実地試験槽を連続運転して測定した MLSS の変化である．汚泥の投入は 1ヶ月ごと行うこととしたが，8 / 9～10 / 8 の期間中は 2ヶ月間そのままの状態で汚泥の投入は行わずに運転した．また，11 / 26 以降では，水温の低下から汚泥の減量が進行しなかったため，1 / 18 にヒータを投入し水温を上げることにより実験を行った．

結果としては，汚泥の投入と同時に MLSS の減少が始まり，1 ヶ月後には投入時の 1 / 4～1 / 5 程度まで MLSS 濃度が減少した．また，2 ヶ月間運転を行った 8 / 9～10 / 8 の期間でも 1ヶ月間で減少した MLSS 濃度以上はほとんど減少が見られなかった．

12 / 7 以降水温が 10℃以下になり，この時点から汚泥減量の進行が鈍くなった．その後 1 / 18 にヒータを投入し水温を 10℃以上に保つと汚泥減量が促進された．したがって，嫌気・好気の循環によって汚泥減量を行うには，少なくとも，10℃以上の水温が必要であることが判明した．

図 9 は投入時汚泥の有機物量比と実地試験槽運転 1 ヶ月経過後の汚泥の有機物量比である．投入時汚泥の有機物量比は平均すると 85 %程度であったのに対し運転 1ヶ月経過後の有機物量比は，平均 25 %まで減少していた．

これは，汚泥中の有機物が嫌気的，好気的に分解されたからである．

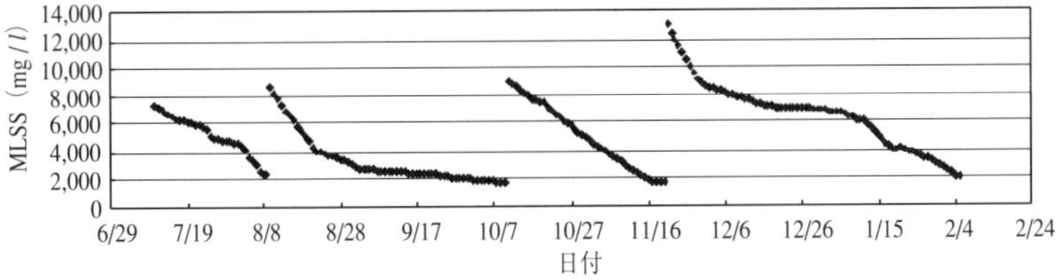

図8　連続運転によるMLSS濃度の変化

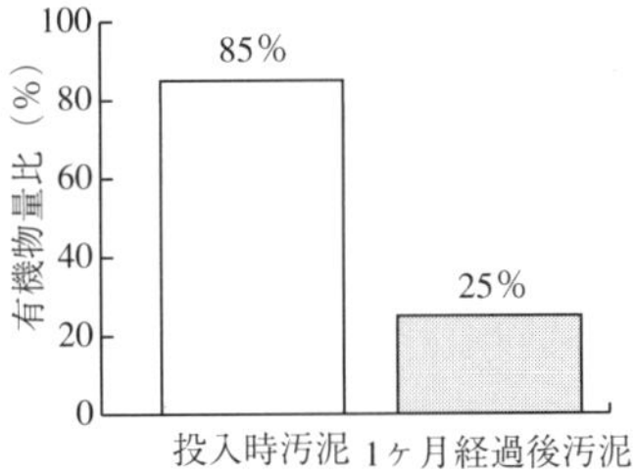

図9　汚泥の有機物量比比較

6.　温度一定条件下での曝気条件の違いによる検証試験

嫌気反応槽から曝気槽への汚泥返送量とタイミングを昨年の実地試験槽の試験結果に基づき設定し，槽内温度一定条件下での曝気条件を変えて，各々1ヶ月の測定スパンで検証した.

6.1.　試験の方法

6.1.1.　試験槽の概要

試験槽は3.1.1.の実地試験槽と同一の構造（2槽式）である（図3参照）.

① 曝気槽（直径2 m，有効水深1.6 m，有効容量5 m^3）

② 嫌気反応槽（ホッパー型，有効水深1.6 m，有効容量5 m^3）

③ 汚泥返送管（タイマー制御にて返送比を調節，2.5 m^3 / 日を返送）

6.1.2.　投入汚泥の概要

6.1.1.の試験槽を弊社長野工場敷地内に埋設し，弁当・惣菜製造工場の排水汚泥を投入した.

汚泥のMLSS濃度を希釈調整して6,000 mg / l にし試験を行った.

6.1.3. 試験方法

嫌気反応槽から曝気槽への汚泥の返送を 1 回 / 日，嫌気反応槽容量の 50 % とし，槽内温度条件を曝気槽・嫌気反応槽ともに 30～35℃および，曝気槽 20～25℃，嫌気反応槽 30～35℃の 2 パターンについて，また，曝気槽 20～25℃，嫌気反応槽 30～35 ℃の温度設定として，曝気条件を，連続曝気，16 時間曝気/ 日，8 時間曝気 / 日の 3 パターンについて，曝気槽内の MLSS 濃度，DO，pH，また嫌気反応槽の ORP がどのように変化するか，各々 1ヶ月の測定スパンで計測を行った．

6.2. 結果と考察

図 10：曝気槽内の水温の変化を，図 11：嫌気反応槽内の水温の変化を，図 12：曝気槽の MLSS をそれぞれ示している．

8 月の実験では，連続曝気の条件で曝気槽内水温・嫌気反応槽内水温をともに，30～35℃になるよう設定した．これは曝気槽での好気性消化および嫌気反応槽での嫌気性消化が効率的に起こるよう意図したものである．しかし，好気性消化における温度条件について 20～25℃以上は経済的側面から見ると必ずしも好ましいとはいえないのではないかとの意見もあり，9 月の実験では連続曝気の条件で曝気槽内水温 20～25℃，嫌気反応槽内水温 30～35℃の設定で実験を行った．

その結果，図 12 に示すとおり，9 月度の実験が8月度の実験と同様の結果が得られた．この事から曝気槽内水温は 20～25℃であれば，MLSS の低下が

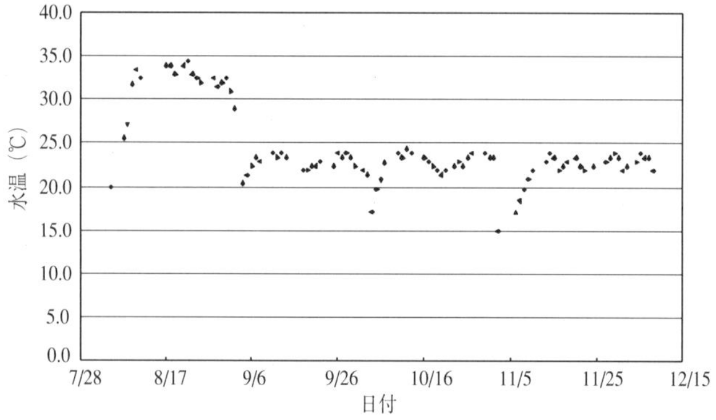

図 10　曝気槽の水温変化

ある程度期待できると判断し，今後の実験についてはこの温度設定で行うこととした．

図10～12のとおり，温度設定については曝気槽内水温20～25℃，嫌気反応槽内水温30～35℃の設定において一番MLSSが低くなる結果を得た．しかし今回設定した嫌気反応槽内水温30～35℃については，文献による調査を基にエネルギーの省力化など総合的に判断し決定したもので実証試験による確認が必要である．

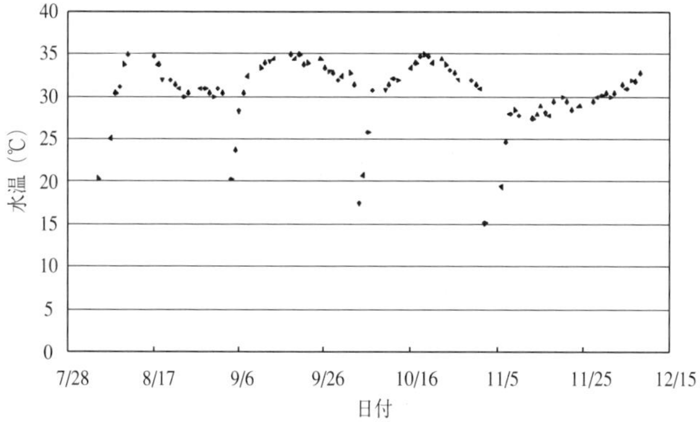

図11　嫌気反応槽の水温変化

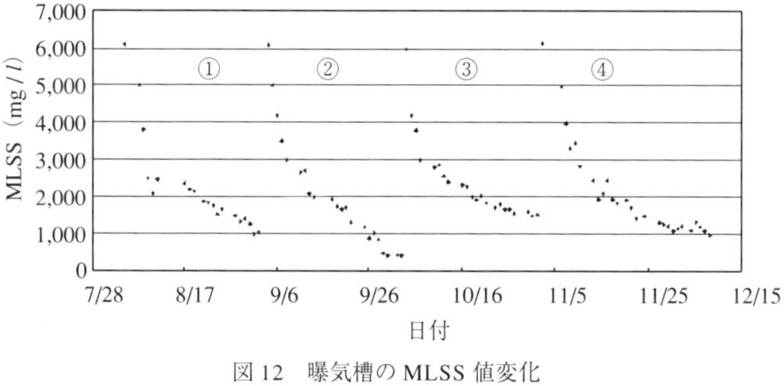

図12　曝気槽のMLSS値変化

① 連続曝気　　温度設定：曝気槽，嫌気反応槽ともに30～35℃

② 連続曝気
③ 8時間曝気
④ 16時間曝気

（②～④）温度設定：曝気槽20～25℃，嫌気反応槽30～35℃

図12の9月度以降の実験は，同一の温度設定で9月度：連続曝気，10月度：8時間/日曝気，11月度：16時間/日曝気と曝気量を変化させた結果である．

結果はMLSS値の低い順に連続曝気 → 16時間曝気→8時間曝気となり，連続曝気が汚泥の減量には適している結果となった．

しかし，図13～15のORP，DO，pHのそれぞれの値を見ると連続曝気と16時間曝気の顕著な違いはなく，経済性や再現性を考慮すると必ずしも連続曝気が最適だと判断するにはデータ不足と考える．今後さらにデータを蓄積し最適な曝気条件を設定する必要がある．

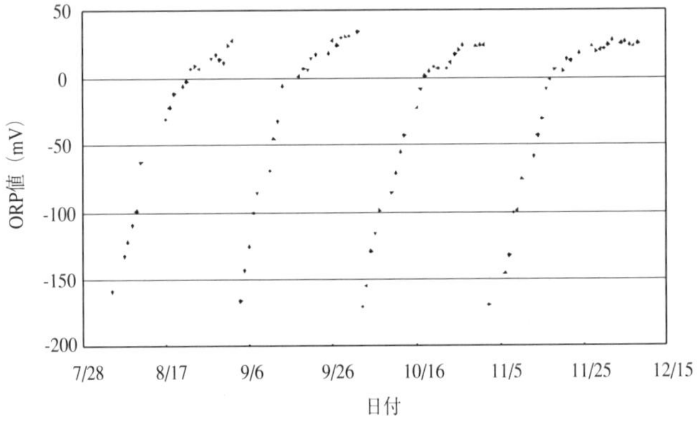

図13　嫌気反応槽のORP値変化

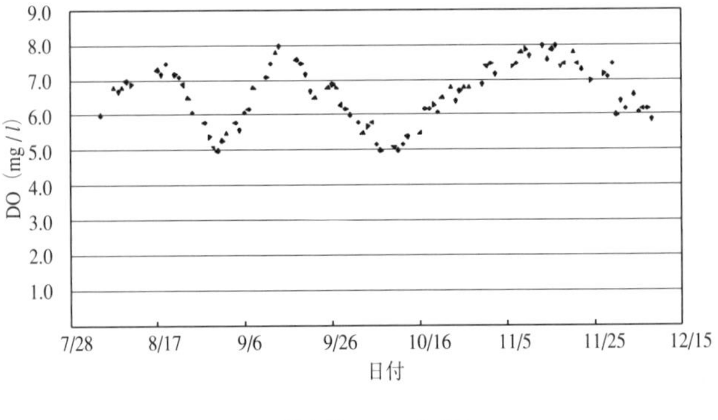

図14　曝気槽のDO値変化

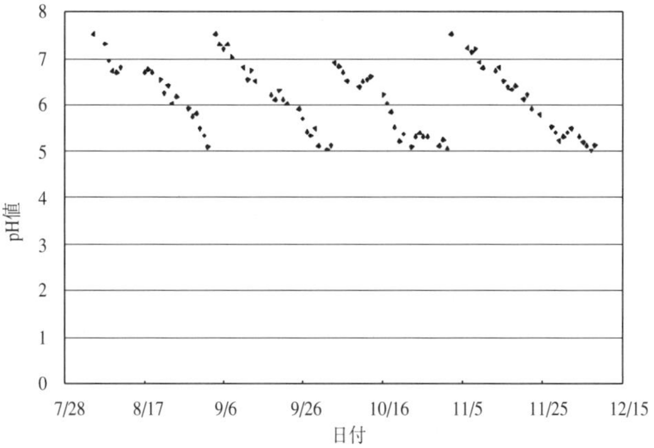

図15　曝気槽のpH値変化

7.　試験槽の形式の違いによる検証試験

7.1.　試験槽の概要

7.1.1.　試験槽A（1槽式）

槽の構造を簡略化しイニシャルコストを下げるために考案した1槽式汚泥減量試験槽である．これは散気管の位置により単一の槽の上層に好気の環境と下層に嫌気の環境を作り出す形式となっている（図16参照）．

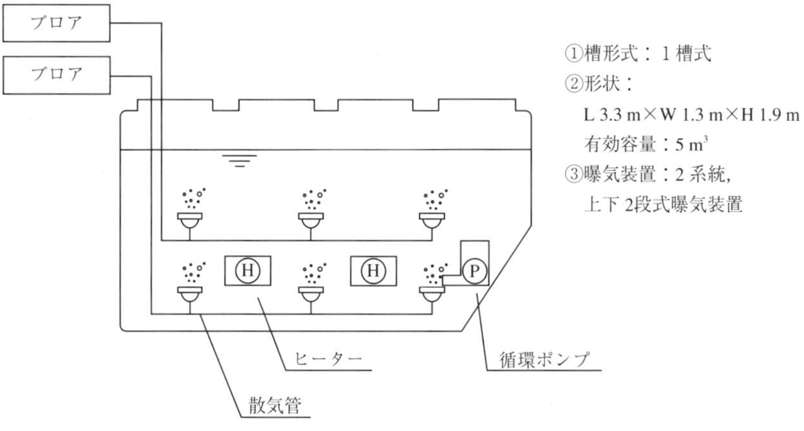

図16　試験槽A　構造図

7.1.2. 試験槽 B および B'（2 槽式）

3.1.1. と同一構造で，好気槽と嫌気反応槽の 2 槽からなる．嫌気反応槽のセンターウェルより汚泥返送管によって好気槽に汚泥を返送する構造となっている（図 17 参照）．

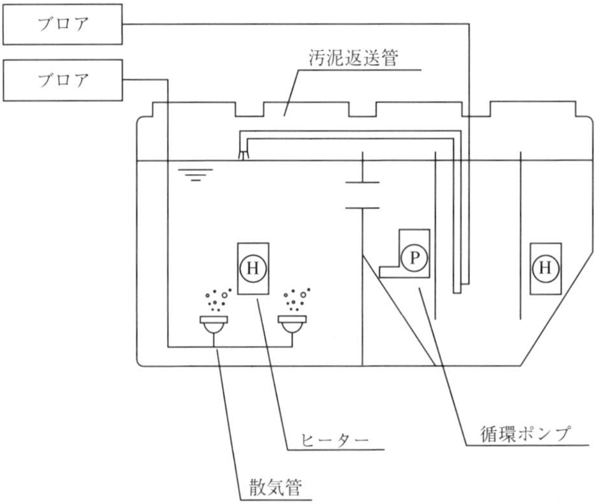

①槽形式：
曝気槽，嫌気反応槽，
2 槽式
②形状：
L 3.3 m×W 1.3 m×H 1.9 m，有効容量：5 m^3
③汚泥返送管：
タイマー制御により，嫌気反応槽より曝気槽へ 2 m^3 / 日返送する．

図 17　試験槽 B，B' 構造図

7.1.3. 試験槽の設置

試験槽 A（1 槽式）を弊社長野工場敷地内に埋設した．また，試験槽 B（2 槽式）を地上に併設し外気温の影響をなくすため，ウレタン吹き付けによる保温処置を行った．

試験槽 B'（2 槽式）は，H 12 年度研究事業により弊社長野工場敷地内に既に埋設したものである．

7.2. 投入汚泥の概要

6.1.2. と同一とした．

7.3. 試験の方法

1 槽式汚泥減量試験槽（散気管の位置により単一の槽の中に好気の環境と嫌気の環境を作り出す）と，2 槽式汚泥減量槽（好気槽と嫌気反応槽の 2 槽を有する）とを表 2 の様な同一運転条件で運転し，試験期間約 1ヶ月間の混合液浮遊物質濃度（MLSS）を各槽の水深，0.5 m，10 m，1.5 m の 3 点平均として測定し，時系列変化確認した．

表 2　試験槽 A，B の運転条件

	試験槽 A（1 槽式）	試験槽 B（2 槽式）
設定温度	30℃	好気槽　30℃ 嫌気反応槽　30℃
曝気	連　続	連　続
汚泥返送	―――	返送用エアリフトポンプ 80 分運転 嫌気反応槽容量の 50%
汚泥撹拌	撹拌用曝気ポンプ 80 分運転	―――
実施期間	2001 年 9 月 3 日～9 月 28 日	

7.4.　結果および考察

図 18 は試験槽 A，図 19 は試験槽 B の MLSS 値をそれぞれ示している．

汚泥減量の指標を MLSS としてみれば図 18 と 19 の比較から試験槽 B の 2 槽式の形式が汚泥減量に有効であることが確認できた．これは嫌気・好気の環境を作り出す方法および嫌気状態にある汚泥を酸化状態の環境に投入する方法の違いによる影響が大きいと考えられる．

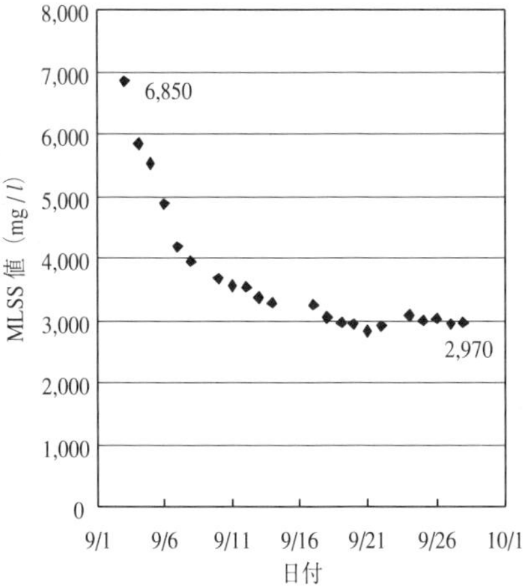

図 18　試験槽 A（1 槽式）

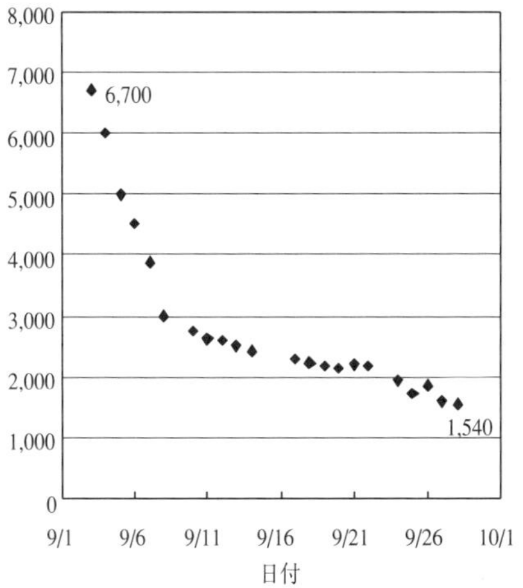

図 19　試験槽 B（2 槽式）

1 槽式汚泥減量槽は散気管を 2 段に配置し，その上段の散気管のみを曝気すれば槽内の上層部が好気の環境に，下層部が死水域となり嫌気の環境に，また，上段・下段ともに曝気すれば下層部の還元状態の汚泥が上層部と混合し合い，2 槽式の場合の嫌気反応槽から好気槽へ汚泥を返送する状態と同じになるのでは，との基本構想からなっている．

しかし，2 槽式汚泥減量槽の方が効果がある結果を得た．これは 1 槽式汚泥減量槽が 2 槽式の様に嫌気・好気の環境が隔壁で仕切られていないため，酸化状態および還元状態が曖昧で十分行われないことが原因と考えられる．

したがって，これ以降の確認試験は2槽式汚泥減量槽を使用して行うこととした．

8. 曝気時間の違いによる検証試験

8.1. 試験の方法

同一形式の試験槽（2 槽式）で表4のように曝気時間を変えて運転した．

試験期間約 1ヶ月間の混合液浮遊物質濃度（MLSS）を各槽の水深 0.5 m，1.0 m，1.5 m の 3 点平均として測定し，時系列変化確認した．

表 3　試験槽 B，B' の運転条件

	試験槽 B	試験槽 B'
設定温度	好気槽　20℃ 嫌気反応槽　35℃	同　左
汚泥返送	1 日当たり嫌気反応槽容量の 50% 返送	同　左
曝気時間	16 時間／日	連　続
実施期間	2001 年 10 月 3 日～10 月 29 日	

8.2. 結果および考察

図 20 は連続曝気時，図 21 は 16 時間 / 日曝気時の MLSS 値をそれぞれ示している．

本検証試験では，連続曝気と 16 時間 / 日曝気の顕著な違いは得られなかった．

曝気条件の違いによる検証試験において同一試験槽で行った場合でも，連続曝気と16時間/日曝気の顕著な差異がなかった．今回の試験槽 2 台を使用し同一汚泥で行った検証試験でも，連続曝気運転において試験開始直後の

MLSSの減少傾向がやや急激である他は顕著な差異がなく，16時間/日曝気でも連続曝気と同等の効果があると判断できる．

これは，今回の試験環境，特に槽内で活動する微生物群への酸素供給量については16時間/日曝気で過不足がないということであり，ブロアーの消費電力軽減による省エネルギーな運転条件を確認できた．

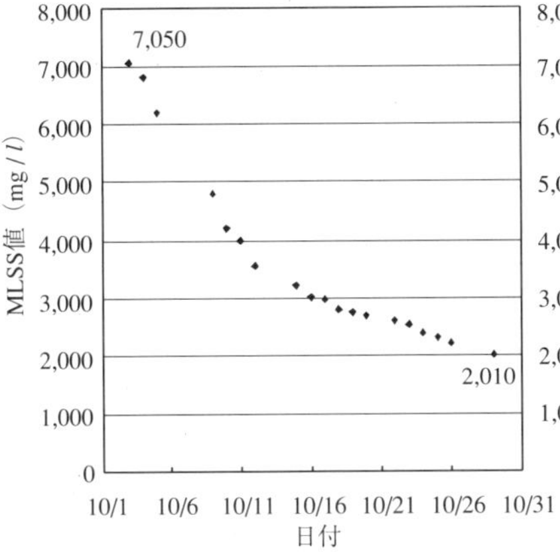

図20　試験槽B連続曝気

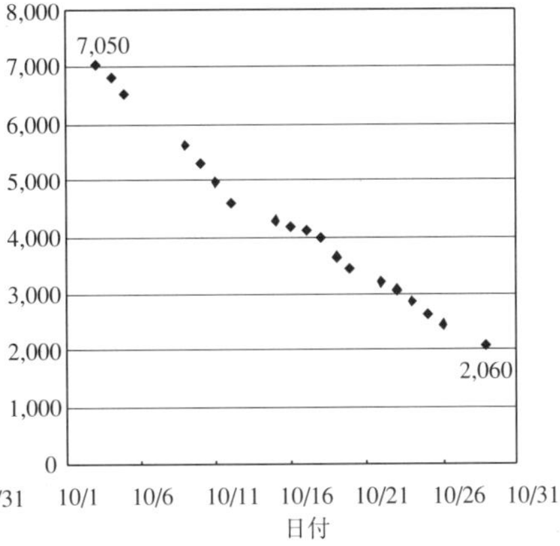

図21　試験槽B’16時間/日曝気

9.　設定温度の違いによる検証試験

9.1.　試験の方法

同一形式の試験槽（2槽式）で表5のように設定温度を変えて運転した．

試験期間約1ヶ月間の混合液浮遊物質濃度（MLSS）を測定し，時系列変化を確認することで汚泥減量の効果を比較した．

表4　試験槽B，B’の運転条件

	試験槽B	試験槽B’
設定温度	好気槽　30℃ 嫌気反応槽　30℃	好気槽　25℃ 嫌気反応槽　25℃
曝気時間	16時間／日	同　　左
汚泥返送	1日当たり嫌気反応槽容量の50%返送	同　　左
実施期間	2001年11月2日～11月29日	

9.2. 結果および考察

図22は設定温度30℃，図23は設定温度25℃のMLSS値をそれぞれ示している．

6. 温度一定条件下での曝気条件の違いによる検証試験において，好気槽25℃，嫌気反応槽35℃の結果を得ているが，その前・後温度での検証がなされていない．そこで今回，省エネルギーの観点から嫌気槽・好気槽ともに設定温度25℃と，嫌気槽・好気槽ともに設定温度30℃の検証試験を行った．その結果，設定温度25℃でも汚泥減量に効果があることを得た．したがって，本実験槽では設定温度25℃で槽内で活動する微生物群は活発に活動し，自己消化と酸化による分解が行われたものと判断できる．

設定温度を25℃にすることによってヒータの使用電力量を抑えることができ，省エネルギー運転につながる．

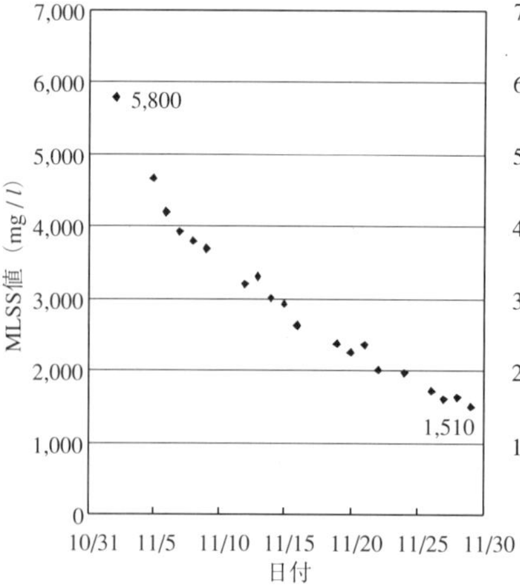

図22　試験槽B 槽内設定温度30℃

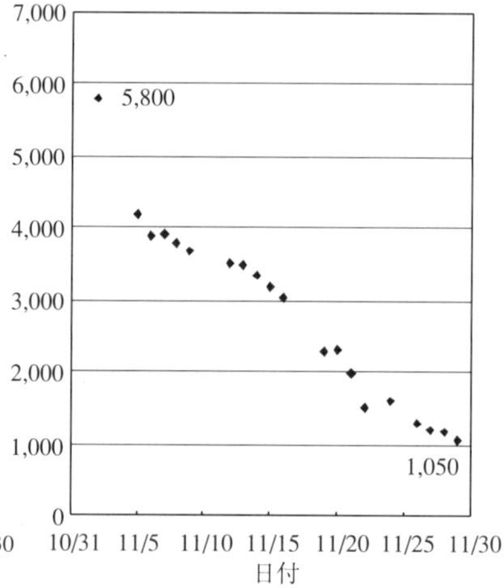

図23　試験槽B’ 槽内設定温度25℃

10. 担体効果の検証試験

10.1. 試験の方法

同一形式の試験槽（2槽式）で表6のような条件で運転した．

今回投入した担体は，アルミおよびケイ素を主成分とする多孔質岩石であり，一般的に吸着や好気的環境の改善に効果があるといわれている．

試験期間約 1ヶ月間の混合液浮遊物質濃度（MLSS）を各槽の水深 0.5 m，1.0 m，1.5 m の 3 点平均として測定し，時系列変化を確認することで汚泥減量の効果を比較した．

表5　試験槽 B，B’の運転条件

	試験槽 B	試験槽 B’
設定温度	好気槽　25℃ 嫌気反応槽　25℃	同　左
曝気時間	16 時間／日	同　左
汚泥返送	1 日当たり嫌気反応槽容量の 50％返送	同　左
担　　体	好気槽へ投入	な　し
実施期間	2001 年 12 月 3 日～12 月 27 日	

10.2.　結果および考察

図 24 は担体を投入した場合，図 25 は投入しない場合の MLSS 値をそれぞれ示している．

本検証試験では更に省エネルギーな方法での汚泥減量の効果を得るため，

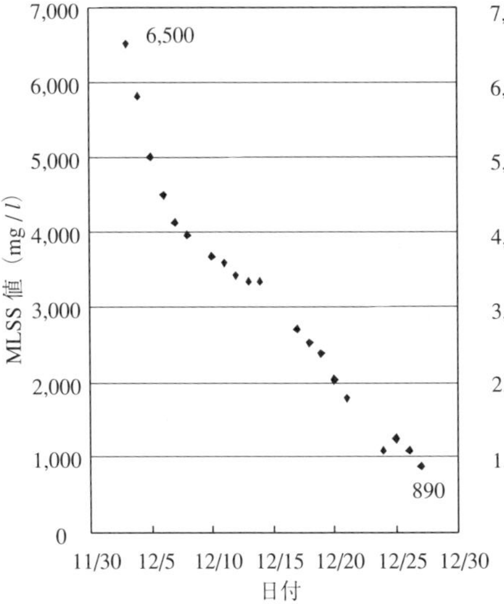

図 24　試験槽 B 担体投入

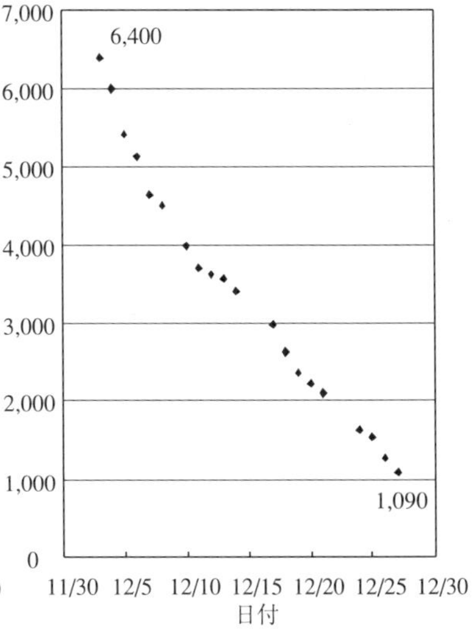

図 25　試験槽 B’担体なし

担体を投入しその効果を確認して，ある程度の結果が得られた．

一般に多孔質物質は吸着作用があり，また，微生物の増殖しやすい環境を作り出すといわれておりその効果を確認した．その結果，担体を投入した方が MLSS 値の減少が大きい結果を得た．したがって，担体を使用した方が汚泥減量に効果があると判断できる．

11. まとめ

本試験では省エネルギーなシステムを構築するため，温度，曝気時間などを変えて試験を行った．最終的に，嫌気反応槽・好気槽を独立でもつ 2 槽式で，運転パターンは，

①曝気時間：16 時間/日

②設定温度：好気槽 25℃，嫌気反応槽 25℃

③汚泥返送量：1 日当たり嫌気反応槽容量の 50 %を返送

の，条件が汚泥減量には効果がある結果となった．

一般的に排水処理など微生物による浄化の場合，環境の違いによりその再現性が低いという問題が残る．しかし，今回は外界の影響を受けない一定の環境で試験を行ったためある程度の再現性は確保していると判断している．

処理する汚泥の性状によって，今回の運転パターンが必ずしも汚泥減量に最適な省エネルギー運転というには，データ不足といわざるを得ない．しかし，汚泥減量化に向けての基礎資料として貴重なデータであり，今後の指標として利用できる．

また，エネルギーを消費しないで汚泥減量効果を向上させる方法として担体を使用した．今回は特に，吸着と微生物活性化を念頭に多孔質岩石を担体として採用したが，担体の種類も使用方法も多種多様であり，コストや，メンテナンス方法も含め今後十分検討しなければならない．

キーワード：食品産業排水，高濃度排水，汚泥減量化技術，酸化分解，自己消化

文責：ナガノ　エヌ・イー（株）　飛鳥井正晴

第 10 章

嫌気・好気発酵処理への植物抽出液の添加による汚泥低減化技術の開発

田代興業（株）

はじめに

(1) 研究の概要

畜産加工に伴って発生する畜産副産物（内臓，血液，骨など）の多くは食用として利用されており，それ以外にも医療，農業，工業などに利用されている．食用以外の内蔵（非食用内臓）の大半は農業用飼料として活用されており，他分野への活用はほとんどないのが現状である．現在，豚の非食用内臓の割合は豚全体の 7.2 %（重量比）あり，1999 年度ではおよそ 21,000トン発生している．そのため，単に農業用飼料としてだけでなく新たな利用方法についても検討し，多様な利用を見出すことが環境および経済的なリスクを分散するという点で望ましい．

このような背景から，畜産加工に伴って発生する非食用内臓の新しい利用方法について検討することとした．ここでは，微生物活性助剤を用いた嫌気性消化（メタン発酵）により資源化が可能であるか検討することを中心的な技術開発とし，非食用内臓のメタン発酵に関する全体的なシステムについて検討する．また，メタン発酵によって有機物からエネルギーを取り出すことができるが，分解される物質は生物学的に易分解性な物質であり，発酵後に残る余剰汚泥や脱離液は難分解性の物質で構成されることになる．廃棄物の処理方法としてメタン発酵を選択する場合，発酵後に排出される余剰汚泥と脱離液の処理，処分についても検討しなければならない．

本研究では図 1 に示すように，はじめに嫌気性消化における微生物活性助剤の効果について，次に非食用内臓の微生物活性助剤を用いたメタン発酵処理について，最後にメタン発酵後に残った余剰汚泥と脱離液の処理について検討した．

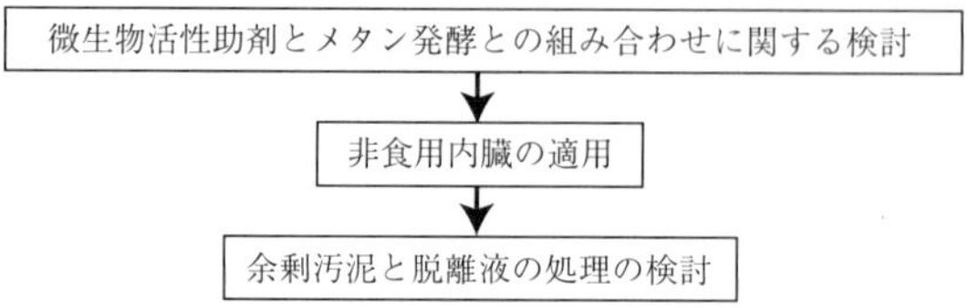

図1　本研究の流れ

(2) 研究の目的

図 1 に示すいくつかの検討を行ったが，それぞれの検討の具体的な目的は以下のとおりである．

a. 微生物活性助剤の添加効果に関する検討

①微生物活性助剤の添加による消化実験

微生物活性助剤の添加量および種類の違いによるガス発生量や汚泥性状の変化の確認を目的とする．対象とした汚泥は，食品排水の活性汚泥処理で発生した返送（余剰）汚泥である．

②サポニンとスギナの併用効果に関する検討

微生物活性助剤を混合することによる処理向上の可能性の有無を確認する．

b. 食肉工場廃棄物（非食用内臓）の消化に関する検討

①固形物可溶化へのサポニン添加による影響の検討

食品工場から排出される固形の廃棄物の中でも非食用の内臓は固形物濃度が高く，有機物，油分も高いことからメタン発酵を順調に行うには，まず，固形物の可溶化が重要になる．そこで微生物活性助剤であるサポニンを用いて内臓を可溶化させることが可能であるかを検討する．

②小型実験装置を用いた非食用内臓へのサポニン添加による検討

固形物濃度が高く油分濃度も高い非食用内臓がサポニンを用いたメタン発酵によって処理できるかを検討するために，小型のメタン発酵装置を用いて検討する．

③大型実験装置を用いた実証実験による検討

小型実験装置による実験で得た結果に基づき，実施設とほぼ同様の条件となる大型の実験装置を用いて，より実際の運用に近い形で実験を行いサポニンの効果について検討する．

c. 消化汚泥と脱離液の処理の検討

①円筒型ろ布を用いた消化汚泥の濃縮・脱水実験

非食用内臓の嫌気性消化だけに限らず，活性汚泥法も含めた生物処理においては，その処理工程中から余剰汚泥が発生する．一般にこのような余剰汚泥は，凝集剤によって凝集し，フィルタープレス，ベルトプレス，遠心脱水機などの脱水装置により脱水して減容化し，埋め立て処分や焼却処分している．しかしながらそれら脱水装置は大型で高価なものが多く，また構造が複雑なため，運営・維持管理の技術的・経済的負担が大きい．そこで円筒型ろ布に着目し，簡易で安価，操作も簡単な消化汚泥の濃縮・脱水について検討する．

②木材チップ混合土壌を用いた土壌式浄化法による浄化実験

食肉をハムに加工するとき燻製に用いる木材チップが廃棄物として発生する．その量は業界全体で年間 2,000トン（日本ハムソーセージ工業協同組合の聞き取りによる）にもなる．この木材チップは現在では資源化されず廃棄物として処分されている．木材は有用な資源の一つであり，有効利用が求められている．その木材チップを工場内から出される排水の浄化に用いることができれば工場内での資源の再利用という点で望ましい．そこで，本研究では木材チップと土を混合した土壌を用いて排水の浄化が可能であるか検討する．

1.　微生物活性助剤の添加効果に関する検討

1.1.　微生物活性助剤について

本研究に用いる微生物活性助剤は，サポニンおよびスギナとした．サポニンおよびスギナとは，以下のような特徴をもっている．

1.1.1.　サポニンについて

サポニン（Saponin）とは，植物に含まれる配糖体のうち界面活性作用をもつものの総称である．南米諸国やヨーロッパでは古くから天然の洗浄剤，発泡剤として使用されている．現在アメリカでは，加工食品や飲料にも使用することが許可されており，安全性も確認されている．

サポニンは非糖部サポゲニンと糖部からなる配糖体で，分子量は 1,500～2,000 である．サポゲニンの種類により，ステロイド系サポニン，トリテルペノイド系サポニンとステロイド・アルカノイド配糖体に分類されている．本研究で使用したキラヤサポニンはトリテルペノイド系サポニンに属し，南米チリ産のキラヤ木［(別名：パナマウッド，シャボンの木）学名*Quillaja Saponaria Mol*（Rosaceae)］の樹皮を原材料としている．

本研究に使用したキラヤサポニン抽出物原液の成分を表 1 に示す．

表 1　キラヤサポニン抽出物原液の成分

成　分	構成（%）
天然サポニン（トリテルペノイドキラヤサポニン）	4.0
糖類	19.5
粗タンパク	1.1
灰分	3.1
粗脂肪	0.1
エタノール	9.8
水分	60.6
その他（無機分，SS など）	1.8

一般的にサポニンの特性として以下が挙げられる．

① 表面張力低下
② 気泡力
③ 乳化作用
④ コレステロールとの複合体形成作用
⑤ 抗菌作用
⑥ 溶血作用（血球破壊作用）
⑦ 成長促進および成長抑制作用

1.1.2.　スギナについて

ツクシともいわれ早春の道ばたや野原に見かけることのできる植物である．植物学的にはスギナといわれ木賊科に属する．地面の中を縦横に走る地下茎をもっていて，この茎から2種類の枝を地上に出す．その一つは栄養茎でスギの葉に似ていることから“杉菜”と名付けられた．もう一つは胞子茎でツクシといわれる．これは高等植物の花枝にあたる．ツクシは昔から食用に利用されることは一般によく知られているが，スギナも食することが可能である．また，抗癌，利尿，止血などの作用が高いとされていることから，薬として利用されている．スギナの主な成分を表2に示す．

表2　スギナの主成分

形状	淡緑色液状	
pH	5.03	
蒸発残分	10.2%	
強熱残分	5.1%	
水不溶分	1.2%	
主成分	糖類	4.1%
	重粗タンパク	1.3%
	灰分（ケイ酸を含む）	4.3%
	カリウム	1.1%
	金属	20 mg / *l* 以下
	ヒ素	2 mg / *l* 以下

1.2.　微生物活性助剤の添加による消化実験

1.2.1.　実験装置と実験方法

嫌気性消化槽はガラス製の容量2 *l* で，蓋はすり合わせとなっており，すり合わせ部分はグリスを塗布することで気密性を保つことができる．消化温度は中温消化温度である37℃とし，その温度を保つため消化槽をウォーターバスに設置し，ヒーターを用いて温度を調節した．発生ガス量の測定方法は，発生したガスを食塩水で置換し，排出された食塩水をメスシリンダーに採取して，その食塩水量を発生ガス量とした．撹拌は1日3回，消化槽を振とうさせた．

実験条件を表3に示す．本実験では微生物活性助剤としてサポニンとスギナの両方を用いた．消化の対象は製菓工場からの余剰汚泥を用いた．汚泥全量は1.5 *l* で，汚泥混合比率は消化汚泥と余剰汚泥を4：1の割合とした．汚泥混合比率については，都市下水由来の余剰汚泥を用いて行った過去の実験を参考にして決定した．微生物活性助剤の添加量は汚泥全量に対するもので，これについても過去の下水汚泥に関する実験結果により決定した．

実験期間は微生物活性助剤の添加効果を考慮し，2 週間とした．汚泥性状の分析は実験開始時と終了時に実施した．

表3　実験条件

実験名	微生物活性助剤の種類	添加量（mg / l）
Run 1.1	無添加	0
Run 1.2	サポニン	10
Run 1.3		20
Run 1.4		30
Run 2.1	スギナ	10
Run 2.2		20
Run 2.3		30

1.2.2.　実験結果

ガス発生量の経日変化を図 2 に示す．微生物活性助剤を 20 mg / l および 30 mg / l 添加した Run1.3，1.4，2.2，2.3 は無添加に比べてガス発生量が多い．しかし，微生物活性助剤 10 mg / l 添加した Run1.2，2.1 のガス発生量は無添加の発生量に満たなかった．微生物活性助剤の種類に関してはスギナに比べてサポニンの方がガス発生量は多かった．

汚泥性状の変化を表 4 に示す．有機物の指標となる BOD，COD はいずれも減少傾向であった．COD についてはサポニンを 30 mg / l 添加したものは約 50 %の減少を示した．DOC についても微生物活性助剤を添加した実験が無添加よりも減少の傾向が強い．

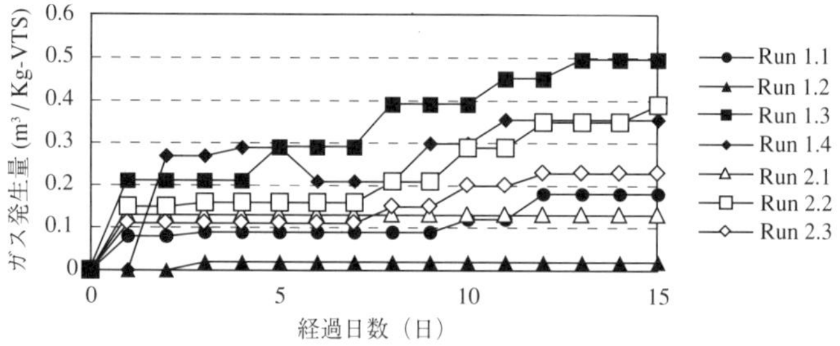

図 2　ガス発生量の経日変化

表4　汚泥性状の変化

分析項目		Run 1.1	Run 1.2	Run 1.3	Run 1.4	Run 2.1	Run 2.2	Run 2.3
BOD (mg / l)	実験前	3,190	2,850	3,500	4,150	4,780	5,540	5,080
	実験後	1,800	2,570	1,700	2,080	2,440	1,720	2,520
COD (mg / l)	実験前	6,200	5,900	4,100	5,500	4,400	5,000	3,000
	実験後	5,600	4,500	2,400	2,800	2,500	3,100	3,600
DOC (mg / l)	実験前	430	300	220	290	590	510	400
	実験後	310	410	370	210	260	320	380
SS (mg / l)	実験前	14,600	14,000	14,100	14,200	13,900	14,500	13,800
	実験後	13,300	13,100	13,100	14,400	14,500	14,700	15,600
粘度 (mPa·s)	実験前	125	120	120	120	110	125	110
	実験後	95	80	90	80	70	80	90
CST (sec)	実験前	2,280	2,530	2,540	2,600	2,380	2,640	2,410
	実験後	2,170	1,840	1,840	1,790	2,180	3,220	2,610

1.2.3.　考察

消化による発生ガス量は汚泥の有機物組成と消化の進行度などによって大きく左右される．図2に示すように無添加の場合，ガス発生量は比較的低く，順調に消化が行われていなかったと推測できる．しかし，サポニンを20 mg / l，30 mg / l 添加したRun1.3，1.4では，一般的な消化によるガス発生量と変わらないガス発生量を得られたことから，微生物活性助剤による添加効果が確認されたことになる．

SSについてはサポニンのみを添加したRun1.2，1.3については順調な減少傾向を示したもののスギナのみ添加したRun2についてはすべての結果において増加した．スギナは粉末であるためSS分となり得るが，汚泥量に対しては微量であることからスギナの添加がSSの増加した主原因とは考えられないため，他の原因を検討する必要がある．

BOD，CODの結果はいずれも減少傾向であり，CODについてはサポニン30 mg / l 添加時では最大50 %の減少率が確認された．また，DOCについても無添加に比べてサポニンを添加したRun1.2，1.3は増加している．これらの結果より，微生物活性助剤の添加によって汚泥の可溶化が進み，さらには溶解性の有機物が，メタンおよび二酸化炭素に変換されたと推測される．

汚泥の脱水性についても微生物活性助剤の効果が確認された．汚泥の固液分離性の指標であるCSTは，サポニン30 mg / l 添加時で減少率が大きくなった．また，汚泥脱水性を検討する場合には汚泥の粘度も確認するが，本実験のスギナ 10 mg / *l* 添加時における粘度の減少率は他と比べて大きくなった．したがって，微生物活性助剤の添加は汚泥の脱水性を高め，脱水時の固液分離性を高くする作用があるのではないかと推測できる．

1.3. サポニンとスギナの併用効果に関する検討

1.3.1. 実験装置と実験方法

実験装置および実験方法は「1.2.1. 実験装置と実験方法」と同様の装置を用いて行った．実験条件を表 5 に示す．

表 5 実験条件

実験名	微生物活性助剤の種類	添加量（mg / *l*）	
		スギナ	サポニン
Run 3.1	サポニン＋スギナ	20	0
Run 3.2			10
Run 3.3			20
Run 3.4			30
Run 4.1		0	20
Run 4.2		10	
Run 4.3		30	

1.3.2. 実験結果

ガス発生量の経日変化を図 3 に示す．1.1. の実験で確認されたように，スギナのみ添加した Run3.1 とサポニンのみ添加した Run4.1 はガスを多く発生した．次いで微生物活性助剤を 2 種類併用した Run3.3，4.2 のガス発生量が多い．実験開始時と終了時の汚泥性状の変化を表 6 に示す．

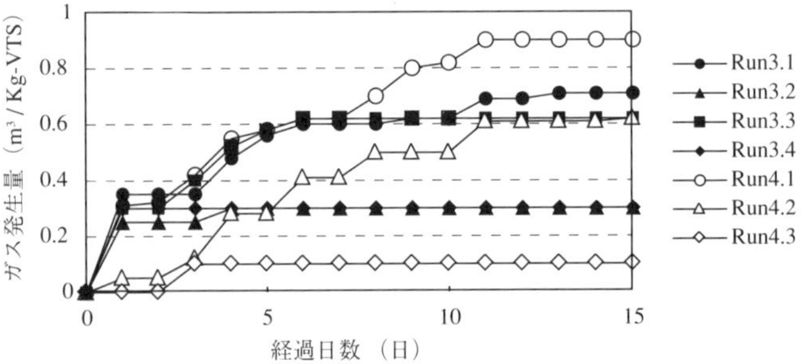

図 3 ガス発生量（強熱減量 1 g 当たり）の経過日数

表 6　汚泥性状の変化

分析項目		Run3.1	Run3.2	Run3.3	Run3.4	Run4.1	Run4.2	Run4.3
BOD (mg / *l*)	実験前	6,530	5,550	6,520	4,430	6,900	5,780	5,650
	実験後	7,070	3,730	5,730	4,710	4,710	3,170	2,600
COD (mg / *l*)	実験前	3,900	4,500	3,400	3,100	4,300	4,600	3,130
	実験後	4,000	2,800	2,700	2,700	4,100	1,700	1,100
DOC (mg / *l*)	実験前	470	470	440	420	420	600	860
	実験後	230	350	270	290	210	230	230
CST (sec)	実験前	2,140	2,250	2,080	2,260	2,490	2,460	2,490
	実験後	1,600	1,530	1,490	1,570	1,960	1,960	2,190

1.3.3.　考察

微生物活性助剤の併用に関わらず，サポニンは 20 mg / *l* 添加が最も効果的で，スギナは過剰添加（Run4.3）するとガス発生量が最も低くなった．

BOD，COD，DOC についてはほぼ減少している．減少率に注目すると，DOC の Run4.3（サポニン 20 mg / *l* ＋スギナ 30 mg / *l*）が 73.3 %で最大値を示している．一般に固形有機物よりも溶解性有機物が消化されやすいことから，有機物の可溶化が進行すれば消化の促進につながることになる．COD の減少は，汚泥中の有機物質が減少している指標となるが，BOD や DOC は有機物の可溶化によって増加することから，今回の実験結果に示す BOD や DOC から汚泥の消化状況を判断するよりは，ガス発生量にて判断する方が適切である．

脱水性の目安となる CST は微生物活性助剤を併用した中で Run3.2 の 32 %が最も減少しており，他の条件についても20%前後の結果が得られた．

以上の結果より，添加を十分考慮した上で微生物活性助剤の併用を行うと，安定した消化が行われ，汚泥低減化の促進につながると推測できる．

2.　食肉工場廃棄物（非食用内臓）の消化に関する検討

2.1.　固形物可溶化へのサポニン添加による影響の検討

2.1.1.　実験装置と実験方法

実験には容量 2 *l* の密閉性ポリ容器を用いた．反応槽内の撹拌は，手動で 1 日 2 回位容器を振とうさせた．

試料となる非食用の内臓は食品工場から排出された豚の内臓を小さく切り，それを卓上ミキサで破砕し，適当な濃度に調整して実験に用いた．破砕した内臓の性状を表7に示す．

実験方法は容器に試料 1 *l* とサポニンを混合させ投入した．サポニンを入れることで可溶化につながるかを見るために，サポニンの添加濃度を 4 段階に変化させて試料 1 *l* 当たり 100 mg から 1,000 mg とした．比較のため無添加についても実験を行った．性状の分析には容器から 2～3 回混合液を採り，その混合液を pH，DOC，SS，VSS の分析に用いた．

表7　破砕した内臓の性状

pH	6.53
DOC（mg / *l*）	2,920
SS（mg / *l*）	147,000
VSS（mg / *l*）	131,000

2.1.2.　結果

pH と DOC の経日変化を図 4，5 に示す．

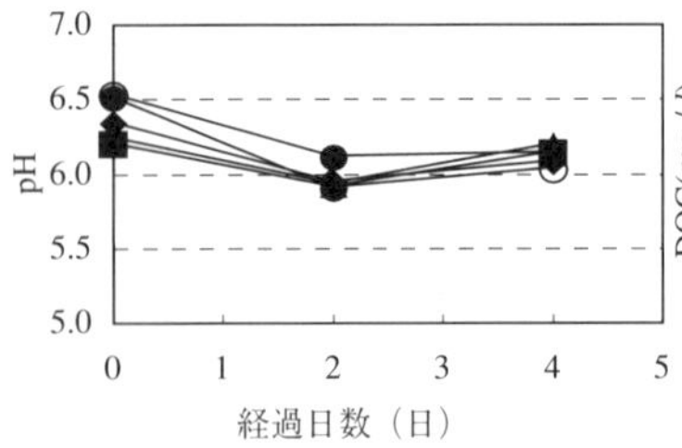

図 4　pH の経日変化

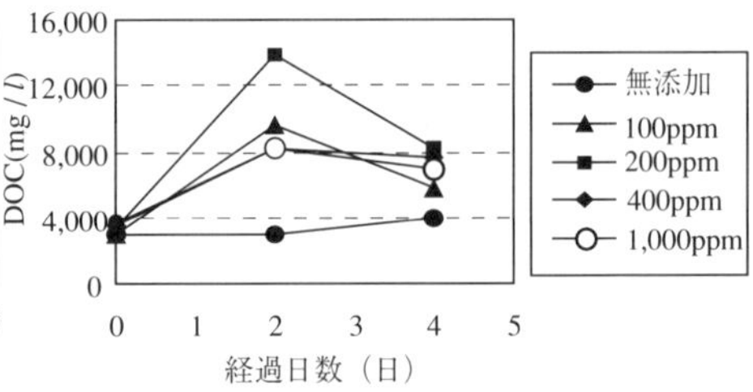

図 5　DOCの経日変化

実験開始直後，酸性方向に変化したが，実験開始後 2 日経過した時点で変化が止まり，アルカリ性方向に変化した．

DOC はサポニンを添加したものすべてが実験開始後から上昇し，実験開始後 2 日で約 200～300 %の上昇を示した．

SS の経日変化を図 6 に示す．

可溶化が促進されると SS は急激な減少を示す．サポニンを添加しなかった場合は SS の減少は見られなかった．しかし，サポニンを添加した場合はいず

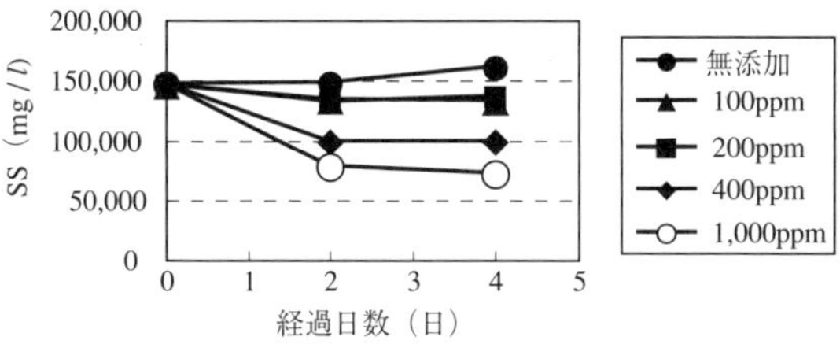

図 6　SS の経日変化

れも減少の傾向が見られた．実験結果より，サポニンの添加量が多いほど SS の低減率は高くなった．特にサポニンを最も多く添加した 1,000 ppm に関しては，実験開始後 2 日で SS の低減率 50 %という結果となった．サポニンの添加量は 100～1,000 mg 程度であり，添加による試料の希釈によってSSが低下したとは考えにくく，サポニンによって可溶化が促進したと考えられる．実験開始 2 日後の VSS の低減率を図7に示す．サポニンを 1,000 mg 添加したものは約 45 %の低減率を示した．

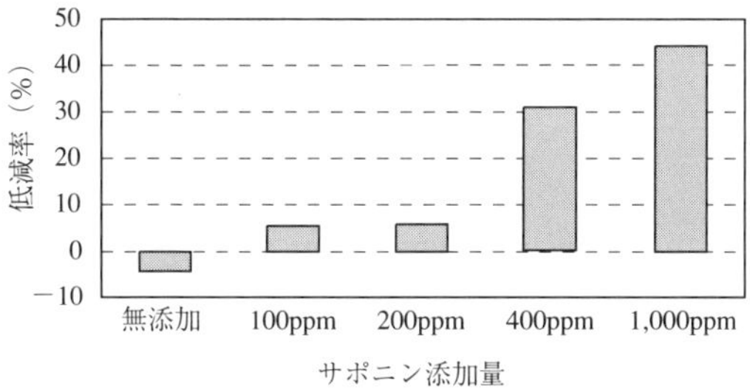

図 7　VSS の低減率

2.1.3.　考察

メタン発酵による有機固形物の処理には可溶化が重要である．消化槽内で可溶化を促進させるためには高温消化や高速撹拌による方法があるが，エネルギーを大量に消費するという欠点がある．このような点で，本研究で検討した微生物活性助剤（サポニン）の添加により可溶化を促進させることが確認できた意義は大きい．実験開始 2 日で SS は低下し，DOC は大幅に増加した．また，サポニンを多く添加するほど SS の低下が見られた．DOC についてはサポニンの添加量が多いほど増加するものではなかったので，非食用内臓のメタン発酵についてはサポニンの添加量は 100～200 ppm が適量ではないかと推測する.

2.2. 小型実験装置を用いた非食用内臓へのサポニン添加による検討

2.2.1. 実験装置と実験方法

実施設に近い行程を想定して半連続式実験を採用した. 有機物負荷は約 4.5～9.0 Kg / m^3・day となるよう消化槽に投入する試料である非食用内臓の量を 0.1～0.3 *l* / day 程度とした.

実験装置図を図 8 に示す. 実験装置の消化槽容量は 5 *l* である. 発生ガスはガスタンクに置換され測定できる構造となっている. 消化槽温度は実験装置により制御され, 37℃の中温消化で行った. 攪拌も速度を制御できる攪拌装置があり, 攪拌速度 100 rpm とした.

実験方法は, 消化汚泥 4 *l* を消化槽に投入し, 試料である非食用内臓を 0.1 *l*, 0.2 *l*, 0.3 *l* と有機物濃度別に 3 段階に分けサポニン 100 ppm と混合させ毎日消化槽に投入した. ただし, 投入前には消化槽混合液を試料と同量引き抜き, 引き抜いた汚泥は性状分析に用いた. 実験で用いた非食用内臓と消化汚泥の性状を表 8, 9 に示す.

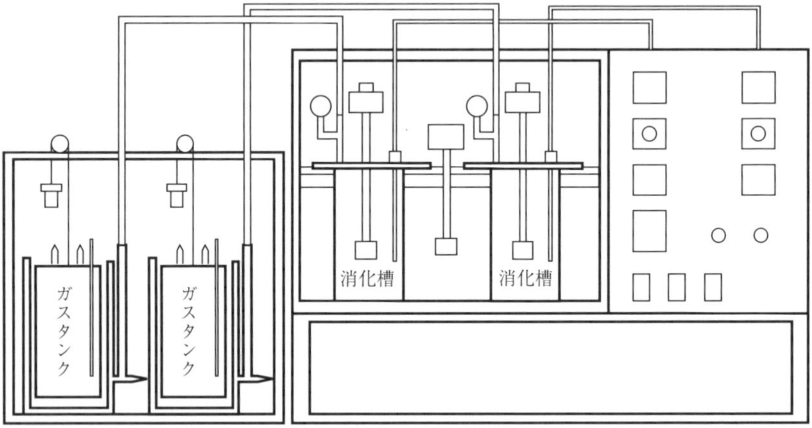

図 8　小型実験装置の概略

表 8　非食用内臓の性状

pH	6.05
DOC（mg / *l*）	2,600
SS（mg / *l*）	150,000
VSS（mg / *l*）	140,000

表 9　消化汚泥の性状

pH	8.4
DOC（mg / *l*）	1,000
SS（mg / *l*）	19,700
VSS（mg / *l*）	12,300

この非食用内臓の性状と消化汚泥を混合させた実験開始前の消化槽中の混合液初期性状について表 10 に示す．

表 10　混合液初期性状

非食用内臓投入量	pH	DOC	SS	VSS	ASH
0.1 *l*（無添加）	7.98	1,480	21,600	15,700	5,900
0.1 *l*（100 ppm）	7.93	1,530	23,100	15,500	7,600
0.2 *l*（100 ppm）	7.84	1,420	24,700	18,000	6,700
0.3 *l*（100 ppm）	7.22	1,530	29,400	20,900	8,500

単位（mg / *l*）pH を除く
（　）内はサポニンの添加量

2.2.2. 実験結果

ガス発生量の経日変化を図 9 に TVFA の結果を図 10 に示す．

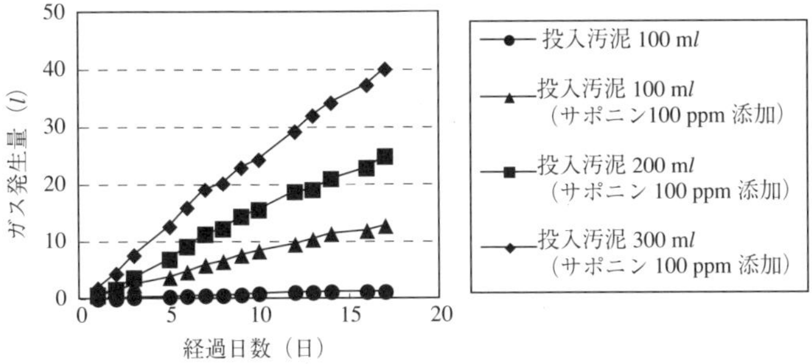

図 9　投入汚泥量に対する累積ガス発生量

有機物負荷の高いものほどガス発生量は増加している．0.3 *l* 投入したものは，経過日数に比例してガス発生量が増加した．試料 0.3 *l* を毎日投入し有機物負荷が高いにも関わらず，その有機物を可溶化，分解してガス化まで到達する速度が速いということがわかる．分解速度が遅いと低級脂肪酸の蓄積にもつながり，消化速度の低下につながる．TVFA についてサポニン無添加であったものは低級脂肪酸の主成分は初期には酢酸であったが，実験開始 18日後には約 2～3 %しかなく n-酪酸が全体の 7 割を占めていた．これではメタン発酵が困難な状態であり，メタンガスの回収は望めない．サポニンを添加したものの混合液中の酢酸の含有率は 50 %を占めていた．

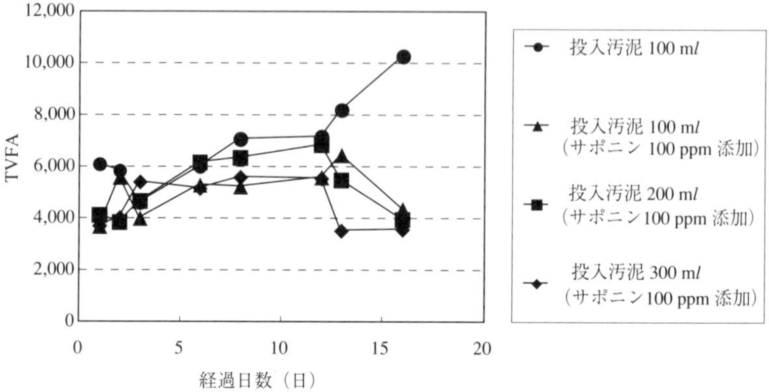

図 10　TVFAの経過日変化

次に有機物負荷とガス発生量の関係について図 11 に示す．

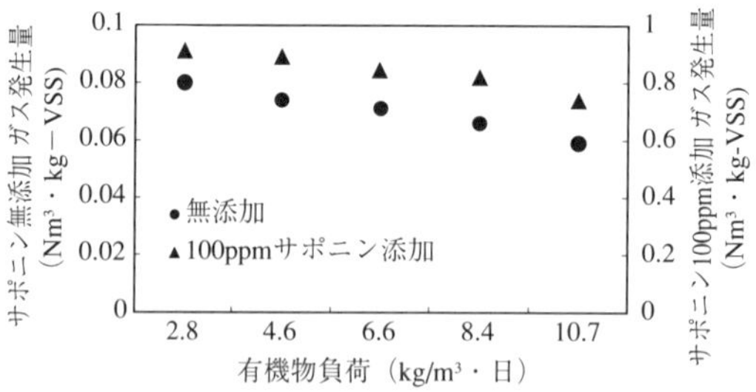

図 11　有機物負荷とガス発生量

右の縦軸はサポニンを添加した場合，左の縦軸は無添加の場合のガス発生量を有機物負荷の違いによる変化について示している．右と左の縦軸の単位は 10 倍のガス発生量の差がある．どちらの場合でも有機物負荷の増加とともにガス発生量は減少している．

2.2.3.　考察

半連続式実験により有機物負荷の負荷変動によりサポニンの影響がどのような結果となるか検討するために行った．

通常の有機物負荷よりも高い負荷を与えると微生物量よりも食物量が過多となり，消化が順調に進行しないのではないかという予測に反し，サポニンを添加することによって高濃度の有機物負荷に対しても効率よく消化することがわかった．このことにより，サポニンの添加はメタン発酵に関わる微生物の働きを促進させ発酵を安定して行うことが可能であると確認できた．

2.3.　大型実験装置を用いた実証実験による検討

2.3.1.　実験装置と実験方法

図 12 に大型装置の概略図を示す．消化槽は外面保温型で，撹拌ミキサによる撹拌が可能となっている．試料が非食用の内臓であるため撹拌用の羽に絡まらないように羽を二枚取り付けた．最大容量は 750 *l* である．pH，温度，ガス発生量は記録できるようになっている．

本実験は回分式実験で行った．実験条件を表 11 に示す．

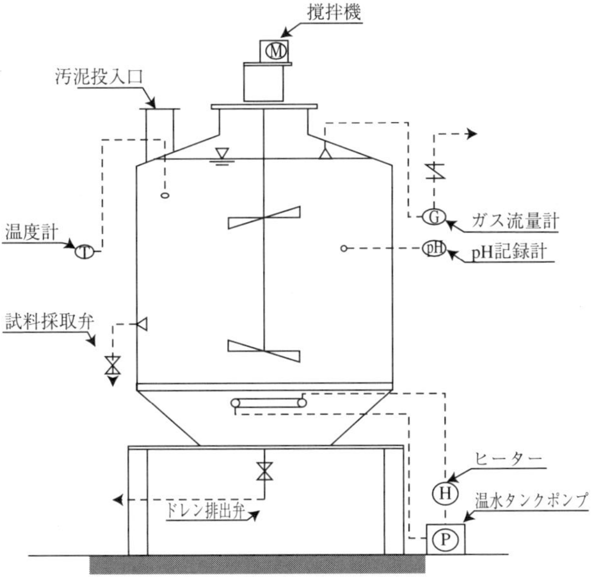

図 12　大型実験装置の概略

表 11　実験条件

消化温度	汚泥全量	混合比率	微生物活性助剤	添加量
37℃	750 *l*	4：1	サポニン	100 ppm

実験開始初期段階での有機物負荷は 17.8 Kg / m^3・day とした．撹拌は実験開始 20 日後までは間欠撹拌，20 日後からは連続撹拌で行った．この実験での試料と消化汚泥の性状を表 12，13 に示す．

表 12　非食用の内臓の性状

pH	6.05
DOC（mg / l）	2,600
SS（mg / l）	90,000
VSS（mg / l）	67,000

表 13　消化汚泥の性状

pH	8.4
DOC（mg / l）	1,000
SS（mg / l）	19,700
VSS（mg / l）	12,300

分析項目は pH，DOC，SS，VSS，TS，VTS，ガス発生量，ガス組成成分，油分（n-ヘキサン抽出物質）とした．実験開始時の混合液の初期性状を表 14 に示す．

表 14　混合液性状

分析項目	pH	DOC	SS	VSS	ASH	TS	n-ヘキサン	TVFA
混合液性状	7.15	3,450	30,000	19,900	10,200	36,200	1,200	6,000

単位：pH を除き（mg / l）

2.3.2.　実験結果

ガス発生量とそのガス組成成分の経日変化を図 13，14 に示す．

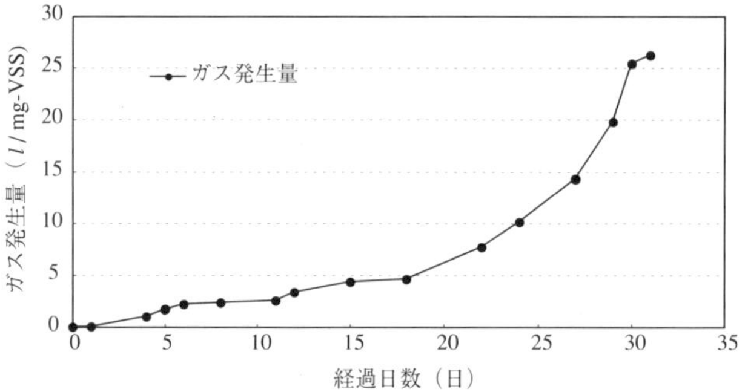

図 13　ガス発生量の経日変化

実験開始 20 日後に間欠撹拌から連続撹拌に変更した．その結果ガス発生量は増加し，開始 20 日までと 20 日以降の発生量の差は 4 倍以上となった．また，ガスの組成についても20日以降からメタン含有率が増加した．間欠撹拌から連続撹拌に変更したことによって，固形物が可溶化され，メタン発酵の促進につながったと考えられる．

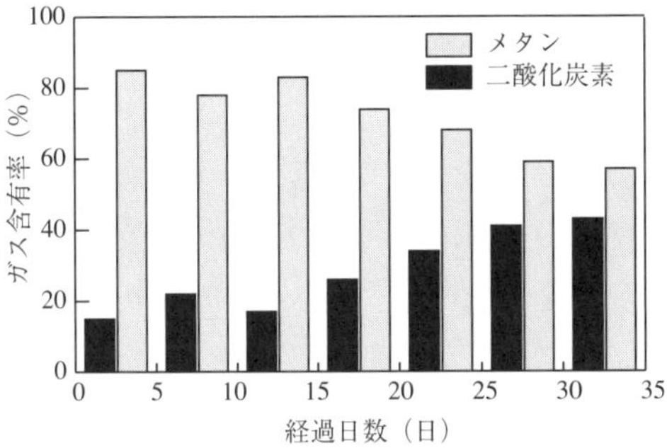

図 14　ガス成分の経日変化

油分の経日変化を図 15 に示す．試料である非食用の内臓は脂質を多く含んでいるため初期性状は 1,200 mg / *l* を示している．実験開始 20 日後の測定結果はサポニンを添加したものは約 40 %低下した．無添加については油分の低下はほとんど見られなかった．

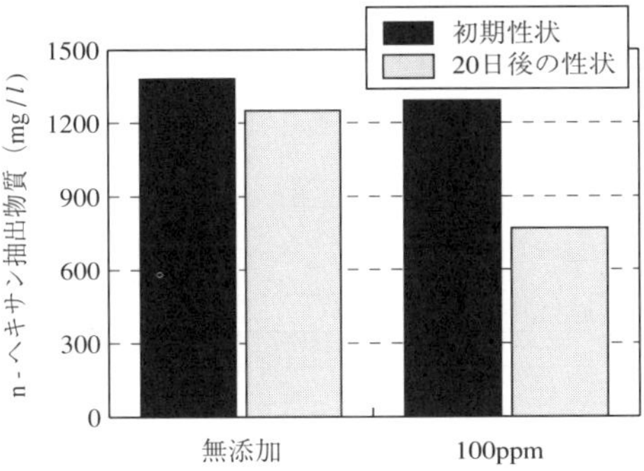

図 15　n-ヘキサン抽出物質の変化

2.3.3.　考察

撹拌方法について実験当初は低速撹拌を想定し，間欠撹拌としたが，混合液が均一に混合されていないと判断して，連続撹拌に変更した．連続撹拌することでメタン発酵は順調に進み，ガス発生量も大きく増加した．固形廃棄物の処理においては撹拌の能力が重要であることがわかった．n-ヘキサン抽出物質の除去についてはサポニン無添加の場合ではほとんど除去できなかったが，サポニンを添加したものは 40 %の除去率を示した．サポニンは界面活性作用があるのでこれによって油分の分解が進んだのではないかと推測される．

小型装置と同様により実施設に近い大型の実験装置でも十分なガス発生量があり，また，油分の低下に見られるようにサポニンを添加することによってメタン発酵を促進することが可能であることがわかった．

3. 消化汚泥と脱離液の処理の検討

3.1. 円筒型ろ布を用いた消化汚泥の濃縮・脱水実験

3.1.1. 実験装置と実験方法

（1）実験装置の概要

実験装置図を図 16 に示す．当該装置は，汚泥貯留槽，汚泥圧送ポンプおよび汚泥脱水部の構成となっている．汚泥貯留槽は，消化汚泥を投入し，槽内で凝集剤を添加，凝集させる場所である．汚泥圧

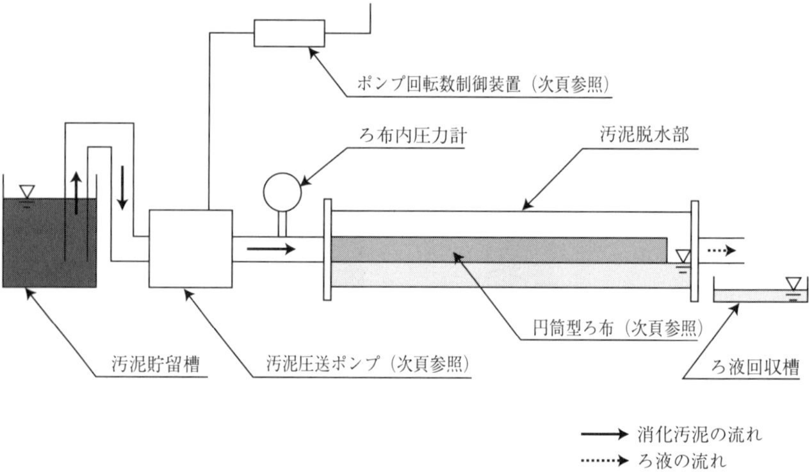

図 16　円筒型ろ布を用いた消化汚泥濃縮・脱水装置

送ポンプは凝集後の消化汚泥を汚泥貯留槽から汚泥脱水部に圧送する．圧送する圧力や流量は，ポンプ回転数制御装置（インバータ）によって手動にて制御する方法を採用している．汚泥脱水部は，円筒型の塩化ビニル製容器の中に，片側が閉じている円筒型ろ布をポンプ側に接続し固定している．汚泥圧送ポンプによって圧送してきた消化汚泥は円筒型ろ布内側に導入される．円筒型ろ布内側は加圧されているので，ろ布よりろ液が発生し，円筒型ろ布内の消化汚泥は濃縮・脱水される．ろ液は円筒型の塩化ビニル製容器を通り，外部のろ液回収槽に流出する．

(2) 実験装置の仕様

図 16 に示した装置の内，円筒型ろ布の仕様を表 15 に示す．今回の実験では，脱水性能や強度の点で優れている化学繊維のろ布 2 種類と，そのままでも処分可能な天然繊維である綿 1 種類の合計 3 種類による比較実験を実施した．これらのろ布の長さおよび内径を統一して縫製している．

汚泥圧送ポンプは，チューブ型を採用した．渦巻き型のポンプでは，高分子凝集剤によって消化汚泥を形成させたフロックが，圧送するときに破壊されるため，凝集剤の効果が低減することになる．チューブ型の場合，チューブ内の汚泥を押し出して圧送するため，渦巻き型と比較してフロックの破壊が小さく，凝集効果を保ったまま円筒型ろ布に導入できるという利点がある．

表 15　円筒型ろ布の仕様

ろ布名称		天然繊維	化学繊維 1	化学繊維 2
材質		綿	ポリエステル	ポリエステル
組織		朱子織	二重織	綾織
糸形状		スパン	マルチフィラメント	マルチフィラメント
通気度（cm^3 / cm^2・min）		240	100	700
厚さ（mm）		0.60	0.59	0.45
破断強度（daN / 3 cm）	タテ	65	310	280
	ヨコ	35	170	120
ろ布長さ（cm）		110	110	110
ろ布内径（cm）		4.7	4.7	4.7

(3) 実験条件

実験条件を表 16 に示す．また，用いた凝集剤を表 17 に示す．

表 16　操作圧力と実験時間

汚泥の種類	ろ布の種類	実験番号	操作圧力 (MPa)	実験時間 (min)	備　考
消化汚泥	天然繊維	Run1	0.1	5	
		Run2	0.2	5	ろ布を 2 重
	化学繊維 1	Run3	0.3	5	
		Run4	0.5	3	3 分後に破裂
	化学繊維 2	Run5	0.3	5	
		Run6	0.5	4	4 分後に破裂
豚内臓廃棄物消化汚泥	天然繊維	Run7	0.1	10	
	化学繊維 1	Run8	0.5	10	
	化学繊維 2	Run9	0.5	10	

表 17　高分子凝集剤の性状と添加率

形状	粒状粉末
成分	ポリアクリル酸エステル系
イオン性	強カチオン
分子量	6.1×10^6
粘度	230 CPS（0.2％水溶液）
pH	4～5（0.2％水溶液）
用途	有機物処理・脱水用
溶液濃度	0.2 w / v％（水 1 *l* に対し 2 g）
添加率	20 v / v％（対消化汚泥量） Run1～Run6：83 g / kg-TS Run7：65 g/ kg-TS Run8～Run9：112 g / kg-TS

3.1.2.　実験結果

円筒型ろ布内の汚泥流入口部，ろ布中央部およびろ布先端部における脱水汚泥の含水率を表 18 に示す．

3.1.3.　考察

(1) 円筒型ろ布の位置の違いについて

円筒型ろ布内の脱水汚泥含水率は，汚泥流入口部，ろ布中央部およびろ布先端部の 3ヶ所にて測定を行った．結果に示すとおり，ろ布先端部の含水率は，85.9～93.7 %，汚泥流入口部のそれは 93.4～

表18　円筒型ろ布内脱水汚泥の含水率

ろ布の種類	実験番号	汚泥流入口部（w / w%）	ろ布中央部（w / w%）	ろ布先端部（w / w%）
天然繊維	Run1	97.5	94.6	90.3
	Run2	93.4	93.2	88.1
化学繊維1	Run3	94.4	93.9	93.7
	Run4	—	92.4	89.2
化学繊維2	Run5	97.2	93.2	91.1
	Run6	—	93.6	89.9
天然繊維	Run7	95.5	91.9	89.1
化学繊維1	Run8	94.4	93.1	85.9
化学繊維2	Run9	97.0	95.9	86.4

97.5%であり，ろ布先端部が汚泥流入口部より低い含水率となった．その原因は，円筒型ろ布は細長い構造であるため，汚泥流入開始後，先端部より徐々に汚泥が詰まり始めることから，長時間のろ過時間を得ていること，さらにはろ布のろ過性能が目詰まりにより低下するまでに脱水が進行していくことなどが考えられる．ただし，長時間の操作時間であっても，ろ布の目詰まりによるろ過性能の低下によって先端部で得られた含水率を得ることは難しいため，処理能力を向上させるためには，円筒型ろ布の長さや内径を大きくすることが必要である．

(2) 円筒型ろ布の構造について

今回は平布を円筒状に縫製して円筒型ろ布を製作しているため，縫製部分の強度が弱い．操作圧力を0.5 MPaとしたとき，2実験で汚泥流入口部付近で縫製部の破裂があった．また，縫製部分においては，その縫い目の穴がろ布自身の目の開きよりも大きくなり，加圧した場合に汚泥が漏出する原因となる．実験結果で示したろ液TSが比較的高いのはすべて縫製部分から漏出した汚泥によるものである．このような縫製部分の弱点を補い，強度の向上と汚泥漏出の防止のため，ろ布を2重（Run2）にするか，もしくは縫製部分がない構造とするなどの変更が必要であると思われる．

(3) 円筒型ろ布の種類の違いについて

今回の実験では天然繊維を1種類および化学繊維を2種類の合計3種類を比較した．結果が示すとおり，ろ布の種類による大きな違いは得られなかった．問題点は先述したとおり，ろ布自身というよりも縫製部分の強度によるところが大きいため，どの種類であっても良好な性能を得られた．ただし，ろ布自身の強度は化学繊維が天然繊維よりも大きいため，縫製部分の解決がされれば，さらに操作圧力を上げることが可能であることから，脱水汚泥の含水率は向上されると推測される．天然繊維である綿は環境負荷が化学繊維よりも小さいため，処分する場合に適していることから，本実験の操作圧力範囲であれば，十分に綿でも対応可能である．

3.2. 木材チップ混合土壌を用いた土壌式浄化法による浄化実験

3.2.1. 実験装置と実験方法

(1) 木材チップについて

燻製に使うのは主にサクラである．使用後のサクラの表面は黒色であり炭化しているように見えるが，燻製に用いられているので十分に燃焼しておらず，木炭のような吸着特性をもたないと思われる．しかし，サクラのチップは表面に多くの有機物を含んでおり，微生物の働きに必要な炭素源の供給元となることから土壌の水質浄化機能を大きくすることが可能ではないかと考え実験を行った．

(2) 実験装置と実験方法

実験装置を図17に示す．土はマサ土を用いた．カラム番号と対応するサクラのチップの混合割合を表19に示す．カラムへは土とサクラのチップを混合したものを充填した．充填した土壌を安定化させるため約2週間，水道水を浸透させた．原水は人工下水を用いた．人工下水はD-グルコース，グルタミン酸ナトリウム，酢酸アンモニウムとpH緩衝液としてリン酸水素2ナトリウムを用いた．人工下水の性状を表20に示す．各成分の濃度はメタン発酵した後に出る脱離液を想定したものである．カラムへの流入量は，200 l / m^2 / day 当たりになるよう流入させた．

分析項目は，pH，TOC，BOD，T-N である．水質分析は下水試験法に従って行った．

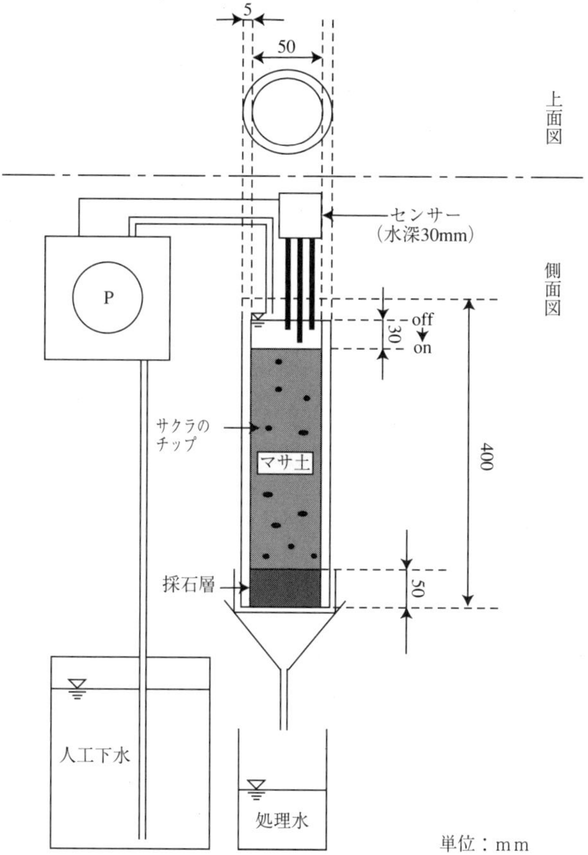

図 17　実験装置の概略

表 19　カラム番号とサクラのチップの重量比

カラム 1	マサ土のみ
カラム 2	0.5%
カラム 3	6.0%
カラム 4	8.0%

表 20　人工下水の性状

pH	6.5～7.5
TOC（mg / l）	400～600
BOD（mg / l）	800～1,000
T-N（mg / l）	50～65

3.2.2.　実験結果

実験結果を図 18，19，20，21 に示す．

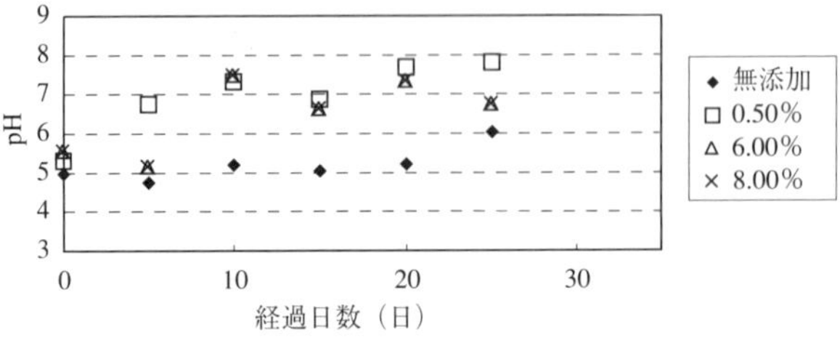

図 18　pH の経日変化

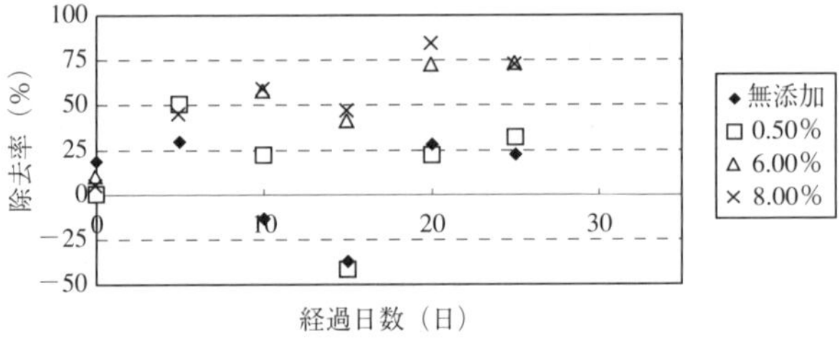

図 19　TOC 除去率の経日変化

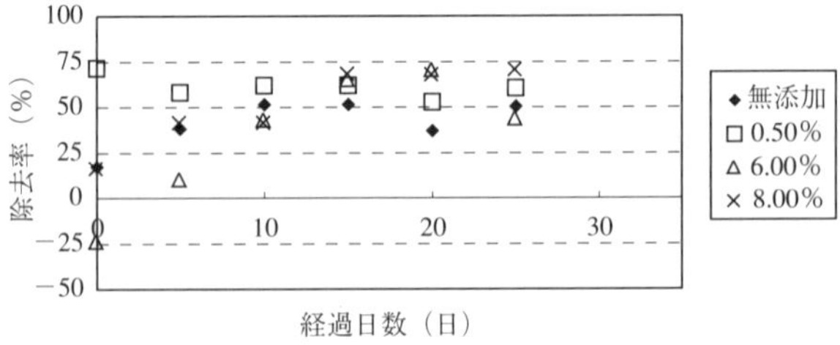

図 20　BOD 除去率の経日変化

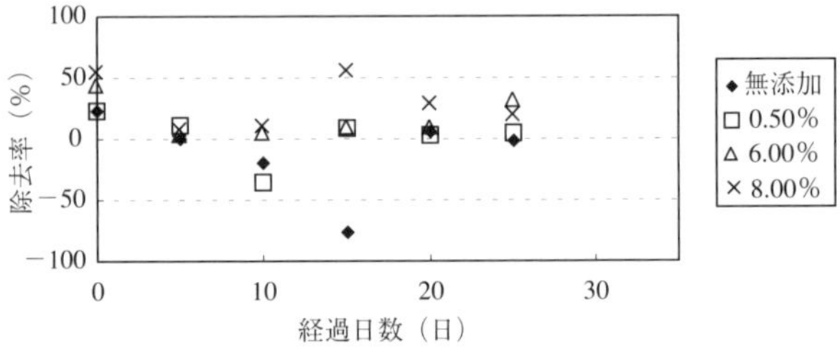

図 21　T-N 除去率の経日変化

（1）pH

実験開始後はどのカラムにおいても pH が低くなった．これはマサ土の pH が低いことが原因であると考えられる．マサ土のカラムは実験終了時まで pH は上昇しなかった．サクラのチップを混合したグループについては5日目当たりから上昇し pH が7.0前後で推移している．サクラのチップを混合することで pH への影響は小さいと思われる．

（2）BOD，TOC

実験開始直後はほとんど除去されることなく，そのまま流出している．除去が見られるのは5日目からであり，サクラのチップの混合率が6.0 %と8.0 %のカラムについては約50 %の除去率である．マサ土のみと0.5 %混合については約25 %除去している．6.0 %および8.0 %混合したカラムはこの後も除去率が高くなっており，最も高い除去率は8.0 %混合したカラムで83 %の除去率を示した．マサ土のカラムと0.5 %混合カラムは実験終了時まで25 %前後の低い除去率であった．また，カラムから TOC が溶出している期間も確認された．BOD はサクラのチップを混合したカラムはすべて除去率が高くなった．TOC では除去率の低かった0.5 %カラムについても BOD では6.0 %および8.0 %混合したカラムと同様の除去率を示している．

（3）T-N

窒素除去についてはあまり効果が見られなかった．8.0 %添加したカラムについては除去率が50 %を示すこともあるが，平均除去率は28 %と低い．

また，マサ土のみのカラムについては T-N が溶出している期間もあった．

3.2.3.　考察

サクラのチップを混合することによって浄化機能を大きくすることが可能である．しかし，有機物除去に対しては優れているが，窒素除去については低い除去率を示すことが多かった．窒素を除去するためには硝化，脱窒のプロセスを経る必要があるが，脱窒は嫌気状態で進む反応であるので，流入水の DO 調整や団粒の発達した土壌を用いるなど，土壌内で嫌気部分を積極的に作ることによって除去能力を高めることが必要である．

マサ土は一般的に微生物活性があまり高くないため，土壌式浄化法では単体で用いられることは少なく，他の充填材と混合するか，層状に詰めるなどの方法で使用されている．微生物活性の低いマサ土であるが，木炭粉末を混合した土壌は，黒ボク土と同様の除去能力をもたせることが可能である．土壌単体では浄化効果が低いものでも土壌の欠点を補うように混合することで排水処理装置として用いることが可能である．

4. まとめ

4.1. 研究成果

本研究によって以下のような成果を得ることができた．

(1) 微生物活性助剤（サポニン）を用いたメタン発酵により，効率的かつ安定的にメタンガスを発生させることに成功した．メタンガスは有用ガスであり，エネルギー利用が可能であることから，エネルギー回収が可能であることがわかった．

(2) メタンガスが大量に発生することによって，対象としている畜産副産物の減量（汚泥の減量）が大きくなり，また脱水時における固液分離性が向上することがわかった．

(3) メタン発酵後に残る汚泥を対象とした円筒型ろ布を用いた安価で簡易な濃縮・脱水方法が可能であることがわかった．

(4) 汚泥脱水後に発生する脱離液について，ハム工場で燻製に用いられた後，廃棄物となるサクラチップを用いた土壌式浸透浄化法に適用について検討したが，前処理などの問題はあるものの適用の可能性を見ることができた．

4.2. 課題

今回試みた非食用内臓の処理システムをより発展させ，実用化させるため，次の課題について改めて検討することが求められる．

(1) 非食用内臓の嫌気性消化では，メタン以外にも二酸化炭素などエネルギーに転用できないガスが発生する．そのため，メタンを発生するメタン菌の活動に適した環境（汚泥性状，設定温度，微生物活性助剤添加率・添加タイミングなど）について検討し，効率的にメタンを発生させてエネルギー回収ができるシステムを構築することが求められる．

(2) 円筒型ろ布による汚泥の濃縮・脱水実験は，実験室レベルの装置を用いて検討した．しかしながら実用化のためには，処理量を向上させるために実用に適した規模の装置で検討する必要があり，また連続的に濃縮・脱水できる方法についても検討することが望まれる．

(3) サクラチップを用いた脱離液の処理では，脱離液を直接サクラチップ混合の土壌浸透装置に投入しても脱離液のBODが高濃度であると望ましい処理ができない場合があった．またサクラチップの多孔性による吸着も期待されるが，初期時にサクラチップの有機物溶出も見られた．このようなことから，サクラチップ混合の土壌浸透装置に脱離液を投入する前に前処理，例えば重力沈殿や曝気などを行い，BOD成分やSS成分を低減させる方法を検討する必要がある．また，土壌式浸透浄化法では，吸着性とろ過性だけでなく，生物分解性も期待されることから，前段で使用した微生物活性助剤（サポニン）を混合させることにより除去能は上昇するものと思われる．

引用文献

1)　菅原正孝:下水汚泥嫌気性消化におけるサポニン添加効果に関する実験的研究，月刊下水道，20（5），71-73，（1997）．

2)　岩井重久ほか:『改訂下・廃水汚泥の処理』，（1981）．

3)　本多淳裕:『廃棄物のメタン発酵-理論と実用技術』，（1981）．

4)　（社）化学工学研究:「水質汚濁防止技術と装置 1」『水質汚濁防止技術概論』，（1979）．

5)　井出哲夫:『水処理工学-理論と応用 第2版』，(1993).

6)　日本副産物協会ホームページ

7)　若月利之:「土の水質浄化機能の強化と制御法」『土の環境圏』451，（1997）．

キーワード：嫌気性消化（メタン発酵），微生物活性助剤，サポニンとスギナ，円筒型ろ布，土壌式浸透浄化法

文責：田代興業（株）　田代榮一

第 11 章

物理破砕と化学処理を利用した余剰汚泥減容化排水処理技術の開発

アクアス（株）

はじめに

食品産業においては，排水中に占める有機物の含有量が多いため，現状の排水処理技術（活性汚泥法）では大量の汚泥が発生する．この発生した汚泥は，現状では脱水して焼却処分されるか，または，脱水ケーキまま産業廃棄物として最終処分されているなど十分な減量対策が講じられていないことから，これらの汚泥の有効利用とともに排水処理技術対策と組み合わせた汚泥発生の低減化が緊急の課題となっている．

このため，物理破砕と化学処理を組み合わせた方法で処理することにより効率的に可溶化し，汚泥発生量が大幅に少ない食品工場向けの汚泥減容排水処理技術を開発することを目的とした．

1. 可溶化条件の検討

1.1. 物理破砕の処理時間の検討

物理破砕は様々な方式があるが，本研究においては連続して破砕処理が可能な湿式ビーズミル方式を採用した．この方法は攪拌用羽と破砕するためのビーズ（ガラスなど）が入った円柱状容器中で，攪拌羽を高速に回転して容器内のビーズを試料とともに強攪拌することにより試料を微粉砕していく方式であるため電気をかなり消費する．したがって，エネルギー効率を考慮するとできるだけ短時間に処理する必要がある．

そこで，処理速度を上げた（滞留時間を短くした）場合の破砕効率の傾向を調査した．

1.1.1. 実験方法

食品工場より採取した余剰汚泥を，図 1 の破砕機を用いて上述の条件で破砕処理した．処理速度は破砕容器を一定にして通液速度を変えて，各速度での汚泥の破砕状態を可溶化量で確認した．

1.1.2.　実験装置

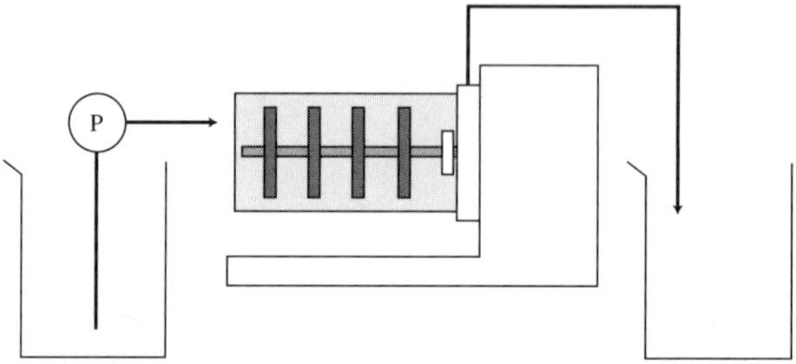

図 1　ビーズミル式破砕機

表 1　ビーズミル式破砕機運転条件

項　目	設定値
ミル容積（m*l*）	600
破砕用メディア	ガラスビーズ
ビーズ粒径（mm）	0.5～0.75
ガラスビーズ添加量（m*l*）	510（容積の 85%）
ミル内実容積（m*l*）	約 300
ディスク周速（m / sec）	11

1.1.3.　処理条件

（1）処理汚泥：食品加工業排水処理設備の返送汚泥．

（2）汚泥濃度（MLSS）：約 10,000～17,000 mg / *l*.

（3）汚泥処理速度 SV※1：5～30 / h.

（4）評価方法：汚泥 1 g 当たりの上澄水への有機物溶出量（mg-COD / g-MLSS）として調査．

a. 溶解性※2 COD_{cr}：ハック社製簡易測定キット（測定は吸光光度法）．

b. MLSS：JISK0102.

※1：SV：汚泥通液速度（m*l* / hr）/ミル容積（m*l*）として算出した値．

※2：溶解性：破砕汚泥を 10,000 rpm で遠心分離して得た上澄水．

1.1.4.　結果と考察

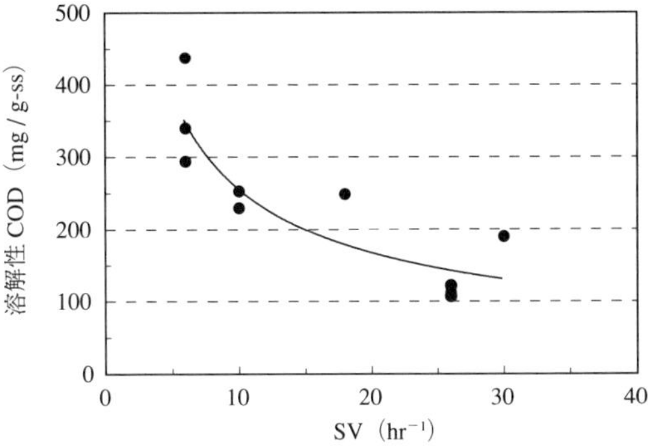

図 2　破砕処理速度と可溶化量

調査結果を図 2 に示す．SV5（実滞留時間 6 分）では，溶解性 COD が約 350 mg / g-SS となった．また，処理速度を増加させると溶解性 COD は徐々に低下する傾向を示し，4 倍の速度である SV20（実滞留時間 1.5 分）まで速めると溶解性 COD は約 160 mg / g-SS と効率が半分程度まで低下した．

通水速度の増加とともに可溶化の効率は低下し，速度を 4 倍にすると効率は約 1 / 2（COD 成分の溶出率として）に落ちることがわかった．したがって，可溶化効率を落とさずにエネルギー効率を上げるためには，物理破砕に加え何らかの化学的処理が必要であることがわかった．

1.2.　化学的処理方法の検討

後段の化学処理では，物理破砕の時間短縮に伴う効率低下を補うことに加え，さらに効果的に汚泥の微粉砕し，微生物資化性の向上を目的として行った．化学処理の方法として酵素処理，アルカリ処理，オゾン処理の 3 法について物理破砕後の化学処理法として，最適な方法を検討した．

1.2.1.　実験方法

食品工場より採取した余剰汚泥を，図 1 の破砕機を用いて破砕処理し，その後，破砕した汚泥をビーカーに均等に採り分け，化学処理をそれぞれの条件に従って行い，処理後の汚泥について比較検討した．実験条件などは下記のとおり．

1.2.2. 実験装置

図 1 と同様の破砕機を使用

1.2.3. 処理条件

（1）処理汚泥：食品加工業排水処理設備の返送汚泥.

（2）汚泥濃度（MLSS）：約 14,000 mg / *l*.

（3）汚泥処理速度 SV：10，20 / hr.

（4）化学的処理法.

a. 酵素処理：溶菌酵素プロテアーゼ A，B，C，G の 5 種類選定.

i　添加量：500 mg / *l*

ii　反応時間：1 時間

iii 酵素活性（カタログ値より試算）

酵素剤	添加量から試算した能力
溶菌酵素	酵母溶解力 7,500 u 以上
プロテアーゼ製剤 A	タンパク消化力 2,250 u 以上
プロテアーゼ製剤 B	タンパク消化力 5,000 u 以上
プロテアーゼ製剤 C	タンパク消化力 75,000 u 以上
プロテアーゼ製剤 G	タンパク消化力 200,000 u 以上

b. アルカリ処理

i　pH ＝10，11，12

ii　反応時間：1 時間

c. オゾン処理

i　添加量：0.5，1，2％（w/w-MLSS）

（5）評価方法：汚泥 1 g 当たりの上澄水への有機物の溶出量（mg-COD / g-SSおよび mg-BOD / g-SS）として調査.

a. 溶解性 BOD：JISK0102

b. 溶解性 COD_{cr}：ハック社製簡易測定キット

c. MLSS：JISK0102

※溶解性：破砕汚泥を 10,000 rpm で遠心分離して得た上澄水.

1.2.4. 結果と考察

結果を図 3 に示す．なお，図中の酵素処理の結果については，酵素自体の

COD，BOD 分を差し引いた値を記した．全般に，物理破砕のみに比べ，溶解性の有機物量は増加する傾向が認められた．特に，酵素 C および pH12 で処理した場合，溶解性の有機物量の上昇が顕著であった．また，物理破砕の処理速度を速めた場合，全体的に化学処理による溶解性有機物量の上昇が小さくなる傾向が認められたが，アルカリ処理（pH12）では，SV10 と SV20 での溶解性有機物量の上昇の変動はあまり見られなかった．

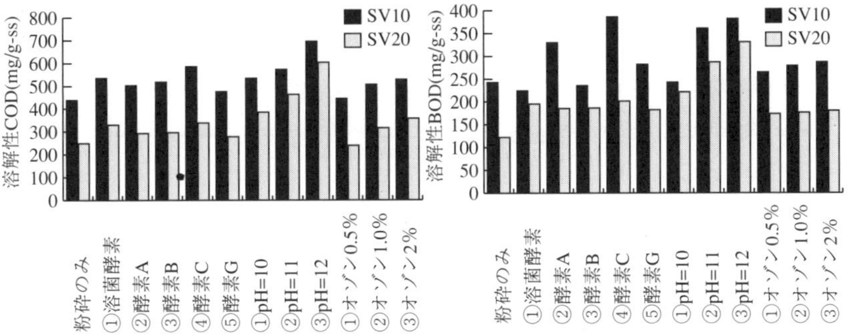

図 3　化学処理方法の検討

以上からアルカリ処理（pH12）は，変動が少なく，つまり物理破砕での可溶化効率の影響をカバーしつつ汚泥を安定して可溶化できると判断した．

1.3.　汚泥減容性の確認

上記 1.2. で検討した各化学処理法で，効率が良いと考えられる条件をそれぞれ 1 条件抽出した．その条件で可溶化処理した汚泥を回分式の活性汚泥中に添加し好気性処理し，汚泥の減容程度を短期間で比較調査した．

1.3.1.　実験方法

食品工場より採取した余剰汚泥を，図 1 の破砕機を用いて破砕処理し，その後，破砕した汚泥をビーカーに 1,000 m*l* ずつ均等に採り分け，各化学的処理条件に従って処理を行った．次に，化学処理した汚泥を曝気槽へ添加し，24 時間曝気後，汚泥の減少程度を確認した．なお，模擬排水などの栄養源となる有機物は添加していない．実験装置，処理条件は下記のとおり．

1.3.2. 実験装置

（1）物理的破砕機：図 1 と同様の破砕機を使用.

（2）回分式活性汚泥テスト機.

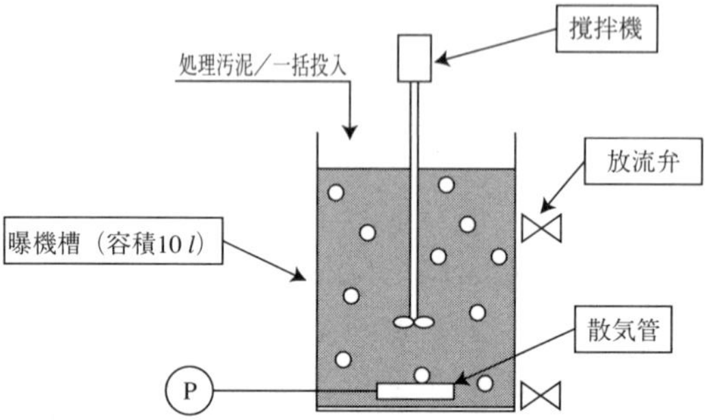

図 4　回分式活性汚泥テスト機

表 2　回分式活性汚泥テスト機仕様

項　目	仕　様
曝気槽容積（l）	10
曝気槽汚泥濃度（mg / l）	4,000
曝気槽汚泥量（ml）	8,000
材質・形状	透明塩ビ・円柱状
Air量（l / min）	1
攪拌機	可変型（約 200 rpm）
水温（℃）	25

1.3.3. 処理条件

（1）処理汚泥：食品加工業排水処理設備の返送汚泥.

（2）汚泥の処理条件.

a. 物理破砕処理速度 SV：10 / hr

b. 化学的処理法

i　酵素処理：プロテアーゼC

添加量：500 mg / l

反応時間：1 時間

ii　アルカリ処理：pH＝12

反応時間：1 時間

iii オゾン処理：添加量：1 %（w/w-MLSS）

（3）処理汚泥添加量：1,000 m*l*（MLSS：12,000 mg / *l*）.

（4）評価方法：評価は処理汚泥添加前後の汚泥濃度（mg / *l*）として調査.

a. 汚泥濃度 MLSS：JISK0102

1.3.4. 結果と考察

物理破砕と化学処理を施した汚泥を回分式活性汚泥処理により 24 時間処理した結果を図 5 に示す．初期の汚泥量に対し，全般に汚泥量は低下したが，汚泥の低減量が最も顕著であったのは，アルカリ処理であり，その減量率は約 40 %に達した.

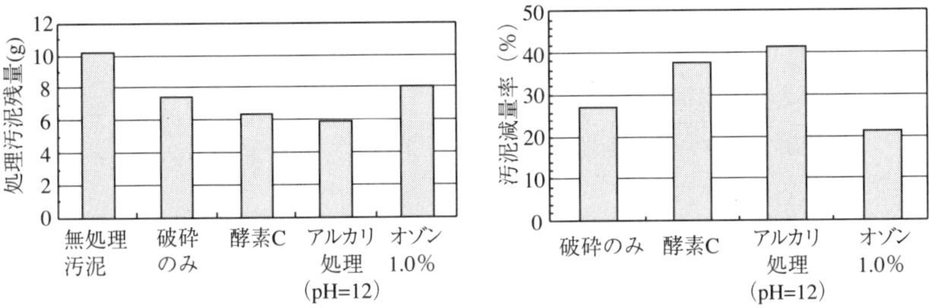

図 5　化学処理法を含めた汚泥減容性の確認

以上の結果から，アルカリ処理（pH12）で最も高い減容率が期待でき，また，1.2. の結果からも後段の化学処理はアルカリ処理が妥当と判断した.

1.4. 最適アルカリ処理条件の検討

化学的処理法の内，最も効率の良かったアルカリ処理について，さらに効率を上げるため，処理時間と pH 値の関係を調査した.

1.4.1. 実験方法

食品工場より採取した余剰汚泥を，図 1 の破砕機を用いて上述の条件で破砕処理した．その後，破砕した汚泥をビーカーに均等に採り分け，上述のアルカリ処理条件に従って処理．処理後の汚泥について上記評価法に従って確認した.

1.4.2. 実験装置

実験装置は図 1 と同様の破砕機を使用した.

1.4.3. その他の条件

（1）処理汚泥：食品加工業排水処理設備の返送汚泥.

（2）汚泥濃度（MLSS）：11,000 mg / *l*

（3）汚泥処理速度 SV：10～30 / hr.

（4）アルカリ処理

a. pH＝7～12

b. 反応時間：1～6 時間

（5）評価方法：汚泥 1 g 当たりの上澄水への有機物溶出量（mg-COD / g-SS および mg-BOD / g-SS）として調査.

a. 溶解性※BOD：JISK0102

b. 溶解性 COD_{cr}：ハック社製簡易測定キット

c. MLSS：JISK0102

※溶解性：可溶化処理した汚泥を 10,000 rpm で遠心分離して得られた上澄水.

1.4.4. 結果と考察

汚泥の物理破砕の速度を変えた場合の後段アルカリ処理効果との関係を調査した結果を図 6 に示す.

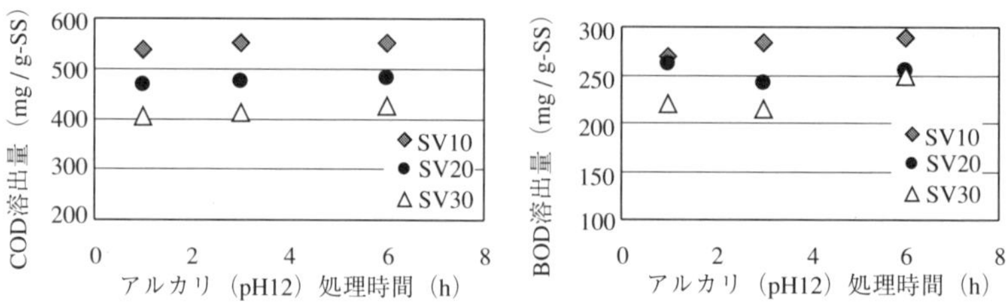

図 6　破砕速度とアルカリ処理

溶解性の有機物量は，SV10 で最も高い値を示したが，アルカリ処理時間を延ばしても顕著な増加傾向は認められなかった．また，アルカリ処理時間を一定にして，pH を変化させ溶解性の有機物量の変化を調査した結果を図 7 に示す．pH を変化させた場合，溶解性の COD は，11 以上で顕著な上昇傾向を示し，一方，溶解性 BOD は pH の上昇とともに徐々に上昇する傾向を示した.

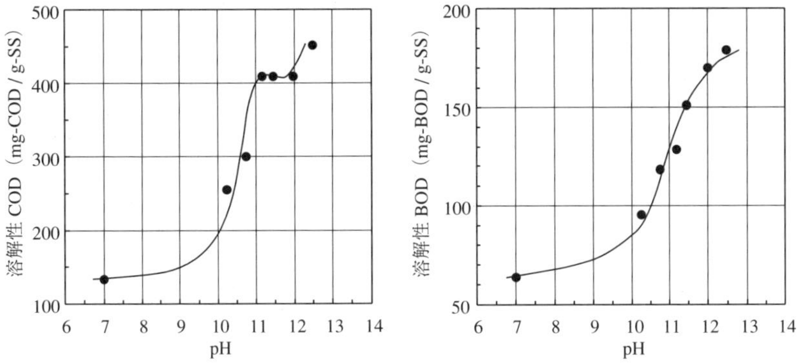

図 7　破砕速度とアルカリ処理

後段でのアルカリ処理時間は 1 時間程度で充分であるが，処理速度をあまり速くすると溶解性 BOD 量も低下してしまうことから，SV20 程度が妥当であると判断した．また，最適な pH については，溶解性 COD から判断すれば，pH は 11 以上，溶解性 BOD も考慮すると 12 程度は必要と判断した．

1.5.　可溶化汚泥の成分の確認

物理破砕処理とアルカリ処理を施した汚泥（以下可溶化汚泥と略す）の状態をより詳細に確認するため，およその成分量を調査した．

1.5.1.　実験方法

食品工場より採取した汚泥を，図 1 の破砕機を用いて上述の条件で破砕処理した．その後，破砕した汚泥をビーカーに 1,000 m*l* とり，アルカリ処理を行った．次に，可溶化した汚泥を遠心分離後，各評価法に従って分析した．各条件は下記のとおり．

1.5.2.　実験装置

実験装置は図 1 と同様の破砕機を使用した．

1.5.3.　処理条件

（1）処理汚泥：食品加工業排水処理設備の返送汚泥．

（2）汚泥の処理条件．

a. 処理汚泥：食品加工業排水設備汚泥．

b. 汚泥濃度（MLVSS）：8,400 mg / *l*

c. 物理破砕処理速度 SV：20 / hr

d. 化学的処理法

i　無処理：（破砕のみ）

ii　アルカリ処理：pH＝12，1 時間処理

（3）評価方法

a. 溶解性※TOC：JISK0102

b. 溶解性 COD_{Mn}：JISK0102

c. 溶解性 BOD：JISK0102

d. 溶解性 T-N：JISK0102（インドフェノール青吸光光度法）

e. 溶解性 T-P：JISK0102（ペルオキソ二硫酸カリウム分解法）

※溶解性：可溶化汚泥を 10,000 rpm で遠心分離して得た上澄水.

1.5.4.　結果と考察

無処理の汚泥，物理破砕および，物理破砕とアルカリ処理を行った場合の上澄水への溶出量について測定（5 項目）した結果を表 3 に示す．破砕のみを行った場合に比べ，アルカリ処理を加えることにより約 2 倍の有機物溶出量があった．また，この量は MLVSS の 1 / 4 程度であった．

表 3　可溶化汚泥の溶解性成分

単位：mg/g-VSS

	無処理汚泥		破砕汚泥	破砕＋アルカリ処理
	固形分含	上澄水	上澄水	上澄水
TOC	−	4	98	229
BOD	317	1	135	252
COD_{Mn}	455	5	114	252
N	102	1	21	54
P	14	2	3	7

可溶化処理による上澄水への有機物の溶出がどの程度であるか再調査したものであるが，TOC などの結果から全有機物量の 1 / 4 程度が水中へ溶出しているものと推察する．また，窒素・リンも有機物の溶出とともにそれ相応の溶出量があることから，活性汚泥処理水についても留意する必要があると考える．なお，窒素・リンの溶出量が全汚泥の 1 / 2 程度となっているが，これは無処理汚泥を分析した際，固形物が多く十分分解できず初期の濃度が低く

なったためと推定する.

1.6. 回分試験による汚泥減容性の確認

排水負荷をかけながら可溶化汚泥を活性汚泥処理した場合の汚泥の減容程度を短期間で調査した.

1.6.1. 実験方法

食品工場より採取した汚泥を，図 1 の破砕機を用いて破砕処理し，その後，破砕した汚泥をビーカーに 1,000 ml とり，下記のアルカリ処理条件に従って可溶化を行った．次に，可溶化汚泥を所定量，曝気槽へ添加し（ブランクとして可溶化処理していない汚泥でのテストも平行して実施），24 時間曝気処理後，曝気槽汚泥の減少程度を確認した.

1.6.2. 実験装置

（1）物理的破砕

図 1 の破砕機を使用した.

（2）回分式活性汚泥テスト機

図 4 のテスト機を使用した.

1.6.3. 処理条件

（1）処理対象汚泥：食品加工業排水処理設備の返送汚泥.

（2）排水処理テスト条件

a. 模擬排水：市販牛乳をBOD 測定用希釈水（蒸留水に無機塩類を添加）で希釈したもの.

b. 排水投入量：2000 ml（一括投入）

c. BOD 負荷量：約 0.15 kg-BOD / kg-SS / d

d. 曝気処理時間：24 h

e. 曝気槽汚泥濃度：約 5,000 mg / l

（3）汚泥の処理条件

a. 物理破砕処理速度 SV：20 / hr

b. アルカリ処理：pH＝12，1 時間処理

（4）可溶化汚泥添加量：曝気槽汚泥重量の約 10 %.

（5）評価方法

可溶化汚泥を添加していない（ブランク）と可溶化汚泥添加したも

のの前後の汚泥濃度（mg / l）から可溶化汚泥分の減少量を調査.

a. 汚泥濃度 MLSS：JISK0102

1.6.4. 結果と考察

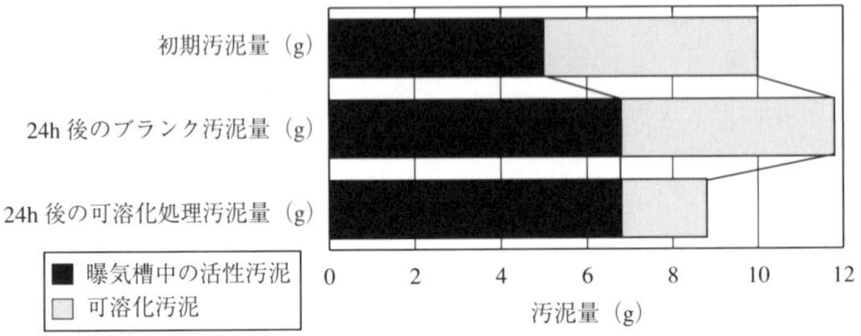

図 8　回分試験による汚泥減容性

排水負荷をかけながら可溶化汚泥を活性汚泥処理した場合の汚泥の減容程度を図 8 に示す．なお，ブランクとは，可溶化汚泥の代わりに無処理汚泥と模擬排水を添加したものである．

可溶化処理した汚泥は，24 h 曝気処理することにより，およそ 60 %程度減少することがわかった．この結果から，余剰汚泥発生量の約 2 倍弱を可溶化処理すると余剰汚泥が発生しない試算となると考えられた．

2. ベンチテスト機での汚泥減容性の確認

上述の回分試験結果を考慮しつつ，通常の排水処理と同様のフローで小スケールのテスト機を用い汚泥の減容効果を確認した．

2.1. 実験方法

食品工場より採取した汚泥を，図 1 の破砕機を用いて上述の条件で破砕処理した．その後，破砕した汚泥をビーカーに採り分け，上述のアルカリ処理条件に従って処理．処理後の可溶化汚泥を曝気槽へ原水とともに添加し，通常の活性汚泥処理を実施した．これを毎日，一定期間繰り返し実施した．

2.2. 実験装置

2.2.1. 物理的破砕機

図 1 の破砕機を使用した．

2.2.2.　活性汚泥テスト機

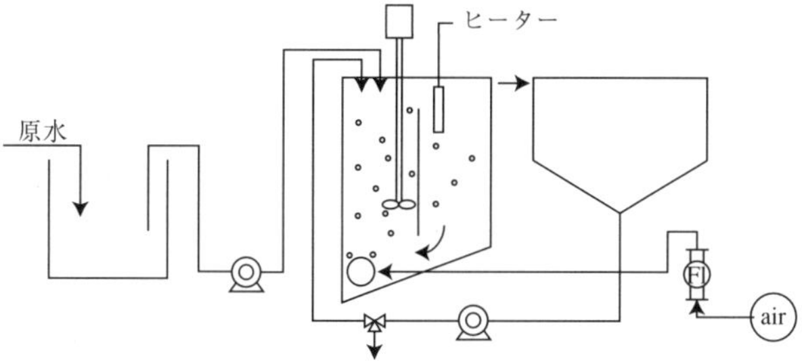

図 9　連続式式活性汚泥テスト機

表 4　連続式活性汚泥テスト機仕様

項　目	仕　様
曝気槽容積（l）	30
曝気槽汚泥量（ml）	4,000～5,000
材質・形状	透明塩ビ・角形
Air量（l / min）	10
水温（℃）	30

2.3.　処理条件

2.3.1.　排水処理テスト条件

（1）汚泥：食品加工業排水処理設備の汚泥.

（2）模擬排水：蒸留水に市販牛乳と無機塩類を添加調整したもの（BOD：3,750 mg / l，COD：2,500 mg / l）.

（3）排水投入量：30 l / d.

（4）BOD 負荷量：約 0.15 kg-BOD / kg-SS / d.

（5）テスト期間：約 1 ヶ月.

2.3.2.　汚泥の処理条件

（1）物理破砕処理速度 SV：20 / hr.

（2）1 日当たりの処理汚泥量：余剰汚泥発生量の約 2 倍量（余剰汚泥発生量：汚泥転換率 30 %として計算）.

（3）アルカリ処理：pH＝12，反応時間：1 時間（処理後中和）

2.3.3.　評価方法

（1）評価は曝気槽中の汚泥濃度（mg / l）として調査.

（2）曝気槽 MLSS：下水試験法.

（3）処理水 COD：JISK0102.

（4）処理水 BOD：JISK0102.

2.4. 結果と考察

連続式活性汚泥処理装置でテストした場合の余剰汚泥発生量の推移を図 10 に示す．未処理（ブランク）期間中の汚泥発生量は上昇する傾向を示したが，余剰汚泥発生量の約 2 倍量弱可溶化処理を施した場合の汚泥発生量は，わずかに上昇するにとどまった．また，テスト期間中に分析した処理水の参考水質を表 5 にまとめた．処理水中の BOD はあまり変わらなかったが，COD は若干上昇した．

今回の汚泥減容結果も前述の回分試験の結果とほぼ一致していることから，余剰汚泥発生量の 2 倍程度の可溶化で汚泥の減容は可能と推定した．

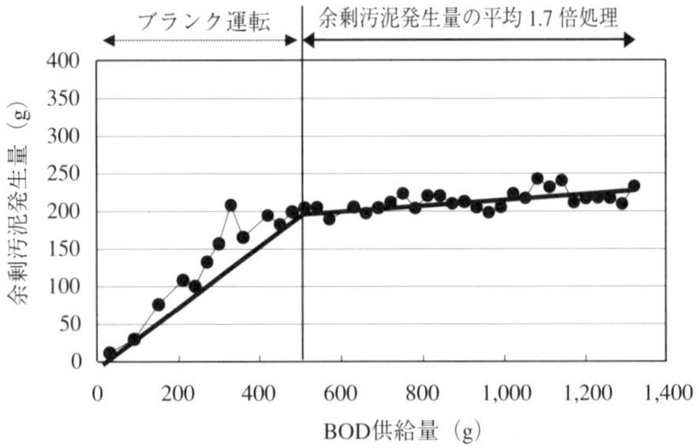

図 10　連続式活性汚泥処理による減容効果

表 5　テスト期間中の参考水質

	処理前	処理中
COD（mg / l）	13～19	14～24
BOD（mg / l）	8～13	2～9

3. パイロットテスト機での汚泥減容性の確認

3.1. 実験方法

汚泥減容テスト（可溶化処理）を実施する前に，予め，工場排水設備での余剰汚泥発生量を事前に把握した．その後，図 11～13 の装置を用いて下記の条件で汚泥を可溶化処理し，それを曝気槽へ原水とともに添加し，通常の活性汚泥処理を実施した．これを毎日，一定期間繰り返し余剰汚泥発生量を調査し汚泥減容効果を確認した．

3.2.　テスト装置

3.2.1.　処理フロー

図 11 に処理フローを示す．破線部内が今回テスト機として仮設した部分であり，それ以外は既設の排水処理設備である．

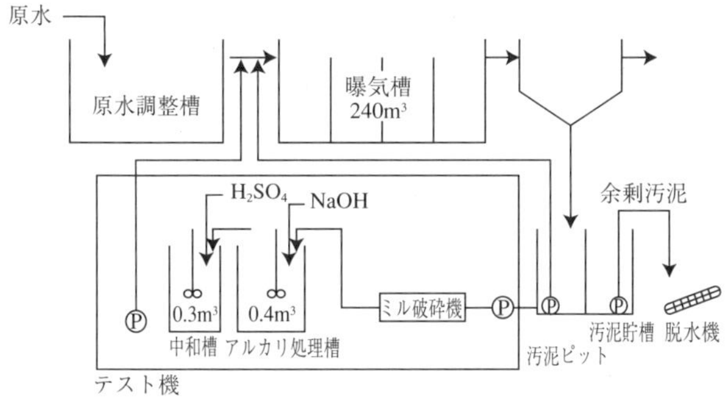

図 11　処理フロー概略

3.2.2.　テスト機

テスト機の外観写真を図 12，13 に示す．

図12　ビーズミル式破砕機
（W1500×D650×H1700）

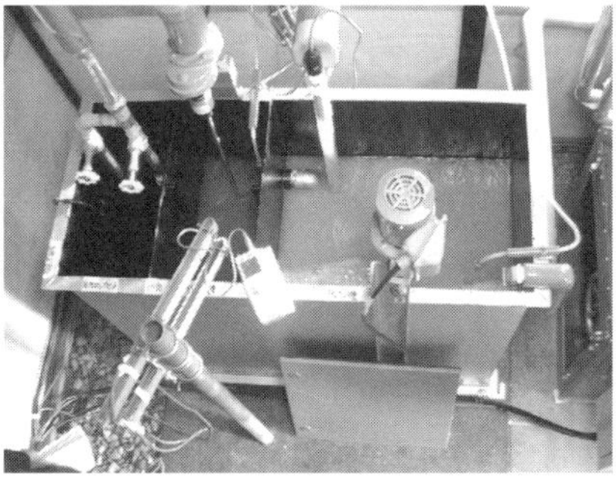

図 13　アルカリ処理槽
（右）：400 *l*，中和槽（左）：135 *l*

3.3. 処理条件

3.3.1. 排水処理条件

（1）排水：某食品産業工場排水.

（2）排水量：150 m^3 / d.

（3）BOD：約 500 mg / *l*.

（4）テスト期間：約 40 日.

3.3.2. 汚泥の可溶化処理条件

（1）処理汚泥量：余剰汚泥発生量の約 1.5 倍量を目安とした.
（余剰汚泥発生量：汚泥転換率 30 %として計算）

（2）物理破砕処理速度 SV：20 / hr（対破砕部容積）

（3）アルカリ処理

a. pH＝11.5～12

b. 反応時間：1 時間（処理後中和）

3.3.3. 評価方法

排水処理設備中の汚泥増加量および処理水水質とした.

（1）MLSS，MLVSS：下水試験法.

（2）COD_{Mn} / BOD：JISK0102.

（3）T-N：JISK0102（インドフェノール青吸光光度法）.

（4）T-P：JISK0102（ペルオキソ二硫酸カリウム分解法）.

（5）溶解性：上澄水は可溶化汚泥を 10,000 rpm，10 min で遠心分離して得た.

3.4. 結果

3.4.1. 汚泥減容性の確認

各槽の汚泥濃度の推移および，余剰汚泥発生量の推移を図 14 に示す．一番上のグラフは各層の汚泥濃度，中間は沈殿槽のスラッジゾーンの深さ，一番下のグラフはこれらをもとに算出したブランク運転時とテスト時の余剰汚泥発生量の積算値を表したものである．未処理（ブランク）の汚泥発生量は，上昇する傾向を示したが，可溶化処理を施した場合の汚泥発生量は，わずかに上昇するにとどまった.

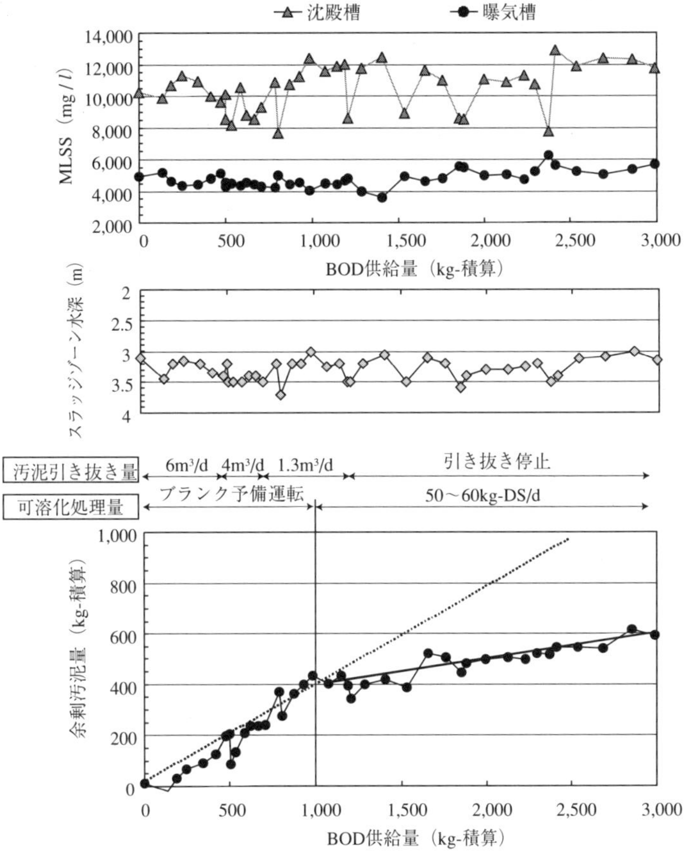

図 14　各槽の汚泥濃度と余剰汚泥発生量の推移

3.4.2.　テスト期間中の平均データ一覧

テスト期間中に調査・分析した項目について表 6 にまとめた．排水量はブランク時とテスト時であまり変わらなかったが，BOD 濃度はテスト時の方がやや高かった．また，ブランク運転時の余剰汚泥発生量は 1 日の流入 BOD 量の約 40 %と発生量としてはやや高い傾向を示した．処理水質は，窒素濃度がやや上昇したが，その他はブランク時とテスト時で顕著な差は認められなかった．沈降性についても同様ほぼ同レベルであった．

表6　テスト期間中の平均値

項　目		単　位	実データ	
			ブランク	テスト時
(1) 排水量	①原水流入量	m^3 / 日	146	150
(2) 流入BOD	②BOD 濃度	mg / l	455	632
	②BOD 量	Kg / 日	67	81
(3) 余剰汚泥発生量（率）		kg-DS / 日	27（40%）	8（10%）
(4) 可溶化量	処理汚泥量	kg-DS / 日	0	37
	処理倍数*1	倍	－	1.3
(5) 処理水質*2	①SS	mg / l	8.6（2～35）	10.8（2～29）
	②BOD		4.2（2～10）	7.1（2～24）
	③COD_{Mn}		28（19～40）	23（19～30）
	④N		16（8～26）	23（9～24）
	⑤P		2.3（0.9～3.7）	2.2（1.7～3）
(6) 沈降性	SVI	－	149	148

*1：倍数＝（処理する有機性汚泥量／余剰汚泥発生量）として試算
*2：（　）内は最大値と最小値

3.5.　考察

パイロットテスト機にて実排水設備での余剰汚泥の減容性能確認を試みた．今回の減容性能試験は，実質的に約 1ヶ月弱程度の試験期間での評価であったが，余剰汚泥の減量効果は前回までのラボ試験の結果とほぼ一致している．以下に詳細を示す．

図 15 は，今までのラボ試験の結果を基に汚泥の処理量と減容率の関係を表

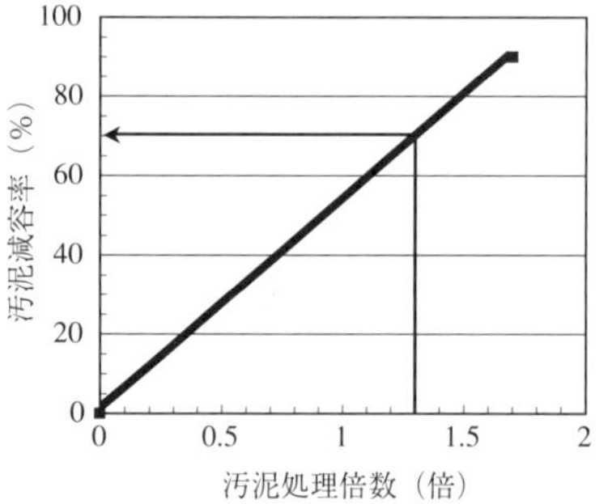

図 15　有機性汚泥の処理量と減容率

したものである．この図から本テストでの処理汚泥倍数 1.3 倍での汚泥減容率から可溶化処理後の余剰汚泥発生率を求めると，余剰汚泥発生率（40 %）×汚泥減容率（1－70 / 100）＝12 %となり，実際の発生量 10 %とほぼ一致することが確認できた．

このことから，本法において 90～100 %程度減容化するためには，余剰汚泥発生量の 2 倍程度有機性汚泥を可溶化処理することで目的を達することが可能と推定した．

また，テスト時における処理水水質は，前述のように窒素濃度が若干上昇したもののその他では顕著な上昇は認められなかった．なお，この窒素濃度は高くてもブランク運転時の濃度変動の範囲内であり，極端に上昇するわけではないことが確認できた．以上のことから，今回と同程度の減容程度（汚泥処理量）であれば，活性汚泥処理水の水質にもほとんど影響しないと判断した．

4. まとめ

本試験結果により，

- 物理破砕とアルカリ処理を併用して汚泥を可溶化することで余剰汚泥の減容が可能である．
- アルカリ処理は，物理破砕の効率変動をカバーしつつ可溶化量を向上させることができる．
- 実装置レベルでも余剰汚泥の減容効果がある．

ことが確認できた．また，本法において 90～100 %程度減容化するためには，余剰汚泥発生量の 2 倍程度有機性汚泥を可溶化処理することで目的を達することが可能と推定できた．

今後は，全量処理での汚泥減容効果や長期的な効果などを確認し，本方式の完成度を高めていく予定である．

引用文献

1)　Ir.H.W.vanGils 著：『活性汚泥の細菌学』，産業用水調査会．
2)　中川輝雄，福島裕三，内山直明，渡辺常一：汚泥の前処理-嫌気性消化法のための湿式ミル前処理の効果－，第 25 回下水道研究発表会講演集，472（1988）.
3）福島裕三，華嶽一郎，岡田正明，黒田彰夫，小川 斉：湿式ミルを用いた汚泥の高速消化法，第 27 回下水道研究発表会講演集，480（1990）.
4）武藤暢夫，野知啓子，井出昌樹：排水の生物学的処理に伴う余剰汚泥の分解促進に関する研究（1），建築設備工学研究所報，37（1990）.
5）柴田雅秀，安井英斉，PPM，：余剰汚泥を発生させない活性汚泥法の概要，6，17（1996）.

キーワード：食品工場廃水，汚泥減容，物理破砕，湿式ミル，アルカリ処理

文責：アクアス（株）　市川真治

第 12 章

食肉加工場のトータルサイト解析に基づく廃水・汚泥削減技術の開発

プリマハム（株）
栗田工業（株）

はじめに

従来の廃水・汚泥削減対策は，プロセス，ユーティリティー，生活系からの廃水量と汚泥へ転化する BOD やリンの現状レベルの排出量を前提として進められてきた．嫌気処理など，汚泥発生量が少なく省エネルギー性に優れた廃水処理プロセスの開発が進められているが，廃水・汚泥の発生源にまで遡った工場全体の廃水・汚泥削減対策に加えて，廃棄物も含めた総合的な削減対策が望まれている．

本開発では，食肉加工場の廃水・汚泥削減を経済的に達成するための方法を見出し，合理的な削減技術を開発することを目的に，工場全体の水フローの最適化，および汚泥・廃棄物の発生量と性状の評価に基づき，廃水・汚泥・廃棄物の排出量の削減を実現するシステムを開発した．

本開発のモデル工場としてハム・ソーセージを製造する三重工場を選定し，工場全体の水フローを最適化するための合理的手法としてピンチ解析技術などの有効性を検証した．これにより得られた水フローおよび製造プロセスの新たなコンセプトを実現するためのプロセスや廃水・汚泥削減に関わる要素技術および全体システムを検討した．

本開発成果は，水処理系からの汚泥が主たる汚泥発生源である食品工場において，汚泥削減の限界をシステマティックに見極め，対策を講じるための有効な解析技術として活用が期待される．

1. 食肉加工場のトータルサイト解析

1.1. 用廃水量および廃棄物発生量

1.1.1. 調査方法

水使用量は，工場の製造フローにおける各ユースポイントに定置式流量計を設置し，オンライン測定した.

廃水については，各製造プロセスの稼動状況に合わせて廃水を適宜採水し水質測定した．また，工場全体の廃水量は，廃水処理場入口に可搬式流速流量計を設置して時系列で廃水量を測定するとともに，廃水をオートサンプラーで採水し水質測定した.

汚泥・廃棄物の発生量は，日報，月報データを基にまとめた.

1.1.2. 結果と考察

(1) 食肉加工場の製造工程

ハム・ソーセージの主な製造工程は以下のとおりである.

(a) 材料処理，塩漬

加工原料として凍結肉を主に用いており，解凍方法は水を利用している．ハム類の整形は原料肉のスジや脂肪などを除き，用途別に整形カット分類し，ソーセージの原料は挽肉にする．塩漬は原料肉に塩漬剤（塩，発色剤など）を加えてしばらく熟成させる.

(b) 混合調味，充填

混合調味は，それぞれ独自のおいしい風味を香辛料，調味料などで味付けする．充填はケーシング（皮）に詰めてそれぞれの形に整える.

(c) 熱処理

ケーシング（皮）に詰めたハム・ソーセージは，煙でいぶし，保存性を高め，外観に良い色と良い香りをつける．燻煙だけでは充分な加熱はできないので，湯または蒸気で中心部まで充分加熱する.

(d) 冷却

熱処理後直ちに急冷却して肉質をひきしめて，細菌が増えるのを防ぐ．冷蔵庫の冷却装置のデフロスト方法は散水で行っている．

(e) 包装

それぞれの商品別，用途別に包装パックして厳しい品質チェックを経て，出荷される．商品によっては二次殺菌工程で加熱冷却される．

(2) 用廃水量

三重工場全体の用水バランスシートを図 1 に示す．

用水利用上の特性は，第 1 に，扱う原料と製品の品質特性上，製造工程および製品管理のための低温管理が不可欠な点である．そのため，冷凍・冷蔵設備を設置しており，冷凍・冷蔵設備用の冷却用水が必要となる．

第 2 に，取り扱っている原料が固形物か，または半流動体であるため，パイプラインなどの密封製造工程が採用しにくく，製造ラインが汚れやすい．そのため，製造機器，容器，施設などの洗浄に，かなり

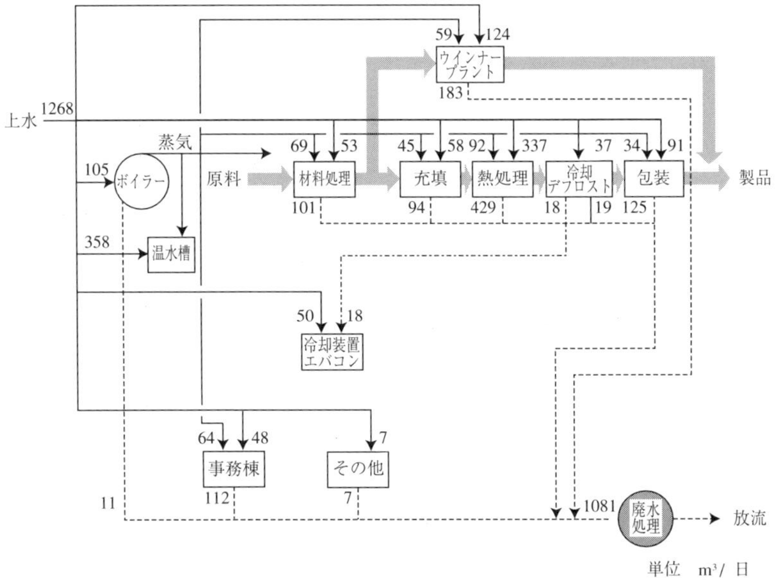

図 1　三重工場の水バランスシート

多量の水を使用することで，衛生管理面での配慮を行っている．

用水使用量が多い工程は，熱処理工程（35 %），充填工程（23 %），材料処理工程（8 %）の 3ヶ所である．用水はサニテーション，容器洗浄，製品の冷却などに使用され，これらの廃水は有機性汚濁物質を含み汚れているものが多い．比較的きれいな水としては，ボイルおよびボイル冷却水，二次殺菌および二次殺菌冷却水，包装機械冷却水，デフロスト水，エバコン循環水である．廃水は午前中と夕方以降に多く流出している．pH は夜間にアルカリ側になる．BOD，SS は午後に高濃度に推移している．夜間に pH がアルカリ側になるのは，熱処理工程のアルカリ洗浄の影響と考えられる．

(3) 廃棄物発生量

工場内で発生する汚泥，廃棄物の種類，発生量および性状を表1に示す．

水を媒体として工場内で発生する汚泥，廃棄物は，年間約 1.37×10^6 kgであり，その約83％が廃水処理設備から排出される難脱水性の余剰汚泥であった．残肉・フロスは主に材料処理工程のサニテーション時に発生するもので，全体に対する発生率は，約 17 %であった．

表 1　汚泥，廃棄物の種類，発生量および性状

種類	発生量 (10^3kg / 年)	含水率 (%)	強熱減量 (%)	発熱量 (J / g)	炭素 (%)	窒素 (%)
脱水汚泥	1,140	85.7	88.1	19,950	54.8	6.3
フロス	230	80.6	92.2	31,625	61.9	6.4
残肉		70.0	97.1	23,100	59.3	10.4
ハム・ベーコン		62.9	92.1	26,000	56.1	6.0
ソーセージ		67.0	90.8	25,200	52.5	8.2

1.1.3.　まとめ

用水使用量が多いのは，熱処理工程（35 %），充填工程（23 %），材料処理工程（8 %）の 3ヶ所である．用水はサニテーション，容器洗浄，製品の冷却などに使用され，これらの廃水は有機性汚濁物質を含み汚れているものが多かった．廃棄物は，年間約 1.37×10^6 kgでその約 83 %が廃水処理設備から排出される難脱水性の余剰汚泥であった．

1.2. ピンチ解析

1.2.1. 解析方法

水のピンチテクノロジーは，工場全体の水ネットワークを対象に，用水，廃水の最小必要量とそれを実現するためのネットワークを示すためのプロセス解析技術である．本来は節水のための技術であるが，水を媒体として工場内を移動する汚泥源成分（例えば懸濁性物質）や熱の削減など，工場全体のトータルサイト解析のツールとして活用が期待されている．ピンチ解析には，Linnhoffmarch社の水収支計算・解析ソフト「WaterTarget ™」を利用した．ピンチ解析およびそれに基づく全体システムの検討は以下の手順で実施した．

(1) 工場内で水を使用する各ユースポイント入口出口における水量，水質，およびネットワークの調査．

(2) ユースポイントごとの要求水質の確認．

(3) コンポジットカーブ（水量-水質線図）の作成．

(4) 全体システムの検討．

ピンチ解析で作成される全体システムは理想的なものであり，ユースポイントのレイアウトや，食品という製品特性による水再利用の制限などを考慮して，実現可能な全体システムを検討した．

1.2.2. 結果と考察

ピンチ解析では，各製造プロセスで要求される用水の水質が異なるため，ユースポイントごとの要求水質の設定を行った．ピンチ解析結果を図2に示す．

ピンチ解析の結果，各製造プロセスで要求される水質レベルの用水量は，町水レベルの用水が全用水量の62 %であり，町水以外が使用できる水質レベルの用水量は約38 %（494 m^3 / 日）であった．494 m^3 / 日の内，用水として許容できるBOD値を満足する廃水量は114 m^3 / 日であり，最大限に廃水を再利用しても約9 %の節水にしかならない事がわかった．これは，製造工程から排出される廃水のほとんどが，BOD 100 mg / *l* 以上の廃水ということによる．また，廃水経路が床，排水溝を通り，集合され廃水処理設備に流されるため，部分的にきれいな廃水を回収することが困難となっている．

したがって，単にある製造工程の廃水をリユースするという方法では，用水量や廃水量を大きく削減することは難しい．節水を進めるためには，以下の検討がポイントになる．

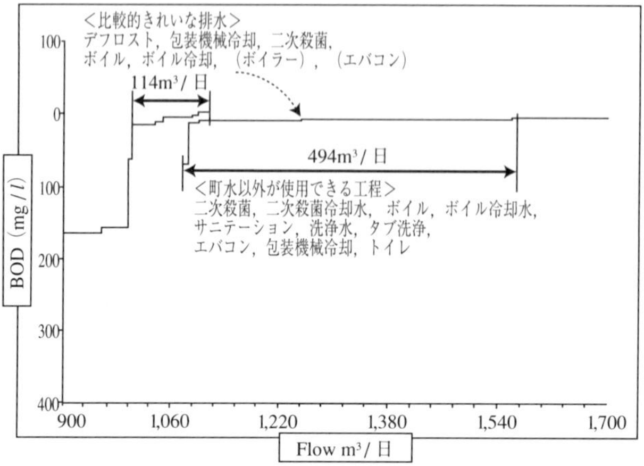

図2　ピンチ解析結果

（1）個別プロセスでの節水を徹底する（プロセス内用水使用の合理化）．

（2）プロセス廃水に比較してきれいな廃水処理水を再利用する（排水の再利用）．

図3にBOD発生状況と高濃度廃水の分別処理による汚泥削減量を示す．

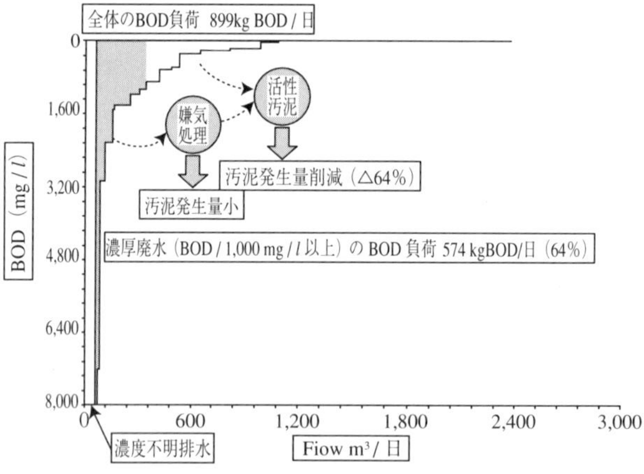

図3　BOD発生状況と高濃度排水の分別処理による汚泥削減量

ピンチ解析の結果，BODを汚濁指標とした工場全体のBOD負荷は899 kg / 日であるのに対して，BOD濃度が1,000 mg / l 以上の残味付液，解凍水ほかの高濃度廃水のBOD負荷が約64 %（574 kg BOD / 日）を占めていた．既存の廃水処理設備（活性汚泥法）ではBOD負荷に比例して汚泥が発生するため，この高濃度廃水を分別処理（嫌気処理）することにより，既存の廃水処理設備から発生する汚泥量を64 %削減できる可能性がある．

しかし，廃水処理設備を大幅に改造することは，当面困難である．したがって，現実的な汚泥，廃棄物削減方法としては以下が有効であると思われる．

(1) 廃水処理設備での運転方法の改善による汚泥削減 → 廃水処理設備運転方法のシミュレーション．

(2) 上流でのSS分離の徹底および発生した廃棄物の減量化 → 高温好気試験．

1.2.3.　まとめ

ピンチ解析で全体システムの検討を行った結果，食肉加工場においては，食品衛生上廃水を利用できる工程が少なく，かつ，比較的きれいは廃水も少ないことが分かった．節水を進めるにあたっては，① 個別プロセスでの節水の徹底，② 廃水処理水の再利用，が現実的な節水方法として有効である．

比較的廃水量が少ない高濃度廃水が，工場全体のBOD負荷の64 %を占めているため，① 高濃度廃水の分別処理（嫌気処理），② 工程内での残肉分離の徹底などの対策により廃水処理設備（活性汚泥法）へのBOD負荷を大幅に軽減するとともに，廃水処理に伴って発生する汚泥を大幅に削減できる可能性がある．しかし，既存の廃水処理設備を大幅に改造することは，当面，困難である．現実的な汚泥，廃棄物削減方法としては，① 既存システムでの運転方法の改善による汚泥削減，② 上流でのSS分離の徹底，③ 発生した廃棄物の減量化，が有効であることがわかった．

2.　水使用量の削減

2.1.　プロセス内水使用の合理化

2.1.1.　実験方法

トータルサイト解析結果を基に，以下の水使用量削減対策を実施した．

(1) 総温水の削減

(a) 材料工程の作業エリアを区分し，床洗浄エリアを縮小する.

(b) 解凍工程にスチーム解凍装置を導入する.

(c) 熱処理工程での半製品洗浄シャワー時間を短縮する.

(d) 製氷器の更新および氷使用量の削減.

(2) 熱処理エリアでの水量削減

(a) 熱処理工程での半製品冷却水オーバーフローの改善.

(b) 配管補修による漏水の改善.

(c) ボイルタンク統合による使用量の低減.

(3) その他箇所での水量削減

(a) ウィンナー洗浄方法の改善（肉付着量の低減).

(b) 事務棟厨房での垂れ流しの改善.

2.1.2. 結果と考察

三重工場のエリア別使用水量の推移を図4に示す.

節水効果は 1998 年度対比で，約 30,900 m^3 / 年（8.6 %）見込まれたが，新規設備導入などもあり新たに，約 26,400 m^3 / 年の増加（自家発電用冷却水：9,800 m^3 / 年など）があったため，大幅な総量の削減には至っていない．製造

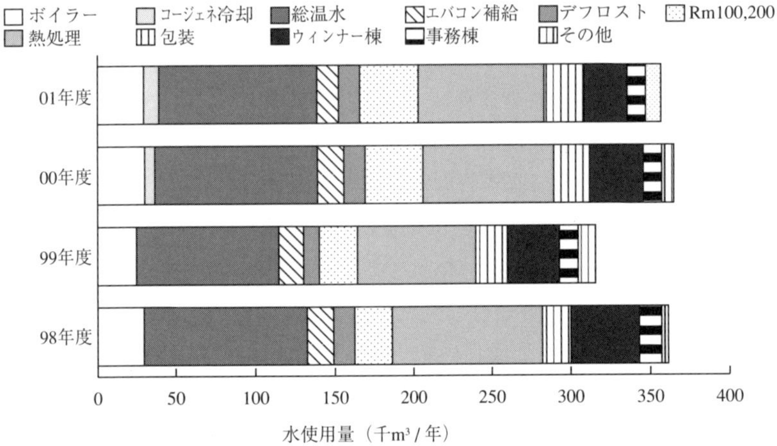

図4 三重工場のエリア別使用水量の推移

工程内で使用する用水については，食品産業ということもあり，かなりの部分が飲料水レベルの水質を要求されるために，廃水の再使用が難しい．

新規設備導入などの増加分を考慮すると実質 1.3 %（4,500 m^3 / 年）の節水になっている．ただし，この節水比率には後述の廃水処理水の再利用による節水効果も含まれている．

2.1.3.　まとめ

プロセス内水使用の合理化を実行することで実質 1.3 %の節水を実現した．

2.2.　排水の再利用

2.2.1.　実験方法

現状，冷却塔であるエバコンの補給水（23,000 m^3 / 年）は，町水（16,000 m^3 / 年）とデフロスト回収水（7,000 m^3 / 年）とを混合して使用しているが，町水を全面的に廃水処理水に置き換え，排水の再利用により町水を節水する．なお，デフロスト回収水は，事前調査の結果，有機物質により汚染されているため，エバコン補給水として再利用しないことにした．廃水処理水および町水の水質分析結果を表 2 に示す．

表 2　廃水処理水および町水の水質分析結果

項目	単位	廃水処理水	町水	デフロスト回収水
濁度	度	1.1	＜1.0	12
色度	度	6.9	＜5.0	12
pH	－	8.2	7.5	7.5
電気伝導率	mS / m	280	28	31
M－アルカリ度	mg / l	380	36	60
全硬度	mg / l	60	67	33
COD_{Mn}	mg / l	11	2.0	70
塩化物イオン	mg / l	630	37	51
シリカ	mg / l	13	9.4	10
アンモニア性窒素	mg / l	＜0.7	＜0.7	＜0.7
硫酸イオン	mg / l	80	24	13
リン酸イオン	mg / l	25	0.45	2.4
鉄	mg / l	＜1.0	0.1	0.5
残留塩素	mg / l	0.43	0.08	0

(1) 腐食試験

廃水処理水は，全硬度，シリカは，町水と同レベルであるが，強酸性イオン（塩化物イオン，硫酸イオン）は町水に比べて非常に高く，再利用に当たっては腐食対策を講じる必要がある．

そこで，廃水処理水にホスホン酸系防食剤を所定量添加し，30℃に維持した試験水および防食剤無添加の廃水処理水に，軟鋼（SPCC）および銅（C1220P）のテストピースを 7 日間浸漬し腐食減量を測定した．腐食速度は，以下の計算式により求めた．

腐食速度（mdd）＝腐食減量（mg）/ 表面積（dm^2）/ 試験期間（日）

(2) 再利用試験

排水再利用試験装置のフローシートを図 5 に示す．

廃水処理設備（活性汚泥法）の排水溜升から処理水を給水ユニットでエバコン回収槽へ送水し，エバコン回収槽から補給水ポンプで 4 台のエバコンへ補給する．給水ユニットのポンプ能力は 140 m^3 / 日であるが，排水溜升の容量から最大 120 m^3 / 日程度が供給できる．

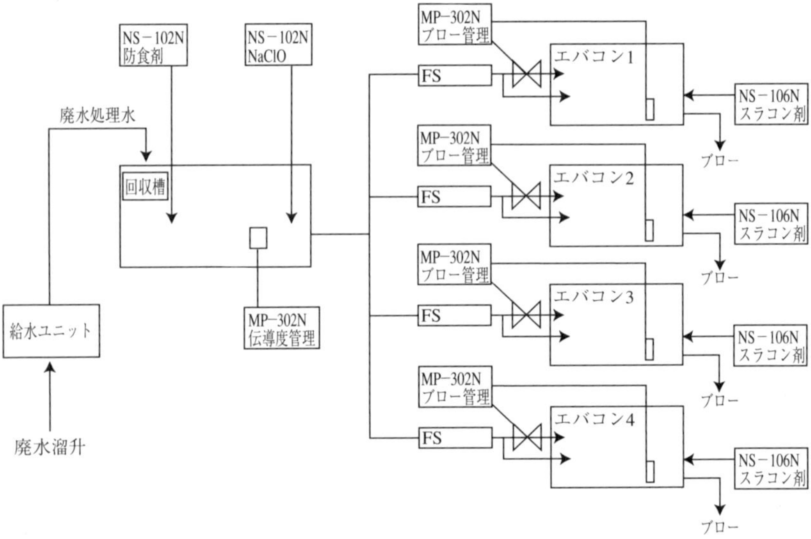

図 5　排水再利用試験装置フローシート

エバコン1台の蒸発量は，最大 1.4×10^3 kg / h で負荷に応じ自動発停する．エバコンの水質管理は，各エバコン内の電気伝導率を常時測定し，基準値をオーバーする場合は，補給水を強制的に補給する．

2.2.2. 結果と考察

(1) 腐食試験

腐食試験によるホスホン酸系防食剤の添加効果を図6に示す．

軟鋼および銅の腐食に及ぼす塩化物イオン，硫酸イオン濃度の影響は，ホスホン酸系防食剤を添加することにより，腐食速度を10 mdd 以下に抑制することができた．したがって，十分なバイオファウリング処理を実施すれば，ホスホン酸系防食剤の添加により十分な防食効果が期待できる．

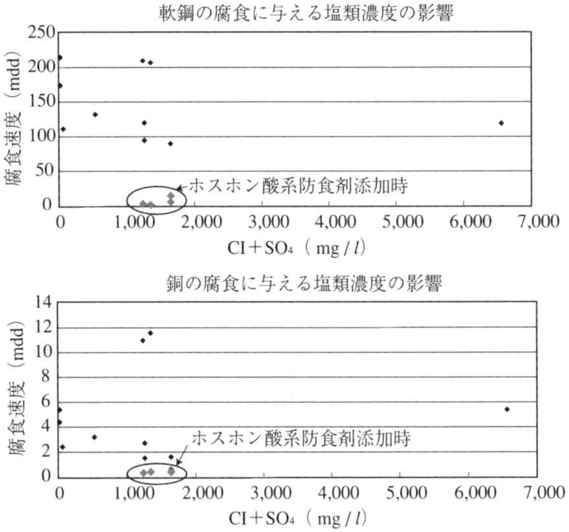

図6　ホスホン酸系防食剤の添加効果

(2) 再利用試験

エバコンの水質管理指標として，pH 6～9，塩化物イオン＋硫酸イオン1,000 mg / l 以下，電気伝導率550 mS / m 以下に設定し，運転状況を確認した．エバコン No.3の電気伝導率の推移を図7に示す．

電気伝導率は，補給水量が安定した10月後半からは500～600 mS

/ m で安定しており，補給水（廃水処理水）も 300 mS / m 前後で安定していた．エバコン補給水量（全設備分）の使用状況を図 8 に示す．

エバコン補給水は，エバコンがフル稼働する夏季は，廃水処理水の供給量が不足したために町水の使用量は多かったが，10 月後半からは，ほぼ全量廃水処理水を使用できた．11 月ではエバコン稼働日で60 m^3 / 日の補給量になっている．エバコンへの町水使用量は，累計では昨年比 82 %，廃水処理水の再利用試験実施の 8 月からは昨年比52 %程度になっている．

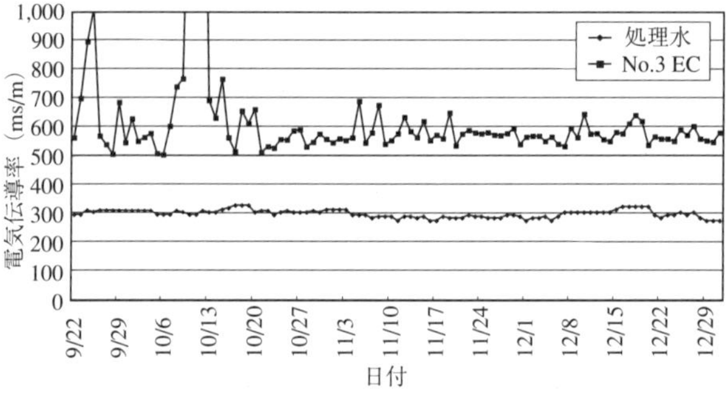

図 7　エバコンNo.3 の水質管理状況

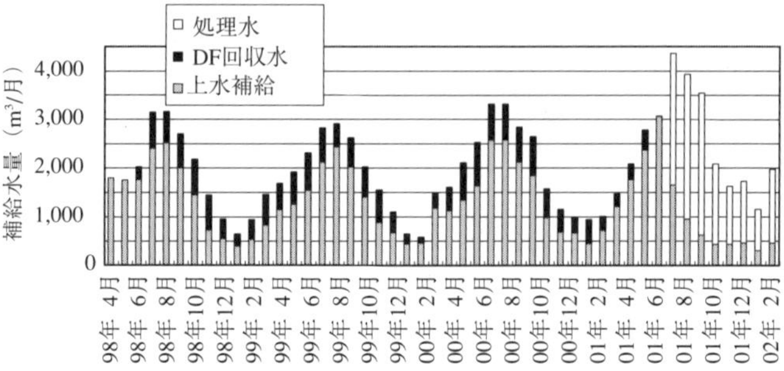

図 8　エバコン補給水の使用状況

2.2.3.　まとめ

エバコンへの排水再利用は，エバコンの運転上にまったく支障がなく，エバコンの目視確認でも新たな腐食は認められず，また汚れ堆積に伴う清掃頻度も大幅に減少できた．エバコンへの町水使用量は，50 %程度削減されることが見込まれた．これはエバコンへの町水使用量 670 m^3 / 月の削減量に相当し，工場全体の町水使用量 29,730 m^3 / 月の 2.3 %に相当する．

以上より，水処理管理システムにより適切な水処理と水質管理を行えば，廃水処理水を冷却塔補給水として十分再利用できることが確認できた．

3. 汚泥，廃棄物の削減，減量化

3.1. 廃水処理設備運転方法のダイナミックシミュレーション

廃水処理設備の運転管理に関する課題を解決するためには，現状の廃水処理システムの能力・性能を正確に評価することが重要である．そのためには，シミュレーションソフトを活用し，現状の廃水処理システムを再現できるモデルを構築することが有効である．このモデルに，廃水の流入量，水質，運転条件などを入力することで処理状況を予測することができる．

3.1.1. 実験方法

(1) 廃水の生物分解速度

(a) 試験装置

呼吸速度試験装置の概要を図 9 に示す．

本装置は，活性汚泥の呼吸速度（酸素消費速度）を測定するものであり．呼吸速度を計測することにより，活性汚泥の処理能力の把握，廃水の活性汚泥に対する阻害性の評価が可能である．

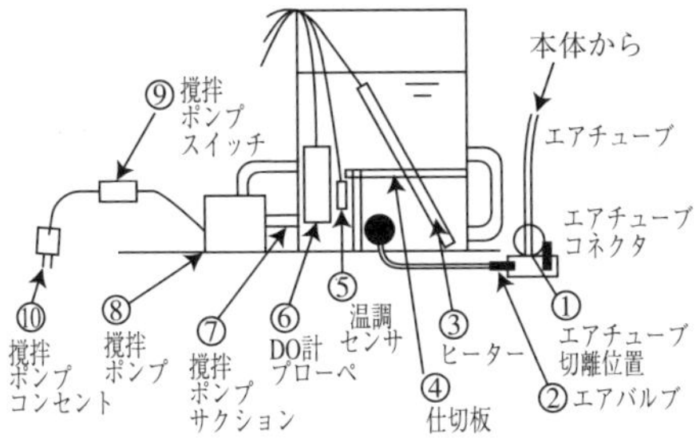

図 9　呼吸速度試験装置の概要

(b) 試験方法

試験は以下に示す手順で実施した．

① 曝気槽内活性汚泥を採取し，空曝気を行い残留基質を除去する．

② 生物反応容器に活性汚泥を一定量取り，適宜町水で希釈後，原水または酢酸ナトリウムを加え呼吸速度を計測した．試料量は計200 m*l* とした．

③計測した呼吸速度の経時変化をグラフ化し，酢酸ナトリウム添加時の安定している点の平均値に希釈倍率を掛けて，最大生物分解速度とした．また廃水添加時の面積値から，廃水の易分解性成分と難分解性成分の比率を求めた．

(2) ダイナミックシミュレーション

廃水処理設備運転方法のダイナミックシミュレーションは，廃水処理フロー，運転管理データ，廃水各処理工程での水質データ，生物分解速度データを活用した．

ダイナミックシミュレーションには，ASM モデルと呼ばれる理論モデルをベースとしている Hydromantis 社のシミュレーションソフト「GPS-X」を使用して，節水時の処理状況および汚泥発生量の少ない運転方法の検討を行った．

3.1.2. 結果と考察

(1) 廃水処理設備の概要

廃水処理設備の処理仕様を表3に，概略フローを図 10 に示す．

三重工場では，日中に食肉加工を行い，夜間は加工設備のサニテーションを行っている．そのため，日中は肉汁や油脂を中心とした有機性廃水が発生し，夜間は日中に比べ有機物濃度は低いが，pH10～13 程度のアルカリ性廃水が発生している．廃水量は約 1,100 m^3 / 日である．

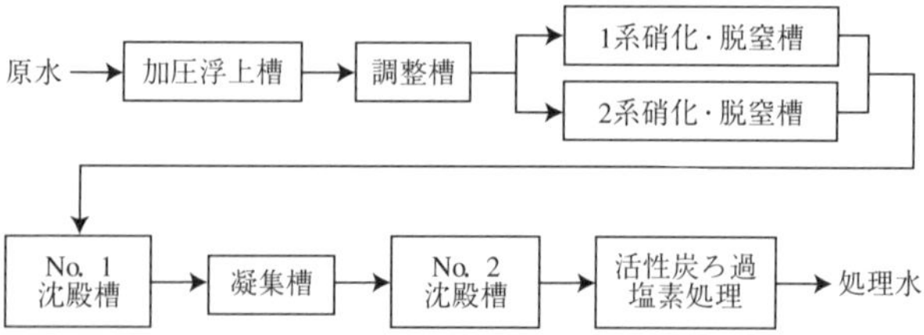

図 10　排水処理設備の概略フロー

表3　廃水処理設備の処理仕様

処理方式	ステップ脱窒式活性汚泥法	
処理水量	1,500 m^3 / 日	
水質項目	原水	処理水
BOD（mg / l）	520	5 以下
COD$_{Mn}$（mg / l）	300	15 以下
SS（mg / l）	240	5 以下
T−N（mg / l）	60	10 以下

(2) ダイナミックシミュレーション結果

節水を実施した場合，加工設備からの汚濁物質の排出量が同じであれば，廃水の濃度は上昇する．汚濁物質に難分解性成分が含まれている場合，廃水中の難分解性成分の濃度も上昇し，処理水質が悪化することがある．そのため既設の廃水処理フロー，運転管理データ，水質分析データ，廃水分解速度データを活用して，廃水量 50 %削減時の廃水処理への影響をダイナミックシミュレーションにより評価した．また，既設廃水処理設備の汚泥減量化運転方法として，図 10 に示す No.1 および No.2 沈殿槽を並列にし，高 MLSS で活性汚泥の自己分解を促進できる廃水処理フローで，運転管理データ，水質分析データ，廃水分解速度データを活用して，汚泥減量化運転方法をダイナミックシミュレーションにより検討した．

汚泥減量化運転方法の処理フローを図 11 に，廃水量 50 %削減時および汚泥減量化運転を実施した場合のダイナミックシミュレーション結果を表 4 に示す．

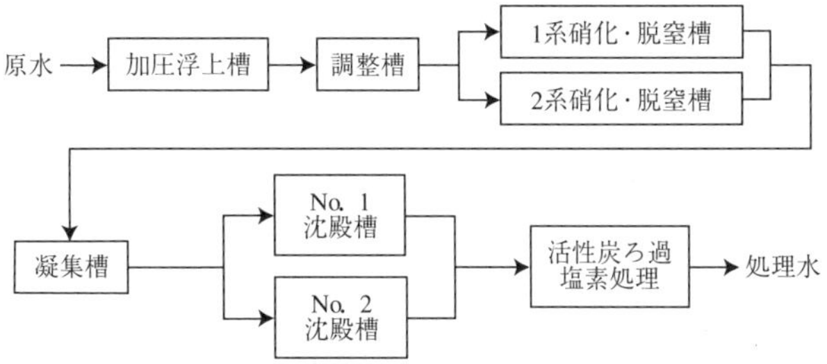

図 11　汚泥減量化運転方法の処理フロー

廃水量 50 %削減時において，No.1 沈殿槽処理水 BOD は 3.6 mg / *l* から 2.3 mg / *l* に改善されるのに対して，COD_{Mn} は廃水中の難分解性成分の濃度上昇により23 mg / *l* から 44 mg / *l* へ上昇するが，処理水 COD_{Mn} の総量は現状の 20 kg / 日に対し廃水量 50 %削減時は 19 kg / 日であり，ほとんど変化しないと予測された.

表4　廃水削減および汚泥減量化運転法のダイナミックシミュレーション結果

	指標	単位	現状	50%廃水削減	汚泥減量化運転
原水	廃水量	m^3 / 日	877	439	877
	BOD	mg / *l*	930	1,860	930
	COD_{Mn}	mg / *l*	370	740	370
No.1 沈殿槽処理水*	COD_{Mn}	mg / *l*	23	44	22
	COD_{Mn} 総量負荷	kg / 日	20	19	19
	BOD	mg / *l*	3.6	2.3	1.9
	T－K－N	mg / *l*	2.7	3.5	3.5
	NH_4	mg / *l*	＜ 0.7	0.0	0.0
	NO_X	mg / *l*	0.8	0.0	0.0
	SS	mg / *l*	4.0	3.3	1.6
曝気槽	MLSS	mg / *l*	7,000	8,800	8,500
No.1 沈殿槽	返送汚泥濃度	mg / *l*	11,000	13,000	12,500
	引抜き汚泥量	m^3 / 日	35	25	27
	DS 引抜き汚泥量	kg / 日	385	325	338
	返送汚泥量	m^3 / 日	1,560	800	1,750
	界面	m	1.0	1.0	0.9

* 汚泥減量化運転の場合は，No.1 および No.2 沈殿槽の処理水

現在 No.1 および No.2 沈殿槽は，直列に配置されているが，これを並列に配置した場合，引抜き汚泥量は 385 kg-ds / 日から 338 kg-ds / 日へ約 12 %減量化され，廃水量 50 %削減時では引抜き汚泥量は 325 kg-ds / 日となり，約 15 %減量化されると予測された.

3.1.3.　まとめ

シミュレーションの結果，① 仮に 50 %の節水を行ったときでも，既存の廃水処理装置で十分対応可能であること，② 既存の設備の運用方法を改善することにより汚泥量を約 15 %削減できる可能性があることがわかった.

3.2.　高温好気法試験

高温好気法は，有機性の汚泥・廃棄物を減量化する有力な技術の一つであ

り，食肉加工場の汚泥・廃棄物の減量化技術として期待できる．本法では，発酵温度 50～60℃の高温で酸素供給を十分に行うことにより，有機物を高い二酸化炭素転換率で分解でき，発生する分解熱により水分を蒸発させることができるため最大 1 / 10 まで減量化が可能である．また，減量後の残渣はコンポストとして利用できる．

3.2.1. ベンチプラント試験

(1) 実験方法

(a) 試験装置

ベンチプラントの概要を図 12 に示す．

発酵槽は内容量 50 *l* で，発酵槽内部にはらせん状の撹拌翼と通気管および温度計を，発酵槽下部には歪計を設置した．発酵槽外面は断熱材で保温し発酵槽外壁からの放熱を防止している．

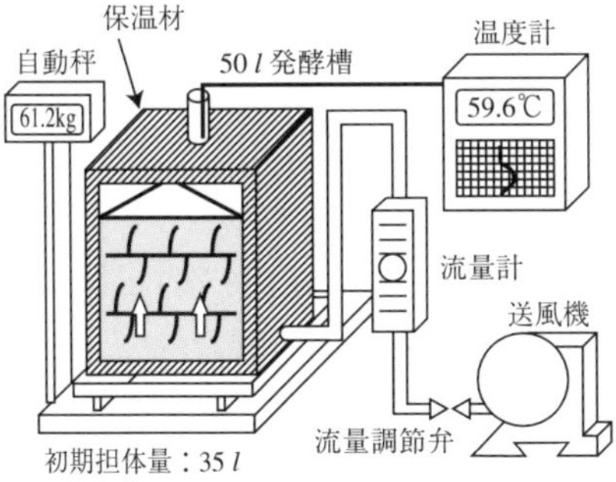

図 12　ベンチプラントの概要

(b) 試験方法

試験は以下の手順で実施した．

① 担体として多孔質である杉のおが屑（1～5mm）6 kg と種菌 1 kg（合計 35 *l*）を発酵槽内に充填し，脱水汚泥，残肉などを 3.5 日に一回の頻度で計 4 回投入し，約 2 週間高温好気性菌の菌体培養を行った．

② 菌体培養終了後，全体量を 35 *l* に調整し重量測定を行い試験開始重量とした．脱水汚泥などは槽上部よりバッチ式で投入し，通気

は連続で200 l/m^3・分とし，攪拌は1日3回，1回10分間行った．

③ 試験終了時に重量測定を行い発酵堆積物の重量と含水率から乾燥重量を求め，乾燥物分解率および有機物分解率を算出した．

(c) 試験条件

ベンチプラントの試験条件を表5に示す．

脱水汚泥は，含水率が高く脱水汚泥単独では発酵熱量が不足するため，脱水汚泥に残肉・フロスを混合し試験に供した．

表5　ベンチプラントの試験条件

RUN No.	1	2	3	4	5	6
残肉・フロス（kg/回）	0.0	0.5	1.0	1.5	2.0	5.0
脱水汚泥（kg/回）	5.0	4.5	4.0	3.5	3.0	0.0

(2) 結果と考察

(a) 温度上昇

各試験条件（以下各RUNとする）における発酵槽内堆積物（以下堆積物とする）の最高温度および平均温度を表6に示す．

RUN1～3は堆積物の最高温度が50℃以下であり，高温好気の発酵状態にならなかった．しかしRUN4～6では堆積物の最高温度が50℃以上であり，高温好気発酵状態になったといえる．

また，RUN5の堆積物の平均温度は最も高かった．これは投入した残肉とフロスの分解により多量の発酵熱が発生したためと考えられる．

表6　発酵槽内堆積物の温度

RUN No.	1	2	3	4	5
最高上昇温度（℃）	37.7	40.9	49.7	65.3	72.0
槽内平均温度（℃）	31.3	32.5	35.2	38.5	43.2
平均室温（℃）	30.3				13.9

(b) 乾物・有機物分解率および分解速度

各RUNの乾物・有機物分解率および分解速度を表7に示す．

乾物分解率および有機物分解率はRUN5が最も高かった．これは堆積物の平均温度が高く，分解速度が速くなったためと考えられる．

RUN6 は，試験終了直前に温度上昇しなくなったために，分解率および分解速度は算出できなかった．

(c) 乾物負荷

乾物負荷は，RUN5 の乾物分解速度に基づいて，分解率を 85 %とし，次式を用いて計算で求めた．

乾物負荷＝乾物分解速度/乾物分解率＝ 6.0 / 0.85＝7.1 kg-ds / m^3 日

表 7　乾物・有機物分解率および分解速度

RUN No.	1	2	3	4	5
乾物分解率（%）	4.0	28	30	61	85
有機物分解率（%）	4.7	31	33	71	89
分解速度（kg / m^3・日）	0.2	1.1	1.1	3.3	6

(3) まとめ

高温好気法による脱水汚泥およびフロス，残肉など廃棄物の減量化は汚泥およびフロスの含水率が高く，汚泥とフロスの混合物のみでは発酵が進まなかったが，発酵熱源となる残肉，返品ハム・ソーセージなど廃棄物を混合することにより，乾物分解速度は 8.0 kg / m^3・日以上に達し，90 %程度まで減量化可能なことが確認できた．

3.2.2. パイロットプラント試験

(1) 実験方法

(a) 試験装置

パイロットプラントの概略仕様を表 8 に示す．

パイロットプラントは，発酵槽，通気ファン，加温ユニット，排気ファンおよび電気操作盤から構成されている．

表 8　パイロットプラントの概略仕様

発酵槽型式	ロータリースクープ式
旋回方式	ロータリー可変速式
攪拌方式	スクープ可変速式
発酵槽容量	1 m^3
付帯装置	通気ファン
	排気ファン
	温調ユニット
	電気操作盤

発酵槽は内容積約 1 m^3 で，発酵槽内部にはロータリースクープ型の撹拌・旋回装置と通気管および排気口を配置し，発酵槽外面は断熱材で保温し発酵槽外壁からの放熱を防止している.

(b) 試験方法

試験は以下の手順で実施した.

① 担体として多孔質である杉のおが屑(1～5 mm)210 kg と種菌 50 kg（合計約 900 *l*）を発酵槽内に充填後，攪拌・旋回しながら適宜水を加えて攪拌混合し含水率を 30～40 %に調整した.

② 菌体培養は，脱水汚泥 30 kg，およびフロス 20 kg を発酵槽側面の原料投入口より週5日の頻度で週約 250 kg 投入し，約 1ヶ月間高温好気性菌の培養を行った.

③ 菌体培養終了後，堆積量を 900 *l* に調整し試験開始容量とした.

④ 脱水汚泥，フロスなどは発酵槽側面の原料投入口より週 5 日の頻度でバッチ式で投入した.

⑤ 堆積物は，1 週間に 1 回堆積物高さが一定になるように発酵槽側面の排出口から排出した.

⑥ 通気量は，RUNごとに必要空気量を通気ファン出口で風速計により調整し，原料の含水率が高い時および外気温が低い冬季など必要に応じて加温ユニットで加温して連続送気した

⑦ 堆積物の撹拌・旋回は，1 日 2 回，1 回 4～6 時間行った

⑧ 各 RUN 終了時に堆積物界面高さ，見掛け密度と含水率の測定を行い堆積物の体積と見かけ密度および含水率から乾燥重量を求め，乾燥物分解率および有機物分解率を算出した．減量率は，各RUNの原料累積投入重量と堆積物累積排出重量から求めた.

(c) 試験条件

① 投入原料混合比率の検討

投入原料混合比率の検討は，50 *l* 規模のベンチプラント試験結果を参考にして表 9 に示す条件で実施した.

② 塩類蓄積の影響

塩類蓄積による影響の調査は，混合比率の検討を参考にして，

汚泥・フロスの投入量は50 kg / 回，残肉・ハムなどの投入量は40 kg / 回とし，5回/週の条件で実施した．なお，発酵担体として，おが屑を汚泥など原料投入時に5 kg / 回投入した．

表9　投入原料混合比率検討時の試験条件

RUN No.	菌体培養	1	2	3
脱水汚泥（kg / 回）	30	30	25	−
フロス（kg / 回）	20	20	−	−
残肉・ハムほか（kg / 回）	−	−	25	40
試験期間（日）	30	30	30	30

(2) 結果と考察

(a) 投入原料混合比率の検討

①温度上昇

各RUN期間中の1～2サイクル（原料投入直後から次の原料投入直前までの時間）における堆積物の最高温度，平均温度の測定結果を表10に示す．

RUN1の堆積物の最高温度は52℃，平均温度は39℃であった．RUN2の最高温度は66℃，平均温度は42℃であった．また，RUN3の最高温度は62℃，平均温度は57℃であった．全てのRUNにおいて，堆積物の最高温度は50℃以上であり，かつ排気中の二酸化炭素濃度は空気中の二酸化炭素に比べて著しく上昇したため，高温好気発酵が順調に行えたといえる．また，RUN3の堆積物の平均温度が最も高かったことは，投入乾物負荷が最も高かったためである．一方，RUN1の堆積物の平均温度が最も低いことは，投入乾物負荷が低かったためと考えられる．

表10　発酵槽内堆積物の温度

RUN No.	1	2	3
堆積物最高温度（℃）	52	66	62
堆積物平均温度（℃）	39	42	57
外気平均温度（℃）	14	4	3

②減量率，乾物，有機物分解率および分解速度

各 RUN の減量率，乾物分解率，有機物分解率，有機物分解速度を表 11 に示す．

おが屑を除いた減量率は，RUN1 が 93 %，RUN2 が 92 %，RUN3 が 92 %であった．RUN3 の分解速度は，11.6 kg / m^3・日であり最も高かった．これは投入原料中のハム・ソーセージの比率が RUN1，2 に比べて高く，堆積物の平均温度が 57℃であり他の RUN に比べて，高温好気性菌の最適温度に最も近かったためと思われる．この分解速度は生物処理法の中でも高いといえる．また，有機物分解率が最も低い RUN 1 の減量率は逆に最も高かったことは，原料中の水分が RUN 2，3 に比べて多く，発酵熱により水分を多く蒸発したためと考えられる．

表 11　減量率，分解率および分解速度

RUN No.	1	2	3
減量率 1（おが屑除く）（%）	93.0	92.0	91.8
減量率 2（おが屑込み）（%）	88.0	86.9	86.4
乾物分解率（%）	76.9	84.3	80.2
有機物分解率（%）	82.3	91.4	85.4
分解速度（kg / m^3・日）	5.5	8.2	11.6

注）減量率，乾物分解率，および有機物分解率はおが屑の分解率が非常に小さく無視できるため，以下の式で計算した．

①減量率 1＝［1－（湿り排出物－おが屑）／（湿り投入物－おが屑）］×100

減量率 2＝［1－湿り排出物（おが屑込み）／湿り投入物（おが屑込み）］×100

②乾物分解率（DS 分解率）＝［1－（排出物 DS－おが屑 DS）／（投入物 DS－おが屑 DS）］×100

なお，おが屑は杉であるため分解率は 0 とした．

③有機物分解率＝［1－（排出物 DS－おが屑 DS－投入物中の灰分）／（投入物 DS－おが屑 DS－投入物中の灰分）］×100

③まとめ

脱水汚泥およびフロスは含水率が高く，有機物量が少ないために，これらの単独又は混合のみでは発酵熱量の大部分が水分の蒸発に消費されて，堆積物温度が低く分解速度が低かった．しかし発酵熱源となる残肉，返品ハム・ソーセージなどの廃棄物を混合することにより発酵が促進された．残肉，返品ハムなどの廃棄物単独では，堆積物温度は平均で57℃程度となり，有機物分解速度は11 kg / m^3・日程度と高く，減量率90 %以上の効率的な処理が可能なことがわかった．

(b) 塩類蓄積の影響

① 温度上昇

連続試験における各RUNの原料投入日数と投入量を表12に，原料投入量と減量率の推移を図13に，堆積物温度と塩類濃度の推移を図14示す．

表12　塩類蓄積の影響調査時の原料投入日数と投入量，投入比率

RUN No.	投入日数（日）	平均投入量（kg / 回）	投入物内訳（kg / 回）		ハムなど投入比率（%）
			汚泥・フロス	残肉・ハムなど	
1	26	51.5	51.0	0.5	0.9
2	28	46.0	15.6	31.8	69.2
3	33	44.2	5.1	39.1	88.5
4	54	38.1	1.7	36.4	95.4
5	43	39.7	0.0	39.7	100.0

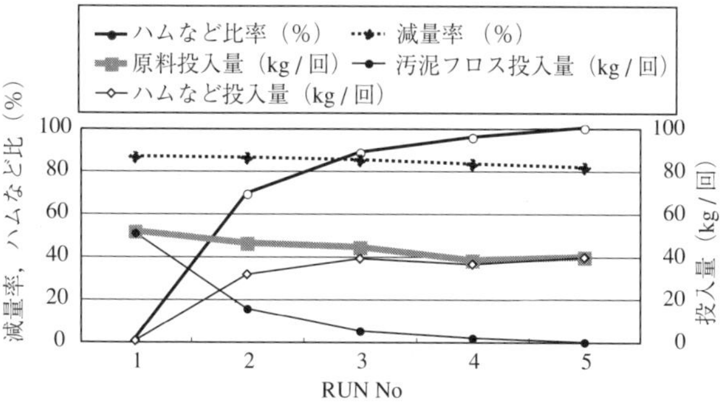

図13　原料投入量と減量率の推移

RUN1では，前半から後半まで主に塩類濃度の低い汚泥，フロスを約50 kg / 回投入し，後半から塩類濃度の高い残肉，ハムなどを約40 kg / 回投入した．汚泥・フロスに対する残肉などの投入比率は約0.9 %であった．堆積物の最高温度は50℃から60℃で，減

量率は 89.4%であった．堆積物のナトリウム，カリウム，カルシウム，塩化物イオンの内，ナトリウムが 0.7%から 1.1%に増加した．

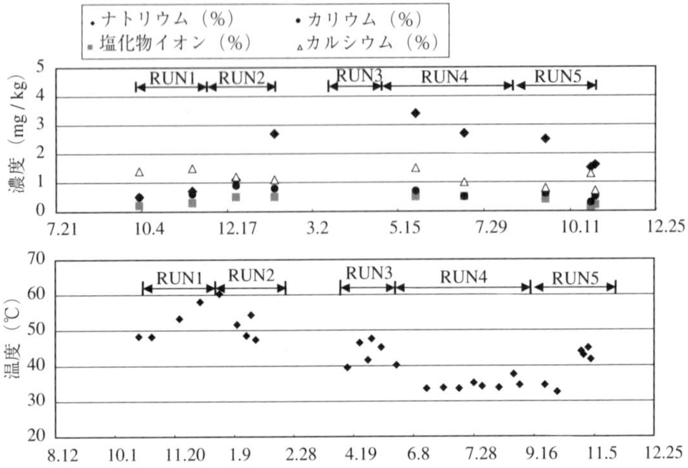

図 14　堆積物温度と塩類濃度の推移

RUN2 では，汚泥・フロスに対する残肉・ハムの投入比率を 0.9 %から 69 %まで増加させた．堆積物温度はRUN1と同程度で減量率は 85.9 %あった．堆積物のナトリウム濃度はハム，ソーセージの投入比率の増大により 1.1 %から 2.7 %に上昇したが，カリウム，カルシウム，塩化物イオンはほとんど増加しなかった．

RUN3 では，残肉・ハムの投入比率を約 89 %まで高めた結果，堆積物温度は，50℃以下に低下した．堆積物のナトリウム濃度はさらに上昇し 3.4 %に達したが，カリウム，カルシウム，塩化物イオンの増加は見られなかった．減量率は 84.8 %であった．

RUN4 では，原料平均投入量を 44 kg / 回から 38 kg / 回に減少し，残肉・ハムの投入比率を約 95 %まで上昇させた．堆積物のナトリウム濃度は 2.5 %まで低下したが，堆積物温度の回復の兆しは見られなかった．減量率は 83.1 %であった．

RUN5 では，残肉・ハムの投入比率を 100 %まで上昇させ，堆積物の排出量を増加させて堆積物のナトリウム濃度を 1.5 %まで低下させた．堆積物の温度は十分に上昇せず，減量率は81.5％であった．この結果から，このような塩類濃度と有機物負荷では，生物活性は初期レベルまで回復していなかった．

②減量率および乾物・有機物分解率

各 RUN の原料負荷量と減量率および乾物・有機物分解率の推移を表 13 に示す．

表 13　原料負荷量と減量率，分解率

RUN No.	1	2	3	4	5
固形物負荷量（kg / m³・日）	6.7	9.8	13.2	10.5	12.8
有機物負荷量（kg / m³・日）	6.0	9.4	12.1	9.7	11.9
減量率（おが屑込み）（%）	89.4	85.9	84.8	83.1	81.5
減量率（おが屑除く）（%）	94.7	91.5	90.7	90.0	89.0
乾物分解率（%）	88.2	83.4	80.8	79.8	81.2
有機物分解率（%）	98.2	90.9	88.4	86.5	88.7

おが屑を含む減量率，有機物分解率は，残肉・ハム投入比率の上昇に伴って低下する傾向を示し，おが屑を除いた減量率は残肉・ハム投入比率が 0.9 ％の RUN1 では 94.7 ％であったが，残肉・ハム投入比率が 100 ％の RUN5 では 89.0 ％となり約 6 ％低下した．

本試験では，塩類蓄積の影響度を短期間で調査するために，原料投入負荷量を高めに設定し，かつ塩類濃度の低い汚泥，フロスから塩類濃度の高いハム・ソーセージなど加工廃棄物への切り替え速度を高めに設定して実施した．そのために高温好気性菌のナトリウムに対する馴養が十分でなかったことが懸念される．ナトリウム濃度の影響は負荷条件や投入物の切替速度によって左右されると推察される．

③まとめ

残肉，ハムなど廃棄物を高温好気法で減量化するための諸条件および塩類濃度の影響などを把握することができた．

高温好気法による汚泥，残肉，ハムなど廃棄物の減量化における塩類濃度の影響は，塩類濃度の低い汚泥，フロスから塩類濃度の高いハム・ソーセージなど加工廃棄物の投入比率を高めてもおが屑を含む減量化率は約 89 %から 82 %程度に維持できることが確認できた．塩類の影響は，指標として取り上げたナトリウム，カリウム，カルシウム，塩化物イオンの内，ナトリウムはハム・ソーセージなど加工廃棄物の投入比率を高めることにより堆積物中の濃度が顕著に増加する傾向を示したが，カリウム，カルシウム，塩化物イオンの増加は殆ど見られなかった．

堆積物の温度は，ナトリウム濃度 2.7 %までは 50℃以上であったが，ナトリウム濃度が 3.4 %に上昇すると 50℃以下に低下し，元の堆積物温度へ回復するのに長時間を要した．

(3) まとめ

高濃度廃水の分別処理，廃水処理設備の運用方法改善や上流での SS 分離の徹底を行い，汚泥発生量を低減したとしても，廃水処理汚泥および残肉ほかの有機性廃棄物は少なからず発生する．これらの廃棄物を減量化する方法として，高温好気法の適用を検討し，パイロットプラント試験によりこれらを 90 %程度減量化できることが確認できた．

廃水処理汚泥の削減，上流での SS 分離の徹底などの対策を進めると，比較的熱量の低い廃水処理汚泥の比率が低下するため，工場から発生する有機性廃棄物の熱量は増加するものと予想される．高温好気法は高カロリーの有機性廃棄物の減量化に適しており，さらに適用の可能性が広がっていくと予想される．課題として，廃水の更なる削減および，塩類による高温好気発酵の阻害対策が残された．今後，これらの課題を解決して，廃水，廃棄物発生量が少ない食肉加工場を実現していきたい．

引用文献

1）中根 尭，佐藤眞士:複合化プロセスによる熱利用の高効率化，化学装置，9，43-49（1996）．
2）彦坂拓自：節水検討のための「WaterTarget ™」，化学装置，9，77-81（1999）．

3）　小野雄壱：工場の節水・排水処理解析手法，JETI，49（5），53-56（2001）．
4）　小沢総一郎：食肉加工工場における用水の利用合理化について，New Food Industry，22（10），17-21（1980）．
5）　本多淳裕，食品工場廃水対策の再検討と合理化，用水と廃水，30（2），46-57（1988）．
6）　矢野幸男：食肉の解凍技術，食品工業，11（30），41-48（1991）．
7）　本村碩敏，大月孝之：排水処理システムのダイナミックシミュレータ「GPS-X」，化学装置，9，72-76（1999）．
8）　劉 宝鋼，野田修司，森 忠洋，Complete Decomposition of Organic Matter in High BOD Wastewater by Thermopilic Oxic Process：環境工学論文集，29，77-84（1992）．
9）　劉 宝鋼，祭 恵良，森 忠洋:高温好気法による豚糞尿の完全処理，環境工学論文集，31，209-214（1994）．

キーワード：食肉加工場，トータルサイト解析，ピンチ解析，ダイナミックシミュレーション，高温好気法

文責：プリマハム（株）　秦　明
栗田工業（株）　安部　脩，彦坂拓自

参考資料
水質汚濁に係る一律排水基準

（昭和46年6月21日総理府令第35号，最終改正：平成13年6月13日環境省令第21号）

1. 生活環境項目等

項　　目	許容限度
水素イオン濃度（水素指数）	海域以外の公共用水域に排出されるもの 5.8 以上 8.6 以下 海域に排出されるもの 5.0 以上 9.0 以下
生物化学的酸素要求量（単位 mg / l）	160（日間平均 120）
化学的酸素要求量（単位　mg / l）	160（日間平均 120）
浮遊物質量（単位　mg / l）	200（日間平均 150）
ノルマルヘキサン抽出物質含有量（鉱油類含有量）（単位　mg / l）	5
ノルマルヘキサン抽出物質含有量（動植物油脂類含有量）（単位　mg / l）	30
フェノール類含有量（単位　mg / l）	5
銅含有量（単位　mg / l）	3
亜鉛含有量（単位　mg / l）	5
溶解性鉄含有量（単位　mg / l）	10
溶解性マンガン含有量（単位　mg / l）	10
クロム含有量（単位　mg / l）	2
大腸菌群数（単位　$1cm^3$ / 個）	日間平均 3,000
窒素含有量（単位　mg / l）	120（日間平均 60）
燐含有量（単位　mg / l）	16（日間平均 8）

備　考

1. 「日間平均」による許容限度は，1 日の排出水の平均的な汚染状態について定めたものである．
2. この表に掲げる排水基準は，1 日当たりの平均的な排出水の量が 50 m^3 以上である工場又は事業場に係る排出水について適用する．
3. 水素イオン濃度及び溶解性鉄含有量についての排水基準は，硫黄鉱業（硫黄と共存する硫化鉄鉱を掘採する鉱業を含む．）に属する工場又は事業場に係る排出水については適用しない．
4. 水素イオン濃度，銅含有量，亜鉛含有量，溶解性鉄含有量，溶解性マンガン含有量及びクロム含有量についての排水基準は，水質汚濁防止法施行令及び廃棄物の処理及び清掃に関する法律施行令の一部を改正する政令の施行の際現にゆう出している温泉を利用する旅館業に属する事業場に係る排出水については，当分の間，適用しない．
5. 生物化学的酸素要求量についての排水基準は，海域及び湖沼以外の公共用水域に排出される排出水に限って適用し，化学的酸素要求量についての排水基準は，海域及び湖沼に排出される排出水に限って適用する．
6. 窒素含有量についての排水基準は，窒素が湖沼植物プランクトンの著しい増殖をもたらすおそれがある湖沼として環境大臣が定める湖沼，海洋植物プランクトンの著しい増殖をもたらすおそれがある海域（湖沼であって水の塩素イオン含有量が 1 l につき 9,000 ミリグラムを超えるものを含む．以下同じ．）として環境大臣が定める海域及びこれらに流入する公共用水域に排出される排出水に限って適用する．
7. 燐含有量についての排水基準は，燐が湖沼植物プランクトンの著しい増殖をもたらすおそれがある湖沼として環境大臣が定める湖沼，海洋植物プランクトンの著しい増殖をもたらすおそれがある海域として環境大臣が定める海域及びこれらに流入する公共用水域に排出される排出水に限って適用する．

2. 有害物質

有害物質の種類	許容限度
カドミウム及びその化合物	カドミウム 0.1 mg / l
シアン化合物	シアン 1 mg / l
有機燐化合物（パラチオン，メチルパラチオン，メチルジメトン及びEPNに限る）	1 mg / l
鉛及びその化合物	鉛 0.1 mg / l
六価クロム化合物	六価クロム 0.5 mg / l
砒素及びその化合物	砒素 0.1 mg / l
水銀及びアルキル水銀その他の水銀化合物	水銀 0.005 mg / l
アルキル水銀化合物	検出されないこと
ポリ塩化ビフェニル	0.003 mg / l
トリクロロエチレン	0.3 mg / l
テトラクロロエチレン	0.1 mg / l
ジクロロメタン	0.2 mg / l
四塩化炭素	0.02 mg / l
1，2-ジクロロエタン	0.04 mg / l
1，1-ジクロロエチレン	0.2 mg / l
シス-1，2-ジクロロエチレン	0.4 mg / l
1，1，1-トリクロロエタン	3 mg / l
1，1，2-トリクロロエタン	0.06 mg / l
1，3-ジクロロプロペン	0.02 mg / l
チウラム	0.06 mg / l
シマジン	0.03 mg / l
チオベンカルブ	0.2 mg / l
ベンゼン	0.1 mg / l
セレン及びその化合物	セレン 0.1 mg / l
ほう素及びその化合物	海域以外の公共用水域に排出されるもの ほう素 10 mg / l 海域に排出されるもの ほう素 230 mg / l
ふっ素及びその化合物	海域以外の公共用水域に排出されるもの ふっ素 8 mg / l 海域に排出されるもの ふっ素 15 mg / l
アンモニア，アンモニウム化合物，亜硝酸化合物及び硝酸化合物	アンモニア性窒素に 0.4 を乗じたもの，亜硝酸性窒素及び硝酸性窒素の合計量 100 mg / l

備　考

1. 「検出されないこと」とは，第2条の規定に基づき環境大臣が定める方法により排出水の汚染状態を検定した場合において，その結果が当該検定方法の定量限界を下回ることをいう．
2. 砒素及びその化合物についての排水基準は，水質汚濁防止法施行令及び廃棄物の処理及び清掃に関する法律施行令の一部を改正する政令（昭和 49 年政令第 363 号）の施行の際現にゆう出している温泉（温泉法（昭和 23年法律第 125 号）第 2 条第 1 項に規定するものをいう．以下同じ．）を利用する旅館業に属する事業場に係る排出水については，当分の間，適用しない．

組合員別研究担当者一覧

○印は文責者

組合員企業名	研究担当者名
1．アタカ工業（株）技術本部 環境研究所 〒619-0223　京都府相楽郡木津町相楽台9-1 TEL:0774-71-8745　FAX:0774-71-8746	○李　玉友，佐々木　宏， 山下耕司，関　廣二 E-mail:yuyou.li@atakakogyo.co.jp
2．(株)荏原製作所 環境エンジニアリング事業本部 水環境開発センター技術調査開発室 〒108-8480　東京都港区港南1-6-27 TEL:03-5461-5284　FAX:03-5461-5761	宮　晶子，○ハオ　リンユン， 片岡直明，石田健一， 山田紀夫，○鈴木隆幸 E-mail:suzuki.takayuki01@ebara.com
3．(株)日本製鋼所 研究開発本部 〒236-0004　横浜市金沢区福浦2-2-1 TEL:045-787-8454　FAX:045-787-8459	小田吉昭，○相澤大器， 坂川竜昭，安江　昭
4．キユーピー(株) 技術開発部 〒150-0002　東京都渋谷区渋谷1-4-13 TEL:03-3486-3316　FAX:03-3400-0660	○山田栄徳，橋本　学， 三浦茂久，尾島　宏， 村上信之，石井祐子
5．日本たばこ産業(株) 食品事業部 〒144-0042　東京都大田区羽田旭町5-14 TEL:03-5705-7558　FAX:03-5705-8775	○長澤　淳，落合由香里， 鈴木美佐子 E-mail:atsushi.nagasawa@ims.jti.co.jp
協同組合沼津水産開発センター 〒410-0867　沼津市千本港口1901-18 TEL:0559-51-1617　FAX:055-952-3575	芹澤　智
6．(株)オーケーバイオ研究所 〒363-0021　埼玉県桶川市泉1-10-13 TEL:048-787-2170　FAX:048-787-1518	○小野寺和夫

7.	（株）前川製作所 〒302-0118　茨城県守谷市立沢2000 TEL:0297-48-1364　FAX:0297-48-5170	岡本尚人, ○山上伸一, 当銘 勉, 青沼真理子, 稲津博和, 西村伸一 E-mail:shinichi-yamagami@mayekawa.co.jp
8.	三菱電機（株）電力・産業システム事業所 〒652-8555　神戸市兵庫区和田崎町1-1-2 TEL:078-686-5214　FAX:078-682-6467	○森　一晴 E-mail:morik@pic.melco.co.jp
9.	ナガノ　エヌ・イー（株） 〒399-4301　長野県上伊那郡宮田村5339 TEL:0265-85-0030　FAX:0265-85-0050	山下良一, 吉沢治雄, ○飛鳥井正春 E-mail:naganone@mx1.avis.ne.jp
10.	田代興業（株）薬品部 〒610-0343　京都府京田辺市大住峠谷8-1 TEL:0774-64-2000　FAX:0774-64-2001	○田代榮一, 土屋和春, 田代康明, 田代宮子, 五十嵐尚子 E-mail:info@tashirokogyo.co.jp
11.	アクアス（株）つくば総合研究所技術開発二部 〒300-2646　つくば市緑ケ原4-4 テクノパーク豊里 TEL:0298-47-6000　FAX:0298-47-6080	○市川真治, 渋谷吉昭, 河野　源 E-mail:y_shibuya0029@aquas.co.jp
12.	プリマハム（株） 〒140-8529　東京都品川区東大井3-17-4 TEL:03-5493-4529　FAX:03-5493-4504	○秦　明 E-mail:Akira.Hata@primaham.co.jp
	栗田工業（株）新事業推進本部 〒160-8383　東京都新宿区西新宿3-4-7 TEL:03-3347-3810　FAX:03-3347-3931	本村碩敏, ○安部　脩, ○彦坂拓自, 小野雄壱, 大月孝之, 岩田靖宏 三崎岳郎, 劉　宝鋼, 田極春夫 E-mail:osamu.abe@kurita.co.jp

編集後記

農林水産省の助成を受けて平成 10 年 4 月にスタートした「エコシステムの制御による高度排水処理技術の開発」事業は、平成14年3月をもって研究開発を無事に終了しました。

この 4 年間、食品メーカー、機械装置メーカー、エンジニアリング等の異業種が協力して 1 つのプロジェクトを編成し、学識経験者の指導、助言を得ながら、食品産業における排水処理技術の新しい方向を見いだすべく、排水・余剰汚泥の減量化・有効利用技術等の研究開発に鋭意取り組んで参りました。

本書は、共同研究の終了に当たり、本技術研究組合エコシステム事業部会の 14 企業が、12 課題について約 4 年間の研究成果の集大成として 1 冊の論文集にまとめたものですが、12 課題の中には、食品製造業がかかえる種々の問題に対して、技術を確立し実用化が待たれるもの、基礎的技術の充実を図ったもの、新しいアプローチから取り組まれたもの等排水処理技術を多角的にとらえており、興味をもってお読みいただけると思います。

また、本書を出版するにあたっては、公開発表会で特別講演をいただく先生をはじめ、ご指導を賜りました学識経験者からは、最新の研究内容の特別寄稿論文を掲載させて頂きました。

食品産業の排水処理技術者や研究者の参考書あるいは基礎資料としてお役に立てるならば私達の大きな喜びとするものであります。

最後に日頃よりご指導、ご助言を賜りました学識経験者の諸先生はじめ農林水産省の方々並びに本書に貴重な原稿、資料をお寄せいただきました関係各位に深く感謝の意を表するとともに、限られた時間の中で本書を上梓できたことは、各企業の執筆者のご協力と 14 社の連帯感によるものと厚くお礼申し上げます。

平成 14 年 11 月

食品産業環境保全技術研究組合
エコシステム事業部会編集委員一同

索　引

あ行

アンモニア　*197*
異業種間の連携　*54*
VFA　*80*
ウオッシュアウト　*19*
旨味成分　*181*
AFB リアクター　*14*
液肥　*61*
エジェクター処理実験　*235*
エネルギー　*70*
　—— 回収率　*19*
　—— 問題　*3*
F430 含量　*15*
F420 相対活性　*15*
MLSS　*267*
応用形態　*103*
OKZ 菌　*201*
オゾン　*44*
　—— ガス濃度の影響　*234*
　—— 酸化　*50*
　—— 処理汚泥　*232*
　—— 吸収量　*232*
　—— と汚泥の反応モデル　*240*
　—— 併用型余剰汚泥低減システム　*229*
　—— 法　*37*
　—— リアクター　*235*
汚泥減容率　*319*
汚泥減量　*255*
　—— 化技術　*35*
　—— 率　*36*
汚泥再生処理センター　*20*
汚泥処理技術　*253*
汚泥処理比　*233*
汚泥低減効率　*238*
汚泥の減容化　*49*

か行

加圧浮上槽　*221*
回分式ガス発生試験　*25*
化学処理　*303*
化学量論　*100*
ガス循環メタン発酵装置　*26*
ガス生成倍率　*96*
ガス組成　*85*
化石燃料　*29*
家畜排泄物　*59*
鰹エキス　*190*
活性汚泥の溶解　*230*
活性汚泥法　*43, 62*
可溶化汚泥の成分　*309*
可溶化量　*302*
環境問題　*3*
間欠曝気法　*64*
完全混合型リアクター　*13*
気固比　*214*
希釈率 D　*13*
技術課題　*135*
揮発性塩基窒素　*197*
揮発性脂肪酸　*112*
吸着効果　*272*
共生　*7*
共発酵　*139*
魚介系調味料　*199*
菌叢解析　*8*
クローン解析　*18*
経時変化　*95*
下水汚泥　*139*
高温好気発酵法　*44*
高温好気法　*336, 339, 346*
高温メタン発酵　*86*
好気性消化　*247*
高級脂肪酸　*79, 115*
麹発酵　*188*
高消化率　*28*
高速回転ディスク法　*40*
酵素処理　*304*

好熱細菌法　*38*
高濃度共発酵　*93*
酵母発酵　*186*
固液分離　*211*
固定床型リアクター　*10*
コリノイド含量　*15*
混合溶媒　*110*
コンポスト化　*23, 52*

さ行

再資源化センター　*57*
最終処分地　*4*
最適アルカリ処理　*307*
鯖圧搾水　*182*
鯖エキス　*190*
鯖煮汁廃液　*181*
鯖節　*181*
酸化　*256*
　── 還元酵素　*110*
酸素利用速度測定装置　*231*
次亜塩素酸ナトリウム　*216*
G / L　*236*
Co^{2+} や Ni^{2+}　*12*
COD_{cr} 容積負荷　*88*
C1 サイクル　*8*
資源循環型社会　*29*
自己消化反応　*254*
脂質負荷　*115*
システム特長　*105*
Schizosaccharomyces pombe　*192*
湿式ビーズミル　*39*
　── 方式　*301*
実廃水処理実験　*233*
シミュレーション　*243*
ジメチルアミン　*197*
循環型処理技術　*21*
循環式生物学的脱窒・硝化　*12*
循環比　*245*
省エネ型廃水処理技術　*9*
消化液　*70*
浄化槽汚泥　*24*
消化脱離液　*153*
焼酎製造業　*48*
焼酎廃液　*139*
食鶏工場　*217*
食肉加工場　*321, 322*
食品加工排水　*109*
食品系廃棄物　*26*
食品製造業　*43*
食品廃棄物　*83*
植物性油脂　*84*
食糧問題　*3*
処理汚泥倍数　*319*
水産加工製造業　*44*
生物系廃棄物リサイクル研究会　*5*
精密膜ろ過装置　*249*
ゼロエミッション　*44*
全脂質成分　*112*
操作条件　*101*

た行

代謝変換　*16*
ダイナミックシミュレーション　*333, 334, 335*
滞留日数　*143*
多孔質岩石　*270*
脱硫　*29*
種汚泥　*118*
担体　*270*
タンパク分解酵素　*183*
地球温暖化　*4*
　── 防止　*29*
畜産　*59*
畜舎排水　*61*
窒素　*63, 310*
中温メタン発酵　*87*
中性脂肪　*113*
超音波法　*41*
低圧湿式酸化　*24*
TLC / FID 分析計　*110*
TOC 回収率　*25*
電解補助剤　*225*
電気分解　*212*

電極間距離　*220*
でん粉工場　*211*
電量濃度　*215*
同性　*7*
導電率　*213*
豆乳希釈液　*127*
豆腐製造排水　*111*
動物性油脂　*84*
トータルサイト解析　*322, 325, 327*
トリメチルアミン　*197*
ドレッシング　*165*

な行

生ごみ　*139*
日本酒製造業　*47*
乳化・分散　*82*
　── 前処理　*111, 114*
乳酸菌発酵　*187*
乳製品製造業　*47*
濃縮余剰活性汚泥　*97*

は行

バイオガス　*6, 66, 91, 141, 170*
　── 回収効率　*136*
バイオリアクター　*172*
パイロットテスト機　*314*
発酵装置　*135*
反応阻害　*135*
微生物活性　*246*
ピンチ解析　*325, 327*
FISH 法　*17*
フェントン試薬　*41*
複合発酵　*191*
物質収支　*124*
物質循環プロセス　*55*
物理破砕　*303*
不飽和高級脂肪酸　*117*
プロピオン酸　*131, 152*
分解率　*94*
ヘキサン抽出物質　*112*

ま行

膜分離活性汚泥法　*159*
膜ろ過　*185*
マヨネーズ　*165*
味噌製造業　*45*
無機栄養塩　*147*
メタン化原理　*104*
メタン生成収率　*89*
メタン発酵　*6, 43, 81, 109, 165, 167*
　── ・発電　*21*
　── 法　*65*

や行

UASB　*153*
　── 法　*68*
有機性廃棄物　*165, 166*
有機性排水・廃棄物　*77*
有機物負荷　*115*
油脂含有率　*91*
油脂スカム　*98*
油脂分散剤　*92*
余剰汚泥　*24, 44, 257*
　── 低減効果　*243*

ら行

ラインミキサー　*235, 236*
リパーゼ　*110*
　── 前処理　*114*
流動床型リアクター　*10*
流入負荷量　*239*
リン　*64, 310*
連続メタン発酵特性　*118*

2002年11月1日　初版発行

食品産業における
排水・汚泥低減化技術の未来を拓く

定価　カバーに表示

編　集

食品産業環境保全技術研究組合 ©

発行者

佐　竹　久　男

発行所

恒星社厚生閣

東京都新宿区三栄町 8
TEL　03 (3359) 7371 (代)
FAX　03 (3359) 7375
http://www.kouseisha.com

シナノ (株)

ISBN4-7699-0977-2 C3060